# 河南罗山红二十五军长征出发地旧址修缮工程实录

牛宁 编著

学苑出版社

## 图书在版编目（CIP）数据

河南罗山红二十五军长征出发地旧址修缮工程实录 / 牛宁 编著 . — 北京：学苑出版社，2023.6
　ISBN 978-7-5077-6665-3

Ⅰ. ①河… Ⅱ. ①牛… Ⅲ. ①中国工农红军长征—故址—纪念馆—修缮加固—研究—罗山县 Ⅳ. ①TU746.3

中国版本图书馆 CIP 数据核字（2023）第 084242 号

责任编辑：周　鼎　魏　桦
出版发行：学苑出版社
社　　址：北京市丰台区南方庄2号院1号楼
邮政编码：100079
网　　址：www.book001.com
电子信箱：xueyuanpress@163.com
联系电话：010-67601101（营销部）、010-67603091（总编室）
印　刷　厂：廊坊市印艺阁数字科技有限公司
开本尺寸：889 mm × 1194 mm　1/16
印　　张：39.5
字　　数：592千字
版　　次：2023年6月第1版
印　　次：2023年6月第1次印刷
定　　价：800.00元

# 前言

信阳雄踞大别山，坐落于鄂、豫、皖三省交会之地，山水相依、豫风楚韵、人杰地灵，是华夏文明发祥地之一，更是红旗招展、将星璀璨的革命老区。土地革命时期，这里是全国第二大革命根据地——鄂豫皖苏区首府所在地，是党的重要建党基地；抗日战争时期，这里是新四军抗日的重要战场；解放战争时期，这里是刘邓大军千里跃进大别山的落脚地、走向全国胜利的战略转折地。这里诞生了红四方面军、红二十五军、红二十八军等多支红军主力部队，走出了许世友、李德生、郑维山、尤太忠等69位开国将军，留下了709处重要革命纪念地和革命旧址，有30多万英雄儿女为新中国的成立献出了生命，创造了"28年红旗不倒"的奇迹，铸就了以"坚守信念、胸怀全局、团结奋进、勇当前锋"为内涵的大别山精神。

罗山县位于信阳市中心地区，南部的何家冲是一块"红色"的土壤。1926年，中国共产党在此建立了农民协会。1929年，何家冲建立了赤卫队。1930年，罗山县苏维埃政府成立。1932年，红四方面军从此地撤离大别山后，何家冲一带又是红二十五军的根据地和游击区。1934年，红二十五军由何家冲出发长征。红二十五军长征后，红二十八军又在何家冲一带坚持了三年的游击战争。抗日战争和解放战争时期，何家冲属于罗礼应抗日根据地，是鄂豫边区抗日根据地的重要组成部分。新四军第五师、中原解放军都在这里成长和战斗过。中国工农红军第二十五军从何家冲出发长征，是何家冲革命历史上最光辉的一页，是中国革命史上的重大事件。1934年11月16日，红二十五军奉中央军委副主席周恩来的命令，高举"中国工农红军北上抗日第二先遣队"的旗帜，在何家冲的古银杏树下集结，出发长征，成为第一支到达陕北的红军长征部队，被誉为"北上先锋"，为中国革命做出了重大贡献。

新时期，以习近平同志为核心的党中央高度重视文化遗产保护工作，尤其是革命文物的保护工作，要求"让革命文物活起来，把革命文物利用好、革命传统弘扬好、革命文化传承好"。红二十五军长征出发地旧址保护维修工程经国家文物局立项审批，自 2017 年起，在省、市文物行政主管单位的管理和指导下，秉承"赓续红色血脉，传承红色基因"的宗旨，罗山县文物管理局积极开展了红二十五军长征出发地旧址的保护和展示利用工作。

红二十五军长征出发地旧址是第四批全国重点文物保护单位，主要包括军部旧址（何氏祠）建筑群、红军医院建筑群、古银杏树、红军碾等组成部分。军部旧址（何氏祠）及红军医院建筑群均始建于明代，以南方建筑穿斗式梁架、空斗砖墙及蝴蝶瓦屋面风格为主。军部旧址原为何氏家族祠堂，红二十五军长征出发前夕，曾在此设立军部，倒座为警卫室、机要室、住室，正房为参谋处、首长住室。军长程子华、政治委员吴焕先、副军长徐海东都在此住过。东西厢房为政治部、会议室等其他军直机关处，出发前的准备工作会议即在此召开。新中国成立后，军部旧址建筑群曾作为学校使用，时有零星修缮。红军医院建筑群位于军部旧址东侧，由四组规模、形制大体相同的建筑组成，曾是何氏建筑居所，具有宗族色彩。红二十五军在何家冲驻扎时，将此处辟为医院，后仍作为民居使用，目前仍有村民在此居住。此次维修前，出发地旧址建筑群的主要病害为屋面漏雨、木基层糟朽、墙体歪闪坍塌、木构架糟朽、后人改建改造等，且白蚁虫患较为严重，整体环境较为杂乱，院落排水不畅。古银杏树存在树池过小，周边广场硬化面积过大，古树营养不足，树叶稀疏等情况。

本次修缮及环境治理工程划分为两个阶段进行。第一阶段为 2017 年 3 月至 2018 年 1 月，主要对军部旧址（何氏祠）建筑群及红军医院第一组、第二组建筑群进行了修缮加固。第二阶段为 2018 年 7 月至 2018 年 11 月，延续第一阶段对红军医院第三组、第四组建筑群进行了修缮加固，对古银杏树进行了复壮保护，对红军医院周边环境及银杏广场进行了整治。经过将近两年的努力，红二十五军长征出发地旧址文物建筑的病害得到了有效治理，整体环境显著改善，目前已作为重要的爱国教育基地发挥着重要作用。

本次工程在按照勘察设计方案要求实施的前提下，充分践行了"不改变文物原状"的保护原则。各方在工程开始前对文物现状进行了详细复核，实施过程当中对现场发现的新情况及时进行了认真研判，严格履行了图纸会审及设计交底、工程洽商、设计变更等程序。通过这些方式，更正了前人的不当维修，如小心剔除了军部旧址等建筑墙体后加的水泥抹面和白漆勾线，恢复了青砖空斗墙的原本面貌；去除了建筑群屋面上后添的油毛毡，恢复了极具南方建筑特色的蝴蝶瓦。根据建筑本体现状进行了设计变更，如对勘察后残损更严重的构件确定了新的维修措施，使安全隐患进一步消除；专门聘请林业专家对银杏树的现状进行现场考察，制订了科学的保养复壮方案；根据现场的实地情况更新了环境整治的措施，拆除了紧邻红军医院外墙的花坛，清理了河岸的菜园杂木，改善了建筑群外围的排水条件，考察了建筑群周边早期道路的形制，铺设了更加适应整体环境的条石路，等等。

中国传统建筑的营造讲求"因地制宜、天人合一"。文物的保护和利用工作同样要兼顾物与人两个方面，对仍发挥民居作用的文物建筑的保护尤其要考虑当地群众生活的需要。本次工程在对红军医院建筑群进行修缮和环境整治时，就充分考虑了群众的需求，听取了村民的意见。在必须坚持原则之处，向群众耐心讲解文物保护的原则和目的，争取他们的理解和支持，在不影响文物本体安全和整体环境之处，尽量满足村民的生活需求。通过这些努力，修缮工程得到了当地群众的大力支持和肯定，实现了妥善保护文物和改善群众生活环境的"双赢"。

近年来，我国的文物保护工程开展得如火如荼，但工程实录或报告的编制与出版工作还没有得到充分的重视。文物保护工程由"静态"的勘察与研究与"动态"的工程实施两个方面的工作共同完成，"动"是主体，"静"是辅助。但目前可见的相关文献或书籍大多着眼于"静"的方面，对工程实施本身的总结和理论化研究反而十分鲜见，现有研究工作依然局限在文物本体、保护理念，而忽视了最终决定先进理念能否落地的工程实践，使得工程管理、工艺水平等没有明显进步，甚至在市场化的环境中丢失了传统。某种程度上，工程实录或报告编制出版工作的滞后制约了文物保护工程行业发展水平的提升。与凤毛麟角的工程实录相比，文物保护工程的档案资料可谓浩如烟海。我国的文物保护工程相关法规对工程资料提出了非常细致的要求，工程资料记录和收集工作的重要程度并不亚于工程实施本身。每项文物保护工程几乎都具备一套完整翔实的资料，是对工程具体施工过程的真实记录和全面总结，是编制工程实录、研究和提升工程实践水平的绝好资料，是一座未被发掘的宝库。但遗憾的是，这些重要的资料绝大多数仅仅作为工程检查和验收的一项打分内容，验收结束后就归档入柜、难见天日。如果能够将这座"宝库"打开，许多先进的管理理念可以被推广，许多精妙的工艺手法可以被继承，许多局限和缺憾可以被弥补，许多错误和教训可以被规避，文物保护工程行业理论和实践将可以时时交流、日日碰撞，长足发展。本次工程进行之初，我就希望将本工程作为一个试点，尝试出版一部工程实录，在工程伊始就对参建各方资料的记录工作提出了"全面、翔实"的明确要求。工程结束后，在各方的大力支持下，我组建工程实录编制委员会，并亲自担任编委会主任，全面收集、整理了工程的程序资料、勘察设计方案、施工资料、监理资料汇编等，将海量的文字资料和影像资料认真梳理，力求最大限度保持工程原貌。本书以日为单位，真实记录了罗山何家冲红二十五军长征出发地建筑群保护修缮及环境治理的全过程，既总结经验和长处，也不避讳错误和问题，比如书中如实记录了工程在2017年7月河南省文物局组织的工程检查当中，发现施工单位派驻现场承担施工任务的当地施工力量，存在人员不符、现场管理不到位等问题，施工单位、监理单位深刻反思，工程暂停施工、认真整改的全部过程。

本书的出版，旨在全面展示文物保护工程实施全过程，探索文物保护工程实录及报告编制出版的模式，为同类型工程的实施提供参考。同时抛砖引玉，请专家、学者、行业同人批评指正，促进工程实施水平和报告编制水平的进一步提高。

牛宁<br>2023年5月

# 目录

## 第一章　工程勘测与方案　1
　　一、历史沿革　1
　　二、建筑形式与结构　2
　　三、价值评估　6
　　四、残损现状勘察　7
　　五、维修保护设计　25
　　六、有关事项的处理　46

## 第二章　施工管理　47
　　一、综合概述　47
　　二、工程概况　50
　　三、工程的重点、难点及分析　54
　　四、施工部署及施工总体安排　64
　　五、工程进度计划与措施　81
　　六、施工前的准备　91
　　七、资源配备计划（包括人员、施工设备和主要物资）　94
　　八、主要分部（分项）工程施工方案与技术措施　104
　　九、施工总平面布置　162
　　十、文物保护管理体系与措施　169
　　十一、季节性施工措施　174
　　十二、主要工程指标　177
　　十三、确保工程质量管理体系与措施　178
　　十四、确保安全管理体系与措施　188
　　十五、确保文明施工的技术组织措施　203
　　十六、减少噪声、降低环境污染的技术组织措施　207

十七、施工环境保护、水土保持和文物保护等措施　　209
　　十八、合理化建议及降低工程成本措施　　210
　　十九、工程承诺服务　　212

## 第三章　工程监理管理　　222
　　一、工程概况和历史沿革　　222
　　二、监理工作范围　　223
　　三、监理工作内容　　223
　　四、监理工作目标　　232
　　五、监理工作依据　　233
　　六、项目监理机构的组织形式　　233
　　七、项目监理组织机构人员配备　　234
　　八、项目监理组织机构人员职责　　234
　　九、监理工作的方法和措施　　236
　　十、监理工作制度　　247

## 第四章　工程实录　　251
　　一、第一阶段工程实录　　251
　　二、第二阶段工程实录　　447

## 第五章　工程竣工报告　　591
　　一、项目概况　　591
　　二、工程简介　　592
　　三、维修施工原则与依据　　593
　　四、各单体维修内容概述　　595
　　五、工程竣工初步初验　　599

## 第六章　监理工作总结报告　　600
　　一、工程概况　　600
　　二、监理组织机构人员投入　　603

| | |
|---|---|
| 三、监理合同履行情况 | 603 |
| 四、监理工作成效 | 607 |
| 五、施工中出现的问题及其处理情况 | 616 |
| 六、对工程的综合评价 | 618 |
| 七、建议 | 619 |
| **后　记** | **620** |

# 第一章　工程勘测与方案

罗山县位于河南省东南部，大别山北麓，淮河南岸，属信阳市管辖；北临驻马店市正阳县，南与湖北省接壤，京珠高速、312国道穿境而过，全县总面积2065平方千米，人口约78万，属于一个集山区、库区、革命老区于一体的特殊县份。该县地处热带湿润区的北部边缘，属亚热带向暖湿带过渡地带，具有典型的过渡性气候特点。年平均气温15.1摄氏度，最高气温41.0摄氏度，最低气温-18.2摄氏度。年均日照量2120.3小时，无霜期227天，年平均降水量1149.7毫米。

中国工农红军第二十五军长征出发地——何家冲，位于河南省罗山县铁卜乡何家冲村境内，北距罗山县城62千米，为中国工农红军长征四大出发地之一，地理坐标为：北纬31°38′、东经114°18′，海拔200米。何家冲地处豫鄂交界处的大别山的深山区，在大鸡笼山的西北侧，东、南、北三面环山，中部为长约6000米，宽100米~500米的狭长谷地，向西伸展。

红二十五军长征出发地1986年被罗山县人民政府公布为县级文物保护单位，1996年被国务院公布为第四批全国重点文物保护单位。

## 一、历史沿革

### （一）罗山建置沿革

汉以前未置县，西周时属申国，春秋、战国时属楚国，秦时属衡山郡。汉置鄳县，属江夏郡。南北朝时，宋置宝城县，属义阳郡；北齐改称高安县，属齐安郡。隋开皇十六年（596年）置罗山县，以县境内罗山得名，直至今日。自隋置罗山县后，长期属信阳。明洪武四年（1371年）改属临濠府（六年改中立府），七年还属汝宁府，成化十六年（1480年）复属信阳州，直至清末。民国初，属汝阳道。1949年后，属潢川专区，1952年12月，潢川专区合并于信阳专区，为信阳专区属县，1998年6月，属信阳市。

### （二）出发地沿革

何家冲在民国时期，属河南省第九督察行政区辖。新中国成立后，这里先后划归河南罗山县彭新公社、铁卜公社，现属铁卜乡何家冲村。何家冲是一块红色的土壤。1926年，中国共产党在此建立了农民协会。1929年，何家冲建立了赤卫队。1930年，罗山县苏维埃政府成立。1932年，红四方面军从此西撤离开大别山后，何家冲一带又是红二十五军的根据地和游击区。同年11月16日，红二十五军由何家冲出发长征。红二十五军长征后，红二十八军又在何家冲一带坚持了三年的游击战争。抗日战争和解放战争时期，何家冲属于罗礼应抗日根据地，是鄂豫边区抗日根据地的重要组成部分。新四军第五师、中原解放军都在这里成长和战斗过。

1. 红二十五军军部旧址——何氏祠，建于明代，为何姓祠堂。1934年11月，红二十五军长征出发前夕，军部机关设在这里。新中国成立后，何氏祠为何家冲小学所在地，"文化大革命"期间，何氏祠的墙壁、屋顶、门窗遭到一定的破坏。1991年10月，何家冲小学迁出。1992年，罗山县文物部门对何氏祠进行了小范围维修。

2. 红二十五军医院旧址，属民居，建于明代，为何姓人所建。1934年，红二十五军医院设在这里，红二十五军出发长征后，医院随之迁移，同年冬，房屋被国民党"清剿"部队放火焚烧，仅残存房屋30余间。新中国成立后，仍为民居，并时有修缮。红二十五军长征出发地，1986年被罗山县人民政府公布为县级文物保护单位，1996年被国务院公布为第四批全国重点文物保护单位。

## 二、建筑形式与结构

### （一）总体布局

红二十五军长征出发地由四部分组成：一是红二十五军军部旧址，设在何家祠堂，东西宽19.66米，南北长28.86米，现存房屋16间，具有南方宗祠建筑特点。当年军首长吴焕先、程子华、徐海东等人曾在此居住，并在此召开过多次重要军事会议。二是红二十五军医院旧址，位于军部旧址东约300米处的何大湾内。建于明代，为何姓人所建，属民居，为群组建筑，具有宗族色彩。该旧址总占地面积约2700平方米，现存房屋 25 座（含围廊）。四组建筑的结构、风格、规模基本相同。三是银杏树，树高 20 余米，是当年红二十五军集合出发的地方。四是红军碾，为当年红军碾米的石磨盘，当年红二十五军 2980 名将士吃米全靠此大碾盘碾米。

本次勘察设计只涉及红二十五军军部旧址——何氏祠和红二十五军医院旧址两处。

## （二）建筑形式与结构

### 1. 红二十五军军部旧址——何氏祠

1934 年 11 月，红二十五军长征出发前夕，军部机关设在这里。何氏祠建于明末清初，坐北朝南，背靠大山，面前为一带冲田，冲田南边为小溪流，冲田与溪流之间为公路，溪流南岸即为大山，东西两面均为冲田。

该宗祠平面呈长方形，东西宽 19.66 米，南北长 28.86 米，以大门中心线为中轴线，东西对称，由倒座、正房和东西厢房组成一个四合院，共有房屋 16 间。砖木结构，清水砖墙均为空斗砌法、抬梁式与穿斗式相结合的梁架结构形式，南方合瓦（蝴蝶瓦）屋面风格。建筑风格吸收了南方宗祠建筑的特点，如它的燕尾、防火山墙建筑风格，是大别山地区其他宗祠建筑所没有的。倒座面阔 5 间，大门居中，在明间的两道梁架上砌两道马头形风火山墙，高出两边屋面一定距离，墙上彩绘花草图案。大门上方有石雕"二龙戏珠"并施彩绘，石雕上方为墨书"何氏祠"三字。门楣的木枋上雕刻卷云纹图案。正面墙檐下彩绘民间故事图画，"文化大革命"期间遭涂抹，现模糊不清。屋顶用小灰布瓦，瓦当和滴水为三角形状，上模印植物花纹图案。山墙上用天蓝、朱红两色在白底墙上绘墙头花，为植物花草图案。石鼓形门砧，梁架为七架。后檐廊为鹤颈一支香轩顶，施两根檐柱，石柱础为宝瓶莲花座形状。穿插枋中部有扇面木雕，内容为"断桥""刘海砍樵"，"文化大革命"期间遭破坏，残迹依稀可见。廊檐的两端各有一拱形门通往庭院外，门头为砖券，正面有半环形的砖雕卷叶花纹带，施彩，宽约 0.2 米。院的东西各有厢房三间，结构相同。梁架上施柁墩，柱承五架梁，五架梁承瓜柱和三架梁。无廊檐柱，出檐用斜撑支顶，上雕有"回"字形图案。东厢房北间的前墙上嵌石碑一通，刻记着何氏家族的变迁及族规内容。花脊，由小青砖灰布瓦砌成，脊正中有一砖制碑形。正房为 5 间，为当地典型的"明三暗五"建筑风格形式，前有五级石台阶，两侧安垂带石。两边耳室对廊开门，拱形，门头上有半环形带状植物花纹。耳室通东西厢房的廊檐有石级相通。施廊檐柱两根，抹角方柱，石柱础为须弥座形状。穿插枋上有扇面木雕图案。明、次间的前金柱间设木装修。七架梁，使用柁墩承托其上梁架。次间与稍间之间为砖砌墙体，并突出屋顶，呈五山马头形防火山墙。山墙上彩绘有花纹、太极图等。

当年红二十五军军部在何氏祠的设置是，倒座为警卫室、机要室、住室，正房为参谋处、首长住室。军长程子华、政治委员吴焕先、副军长徐海东都在此住过。东西厢房为政治部、会议室等其他军直机关处，出发前的准备工作会议即在此召开。

**2. 红二十五军医院旧址**

红二十五军医院旧址位于军部旧址东约300米处的何大湾内。1934年11月，二十五军由光山花山寨西移至罗山县何家冲，红军医院随之迁到何大湾内。医院旧址为群组建筑。砖木结构，为明代建筑，具有宗族色彩。原为何氏老太婆营建，后因财力不足，只建成前排四个门楼。因这个群组建筑有四个门楼，当地群众称其为"四门楼"。医院旧址总占地面积约2700平方米，现存房屋25座（含围廊）。四组建筑的结构规模基本相同。

第一组建筑由两进院落及一后附院落构成，共九座建筑（含两围廊），砖木结构，清水砖墙多为空斗砌法，屋面均为南方合瓦（蝴蝶瓦）屋面风格。第一进院落由倒座及门楼、过厅及围廊组成。倒座面阔三间、进深二间，八檩七步架，穿斗式梁架结构形式，前檐用檐柱，前廊为双步。门楼位于西端，面阔、进深均为一间，七檩六步架，内设夹层，前檐廊为鹤颈一支香轩顶，大门砧上刻有卷曲纹图案。过厅面阔四间、进深三间，十一檩十步架，七架梁对前外廊、后内廊，穿斗式梁架结构形式，前檐用檐柱，前廊为双步，明间的前、后正中开门。西稍间为一暗间，正对前廊开门。两侧围廊为单坡式，檐墙上开设门洞、互通。二进院由围墙及正房组成，正房面阔四间、进深二间，十檩九步架，八架梁对前外伸后悬挑双步前廊，穿斗式梁架结构形式，明间前檐正中开门，其余间设窗。前檐东侧通过廊门与第二组院落相通。正房西侧为后附院门楼，现已坍塌，该院正房被改制，西厢房坍塌，东厢房两间，现残损。第二组建筑由三进院落构成，共六座建筑（含两围廊），砖木结构，清水砖墙多为空斗砌法，屋面均为南方合瓦（蝴蝶瓦）屋面风格。第一进院落由倒座及门楼、过厅及围廊组成。倒座面阔四间、进深二间，八檩七步架，不用梁架，由夹山支撑檩，前檐用檐柱，前廊为双步。门楼位于西端，面阔、进深均为一间，七檩六步架，内设夹层，前檐廊为鹤颈一支香轩顶。过厅面阔四间、进深二间，十一檩十步架，不用梁架，由夹山支撑檩，前檐用檐柱，前廊为双步，明间的前、后正中开门。西端为一过门，便于直通前、后院。两侧围廊为单坡式，檐墙上开设门洞、互通。二进院由围墙及正房（含过门）组成，正房面阔四间、进深二间，十檩九步架，八架梁对双步前廊，穿斗式梁架结构形式，明间前檐正中开门，其余间设窗。西端为一过门，便于直通前、后院。三进院由两侧围墙及正房组成，正房坐落在一个高1.05米的台基上，面阔五间、进深二间，为当地典型的"明三暗五"建筑风格形式，两稍间对前廊开门。十三檩十二步架，不用梁架，由夹山支撑檩，前檐用檐柱，前廊为双步。

第三组建筑由三进院落构成，共七座建筑（含围廊），砖木结构，清水砖墙多为空斗砌法，屋面均为南方合瓦（蝴蝶瓦）屋面风格。第一进院落由倒座及门楼、过厅及围廊组成。倒座面阔三间、进深二间，八檩七步架，不用梁架，由夹山支撑檩，前檐用檐柱，前廊为双步。门楼位于西端，面阔、进深均为一间，七檩六步架，内设夹层，前檐廊为鹤颈一支香轩顶。过厅面阔三间、进深二间，十一檩十步架，不用梁架，由夹山支撑檩，前檐用檐柱，前廊为双步，明间的前、后正中开门。西端为一过门，便于直通前、后院。两侧围廊为单坡式，檐墙上开设门洞、互通。二进院由围墙及正房（含过门）组成，正房面阔三间、进深二间，十檩九步架，八架梁对双步前廊，穿斗式梁架结构形式，明间前檐正中开门，其余间设窗。西端为一过门，便于直通前、后院。正房后檐外附一廊与三进院相连。三进院由西侧围墙、东侧外廊及正房组成，正房坐落在高1.05米的台基上，为当地典型的"明三暗四"建筑风格形式，两稍间对前廊开门，面阔四间、进深二间，十三檩十二步架，不用梁架，由夹山支撑檩，前檐用檐柱，前廊为双步，廊东端设券门通右侧院落。该院由东侧围廊与前院相连。

第四组建筑原由三进院落构成，现残存六座建筑（含围廊），砖木结构，清水砖墙多为空斗砌法，屋面均为南方合瓦（蝴蝶瓦）屋面风格。第一进院落由倒座及门楼、过厅及围廊组成。倒座面阔二间、进深二间，八檩七步架，不用梁架，由夹山支撑檩，前檐用檐柱，前廊为双步。门楼位于西端，面阔、进深均为一间，七檩六步架，内设夹层，前檐廊为鹤颈一支香轩顶。过厅面阔二间、进深二间，十一檩十步架，不用梁架，由夹山支撑檩，前檐用檐柱，前廊为双步。过厅西端过门被拆除。两侧围廊为单坡式，东侧檐墙上开设门洞、互通。二进院原建筑被拆除，现为今人违章建筑。三进院由西侧围墙、东厢房及正房组成，正房坐落在一高1.05米的台基上，面阔三间、进深二间，十三檩十二步架，不用梁架，由夹山支撑檩，前檐用檐柱，前廊为双步，廊西端设券门通左侧院落。东厢房原为两间，今人违章建筑时南一间被拆除。

## 三、价值评估

红二十五军从何家冲出发长征是何家冲革命斗争史上最光辉的一页，是中国革命史上的重大事件。对于红二十五军长征的历史功绩，党和国家领导人给予了充分的肯定和很高的评价。1935年10月，中央红军到达陕北后，毛主席在会见红二十五军徐海东、程子华等军团主要领导干部时表彰了红二十五军长征的功绩："是为革命立了大功"。邓小平曾说："红二十五军长征北上的路线是正确的。"李先念评价说："红二十五军的长征是红军长征史上的光辉一页。"

红二十五军长征出发地重要史迹、代表性建筑及其区域内的地形地貌，记录和反映了红二十五军长征出发前夕的活动史实，具有较高的历史价值、艺术价值和社会价值。

### （一）历史价值

红二十五军长征出发地记录了红二十五军长征出发前在何家冲的活动历史，大银杏树是红二十五军开始长征的历史见证和标志。这些保留的遗存真实地展示了红二十五军当年在何家冲的活动史事和历史环境。

红二十五军长征出发地的军部旧址和医院旧址分别建于明代和明末清初，建筑分别代表了同时期具有地方特点的祠堂建筑和民居，具有重要的历史研究价值。

### （二）艺术价值

红二十五军军部，建筑风格吸收了南方宗祠建筑的特点，砖雕、彩绘、木雕、燕尾、防火山墙，建筑艺术种类丰富，在大别山地区的宗祠建筑中独具特色。

红二十五军医院旧址属民居型组群建筑。医院旧址中门楼最具特色。四个门楼结构、式样完全相同，从东向西等距离排列，屋檐向下的弧线和砖墀头高挑的弧线形成对比，造型丰富。医院旧址四个院落平面布置基本相同。院与院以墙分隔，疏密兼置，相互围合不同空间。建筑正脊用灰瓦叠落，并叠出脊饰，中部渐低，渐向两方翘起，造型别致轻巧。军部旧址和医院旧址体现了大别山区独特的建筑艺术特点。

## （三）社会价值

由于红二十五军长征在中国工农红军长征中的重要性，何家冲近年来已成为人民群众缅怀一代革命先烈、继承革命遗志、接受爱国主义教育的重要基地。党和国家领导人及各级政府对这一革命纪念地高度重视。许多曾从此地出发参加长征的红军首长、红军战士旧地重游，讲授亲身经历，感人至深，使广大人民群众，尤其是青少年学生受到教育。这一重要革命纪念地在罗山乃至全省、全国的两个文明建设中日益发挥着巨大的作用。何家冲现存民居，大部分仍保留着豫南大别山区乡土建筑风貌，使文物建筑与所处建筑环境相对和谐、完整，为研究豫南乡土建筑提供了实例。

## 四、残损现状勘察

此次勘察主要采用了以下几种手段：

1. 手工测绘

主要用于探明各建筑结构特点，构造原貌的各种数据，作为制订维修方案的依据。

2. 残损勘察

对暴露出且确认已糟朽的木构件的明显坍塌、劈裂情况都进行了探查，对不宜探查的部位，主要采用敲击法和深入观察、综合分析的办法进行了探查。

3. 背景调查

对照有关资料及走访老人，对建筑的现状与原貌的差别进行了分析。对现存建筑的状况进行对照、观察，分析其病害及原貌。

对以上几种勘察方法加以综合运用，使本次勘察基本具备了科学化、量化的特点，为以后维修工作打下了良好的基础。

### （一）总体环境

1. 军部旧址：又称何氏祠，建于明末清初，坐北朝南，背靠大山，面前为一带冲田，冲田南边为小溪流，冲田与溪流之间为公路，溪流南岸即为大山，东西两面均为冲田。该宗祠平面呈长方形，东西宽19.66米，南北长28.86米，以大门中心线为中轴线，东西对称，由倒座、正房和东西厢房组成一个四合院，共有房屋16间。何氏祠在自然及人为的双重作用下，残损较为严重；大部分屋面漏雨，部分木构架残损，部分墙体歪闪或坍塌；院内地坪及排水系统被破坏，排水不畅。

2. 红二十五军医院旧址：医院旧址位于军部旧址东约300米处的何大湾内。建于明代，为何姓人所建，属民居，为群组建筑，砖木结构，具宗族色彩。该旧址总占地面积约2700平方米，现存房屋25座（含围廊）。四组建筑的结构、风格、规模基本相同。在自然及人为的双重作用下，旧址主要残损是排水系统及室内外地面，杂草丛生，部分建筑瓦脱落或破碎，局部屋面漏雨；新修建筑的檩、椽等新配的木构件未做断白处理；柱子及装修上新作的油饰起甲、脱落；部分建筑已坍塌或被改制。旧址内无专业人员驻守来负责旧址的日常管理、维护和安全保卫工作，无消防设施。

## （二）单体建筑残损勘察

### 1. 军部旧址——何氏祠单体建筑残损勘察

（1）大门及倒座：结构形式为砖木结构，经实地勘察其主要残损为：飞檐糟朽40%，遮椽板全佚失，屋面小青瓦脱落、破碎5%，局部杂草丛生，门楼及东倒座正脊端部均断裂。

| 序号 | 名称 | 残损位置、性质、程度 | 损坏原因 | 残损点评定界限 | 残损程度评估 | 备注 |
|---|---|---|---|---|---|---|
| 1 | 台基 | 前檐踏步石断裂4块，60%错位，后檐阶条石断裂3块 | 人为破坏 日久失修 | | 改变原貌，有碍观瞻，已构成残损 | |
| | | 后檐原排水沟佚失，现为卵石、水泥砂浆散水，仅遗存落水口 | | | | |
| | | 青砖地面残损60% | | | | |
| | | 前檐及东侧散水佚失，现为泥土地面 | | | | |
| | | 前檐及东侧台明勾缝灰脱落80%，杂草丛生 | 日久失修 受力变形 | 有成片的脱落或空鼓或裂缝 | 有成片的脱落，已达到残损 | |
| 2 | 墙体 | 后檐及东侧外墙体自台基起0.5米高以下酥碱60%，深达70毫米 | 水浸 | $\rho>1/5$ 或按剩余截面验算不合格 | $60<400\div5=80$，未达到残损点 | |
| | | 内墙皮空鼓30% | 受力变形 | 有成片的脱落或空鼓或裂缝 | 有成片的脱落，已达到残损 | |
| 3 | 木构架 | 梁、檩、枋基本完好 | | | | |

续表

| 序号 | 名称 | 残损位置、性质、程度 | 损坏原因 | 残损点评定界限 | 残损程度评估 | 备注 |
|---|---|---|---|---|---|---|
| 4 | 屋盖部分 | 飞椽糟朽40%，遮椽板全佚失 | 水浸 人为破坏 | 有成面积糟朽或佚失 | 有成面积糟朽和佚失，已构成残损 | |
| | | 屋面小青瓦脱落、破碎5%，局部杂草丛生，门楼及东倒座正脊端部均断裂 | 自然 受力变形 | 有成面积残损 | 有成面积残损，已构成残损 | |
| 5 | 装修 | 油饰起甲、脱落10% | 风化 | 有成面积起甲、脱落 | 有成面积残损，已构成残损 | |
| 6 | 柱子柱础 | 柱子油饰起甲、脱落10% | 风化 | 有成面积起甲、脱落 | 有成面积残损，已构成残损 | |

（2）正房：结构形式为砖木结构，经实地勘察，其主要残损为：东山墙前檐处出现竖向贯通裂缝；椽糟朽30%，遮椽板全佚失；屋面小青瓦脱落、破碎10%，后檐屋面多处漏雨，局部杂草丛生。具体残损状况见下表：

| 序号 | 名称 | 残损位置、性质、程度 | 损坏原因 | 残损点评定界限 | 残损程度评估 | 备注 |
|---|---|---|---|---|---|---|
| 1 | 台基 | 前檐水泥砂浆粘结断裂的踏步石 | 人为破坏 日久失修 | | 改变原貌，有碍观瞻，已构成残损 | |
| | | 后檐原排水沟佚失，杂草丛生；前檐排水沟佚失，现为卵石、水泥砂浆散水；东侧散水佚失，现为泥土地面 | | | | |
| | | 原青砖地面佚失，现为水泥地面 | | | | |
| | | 台明勾缝灰脱落60%，杂草丛生 | 日久失修 受力变形 | 有成面积的脱落或空鼓或裂缝 | 有成面积的脱落，已达到残损 | |
| 2 | 墙体 | 自地面起1米高以下外墙酥碱60%，深达70毫米 | 水浸 | $\rho>1/5$或按剩余截面验算不合格 | $70<400÷5=80$，未达到残损点 | |
| | | 内墙皮脱落10%，空鼓20% | 水浸 受力变形 | 有成面积的脱落或空鼓或裂缝 | 有成面积的脱落，已达到损残 | |
| | | 东山墙前檐处出现竖向贯通裂缝 | 基础变形 | 有通长的水平裂缝，或有贯通的竖向裂缝或斜向裂缝 | 因基础变形引起的裂缝，与基础同视为残损 | |

续表

| 序号 | 名称 | 残损位置、性质、程度 | 损坏原因 | 残损点评定界限 | 残损程度评估 | 备注 |
|---|---|---|---|---|---|---|
| 3 | 木构架 | 梁、檩、枋基本完好 | | | | |
| 4 | 屋盖部分 | 椽糟朽30%，遮椽板全佚失 | 水浸 人为破坏 | 有成面积糟朽或佚失 | 有成面积糟朽和佚失，已构成残损 | |
| | | 屋面小青瓦脱落、破碎10%，后檐屋面多处漏雨，局部杂草丛生 | 自然 | 有成面积残损 | 有成面积残损，已构成残损 | |
| 5 | 装修 | 油饰起甲、脱落15% | 风化 | 有成面积起甲、脱落 | 有成面积残损，已构成残损 | |
| | | 前檐轩佚失 | 人为破坏 | | 改变原貌，有碍观瞻，已构成残损 | |
| 6 | 柱子柱础 | 柱子油饰起甲、脱落15% | 风化 | 有成面积起甲、脱落 | 有成面积残损，已构成残损 | |

（3）东厢房：结构形式为砖木结构，经实地勘察，其主要残损为：檐椽糟朽20%，遮椽板全佚失；屋面小青瓦脱落、破碎10%，后檐屋面多处漏雨，局部杂草丛生。具体残损状况见下表：

| 序号 | 名称 | 残损位置、性质、程度 | 损坏原因 | 残损点评定界限 | 残损程度评估 | 备注 |
|---|---|---|---|---|---|---|
| 1 | 台基 | 前檐阶条石用水泥砂浆勾缝 | 人为破坏 日久失修 | | 改变原貌，有碍观瞻，已构成残损 | |
| | | 后檐原散水佚失，现为泥土地面；前檐排水沟佚失，现为卵石、水泥砂浆散水 | | | | |
| | | 原青砖地面佚失，现为水泥地面 | | | | |
| | | 后檐台明勾缝灰脱落30%，杂草丛生 | 日久失修 受力变形 | 有成面积的脱落或空鼓或裂缝 | 有成面积的脱落，已达到残损 | |
| 2 | 墙体 | 后檐外墙体自地面起1米高以下酥碱60%，深达60毫米 | 水浸 | $\rho>1/5$或按剩余截面验算不合格 | $60<400\div5=80$，未达到残损点 | |
| 3 | 木构架 | 檩、椽等新配的30%木构件未做断白处理 | 保护性破坏 | | 未对新配木构件做科学合理的处理，应视为残损 | |

续表

| 序号 | 名称 | 残损位置、性质、程度 | 损坏原因 | 残损点评定界限 | 残损程度评估 | 备注 |
|---|---|---|---|---|---|---|
| 4 | 屋盖部分 | 檐椽糟朽20%，遮椽板全佚失 | 水浸 人为破坏 | 有成面积糟朽或佚失 | 有成面积糟朽和佚失，已构成残损 | |
| | | 屋面小青瓦脱落、破碎10%，后檐屋面多处漏雨，局部杂草丛生 | 自然 | 有成面积残损 | 有成面积残损，已构成残损 | |
| 5 | 装修 | 油饰起甲、脱落10% | 风化 | 有成面积起甲、脱落 | 有成面积残损，已构成残损 | |
| 6 | 柱子柱础 | 柱子油饰起甲、脱落10% | 风化 | 有成面积起甲、脱落 | 有成面积残损，已构成残损 | |

（4）西厢房：结构形式为砖木结构，经实地勘察，其主要残损为：檐椽糟朽30%，遮椽板全佚失；屋面小青瓦脱落、破碎10%，北山墙上部屋面多处漏雨，局部杂草丛生。具体残损状况见下表：

| 序号 | 名称 | 残损位置、性质、程度 | 损坏原因 | 残损点评定界限 | 残损程度评估 | 备注 |
|---|---|---|---|---|---|---|
| 1 | 台基 | 前檐阶条石用水泥砂浆勾缝 | 人为破坏 日久失修 | | 改变原貌，有碍观瞻，已构成残损 | |
| | | 后檐原散水佚失，现为水泥地面；前檐排水沟佚失，现为卵石、水泥砂浆散水 | | | | |
| | | 原青砖地面佚失，现为水泥地面且勾缝、作伪 | | | | |
| 2 | 墙体 | 后檐外墙体自地面起0.8米高以下酥碱60%，深达60毫米 | 水浸 | $\rho>1/5$ 或按剩余截面验算不合格 | $60<400\div5=80$，未达到残损点 | |
| 3 | 木构架 | 檩、椽等新配的40%木构件未做断白处理 | 保护性破坏 | | 未对新配木构件做科学合理的处理，应视为残损 | |
| 4 | 屋盖部分 | 檐椽糟朽30%，遮椽板全佚失 | 水浸 人为破坏 | 有成面积糟朽或佚失 | 有成面积糟朽和佚失，已构成残损 | |
| | | 屋面小青瓦脱落、破碎10%，北山墙上部屋面多处漏雨，局部杂草丛生 | 自然 | 有成面积残损 | 有成面积残损，已构成残损 | |

续表

| 序号 | 名称 | 残损位置、性质、程度 | 损坏原因 | 残损点评定界限 | 残损程度评估 | 备注 |
|---|---|---|---|---|---|---|
| 5 | 装修 | 油饰起甲、脱落15% | 风化 | 有成面积起甲、脱落 | 有成面积残损，已构成残损 | |
| 6 | 柱子柱础 | 柱子油饰起甲、脱落15% | 风化 | 有成面积起甲、脱落 | 有成面积残损，已构成残损 | |

## 2. 红二十五军医院旧址

位于军部旧址东约300米处的何大湾内，属民居，建于明代，为群组建筑，四组建筑的结构、风格、规模基本相同。现就每组建筑的残损情况分别介绍如下：

（1）第一组建筑：该组建筑由前边两进院落及一后附院落构成，原共九座建筑（含两围廊），砖木结构。前边两进院落主要残损是排水系统及室内外地面被破坏，杂草丛生，部分建筑瓦脱落或破碎，导致局部屋面漏雨；新修建筑的檩、椽等新配的木构件未做断白处理；柱子及装修之上新作的油饰起甲、脱落。后附院门楼，现已坍塌，该院正房被改制，西厢房坍塌，东厢房两间，现残损。现就单体建筑的残损情况分别介绍如下：

①门楼及倒座：结构形式为砖木结构，经实地勘察其主要残损为：门楼前檐飞椽糟朽40%、遮椽板全佚失；屋面小青瓦脱落、破碎5%，局部杂草丛生，门楼与倒座相接处上部屋面漏雨。具体残损状况见下表：

| 序号 | 名称 | 残损位置、性质、程度 | 损坏原因 | 残损点评定界限 | 残损程度评估 | 备注 |
|---|---|---|---|---|---|---|
| 1 | 台基 | 北侧排水沟内杂草丛生；南侧原散水佚失，现为泥土地面；西侧原散水佚失，现为水泥地面 | 日久失修 人为破坏 | | 改变原貌，有碍观瞻，已构成残损 | |
| | | 倒座原青砖地面佚失，现为水泥地面且勾缝、作伪 | | | | |
| 2 | 墙体 | 自地面起0.6米高以下外墙酥碱60%，深达70毫米 | 水浸 | $\rho>1/5$ 或按剩余截面验算不合格 | $70<420\div5=84$，未达到残损点 | |
| 3 | 木构架 | 檩、椽等新配的木构件未做断白处理 | 保护性破坏 | | 未对新配木构件做科学合理的处理，应视为残损 | |

续表

| 序号 | 名称 | 残损位置、性质、程度 | 损坏原因 | 残损点评定界限 | 残损程度评估 | 备注 |
|---|---|---|---|---|---|---|
| 4 | 屋盖部分 | 门楼前檐飞椽糟朽40%、遮椽板全佚失 | 水浸 人为破坏 | 有成面积糟朽或佚失 | 有成面积糟朽和佚失，已构成残损 | |
| | | 屋面小青瓦脱落、破碎5%，局部杂草丛生，门楼与倒座相接处上部屋面漏雨 | 自然 受力变形 | 有成面积残损 | 有成面积残损，已构成残损 | |
| 5 | 装修 | 油饰起甲、脱落10% | 风化 | 有成面积起甲、脱落 | 有成面积残损，已构成残损 | |
| | | 门楼窗棂佚失 | 人为破坏 | 有成面积糟朽或佚失 | | |
| | | 门楼夹层楼板残损30% | 水浸 | | | |
| 6 | 柱子柱础 | 柱子油饰起甲、脱落10% | 风化 | 有成面积起甲、脱落 | 有成面积残损，已构成残损 | |

②过厅（含两廊）：结构形式为砖木结构，经实地勘察，其主要残损为：后檐门头上方屋面佚失；西廊屋面坍塌1平方米。具体残损状况见下表：

| 序号 | 名称 | 残损位置、性质、程度 | 损坏原因 | 残损点评定界限 | 残损程度评估 | 备注 |
|---|---|---|---|---|---|---|
| 1 | 台基 | 前檐及两廊前檐排水沟佚失，杂草丛生；后檐排水沟内杂草丛生；西侧原散水佚失，现为水泥地面 | 日久失修 人为破坏 | | 改变原貌，有碍观瞻，已构成残损 | |
| | | 两廊下原青砖地面佚失，现为水泥地面，且勾缝、作伪 | | | | |
| | | 前檐踏步石断裂一块 | 人为破坏 | | 改变原貌，有碍观瞻，已构成残损 | |
| | | 明间后檐排水明沟被改制后雨水倒流 | 人为破坏 | | 改变原做法，已构成残损 | |
| 2 | 墙体 | 西山外墙自地面起0.6米高，以下外墙酥碱60%，深达70毫米 | 水浸 | $\rho>1/5$ 或按剩余截面验算不合格 | $70<420\div5=84$，未达到残损点 | |
| 3 | 木构架 | 檩、椽等新配的木构件未做断白处理 | 保护性破坏 | | 未对新配木构件做科学合理的处理，应视为残损 | |
| 4 | 屋盖部分 | 后檐门头上方屋面佚失 | 人为破坏 | 有成面积糟朽或佚失 | 有成面积佚失，已构成残损 | |
| | | 西廊屋面坍塌1平方米 | 漏雨 | | 有成面积残损，已构成残损 | |

续表

| 序号 | 名称 | 残损位置、性质、程度 | 损坏原因 | 残损点评定界限 | 残损程度评估 | 备注 |
|---|---|---|---|---|---|---|
| 5 | 装修 | 油饰起甲、脱落 10% | 风化 | 有成面积起甲、脱落 | 有成面积残损，已构成残损 | |
| 6 | 柱子柱础 | 柱子油饰起甲、脱落 10% | 风化 | 有成面积起甲、脱落 | 有成面积残损，已构成残损 | |

③正房：结构形式为砖木结构，经实地勘察，其主要残损为：东次间屋面小青瓦脱落、破碎5%。具体残损状况见下表：

| 序号 | 名称 | 残损位置、性质、程度 | 损坏原因 | 残损点评定界限 | 残损程度评估 | 备注 |
|---|---|---|---|---|---|---|
| 1 | 台基 | 前、后檐排水沟佚失，杂草丛生；西侧原散水佚失，现为水泥地面 | 日久失修 人为破坏 | | 改变原貌，有碍观瞻，已构原青砖地面佚失 70%，现成残损 | |
| | | 原青砖地面佚失 70%，现成残损，补配水泥地面 | | | | |
| | | 台明及踏步石水泥勾缝 | 人为破坏 | | | |
| 2 | 墙体 | 自地面起 0.6 米高，以下外墙酥碱60%，深达 70 毫米 | 水浸 | $\rho>1/5$ 或按剩余截面验算不合格 | $60<420\div5=84$，未达到残损点 | |
| 3 | 木构架 | 檩、椽等新配的木构件30%未做断白处理 | 保护性破坏 | | 未对新配木构件做科学合理的处理，应视为残损 | |
| 4 | 屋盖部分 | 东次间屋面小青瓦脱落、破碎5% | 自然 | 有成面积糟朽或佚失 | 有成面积糟朽和佚失，已构成残损 | |
| 5 | 装修 | 油饰起甲、脱落 10% | 风化 | 有成面积起甲、脱落 | 有成面积残损，已构成残损 | |
| 6 | 柱子柱础 | 柱子油饰起甲、脱落 10% | 风化 | 有成面积起甲、脱落 | 有成面积残损，已构成残损 | |

④后附院门楼：该建筑早年坍塌，仅残存踏步、部分台基，应整体视为残损。

⑤后附院正房：该建筑早年坍塌，仅残存部分台基及踏步，今人在其基础之上改建，应整体视为残损。

⑥后附院东厢房：结构形式为土木结构，经实地勘察，其主要残损为：后檐南端坍塌，现用红砖及土坯补砌；北山墙前檐处出现竖向贯通裂缝，宽25毫米；前檐檩均

严重糟朽,现用两根立柱支撑;椽糟朽 30%,遮椽板佚失,屋面小青瓦脱落、破碎 20%。具体残损状况见下表:

| 序号 | 名称 | 残损位置、性质、程度 | 损坏原因 | 残损点评定界限 | 残损程度评估 | 备注 |
|---|---|---|---|---|---|---|
| 1 | 台基 | 后檐原排水沟佚失,现为泥土地面;其余散水均佚失,现为泥土地面 | 日久失修人为破坏 | | 改变原貌,有碍观瞻,已构成残损 | |
| | | 原青砖地面佚失 70%,现为泥土地面 | | | | |
| 2 | 墙体 | 后檐南端坍塌,现用红砖及土坯补砌 | 水浸 | | 已坍塌,已构成残损 | |
| | | 北山墙前檐处出现竖向贯通裂缝,宽 25 毫米 | 基础变形 | | 因基础变形引起的裂缝,应与基础同视为残损点 | |
| | | 内、外墙皮脱落 80% | 水浸 | 有成面积脱落或佚失 | 有成面积脱落,已构成残损 | |
| | | 室内人为增设隔墙 | 人为破坏 | | 改变原空间格局,已构成残损 | |
| 3 | 木构架 | 前檐檩均严重糟朽,现用两根立柱支撑 | 漏雨 | ρ>1/8 或按剩余截面验算不合格 | 已严重糟朽,且有临时支撑,已构成残损 | |
| 4 | 屋盖部分 | 椽糟朽 30%,遮椽板佚失 | 漏雨 | 有成面积糟朽或佚失 | 有成面积糟朽和佚失,已构成残损 | |
| | | 屋面小青瓦脱落、破碎 20% | 自然 | | | |
| 5 | 装修 | 南一间前檐原窗佚失,现更改为门和窗 | 人为破坏 | | 改变原貌又有碍观瞻,已构成残损 | |

⑦后附院西厢房:该建筑早年坍塌,仅残存台基及部分残墙,今人在其基础之上临时改建,应整体视为残损。

(2)第二组建筑:该组建筑由三进院落构成,共六座建筑(含两围廊),砖木结构。主要残损是排水系统及室内外地面被破坏,杂草丛生,部分建筑瓦脱落或破碎,导致局部屋面漏雨;新修建筑的檩、椽等新配的木构件未做断白处理;柱子及装修之上新作的油饰起甲、脱落。现就单体建筑的残损状况分别介绍如下:

①门楼及倒座:结构形式为砖木结构,经实地勘察,其主要残损为:北侧排水沟内杂草丛生;南侧原散水佚失,现为泥土地面;新配的檩、椽等木构件未做断白处理。具体残损状况见下表:

| 序号 | 名称 | 残损位置、性质、程度 | 损坏原因 | 残损点评定界限 | 残损程度评估 | 备注 |
|---|---|---|---|---|---|---|
| 1 | 台基 | 北侧排水沟内杂草丛生；南侧原散水佚失，现为泥土地面 | 日久失修 人为破坏 | | 改变原貌，有碍观瞻，已构成残损 | |
| | | 室内新修青砖地面 | | | | |
| 2 | 墙体 | 后檐自地面起0.6米高，以下外墙酥碱60%，深达70毫米 | 水浸 | ρ>1/5或按剩余截面验算不合格 | 70<420÷5=84，未达到残损点 | |
| 3 | 木构架 | 新配的檩、椽等木构件未做断白处理 | 保护性破坏 | | 未对新配木构件做科学合理的处理，应视为残损 | |
| 4 | 屋盖部分 | 新修屋面，基本完好 | | | | |
| 5 | 装修 | 油饰起甲、脱落10% | 风化 | 有成面积起甲、脱落 | 有成面积残损，已构成残损 | |
| | | 门楼窗棂佚失 | 人为破坏 | 有成面积糟朽或佚失 | | |
| | | 门楼夹层楼板残损20% | 水浸 | | | |
| 6 | 柱子柱础 | 柱子油饰起甲、脱落10% | 风化 | 有成面积起甲、脱落 | 有成面积残损，已构成残损 | |

②过厅（含过门）：结构形式为砖木结构，经实地勘察，其主要残损为：后檐门头上方屋面佚失；新配的檩、椽等木构件未做断白处理。具体残损状况见下表：

| 序号 | 名称 | 残损位置、性质、程度 | 损坏原因 | 残损点评定界限 | 残损程度评估 | 备注 |
|---|---|---|---|---|---|---|
| 1 | 台基 | 后檐排水沟内杂草丛生；前檐原排水沟佚失，现为泥土地面，且杂草丛生 | 日久失修 人为破坏 | | 改变原貌，有碍观瞻，已构成残损 | |
| | | 前檐台明水泥勾缝 | | | | |
| | | 室内新修青砖地面 | | | | |
| | | 两廊下青砖铺地残损30%，杂草丛生 | 日久失修 | | 日久失修，有成面积残损，已构成残损 | |
| 2 | 墙体 | 基本完好 | | | | |
| 3 | 木构架 | 新配的檩、椽等木构件未做断白处理 | 保护性破坏 | | 未对新配木构件做科学合理的处理，应视为残损 | |
| 4 | 屋盖部分 | 新修屋面，基本完好 | | | | |
| | | 后檐门头上方屋面佚失 | 人为破坏 | 有成面积糟朽或佚失 | 有成面积佚失，有碍观瞻，已构成残损 | |
| 5 | 装修 | 油饰起甲、脱落10% | 风化 | 有成面积起甲、脱落 | 有成面积残损，已构成残损 | |
| 6 | 柱子柱础 | 柱子油饰起甲、脱落10% | 风化 | 有成面积起甲、脱落 | 有成面积残损，已构成残损 | |

③二进正房（含过门）：结构形式为砖木结构，经实地勘察，其主要残损为：明间东缝夹山上方部分瓦脱落，局部漏雨；新配的檩、椽等木构件未做断白处理。具体残损状况见下表：

| 序号 | 名称 | 残损位置、性质、程度 | 损坏原因 | 残损点评定界限 | 残损程度评估 | 备注 |
|---|---|---|---|---|---|---|
| 1 | 台基 | 前、后檐原排水沟均佚失，现为泥土地面，且杂草丛生 | 日久失修 人为破坏 | | 改变原貌，有碍观瞻，已构成残损 | |
| | | 前檐台明勾缝灰脱落80% | | | | |
| | | 室内新修青砖地面 | | | | |
| | | 前檐踏步石错位 | 日久失修 | | 有成面积残损，已构成残损 | |
| 2 | 墙体 | 后檐外墙自地面起0.6米高，以下外墙酥碱60%，深达70毫米 | 水浸 | $\rho > 1/5$ 或按剩余截面验算不合格 | $70 < 420 \div 5 = 84$，未达到残损点 | |
| 3 | 木构架 | 新配的檩、椽等木构件未做断白处理 | 保护性破坏 | | 未对新配木构件做科学合理的处理，应视为残损 | |
| 4 | 屋盖部分 | 明间东缝夹山上方部分瓦脱落，局部漏雨 | 部分瓦脱落 | | 部分瓦脱落且漏雨，已构成残损 | |
| 5 | 装修 | 油饰起甲、脱落10% | 风化 | 有成面积起甲、脱落 | 有成面积残损，已构成残损 | |
| 6 | 柱子柱础 | 柱子油饰起甲、脱落10% | 风化 | 有成面积起甲、脱落 | 有成面积残损，已构成残损 | |
| | | 明间西缝前檐柱出现裂缝，长2米，宽20毫米，深40毫米 | 干缩裂缝 | 受压构件，裂缝深度不得大于构件径向的1/2 | $40 < 170 \div 2 = 85$，未达到残损点 | |

④三进正房：结构形式为砖木结构，经实地勘察，其主要残损为：东稍间后檐屋面坍塌0.5平方米。具体残损状况见下表：

| 序号 | 名称 | 残损位置、性质、程度 | 损坏原因 | 残损点评定界限 | 残损程度评估 | 备注 |
|---|---|---|---|---|---|---|
| 1 | 台基 | 前檐排水沟佚失，杂草丛生；后檐排水沟内杂草丛生 | 日久失修 人为破坏 | | 改变原貌，有碍观瞻，已构成残损 | |
| | | 前檐台明水泥勾缝 | | | | |
| | | 两稍间原铺地青砖佚失，现为水泥地面 | 保护性破坏 | | 改变了原材料，有碍观瞻，已构成残损 | |
| | | 前檐踏步石水泥勾缝 | | | | |

续表

| 序号 | 名称 | 残损位置、性质、程度 | 损坏原因 | 残损点评定界限 | 残损程度评估 | 备注 |
|---|---|---|---|---|---|---|
| 2 | 墙体 | 新修墙体,基本完好 | | | | |
| 3 | 木构架 | 新配的檩、椽等木构件未做断白处理 | 保护性破坏 | | 未对新配木构件做科学合理的处理,应视为残损 | |
| 4 | 屋盖部分 | 东稍间后檐屋面坍塌0.5平方米 | 部分瓦脱落 | | 已坍塌,已构成残损 | |
| 5 | 装修 | 油饰起甲、脱落10% | 风化 | 有成面积起甲、脱落 | 有成面积残损,已构成残损 | |
| 6 | 柱子柱础 | 柱子油饰起甲、脱落10% | 风化 | 有成面积起甲、脱落 | 有成面积残损,已构成残损 | |

（3）第三组建筑：该组建筑由三进院落构成，共七座建筑（含三围廊），砖木结构。主要残损是排水系统及室内外地面被破坏，杂草丛生，部分建筑瓦脱落或破碎，导致局部屋面漏雨；三进院围廊被改制，或坍塌；新修建筑的檩、椽等新配的木构件未做断白处理；柱子及装修之上新作的油饰起甲、脱落。现就单体建筑的残损状况分别介绍如下：

①门楼及倒座：结构形式为砖木结构，经实地勘察，其主要残损为：门楼前檐东端上部及脊部瓦脱落、破碎，导致漏雨；门楼夹层楼板残损2平方米；前檐轩东端残损1平方米。具体残损状况见下表：

| 序号 | 名称 | 残损位置、性质、程度 | 损坏原因 | 残损点评定界限 | 残损程度评估 | 备注 |
|---|---|---|---|---|---|---|
| 1 | 台基 | 北侧排水沟基本完好；倒座南侧原散水佚失,现被泥土不同深度掩埋 | 日久失修 人为破坏 | | 改变原貌,有碍观瞻,已构成残损 | |
| | | 门楼南侧原散水佚失,现为水泥地面,且不同深度抬高 | | | | |
| | | 倒座室内现为水泥地面；门楼青砖铺地残损30% | 人为破坏 | | 改变原貌,有碍观瞻,已构成残损 | |
| 2 | 墙体 | 后檐自地面起0.6米高,以下外墙酥碱50%,深达70毫米 | 水浸 | $\rho > 1/5$ 或按剩余截面验算不合格 | $70 < 420 \div 5 = 84$,未达到残损点 | |
| | | 门楼砖斗拱断裂、缺失1/3 | 受力变形 | 有成面积糟朽或佚失 | 有佚失,有碍观瞻,已构成残损 | |
| 3 | 木构架 | 新配的檩、椽等木构件未做断白处理 | 保护性破坏 | | 未对新配木构件做科学合理的处理,应视为残损 | |

续表

| 序号 | 名称 | 残损位置、性质、程度 | 损坏原因 | 残损点评定界限 | 残损程度评估 | 备注 |
|---|---|---|---|---|---|---|
| 4 | 屋盖部分 | 倒座为新修屋面，基本完好 | | | | |
| | | 门楼前檐东端上部及脊部瓦脱落、破碎，导致漏雨 | 瓦脱落、破碎 | 有成面积糟朽或佚失 | 有成面积残损，已构成残损 | |
| 5 | 装修 | 油饰起甲、脱落10% | 风化 | 有成面积起甲、脱落 | 有成面积残损，已构成残损 | |
| | | 门楼窗棂佚失 | 人为破坏 | | | |
| | | 门楼夹层楼板残损2平方米；前檐轩东端残损1平方米 | 水浸 | 有成面积糟朽或佚失 | | |
| 6 | 柱子柱础 | 柱子油饰起甲、脱落15% | 风化 | 有成面积起甲、脱落 | 有成面积残损，已构成残损 | |

②过厅（含过门、两廊）：结构形式为砖木结构，经实地勘察，其主要残损为：过厅后檐门洞被封堵，板门佚失，门头屋面残损20%。具体残损状况见下表：

| 序号 | 名称 | 残损位置、性质、程度 | 损坏原因 | 残损点评定界限 | 残损程度评估 | 备注 |
|---|---|---|---|---|---|---|
| 1 | 台基 | 前檐及两廊前檐排水沟佚失；后檐排水沟内杂草丛生 | 日久失修人为破坏 | | 改变原貌，有碍观瞻，已构成残损 | |
| | | 西侧过门原铺地青砖佚失，现为泥土地面 | | | | |
| | | 前檐台明水泥勾缝 | 保护性破坏 | | 改变了原材料，有碍观瞻，已构成残损 | |
| 2 | 墙体 | 新修墙体，基本完好 | | | | |
| 3 | 木构架 | 檩、椽等新配的木构件未做断白处理 | 保护性破坏 | | 未对新配木构件做科学合理的处理，应视为残损 | |
| 4 | 屋盖部分 | 新修屋面，基本完好 | | | | |
| 5 | 装修 | 过厅室内人为增设夹层 | 人为破坏 | | 改变原貌，有碍观瞻，已构成残损 | |
| | | 过厅后檐门洞被封堵，板门佚失，门头屋面残损20% | | | | |
| | | 油饰起甲、脱落10% | 风化 | 有成面积起甲、脱落 | 有成面积残损，已构成残损 | |
| 6 | 柱子柱础 | 柱子油饰起甲、脱落10% | 风化 | 有成面积起甲、脱落 | 有成面积残损，已构成残损 | |

③二进正房（含过门、后廊）：结构形式为砖木结构，经实地勘察，其主要残损为：过门屋面多处漏雨；后檐外廊东一间坍塌。具体残损状况见下表：

| 序号 | 名称 | 残损位置、性质、程度 | 损坏原因 | 残损点评定界限 | 残损程度评估 | 备注 |
|---|---|---|---|---|---|---|
| 1 | 台基 | 前檐原排水沟均佚失，现为泥土地面，且杂草丛生；后檐原排水沟内杂草丛生 | 日久失修 人为破坏 | | 改变原貌，有碍观瞻，已构成残损 | |
| | | 前檐台明勾缝灰脱落80%，现用水泥勾缝 | 保护性破坏 | | 改变了原材料，有碍观瞻，已构成残损 | |
| | | 西侧过门现为泥土地面；后檐外廊现为泥土地面 | 人为破坏 | | 改变原貌，有碍观瞻，已构成残损 | |
| | | 前檐踏步石错位 | 日久失修 | | 有成面积残损，已构成残损 | |
| 2 | 墙体 | 新修墙体，基本完好 | | | | |
| 3 | 木构架 | 新配的檩、椽等木构件未做断白处理 | 保护性破坏 | | 未对新配木构件做科学合理的处理，应视为残损 | |
| 4 | 屋盖部分 | 过门屋面多处漏雨 | 瓦脱落或破碎 | | 部分瓦脱落且漏雨，已构成残损 | |
| | | 后檐外廊东一间坍塌 | 日久失修 | | 已坍塌，已构成残损 | |
| 5 | 装修 | 油饰起甲、脱落10% | 风化 | 有成面积起甲、脱落 | 有成面积残损，已构成残损 | |
| 6 | 柱子柱础 | 柱子油饰起甲、脱落10% | 风化 | 有成面积起甲、脱落 | 有成面积残损，已构成残损 | |
| | | 明间西缝前檐柱出现裂缝，长1米，宽20毫米，深50毫米 | 干缩裂缝 | 受压构件，裂缝深度不得大于构件径向的1/2 | $50<160 \div 1=80$，未达到残损点 | |

④三进正房（含东廊）：结构形式为砖木结构，经实地勘察，其主要残损为：东廊后檐墙前移后被改建；共约3平方米屋面漏雨，导致其下椽不同程度糟朽。具体残损状况见下表：

| 序号 | 名称 | 残损位置、性质、程度 | 损坏原因 | 残损点评定界限 | 残损程度评估 | 备注 |
|---|---|---|---|---|---|---|
| 1 | 台基 | 前檐排水沟佚失，杂草丛生；后檐排水沟内杂草丛生 | 日久失修 人为破坏 | | 改变原貌，有碍观瞻，已构成残损 | |
| | | 前檐台明水泥勾缝 | 保护性破坏 | | 改变原材料，有碍观瞻，已构成残损 | |
| | | 前檐廊下青砖铺地残损40%，室内现为泥土地面 | | | | |
| | | 前檐踏步石错位 | 日久失修 | | | |

续表

| 序号 | 名称 | 残损位置、性质、程度 | 损坏原因 | 残损点评定界限 | 残损程度评估 | 备注 |
|---|---|---|---|---|---|---|
| 2 | 墙体 | 新修墙体，基本完好 | | | | |
| | | 东廊后檐墙前移后被改建 | 人为破坏 | | 改变原貌，有碍观瞻，已构成残损 | |
| 3 | 木构架 | 新配的檩、椽等木构件未作断白处理 | 保护性破坏 | | 未对新配木构件做科学合理的处理，应视为残损 | |
| 4 | 屋盖部分 | 共约3平方米屋面漏雨，导致其下椽不同程度糟朽 | 部分瓦脱落 | | 已漏雨，且导致下面椽糟朽，已构成残损 | |
| 5 | 装修 | 西稍间窗被改制 | 人为破坏 | | 改变原貌，有碍观瞻，已构成残损 | |
| | | 油饰起甲、脱落10% | 风化 | 有成面积起甲、脱落 | 有成面积残损，已构成残损 | |
| 6 | 柱子柱础 | 柱子油饰起甲、脱落10% | 风化 | 有成面积起甲、脱落 | 有成面积残损，已构成残损 | |

（4）第四组建筑：该组建筑由三进院落构成，原共七座建筑（含两围廊），砖木结构。主要残损是二进正房及其西侧过门、过厅西侧过门坍塌、佚失，今人在其基础之上改建；排水系统及室内外地面被破坏，杂草丛生，部分建筑瓦脱落或破碎，导致局部屋面漏雨；三进院东厢房被拆除一半；新修建筑的檩、椽等新配的木构件未做断白处理；柱子及装修之上新作的油饰起甲、脱落。现就单体建筑的残损状况分别介绍如下：

①门楼及倒座：结构形式为砖木结构，经实地勘察，其主要残损为：门楼屋面瓦脱落、破碎10%，导致多处漏雨；倒座板门上方漏雨。具体残损状况见下表：

| 序号 | 名称 | 残损位置、性质、程度 | 损坏原因 | 残损点评定界限 | 残损程度评估 | 备注 |
|---|---|---|---|---|---|---|
| 1 | 台基 | 北侧排水沟佚失；南侧原散水佚失，现均被泥土不同深度掩埋 | 日久失修 人为破坏 | | 改变原貌，有碍观瞻，已构成门楼青砖铺地佚失，现为残损 | |
| | | 门楼青砖铺地佚失，现为泥土地面，且后檐阶条石佚失 | | | | |
| | | 倒座室内新修青砖铺地，基本完好 | | | | |

续表

| 序号 | 名称 | 残损位置、性质、程度 | 损坏原因 | 残损点评定界限 | 残损程度评估 | 备注 |
|---|---|---|---|---|---|---|
| 2 | 墙体 | 倒座后檐及东山外墙自地面起0.6米高，以下外墙酥碱50%，深达70毫米 | 水浸 | ρ>1/5 或按剩余截面验算不合格 | 70<420÷5=84，未达到残损点 | |
| | | 门楼砖斗拱断裂、缺失1/3 | 受力变形 | 有成面积糟朽或佚失 | 有佚失，有碍观瞻，已构成残损 | |
| 3 | 木构架 | 倒座新配的檩、椽等木构件未做断白处理 | 保护性破坏 | | 未对新配木构件做科学合理的处理，应视为残损 | |
| 4 | 屋盖部分 | 倒座板门上方漏雨 | 瓦脱落、破碎 | 有成面积糟朽或佚失 | 有成面积残损，已构成残损 | |
| | | 门楼屋面瓦脱落、破碎10%，导致多处漏雨 | | | | |
| 5 | 装修 | 油饰起甲、脱落10% | 风化 | 有成面积起甲、脱落 | 有成面积残损，已构成残损 | |
| | | 门楼窗棂佚失 | 人为破坏 | | | |
| | | 门楼夹层楼板残损3平方米；前檐轩东端残损1平方米 | 水浸 | 有成面积糟朽或佚失 | | |
| 6 | 柱子柱础 | 柱子油饰起甲、脱落15% | 风化 | 有成面积起甲、脱落 | 有成面积残损，已构成残损 | |

②过厅（含过门、两廊）：结构形式为砖木结构，经实地勘察，其主要残损为：过厅屋面瓦脱落或破碎，导致局部漏雨；西侧过门人为拆除，现残存阶条石。具体残损状况见下表：

| 序号 | 名称 | 残损位置、性质、程度 | 损坏原因 | 残损点评定界限 | 残损程度评估 | 备注 |
|---|---|---|---|---|---|---|
| 1 | 台基 | 前、后檐及两廊前檐排水沟佚失；后檐室外地面被抬高 | 日久失修人为破坏 | | 改变原貌，有碍观瞻，已构成残损 | |
| | | 西侧过门人为拆除，现残存阶条石 | | | | |
| | | 室内及两廊新修青砖铺地，基本完好 | | | | |
| 2 | 墙体 | 新修墙体，基本完好 | | | | |
| 3 | 木构架 | 檩、椽等新配的木构件未做断白处理 | 保护性破坏 | | 未对新配木构件做科学合理的处理，应视为残损 | |

续表

| 序号 | 名称 | 残损位置、性质、程度 | 损坏原因 | 残损点评定界限 | 残损程度评估 | 备注 |
|---|---|---|---|---|---|---|
| 4 | 屋盖部分 | 屋面瓦脱落或破碎，导致局部漏雨 | 瓦脱落、破碎 | 有成面积糟朽或佚失 | 有成面积残损，已构成残损 | |
| | | 后檐门头上方屋面佚失 | 人为破坏 | | | |
| 5 | 装修 | 新作的油饰起甲、脱落10% | 风化 | 有成面积起甲、脱落 | 有成面积残损，已构成残损 | |
| 6 | 柱子柱础 | 柱子油饰起甲、脱落10% | 风化 | 有成面积起甲、脱落 | 有成面积残损，已构成残损 | |

③二进正房（含过门）：建筑整体被拆除后，今人在其基础之上新建，应整体视为残损。

④三进正房：结构形式为砖木结构，经实地勘察，其主要残损为：西次间共约1平方米屋面漏雨，导致其下椽不同程度糟朽；檐椽糟朽50%，遮椽板佚失。具体残损状况见下表：

| 序号 | 名称 | 残损位置、性质、程度 | 损坏原因 | 残损点评定界限 | 残损程度评估 | 备注 |
|---|---|---|---|---|---|---|
| 1 | 台基 | 前檐排水沟佚失；后檐排水沟内杂草丛生 | 日久失修 人为破坏 | | 改变原貌，有碍观瞻，已构成残损 | |
| | | 前檐台明勾缝灰全部脱落 | 保护性破坏 | | 改变了原材料，有碍观瞻，已构成残损 | |
| | | 前檐廊下及室内原青砖铺地佚失，现为泥土地面 | | | | |
| | | 前檐踏步石错位 | 日久失修 | | | |
| 2 | 墙体 | 西次间前檐违章增改，西侧门洞被封堵 | 人为破坏 | | 改变原貌，有碍观瞻，已构成残损 | |
| | | 前檐东侧盘头断裂 | 受力变形 | | 已断裂，已构成残损 | |
| 3 | 木构架 | 基本完好 | | | | |
| 4 | 屋盖部分 | 西次间共约1平方米屋面漏雨，导致其下椽不同程度糟朽 | 部分瓦脱落或破碎 | | 已漏雨，且导致下面椽糟朽，已构成残损 | |
| | | 檐椽糟朽50%，遮椽板佚失 | 人为破坏、水浸 | 有成面积糟朽或佚失 | 有成面积残损，已构成残损 | |
| 5 | 装修 | 门、窗基本完好 | | | | |
| 6 | 柱子柱础 | 基本完好 | | | | |

⑤东厢房：该建筑南一间因违章建筑被人为拆除。现存一间的散水，原室内地面，遮椽板均佚失，檐椽糟朽40%，应整体视为残损。

### 3. 医院旧址门前广场和银杏树区域现状勘察及评估

本次保护方案只涉及红二十五军医院旧址门前广场和银杏树区域两部分。

（1）医院旧址门前广场

旧址前东西向阔58米，南至水塘边最小距离约17米。该区域东西向设有宽约6米的乡村道路，因该道路是附近村民来往的交通要道，随着经济的发展，农用机动车的普及，路面被村民不断整治，地势逐年抬高。现存的沥青路面及路两侧花池、绿化为2015年响应美丽乡村建设所致，严重影响旧址环境风貌。

现场调查发现：

①紧邻旧址建筑约2.6米范围内，从东至西被掩埋深约0.3米，四组门楼前檐的踏步石被掩埋于青砖路面下；四座倒座后檐散水的青砖多有破碎且紧邻散水外分别砌青砖把边花池，导致后檐雨水无法排出，直接渗漏到基础位置，日久失修给建筑带来安全隐患。且池内的树木、绿化日常管理滞后，参差不齐，"缺东少西"。

②紧邻旧址建筑约2.6米外东西向为6米多宽的沥青道路，严重影响旧址环境风貌。据附近村民讲，现路面相对于原始地坪也抬高约0.3米。现沥青路面中部高出、向两侧做出坡度约2%～3%泛水。

③道路南一直到水塘边为青砖、卵石把边的花池，池内植树、绿化，地面凹凸不平，但整体高出原始地坪约0.5米（这从水塘北岸新增的毛石砌体可得到验证），且又高出沥青路面。池内的树木、绿化日常管理也滞后，参差不齐，"缺东少西"。

（2）银杏树区域

树高约30米、树径约1.5米，距今800年的历史，是红二十五军长征出发的见证。1934年11月16日，红二十五军2980名战士高举"中国工农红二十五军北上抗日先遣队"的旗帜，从此出发开始长征。在树北侧、距树12米的弧形浮雕墙展示了当年的送别场面。银杏树周边的地面、绿化从2008年始至今，其间不断整治、数次更改，现树周边的环境为2015年改造所致。

调查发现：

①树外周被一边长2.6米、高1米的五角形花岗岩石栏杆围护，材质、色彩均反差太大且改变了原格局，与原始环境不协调。

②栏杆外直径为28米的圆形范围内铺绿色生态砖，一周再向外2.5米环形内铺灰色生态砖且不同程度的残损，再向外1.6米环形内植黄杨，黄杨外围为宽度3米的环形素混凝土路面。该区域内大量使用现代建筑新材料，严重影响环境风貌，对原历史氛围造成破坏。

③西北、东北、西南及东南方向分别辟出入口，西南、东南方向的出入口内铺花岗岩石板甬路且东南方向为主出入口，石板路阻碍水汽流动，又与历史环境不协调。

④紧邻该广场北侧为多家村民住房，农家的鸡鸭鹅等禽类自由出入广场，广场内残留大量粪便、羽毛，日常管理、清扫工作严重滞后，带来严重的环境污染和造成游客的不满。

⑤银杏树呈现明显亚健康状态，树叶细小，挂果稀疏，新枝萌发稀少，是营养不良所致，与树下地面过度硬化有关。

## 五、维修保护设计

### （一）设计依据

1.《中华人民共和国文物保护法》

2.《中华人民共和国文物保护法实施细则》

3.《文物保护工程管理办法》

4.《纪念建筑、古建筑、石窟寺等修缮工程管理办法》

5.《古建筑木结构维护与加固技术规范》（GB50165-92）

6.《中华人民共和国环境保护法》

7.河南省《文物保护法实施办法》

8.相关文献资料及老人表述。

9.现场勘察成果、实测数据及实拍现状照片。

### （二）维修加固设计说明原则

遵照《中华人民共和国文物保护法》有关精神，按照我国有关古建筑修缮管理办法要求及《古建筑木结构维护与加固技术规范》（GB50165-92）标准，参照国际文物建筑保护和范例，并根据红二十五军长征出发地旧址建筑群的特点，我们认为，对其修缮加固设计应遵循如下原则：

1. 注重历史环境形象的恢复。建筑环境是建筑艺术构成的一个重要内容，故应拆除违章、有碍观瞻的现代构筑物，尽量保持出发地的历史环境氛围，以利于观众的历史联想。

2. 慎重对待"复原"问题。凡复原者，必须具有足够的依据。对缺少依据者，只要无碍于结构和使用功能，均不做复原。当出于保护目的而必须复原时，可参照该旧址同类构造，适度考虑重点构件的配置问题，但绝不在艺术风格及时代特征方面做任何臆测。

3. 注重采用传统材料和工艺。除在隐蔽部位出于结构方面的需要外，新补配的构件均应注意采用与原构件相同的材料和施工工艺进行维修。

4. 尽可能多地保留原构件。对构件的更换必须控制在最小的限度内。凡是能加固使用的原构件，均应予以保留；确实无法使用，但具备较高的历史与工艺价值的构件，应于拆除后予以妥善保存。

5. 新配置的部分应具有可识别性和可逆性。当用原材料、原工艺进行维修时，应注意使用新配部分在材料的色泽、细部、纹路等方面与原件有一定程度的区别。如有可能，应在所配材料、构件的隐蔽部位对于修缮时间及修缮情况做出标记。

6. 应坚持"不改变文物原状"的修缮原则。当原结构不合理，确需借助新结构进行加固时，应注意在隐蔽部位进行结构处理；当无法利用隐蔽部位进行处理时，应加强附加新结构在材质、结构和时代特点等方面的可识别性，以免产生误导作用。

## （三）维修保护设计说明

### 1. 地面、散水及排水沟的维修

室内地面：补配佚失或残损的青砖地面，做法为：青砖，黄沙扫缝→25毫米厚中砂铺垫→150毫米厚三七灰土→素土夯实。

院内地面：清除杂草，平整地面，补配青砖甬路及地面，铺法如图；做法为：青砖（规格如图），黄沙扫缝→25毫米厚中砂铺垫→150毫米厚三七灰土→素土夯实。

散水：补配佚失散水，做法同地面；青砖尺寸：270毫米×130毫米×60毫米；坡度：3%～4%；铺法为：十字缝纵铺。

排水沟：补配或修补排水沟，疏通院落的排水系统，做法如图。

### 2. 墙体维修

经检查鉴定、结构受力分析为危险墙体，或外观损坏十分严重而应拆除重砌的墙体，或经评估需局部拆除重砌的裂缝墙体，必须先检查、鉴定基础是否完好，若由基础不均匀沉降（且沉降存在继续发展的趋势）引起的墙体残损，须加固地基，同时消除影响基础安全的隐患。砌筑时，均须参照各建筑墙体原有的施工工艺及青砖规格重砌，并做好新旧砌体的咬合、拉结，灰缝平直，灰浆饱满，外观保持一致。整段墙体较好，但墙体上部某处残缺的应进行局部整修；对细微墙体裂缝（0.5厘米以下），维持原状并定期观测裂缝发展情况，墙体裂缝较宽（0.5厘米以上）且不影响结构稳定性的，采用铁扒锔沿墙缝加固，均用白灰浆灌缝，白灰勾缝、作伪；整段墙体完好，仅局部酥碱的墙体应剔凿挖补，对酥碱深度小于20%的部位仅做清理处理，对酥碱深度大于20%的墙砖，用小铲或凿子将酥碱部分剔除干净，用砍磨加工后的砖块按原位、原形制镶嵌，用石灰砂浆粘贴牢固，白灰勾缝；内墙面脱落或残损的，要按原做法修补，维修时，须与原面层的厚度、层次、材料比例、表面色泽一致，赶压坚实平整。本次维修建筑的内墙面做法存在两种：一是当基层为砖时，做法为18毫米厚1:3石灰砂浆→2厚麻刀石灰面；二是当基层为土坯时，做法为18毫米厚滑秸泥→2毫米厚麻刀石灰面。

### 3. 石作维修

（1）灰缝维修：缝内积土长的草清除后，用石灰砂浆重新勾缝。若为水泥砂浆勾缝的，改为石灰砂浆勾缝。

（2）新补配的石构件的品种、质感和色泽，应与原件相近，外形尺寸、表面剁斧、磨光、打道等均应与原件相同。

（3）断裂维修：断裂部分用环氧树脂粘结，并在接口处做旧处理。

（4）歪闪、位移的，拨正后，坍塌的重砌。

（5）有关露天石质防风化的处理，目前十分成熟的方法有限，施工前必须进行大量的试验、分析、论证和总结。

### 4. 大木作维修

（1）受压构件维修加固

①柱根糟朽加固：仅有表皮糟朽，且验算剩余截面尚能满足受力要求时，采用剔补加固，如是周身剔补，需设铁箍2道~3道；根部糟朽不超过柱高的1/4时，可用墩接；对于墙包柱柱根的糟朽，可采用青石墩接，青石规格视柱径及柱根糟朽高度，于工程中临时认定。柱中空糟朽且足以满足受力要求者，灌浆加固；全糟或下半部糟朽

高度超过 1/4 以上、不适于墩接的，应更换。新更换的柱子若为墙包柱，建议在保障墙体安全的前提下，采用通风构造做法，保持柱身干燥。

②柱劈裂加固：自然劈裂宽度超过 0.3 厘米的木条镶嵌并粘结牢固，逢宽 3 厘米～5 厘米或以上的嵌木条粘结外加铁箍；受力劈裂构件除用上述加固外，应减少荷载，附加支撑，必要时可更换构件。

③更换下来的柱子考虑二次利用或收藏保管。

（2）受力弯垂构件维修加固

①梁枋劈裂弯垂加固：采用构件组合或加大支座、减小构件计算长度等方式加强构件刚度；一般裂缝采用粘结和打箍，逢宽超过 0.5 厘米时，木条嵌补胶粘后，外加铁箍；榫头糟朽、折断、劈裂时，考虑采用硬杂木更换榫头；扭闪糟朽严重时，更换构件。

②檩条维修加固：上皮和局部糟朽者剔补，经计算，断面不足时更换，拔榫的拆装拨正并加铁锔。

③梁、枋、檩糟朽加固：未糟朽的断面，经计算，仍能安全承载者，剔除糟朽，用木料钉补粘结，面积较大的，外加铁箍，断面不足者，原材料更换。

④更换下来的梁、枋、檩考虑二次利用或收藏保管。

（3）椽子、飞子维修加固：椽头或尾折断或糟朽要更换；其余步架椽弯垂矢高大于 2% 时更换，不足时继续使用，糟朽者更换。

（4）檩、梁、椽等新配的木构件未做断白处理的，刷生桐油三道进行断白及防腐处理。

**5. 小木作修复加固**

（1）板门维修加固：裂缝不宽的，用木条嵌缝；较大的，拆卸后，加木块重拼装；佚失的补配。

（2）隔扇门、窗维修加固：边挺抹头榫卯松动，拆卸后重新组装，用胶粘牢；边框局部糟朽的钉补，格心残毁的修补；佚失的按遗存卯口，参照同类建筑装修风格补配。

（3）轩、牙子或遮椽板残缺的按原尺寸或卯口补配。

**6. 屋面维修**

（1）漏雨部分进行挑顶，更换受损构件后，按原做法重筑。屋面做法：①军部旧址的屋面做法：椽子（规格及间距见设计图）→望瓦→10 毫米～15 毫米厚护板灰→合瓦屋面（底瓦压七露三）→吻、兽、脊饰。②医院旧址的屋面做法：椽子（规格及间距见设计图）→望瓦→10毫米~15毫米厚护板灰→合瓦屋面（底瓦压七露三）→脊饰。在局部揭瓦和维修时应注意：应按原材料、原工艺进行；确定揭面积时，应考虑拆装木构件和揭瓦时对周围瓦顶的影响，不得因抽动木构件而伤害瓦顶；新、旧间的搭接坡度应一致。抽拉接茬时，不得移动其上层瓦件。

（2）挑顶维修时，应严格控制挑顶范围，尽可能多地保留原有屋面，维护文物的真实性和完整性。

（3）瓦件维修：不能使用的更换，佚失或形制、色彩不合规制的应予补配。

（4）脊的修复：损坏不严重的，可用灰勾抹严实；缺损、散落的局部脊件应进行归按、添配；具有文物价值的脊件应尽量进行粘补，实在不能粘补时，应参照原式样更换；脊毁坏严重的，应进行局部挑修，或全部重新挑修。

**7. 地基部分及其他未尽事宜，根据具体情况具体分析处理**

## （四）维修保护设计措施

### 1. 总体环境整治

（1）军部旧址——何氏祠

针对军部旧址目前这一现状，我们拟对现存文物建筑进行现状保护维修，恢复甬路，疏通排水系统。

（2）红二十五军医院旧址

针对医院旧址目前这一现状，我们拟对现存文物建筑进行现状保护维修，对已改建或坍塌建筑在确凿可靠的文献资料、众多老人现场表述及设计人员实地勘察的基础之上进行有理有据的修复；拆除违章搭建，恢复院墙、室外地坪、甬路，疏通排水系统，并建议完善日常管理、维护及消防安全工作。

### 2. 单体建筑维修保护设计

（1）军部旧址——何氏祠

据残损现状及结构可靠性鉴定，该旧址的单体建筑均属于Ⅲ类建筑，均需进行局部挑顶维修。各单体建筑的维修措施如下：

①大门及倒座：根据残损现状及结构可靠性鉴定，其中：飞椽糟朽40%，遮椽板全佚失，屋面小青瓦脱落、破碎5%，局部杂草丛生，门楼及东倒座正脊端部均断裂，日久将引起屋面部分坍塌。综合以上，将其定为Ⅲ类建筑，列为重点维修工程，对其进行局部挑顶维修。具体维修保护措施见下表：

| 序号 | 名称 | 残损位置、性质、程度 | 维修措施 | 备注 |
|---|---|---|---|---|
| 1 | 台基 | 前檐踏步石断裂4块，60%错位，后檐阶条石断裂3块 | 用环氧树脂粘结断裂的踏步石、阶条石；归位错位的踏步石 | |
| | | 后檐原排水沟佚失，现为卵石、水泥砂浆散水，仅遗存落水口 | 拆除卵石、水泥砂浆散水，恢复排水沟 | |
| | | 青砖地面残损60% | 参照遗存，补配青砖铺地 | |
| | | 前檐及东侧散水佚失，现为泥土地面 | 修整地面，补配青砖散水 | |
| | | 前檐及东侧台明勾缝灰脱落80%，杂草丛生 | 清除杂草，清理缝隙，白灰（砂浆）重新勾缝 | |
| 2 | 墙体 | 自台基起0.5米高以下外墙酥碱60%，深达70毫米 | 修补酥碱墙体，对于酥碱深度小于20%的部位仅做清理处理 | |
| | | 内墙皮空鼓30% | 修补内墙皮 | |
| 3 | 木构架 | 檩、枋基本完好 | 清理，日常维护 | |
| 4 | 屋盖部分 | 飞椽槽朽40%，遮椽板全佚失 | 用同材质木材更换槽朽飞椽，补配遮椽板 | |
| | | 屋面小青瓦脱落、破碎5%，局部杂草丛生，门楼及东倒座正脊端部均断裂 | 局部挑顶，补配脱落、破碎的小青瓦，清除杂草；修补断裂的正脊 | |
| 5 | 装修 | 油饰起甲、脱落10% | 暂做清理、维护 | |
| 6 | 柱子柱础 | 柱子油饰起甲、脱落10% | 暂做清理、维护 | |

②正房：根据残损现状及结构可靠性鉴定，其中因基础不均匀沉降，导致东山墙前檐处出现竖向贯通裂缝；椽槽朽30%，遮椽板全佚失；屋面小青瓦脱落、破碎10%，后檐屋面多处漏雨，局部杂草丛生；日久将引起屋面部分坍塌。综合以上，将其定为Ⅲ类建筑，列为重点维修工程，对其进行局部挑顶维修。具体维修保护措施见下表：

| 序号 | 名称 | 残损位置、性质、程度 | 维修措施 | 备注 |
|---|---|---|---|---|
| 1 | 台基 | 前檐水泥砂浆粘结断裂的踏步石 | 剔除水泥砂浆，清理后改用环氧树脂粘结 | |
| | | 后檐原排水沟佚失，杂草丛生；前檐排水沟佚失，现为卵石、水泥砂浆散水；东侧散水佚失，现为泥土地面 | 拆除杂草，补砌挡土墙，修复排水沟 拆除卵石、水泥砂浆散水，恢复排水沟 修整地面，补配青砖散水 | |
| | | 原青砖地面佚失，现为水泥地面 | 铲除水泥地面，补配青砖铺地 | |
| | | 台明勾缝灰脱落60%，杂草丛生 | 清除杂草，清理缝隙，白灰（砂浆）重新勾缝 | |

续表

| 序号 | 名称 | 残损位置、性质、程度 | 维修措施 | 备注 |
|---|---|---|---|---|
| 2 | 墙体 | 后檐及东侧墙体自地面起1米高以下外墙酥碱60%，深达70毫米 | 修补酥碱墙体，对于酥碱深度小于20的部位仅做清理处理 | |
| | | 内墙皮脱落10%，空鼓20% | 修补内墙皮 | |
| | | 东山墙前檐处出现竖向贯通裂缝 | 拆除裂缝处墙体，待基础加固处理后，按原做法重砌，做好新旧墙体的拉接 | |
| 3 | 木构架 | 梁、檩、枋基本完好 | 清理，日常维护 | |
| 4 | 屋盖部分 | 椽糟朽30%，遮椽板全佚失 | 用同材质木材更换糟朽飞椽、补配遮椽板 | |
| | | 屋面小青瓦脱落、破碎10%，后檐屋面多处漏雨，局部杂草丛生 | 局部挑顶，补配脱落、破碎的小青瓦，清除杂草 | |
| 5 | 装修 | 油饰起甲、脱落15% | 暂做清理、维护 | |
| | | 前檐轩佚失 | 参照倒座轩的做法补配 | |
| 6 | 柱子柱础 | 柱子油饰起甲、脱落15% | 暂做清理、维护 | |

③东厢房：根据残损现状及结构可靠性鉴定，其中檐椽糟朽20%，遮椽板全佚失；屋面小青瓦脱落、破碎10%，后檐屋面多处漏雨，局部杂草丛生；日久将引起屋面部分坍塌。综合以上，将其定为Ⅲ类建筑，列为重点维修工程，对其进行局部挑顶维修。具体维修保护措施见下表：

| 序号 | 名称 | 残损位置、性质、程度 | 维修措施 | 备注 |
|---|---|---|---|---|
| 1 | 台基 | 前檐阶条石用水泥砂浆勾缝 | 剔除水泥砂浆，用石灰砂浆勾缝 | |
| | | 后檐原散水佚失，现为泥土地面；前檐排水沟佚失，现为卵石、水泥砂浆散水 | 修整地面，补配青砖散水 | |
| | | | 拆除卵石、水泥砂浆散水，恢复排水沟 | |
| | | 原青砖地面佚失，现为水泥地面 | 铲除水泥地面，补配青砖铺地 | |
| | | 后檐台明勾缝灰脱落30%，杂草丛生 | 清除杂草，清理缝隙，白灰（砂浆）重新勾缝 | |
| 2 | 墙体 | 后檐外墙体自地面起1米高以下酥碱60%，深达60毫米 | 修补酥碱墙体，对于酥碱深度小于20毫米的部位仅做清理处理 | |
| 3 | 木构架 | 檩、椽等新配的30%木构件未做断白处理 | 对新配木构件，刷生桐油三道进行断白及防腐处理 | |

续表

| 序号 | 名称 | 残损位置、性质、程度 | 维修措施 | 备注 |
|---|---|---|---|---|
| 4 | 屋盖部分 | 檐椽糟朽20%，遮椽板全佚失 | 用同材质木材更换糟朽檐椽、补配遮椽板 | |
| | | 屋面小青瓦脱落、破碎10%，后檐屋面多处漏雨，局部杂草丛生 | 局部挑顶，补配脱落、破碎的小青瓦，清除杂草 | |
| 5 | 装修 | 油饰起甲、脱落10% | 暂做清理、维护 | |
| 6 | 柱子柱础 | 柱子油饰起甲、脱落10% | 暂做清理、维护 | |

④西厢房：根据残损现状及结构可靠性鉴定，其中檐椽糟朽30%，遮椽板全佚失；屋面小青瓦脱落、破碎10%，北山墙上部屋面多处漏雨，局部杂草丛生；日久将引起屋面部分坍塌。综合以上，将其定为Ⅲ类建筑，列为重点维修工程，对其进行局部挑顶维修。具体维修保护措施见下表：

| 序号 | 名称 | 残损位置、性质、程度 | 维修措施 | 备注 |
|---|---|---|---|---|
| 1 | 台基 | 前檐阶条石用水泥砂浆勾缝 | 剔除水泥砂浆，用石灰砂浆勾缝 | |
| | | 后檐原散水佚失，现为水泥地面；前檐排水沟佚失，现为卵石、水泥砂浆散水 | 拆除水泥地面，补配青砖散水 | |
| | | | 拆除卵石、水泥砂浆散水，恢复排水沟 | |
| | | 原青砖地面佚失，现为水泥地面且勾缝、作伪 | 铲除水泥地面，补配青砖铺地 | |
| 2 | 墙体 | 后檐外墙体自地面起0.8米高以下酥碱60%，深达60毫米 | 修补酥碱墙体，对于酥碱深度小于20毫米的部位仅做清理处理 | |
| 3 | 木构架 | 檩、椽等新配的40%木构件未做断白处理 | 对新配木构件，刷生桐油三道进行断白及防腐处理 | |
| 4 | 屋盖部分 | 檐椽糟朽30%，遮椽板全佚失 | 用同材质木材更换糟朽檐椽、补配遮椽板 | |
| | | 屋面小青瓦脱落、破碎10%，北山墙上部屋面多处漏雨，局部杂草丛生 | 局部挑顶，补配脱落、破碎的小青瓦，清除杂草 | |
| 5 | 装修 | 油饰起甲、脱落15% | 暂做清理、维护 | |
| 6 | 柱子柱础 | 柱子油饰起甲、脱落15% | 暂做清理、维护 | |

（2）红二十五军医院旧址

位于军部旧址东约300米处的何大湾内，属民居，建于明代，为群组建筑，四组建筑的残损程度、性质基本相同，采取的维修措施及方法基本一致。现就每组建筑的维修措施分别介绍如下：

①第一组建筑：针对该组建筑的残损，采取的主要措施是修补排水沟，恢复原排水系统；补配室内外地面，斩除杂草；归位脱落、更换破碎的瓦，修补屋面；对新配木构件未做断白处理的，刷生桐油三道进行断白及防腐处理；柱子及装修之上新作油饰起甲、脱落部分暂做清理、维护。恢复后附院门楼、正房及西厢房。现就单体建筑的维修措施分别介绍如下：

a. 根据残损现状及结构可靠性鉴定，其中门楼前檐飞椽糟朽40%、遮椽板全佚失；屋面小青瓦脱落、破碎5%，局部杂草丛生，门楼与倒座相接处上部屋面漏雨，日久将引起屋面部分坍塌。综合以上，将其定为Ⅲ类建筑，列为重点维修工程，对其进行局部挑顶维修。具体维修保护措施见下表：

| 序号 | 名称 | 残损位置、性质、程度 | 维修措施 | 备注 |
|---|---|---|---|---|
| 1 | 台基 | 北侧排水沟内杂草丛生；南侧原散水佚失，现为泥土地面；西侧原散水佚失现为水泥地面 | 清除排水沟内杂草 | |
| | | | 清理泥土地面，补配青砖散水 | |
| | | | 铲除水泥地面，补配青砖散水 | |
| | | 倒座原青砖地面佚失，现为水泥地面且勾缝、作伪 | 铲除水泥地面，补配青砖铺地 | |
| 2 | 墙体 | 自地面起0.6米高以下外墙酥碱60%，深达70毫米 | 修补酥碱墙体，对于酥碱深度小于20毫米的部位仅做清理处理 | |
| 3 | 木构架 | 檩、椽等新配的木构件未做断白处理 | 对新配木构件，刷生桐油三道进行断白及防腐处理 | |
| 4 | 屋盖部分 | 门楼前檐飞椽糟朽40%、遮椽板全佚失 | 用同材质木材更换糟朽檐椽、补配遮椽板 | |
| | | 屋面小青瓦脱落、破碎5%，局部杂草丛生，门楼与倒座相接处上部屋面漏雨 | 局部挑顶，补配脱落、破碎的小青瓦，清除杂草 | |
| 5 | 装修 | 油饰起甲、脱落10% | 暂做清理、维护 | |
| | | 门楼窗棂佚失 | 补配窗棂 | |
| | | 门楼夹层楼板残损30% | 补配残损的楼板 | |
| 6 | 柱子柱础 | 柱子油饰起甲、脱落10% | 暂做清理、维护 | |

b. 过厅（含两廊）：根据残损现状及结构可靠性鉴定，其中后檐门头上方屋面佚

失,导致雨水顺墙而下;西廊屋面坍塌1平方米,日久将引起屋面整体坍塌。综合以上,将西廊定为Ⅲ类建筑,列为重点维修工程,对其进行局部挑顶维修;过厅及东廊定为Ⅱ类建筑,列为一般维修工程。具体维修保护措施见下表:

| 序号 | 名称 | 残损位置、性质、程度 | 维修措施 | 备注 |
|---|---|---|---|---|
| 1 | 台基 | 前檐及两廊前檐排水沟佚失,杂草丛生;后檐排水沟内杂草丛生;西侧原散水佚失,现为水泥地面 | 补配排水沟 | |
| | | | 清除排水沟内杂草 | |
| | | | 铲除水泥地面,补配青砖散水 | |
| | | 室内及两廊下原青砖地面佚失,现为水泥地面且勾缝、作伪 | 铲除水泥地面,补配青砖铺地 | |
| | | 前檐踏步石断裂一块; | 清理后用环氧树脂粘结 | |
| | | 明间后檐排水明沟被改制后雨水倒流 | 拆除,恢复明沟排水 | |
| 2 | 墙体 | 西山外墙自地面起0.6米高以下外墙酥碱60%,深达70毫米 | 修补酥碱墙体,对于酥碱深度小于20毫米的部位仅做清理处理 | |
| 3 | 木构架 | 檩、椽等新配的木构件未做断白处理 | 对新配木构件,刷生桐油三道进行断白及防腐处理 | |
| 4 | 屋盖部分 | 后檐门头上方屋面佚失 | 补配门头屋面 | |
| | | 西廊屋面坍塌1平方米 | 修复坍塌的屋面 | |
| 5 | 装修 | 油饰起甲、脱落10% | 暂做清理、维护 | |
| 6 | 柱子柱础 | 柱子油饰起甲、脱落10% | 暂做清理、维护 | |

c.正房:根据残损现状及结构可靠性鉴定,其中东次间屋面小青瓦脱落、破碎5%,日久将引起该处屋面部分坍塌。综合业情况将其定为Ⅲ类建筑,列为重点维修工程,对其进行局部挑顶维修。具体维修保护措施见下表:

| 序号 | 名称 | 残损位置、性质、程度 | 维修措施 | 备注 |
|---|---|---|---|---|
| 1 | 台基 | 前、后檐排水沟佚失,杂草丛生;西侧原散水佚失,现为水泥地面 | 补配排水沟 | |
| | | | 铲除水泥地面,补配青砖散水 | |
| | | 原青砖地面佚失70%,现补配水泥地面 | 铲除水泥地面,参照遗存补配青砖铺地 | |
| | | 台明及踏步石水泥勾缝 | 剔除水泥勾缝,清理缝隙,白灰(砂浆)重新勾缝 | |
| 2 | 墙体 | 自地面起0.6米高以下外墙酥碱60%,深达70毫米 | 修补酥碱墙体,对于酥碱深度小于20毫米的部位仅做清理处理 | |

续表

| 序号 | 名称 | 残损位置、性质、程度 | 维修措施 | 备注 |
|---|---|---|---|---|
| 3 | 木构架 | 檩、椽等新配的木构件30%未做断白处理 | 对未做断白处理的新配木构件，刷生桐油三道进行断白及防腐处理 | |
| 4 | 屋盖部分 | 东次间屋面小青瓦脱落、破碎5% | 局部挑顶，补配脱落、破碎的小青瓦 | |
| 5 | 装修 | 油饰起甲、脱落10% | 暂做清理、维护 | |
| 6 | 柱子柱础 | 柱子油饰起甲、脱落10% | 暂做清理、维护 | |

d. 后附院门楼：该建筑早年坍塌，仅残存踏步、部分台基。应定为Ⅳ类建筑，列为重点修复工程，根据残存踏步、部分台基的尺寸，参照其他门楼的风格对其进行修复设计。

e. 后附院正房：该建筑早年坍塌，仅残存部分台基及踏步，今人在其基础之上改建。应定为Ⅳ类建筑，列为重点修复工程，拆除改建建筑，根据残存踏步、部分台基的尺寸，参照同类建筑的风格对其进行修复设计。

f. 后附院东厢房：根据残损现状及结构可靠性鉴定，其中后檐南端坍塌，现用红砖及土坯补砌，改变原貌又有碍观瞻；北山墙前檐处出现竖向贯通裂缝，宽25毫米，达到残损点；前檐檩均严重糟朽，现用两根立柱支撑，达到残损点；椽糟朽30%，遮椽板佚失，屋面小青瓦脱落、破碎20%；日久将引起屋面坍塌。综合以上，将其定为Ⅳ类建筑，列为重点维修工程，对其进行挑顶、局部落架维修。具体维修保护措施见下表：

| 序号 | 名称 | 残损位置、性质、程度 | 维修措施 | 备注 |
|---|---|---|---|---|
| 1 | 台基 | 后檐原排水沟佚失，现为泥土地面；其余散水均佚失，现为泥土地面 | 清理泥土地面，补配排水沟 | |
| | | | 清理泥土地面，补配散水 | |
| | | 原青砖地面佚失70%，现为泥土地面 | 清理泥土地面，参照遗存青砖规格补配 | |
| 2 | 墙体 | 后檐南端坍塌，现用红砖及土坯补砌 | 拆除红砖及土坯，补砌土筑墙 | |
| | | 北山墙前檐处出现竖向贯通裂缝，宽25毫米 | 拆除裂缝处墙体，待基础加固处理后，按原做法重砌，做好新旧墙体的拉接 | |
| | | 内、外墙皮脱落80% | 修补内、外墙皮 | |
| | | 室内人为增设隔墙 | 拆除隔墙 | |

续表

| 序号 | 名称 | 残损位置、性质、程度 | 维修措施 | 备注 |
|---|---|---|---|---|
| 3 | 木构架 | 前檐檩均严重糟朽，现用两根立柱支撑 | 用同材质同规格木材更换，拆除立柱 | |
| 4 | 屋盖部分 | 椽糟朽30%，遮椽板佚失 | 用同材质木材更换糟朽檐椽、补配遮椽板 | |
| | | 屋面小青瓦脱落、破碎20% | 补配脱落、破碎的小青瓦 | |
| 5 | 装修 | 南一间前檐原窗佚失，现更改为门和窗 | 拆除现更改为门和窗，补配窗 | |

g.后附院西厢房建筑早年坍塌，仅残存台基及部分残墙，今人在其基础之上临时改建。应定为Ⅳ类建筑，列为重点修复工程，拆除临时改建建筑，根据残存的台基及部分残墙的尺寸，参照维修后的东厢房风格对其进行修复设计。

②第二组建筑：针对该组建筑的残损，采取的主要措施是修补排水沟，恢复原排水系统；补配室内外地面，斩除杂草；归位脱落、更换破碎的瓦，修补屋面；对新配木构件未做断白处理的，刷生桐油三道进行断白及防腐处理；柱子及装修之上新作油饰起甲、脱落部分暂做清理、维护。现分别介绍如下：

a.门楼及倒座：根据残损现状及结构可靠性鉴定，其中北侧排水沟内杂草丛生；南侧原散水佚失现为泥土地面；新配的檩、椽等木构件未做断白处理。综合以上情况，将其定为Ⅱ类建筑，列为一般维修工程。具体维修保护措施见下表：

| 序号 | 名称 | 残损位置、性质、程度 | 维修措施 | 备注 |
|---|---|---|---|---|
| 1 | 台基 | 北侧排水沟内杂草丛生；南侧原散水佚失现为泥土地面 | 清除排水沟内杂草 | |
| | | | 清理泥土地面，补配青砖散水 | |
| | | 室内新修青砖地面 | 日常维护 | |
| 2 | 墙体 | 后檐自地面起0.6米高以下外墙酥碱60%，深达70毫米 | 修补酥碱墙体，对于酥碱深度小于20毫米的部位仅做清理处理 | |
| 3 | 木构架 | 新配的檩、椽等木构件未做断白处理 | 对未做断白处理的新配木构件，刷生桐油三道进行断白及防腐处理 | |
| 4 | 屋盖部分 | 新修屋面，基本完好 | 日常维护 | |

续表

| 序号 | 名称 | 残损位置、性质、程度 | 维修措施 | 备注 |
|---|---|---|---|---|
| 5 | 装修 | 油饰起甲、脱落10% | 暂做清理、维护 | |
| | | 门楼窗棂佚失 | 补配窗棂 | |
| | | 门楼夹层楼板残损20% | 补配残损的楼板 | |
| 6 | 柱子柱础 | 柱子油饰起甲、脱落10% | 暂做清理、维护 | |

b. 过厅（含过门）：根据残损现状及结构可靠性鉴定，其中后檐门头上方屋面佚失；新配的檩、椽等木构件未做断白处理。综合以上，将其定为Ⅱ类建筑，列为一般维修工程。具体维修保护措施见下表：

| 序号 | 名称 | 残损位置、性质、程度 | 维修措施 | 备注 |
|---|---|---|---|---|
| 1 | 台基 | 后檐排水沟内杂草丛生；前檐原排水沟佚失，现为泥土地面且杂草丛生 | 清除排水沟内杂草 | |
| | | | 补配排水沟 | |
| | | 前檐台明水泥勾缝 | 剔除水泥勾缝，清理缝隙，白灰（砂浆）重新勾缝 | |
| | | 室内新修青砖地面 | 日常维护 | |
| | | 两廊下青砖铺地残损30%，杂草丛生 | 参照遗存青砖铺地，清除杂草 | |
| 2 | 墙体 | 基本完好 | 日常维护 | |
| 3 | 木构架 | 新配的檩、椽等木构件未做断白处理 | 对未做断白处理的新配木构件，刷生桐油三道进行断白及防腐处理 | |
| 4 | 屋盖部分 | 新修屋面，基本完好 | 日常维护 | |
| | | 后檐门头上方屋面佚失 | 补配门头屋面 | |
| 5 | 装修 | 油饰起甲、脱落10% | 暂做清理、维护 | |
| 6 | 柱子柱础 | 柱子油饰起甲、脱落10% | 暂做清理、维护 | |

c. 二进正房（含过门）：根据残损现状及结构可靠性鉴定，其中明间东缝夹山上方部分瓦脱落，局部漏雨；新配的檩、椽等木构件未做断白处理。综合以上，将其定为Ⅱ类建筑，列为一般维修工程。具体维修保护措施见下表：

| 序号 | 名称 | 残损位置、性质、程度 | 维修措施 | 备注 |
|---|---|---|---|---|
| 1 | 台基 | 前、后檐原排水沟均佚失，现为泥土地面，且杂草丛生 | 清理泥土地面，补配排水沟 | |
| | | 前檐台明勾缝灰脱落80% | 清理缝隙，补配石灰砂浆勾缝 | |
| | | 室内新修青砖地面 | 日常维护 | |
| | | 前檐踏步石错位 | 归位错位的踏步石 | |
| 2 | 墙体 | 后檐外墙自地面起0.6米高以下外墙酥碱60%，深达70毫米 | 修补酥碱墙体，对于酥碱深度小于20的部位仅做清理处理 | |
| 3 | 木构架 | 新配的檩、椽等木构件未做断白处理 | 对新配木构件未做断白处理的，刷生桐油三道进行断白及防腐处理 | |
| 4 | 屋盖部分 | 明间东缝夹山上方部分瓦脱落，局部漏雨 | 归位脱落的小青瓦 | |
| 5 | 装修 | 油饰起甲、脱落10% | 暂做清理、维护 | |
| 6 | 柱子柱础 | 柱子油饰起甲、脱落10% | 暂做清理、维护 | |
| | | 明间西缝前檐柱出现裂缝，长2米，宽20毫米，深40毫米 | 清理缝隙，用环氧树脂加木条嵌缝 | |

d. 三进正房：根据残损现状及结构可靠性鉴定，其主要为东稍间后檐屋面坍塌0.5平方米。将其定为Ⅱ类建筑，列为一般维修工程。具体维修保护措施见下表：

| 序号 | 名称 | 残损位置、性质、程度 | 维修措施 | 备注 |
|---|---|---|---|---|
| 1 | 台基 | 前檐排水沟佚失，杂草丛生；后檐排水沟内杂草丛生 | 清除杂草，补配排水沟 | |
| | | | 清除排水沟内杂草 | |
| | | 前檐台明水泥勾缝 | 剔除水泥勾缝，清理缝隙，白灰（砂浆）重新勾缝 | |
| | | 两稍间原铺地青砖佚失，现为水泥地面 | 铲除水泥地面，参照遗存补配青砖铺地 | |
| | | 前檐踏步石水泥勾缝 | 剔除水泥勾缝，清理缝隙，白灰（砂浆）重新勾缝 | |
| 2 | 墙体 | 新修墙体，基本完好 | 日常维护 | |
| 3 | 木构架 | 新配的檩、椽等木构件未做断白处理 | 对未做断白处理的新配木构件，刷生桐油三道进行断白及防腐处理 | |
| 4 | 屋盖部分 | 东稍间后檐屋面坍塌0.5平方米 | 修补坍塌的屋面 | |
| 5 | 装修 | 油饰起甲、脱落10% | 暂做清理、维护 | |
| 6 | 柱子柱础 | 柱子油饰起甲、脱落10% | 暂做清理、维护 | |

③第三组建筑：针对该组建筑的残损，采取的主要措施是修补排水沟，恢复原排水系统；补修配室内外地面，斩除杂草；归位脱落和更换破碎的瓦，修补屋面；对新配木构件未做断白处理的，刷生桐油三道进行断白及防腐处理；柱子及装修之上新作油饰起甲、脱落部分暂做清理、维护；修复三进院围廊。现分别介绍如下：

a.门楼及倒座：根据残损现状及结构可靠性鉴定，其主要为门楼前檐东端上部及脊部瓦脱落、破碎，导致漏雨，日久将引起屋面大面积坍塌；门楼夹层楼板残损2平方米，有碍利用；故将门楼定为Ⅲ类建筑，列为重点维修工程，进行局部挑顶维修；倒座定为Ⅱ类建筑，列为一般维修工程。具体维修保护措施见下表：

| 序号 | 名称 | 残损位置、性质、程度 | 维修措施 | 备注 |
|---|---|---|---|---|
| 1 | 台基 | 北侧排水沟基本完好；倒座南侧原散水佚失，现被泥土不同深度掩埋 | 清理泥土地面，补配青砖散水 | |
| | | 门楼南侧原散水佚失，现为水泥地面且不同深度抬高 | 拆除水泥地面至原室外地坪，补配青砖散水 | |
| | | 倒座室内现为水泥地面；门楼青砖铺地残损30% | 铲除水泥地面，补配青砖铺地 | |
| | | | 参照遗存青砖规格补配残损部分 | |
| 2 | 墙体 | 后檐自地面起0.6米高以下外墙酥碱50%，深达70毫米 | 修补酥碱墙体，对于酥碱深度小于20毫米的部位仅做清理处理 | |
| | | 门楼砖斗拱断裂、缺失1/3 | 参照遗存补配砖斗拱 | |
| 3 | 木构架 | 新配的檩、椽等木构件未做断白处理 | 对新配木构件未做断白处理的，刷生桐油三道进行断白及防腐处理 | |
| 4 | 屋盖部分 | 倒座的为新修屋面，基本完好 | 日常维护 | |
| | | 门楼前檐东端上部及脊部瓦脱落、破碎，导致漏雨 | 归位脱落，补配破碎的瓦 | |
| 5 | 装修 | 油饰起甲、脱落10% | 暂做清理、维护 | |
| | | 门楼窗棂佚失 | 补配窗棂 | |
| | | 门楼夹层楼板残损2平方米；前檐轩东端残损1平方米 | 补配夹层楼板 | |
| | | | 修补轩残损部分 | |
| 6 | 柱子柱础 | 柱子油饰起甲、脱落15% | 暂做清理、维护 | |

b.过厅（含过门、两廊）：根据残损现状及结构可靠性鉴定，其主要为过厅后檐门洞被封堵，板门佚失，门头屋面残损20%。将其定为Ⅱ类建筑，列为一般维修工程。

具体维修保护措施见下表：

| 序号 | 名称 | 残损位置、性质、程度 | 维修措施 | 备注 |
|---|---|---|---|---|
| 1 | 台基 | 前檐及两廊前檐排水沟佚失；后檐排水沟内杂草丛生 | 补配排水沟 | |
| | | | 清除排水沟内杂草 | |
| | | 西侧过门原铺地青砖佚失，现为泥土地面 | 清理泥土地面，补配青砖铺地 | |
| | | 前檐台明水泥勾缝 | 剔除水泥勾缝，清理缝隙，白灰（砂浆）重新勾缝 | |
| 2 | 墙体 | 新修墙体，基本完好 | 日常维护 | |
| 3 | 木构架 | 檩、椽等新配的木构件未做断白处理 | 对新配木构件未做断白处理的，刷生桐油三道进行断白及防腐处理 | |
| 4 | 屋盖部分 | 新修屋面，基本完好 | 日常维护 | |
| 5 | 装修 | 过厅室内人为增设夹层 | 拆除室内人为增设的夹层 | |
| | | 过厅后檐门洞被封堵，板门佚失，门头屋面残损20% | 拆除封堵部分，补配板门 | |
| | | | 修补门头屋面 | |
| | | 油饰起甲、脱落10% | 暂做清理、维护 | |
| 6 | 柱子柱础 | 柱子油饰起甲、脱落10% | 暂做清理、维护 | |

c.二进正房（含过门、后廊）：根据残损现状及结构可靠性鉴定，其主要为过门屋面多处漏雨；后檐外廊东一间坍塌。故将过门、后廊定为Ⅲ类建筑，列为重点维修工程，过门进行局部挑顶维修，后廊进行局部修复；正房定为Ⅱ类建筑，列为一般维修工程。具体维修保护措施见下表：

| 序号 | 名称 | 残损位置、性质、程度 | 维修措施 | 备注 |
|---|---|---|---|---|
| 1 | 台基 | 前檐原排水沟均佚失，现为泥土地面，且杂草丛生；后檐原排水沟内杂草丛生 | 补配排水沟 | |
| | | | 清除排水沟内杂草 | |
| | | 前檐台明勾缝灰脱落80%，现用水泥勾缝 | 剔除水泥勾缝，清理缝隙，白灰（砂浆）重新勾缝 | |
| | | 西侧过门现为泥土地面；后檐外廊现为泥土地面 | 清理泥土地面，补配青砖铺地 | |
| | | 前檐踏步石错位 | 归位踏步石 | |

续表

| 序号 | 名称 | 残损位置、性质、程度 | 维修措施 | 备注 |
|---|---|---|---|---|
| 2 | 墙体 | 新修墙体，基本完好 | 日常维护 | |
| 3 | 木构架 | 新配的檩、椽等木构件未做断白处理 | 对新配木构件未做断白处理的，刷生桐油三道进行断白及防腐处理 | |
| 4 | 屋盖部分 | 过门屋面多处漏雨 | 归位脱落，补配破碎的瓦 | |
| | | 后檐外廊东一间坍塌 | 修复 | |
| 5 | 装修 | 油饰起甲、脱落10% | 暂做清理、维护 | |
| 6 | 柱子柱础 | 柱子油饰起甲、脱落10% | 暂做清理、维护 | |
| | | 明间西缝前檐柱出现裂缝，长1米，宽20毫米，深50毫米 | 清理缝隙，用环氧树脂加木条嵌缝 | |

d. 三进正房（含东廊）：根据残损现状及结构可靠性鉴定，其主要为东廊后檐墙前移后被改建，改变了原貌，有碍观瞻，已构成残损；共约3平方米屋面漏雨，导致其下椽不同程度糟朽；日久将引起屋面进一步糟朽。故将其定为Ⅲ类建筑，列为重点维修工程，正房进行局部挑顶维修，东廊进行恢复维修。具体维修保护措施见下表：

| 序号 | 名称 | 残损位置、性质、程度 | 维修措施 | 备注 |
|---|---|---|---|---|
| 1 | 台基 | 前檐排水沟佚失，杂草丛生；后檐排水沟内杂草丛生 | 补配排水沟 | |
| | | | 清除排水沟内杂草 | |
| | | 前檐台明水泥勾缝 | 剔除水泥勾缝，清理缝隙，白灰（砂浆）重新勾缝 | |
| | | 前檐廊下青砖铺地残损40%，室内现为泥土地面 | 补配残损的铺地青砖 | |
| | | | 参照前廊下青砖规格补配 | |
| | | 前檐踏步石错位 | 归位踏步石 | |
| 2 | 墙体 | 新修墙体，基本完好 | 日常维护 | |
| | | 东廊后檐墙前移后被改建 | 拆除改建部分，恢复原貌 | |
| 3 | 木构架 | 新配的檩、椽等木构件未做断白处理 | 对新配木构件未做断白处理的，刷生桐油三道进行断白及防腐处理 | |
| 4 | 屋盖部分 | 共约3平方米屋面漏雨，导致其下椽不同程度糟朽 | 局部挑顶，更换糟朽椽，重筑屋面 | |

续表

| 序号 | 名称 | 残损位置、性质、程度 | 维修措施 | 备注 |
|---|---|---|---|---|
| 5 | 装修 | 西稍间窗被改制 | 恢复原窗 | |
| | | 油饰起甲、脱落10% | 暂做清理、维护 | |
| 6 | 柱子柱础 | 柱子油饰起甲、脱落10% | 暂做清理、维护 | |

④第四组建筑：针对该组建筑的残损，采取的主要措施是修补排水沟，恢复原排水系统；补配室内外地面，斩除杂草；归位脱落和更换破碎的瓦，修补屋面；对新配木构件未做断白处理的，刷生桐油三道进行断白及防腐处理；柱子及装修之上新作油饰起甲、脱落部分暂做清理、维护；拆除违章建筑，恢复二进正房及其西侧过门、过厅西侧过门；修复三进院东厢房。现分别介绍如下：

a.门楼及倒座：根据残损现状及结构可靠性鉴定，其主要为门楼屋面瓦脱落、破碎10%，导致多处漏雨，日久将引起屋面进一步糟朽。故将其定为Ⅲ类建筑，进行局部挑顶维修；倒座只存在板门上方漏雨，定为Ⅱ类建筑，列为一般维修工程。具体维修保护措施见下表：

| 序号 | 名称 | 残损位置、性质、程度 | 维修措施 | 备注 |
|---|---|---|---|---|
| 1 | 台基 | 北侧排水沟佚失；南侧原散水佚失，现均被泥土不同深度掩埋 | 清理泥土地面，补配排水沟 | |
| | | | 清理泥土地面，补配青砖散水 | |
| | | 门楼青砖铺地佚失，现为泥土地面，且后檐阶条石佚失 | 清理泥土地面，补配青砖铺地，用青石补配后檐阶条石 | |
| | | 倒座室内新修青砖铺地，基本完好 | 日常维护 | |
| 2 | 墙体 | 倒座后檐及东山外墙自地面起0.6米高以下外墙酥碱50%，深达70毫米 | 修补酥碱墙体，对于酥碱深度小于20的部位仅做清理处理 | |
| | | 门楼砖斗拱断裂、缺失1/3 | 参照遗存补配砖斗拱 | |
| 3 | 木构架 | 倒座的新配的檩、椽等木构件未做断白处理 | 对新配木构件未做断白处理的，刷生桐油三道进行断白及防腐处理 | |
| 4 | 屋盖部分 | 倒座板门上方漏雨 | 归位脱落和补配破碎的瓦 | |
| | | 门楼屋面瓦脱落、破碎10%，导致多处漏雨 | 归位脱落和补配破碎的瓦 | |

续表

| 序号 | 名称 | 残损位置、性质、程度 | 维修措施 | 备注 |
|---|---|---|---|---|
| 5 | 装修 | 油饰起甲、脱落10% | 暂做清理、维护 | |
| | | 门楼窗棂佚失 | 补配窗棂 | |
| | | 门楼夹层楼板残损3平方米；前檐轩东端残损1平方米 | 补配夹层<br>补配残损的楼板及轩 | |
| 6 | 柱子柱础 | 柱子油饰起甲、脱落15% | 暂做清理、维护 | |

b. 过厅（含过门、两廊）：根据残损现状及结构可靠性鉴定，其主要为过厅屋面瓦脱落或破碎，导致局部漏雨，定为Ⅱ类建筑，列为一般维修工程；西侧过门人为拆除，现残存阶条石，故将其定为Ⅳ类建筑，进行恢复维修。具体维修保护措施见下表：

| 序号 | 名称 | 残损位置、性质、程度 | 维修措施 | 备注 |
|---|---|---|---|---|
| 1 | 台基 | 前、后檐及两廊前檐排水沟佚失；后檐室外地面被抬高 | 补配排水沟 | |
| | | | 清理后檐室外地面至原室外地面，补配排水沟 | |
| | | 西侧过门人为拆除，现残存阶条石 | 参照同类建筑风格，修复西侧过门 | |
| | | 室内及两廊新修青砖铺地，基本完好 | 日常维护 | |
| 2 | 墙体 | 新修墙体，基本完好 | 日常维护 | |
| 3 | 木构架 | 檩、椽等新配的木构件未做断白处理 | 对新配木构件未做断白处理的，刷生桐油三道进行断白及防腐处理 | |
| 4 | 屋盖部分 | 屋面瓦脱落或破碎，导致局部漏雨 | 归位脱落，补配破碎的瓦 | |
| | | 后檐门头上方屋面佚失 | 补配门头屋面 | |
| 5 | 装修 | 新做的油饰起甲、脱落10% | 暂做清理、维护 | |
| 6 | 柱子柱础 | 柱子油饰起甲、脱落10% | 暂做清理、维护 | |

c. 二进正房（含过门）：建筑整体被拆除后，今人在其基础之上新建，整体视为残损，定为Ⅳ类建筑，列为重点修复工程，参照同类建筑的风格对其进行修复设计。

d. 三进正房：根据残损现状及结构可靠性鉴定，其主要为西次间共约1平方米屋面漏雨，导致其下椽不同程度糟朽，檐椽糟朽50%，遮椽板佚失，日久将引起屋面进一步残损。故将其定为Ⅲ类建筑，列为重点维修工程，正房进行局部挑顶维修，具体维修保护措施见下表：

| 序号 | 名称 | 残损位置、性质、程度 | 维修措施 | 备注 |
| --- | --- | --- | --- | --- |
| 1 | 台基 | 前檐排水沟佚失；后檐排水沟内杂草丛生 | 补配排水沟 | |
| | | | 清除杂草 | |
| | | 前檐台明勾缝灰全部脱落 | 清理缝隙，白灰（砂浆）勾缝 | |
| | | 前檐廊下及室内原青砖铺地佚失，现为泥土地面 | 补配青砖铺地 | |
| | | 前檐踏步石错位 | 归位踏步石 | |
| 2 | 墙体 | 西次间前檐违章增改，西侧门洞被封堵 | 拆除违章增改，恢复原貌 | |
| | | | 拆除门洞封堵部分 | |
| | | 前檐东侧盘头断裂 | 局部拆除，重砌 | |
| 3 | 木构架 | 基本完好 | 日常维护 | |
| 4 | 屋盖部分 | 西次间共约1平方米屋面漏雨，导致其下椽不同程度糟朽 | 局部挑顶，更换糟朽的椽 | |
| | | 檐椽糟朽50%，遮椽板佚失 | 局部挑顶，更换糟朽的檐椽，补配遮椽板 | |
| 5 | 装修 | 门、窗基本完好 | 日常维护 | |
| 6 | 柱子柱础 | 基本完好 | 日常维护 | |

e.东厢房

该建筑南一间因违章建筑被人为拆除。现存一间散水，原室内地面，遮椽板均佚失，檐椽糟朽40%，整体视为残损。故将其定为Ⅳ类建筑，进行修复维修。补配散水，修复原室内地面，遮椽板及檐椽；拆除违章建筑，恢复南一间。

（3）医院旧址门前广场

根据医院旧址门前广场区域的现状及评估，主要存在的问题是地面被抬升的同时又铺设沥青路面、砌建花池，严重影响旧址原始环境风貌的同时又导致雨水无法及时排离建筑物，带来安全隐患。针对此问题，结合旧址周边居民的出行、生活需要，本区域只对旧址前方东西向长约 73 米、占地面积约 1000 平方米的范围进行整治保护，措施如下：

清除旧址前方区域现铺设的沥青路面、砌建的花池、新植树木和花草等至原始地坪，先于前排建筑的檐下铺装青石散水，散水外重新铺设青砖地面。考虑到周边村民出行及车辆通行需要，原沥青路面区域拆除后重做（当地）机劈石路面，原沥青路面以南的花池拆除，对原有树木（约 8 棵）原地保留，自然素土平整、夯实后，铺砌砂浆毛石地面，同时拆除水塘北岸上方新增的毛石砌体。对原有树木及新增树木均做如图所示的树围子。

机劈石地面做法：机劈石（规格 300 毫米 × 800 毫米 × 260 毫米），1∶1 水泥砂浆砌筑，干灰 + 细砂填缝、黄沙扫缝 → 240 毫米厚 1∶3 干硬性水泥砂浆，面撒素水泥 → 素水泥结合层 → 170 毫米厚 C15 混凝土垫层 → 素土夯（压）实。向外（南侧）坡度 2%。

毛石地面做法：毛石（均厚 250 毫米）+1∶3 水泥砂浆砌筑 → 素土夯实。向外（南侧）坡度 2%。

青砖地面做法：青砖（规格 280 毫米 × 150 毫米 × 60 毫米）粗墁，干灰 + 细砂填缝、黄沙扫缝 → 240 毫米厚 1∶3 干硬性水泥砂浆 → 素土夯（压）实。每层向外（南侧）坡度不小于 1%。

（4）银杏树区域

根据银杏树区域的现状及评估，存在的主要问题是树周围大量使用现代建筑新材料，严重影响环境风貌，对原历史氛围造成破坏且影响树的正常生长。同时由于日常管理、清扫工作严重滞后，广场内大量残留的农家鸡鸭鹅等禽类的粪便、羽毛等造成了严重的环境污染，影响了游客的心理感受。针对此问题，结合本区域现状及林业专家意见，整治措施如下：

①拆除树外围至直径 33 米圆形边沿范围内的花岗岩石栏杆、地面生态砖、花岗岩石板路面及少部分混凝土甬路。

②以树为圆心，向外扩大养护区，翻松土地，施用 10 厘米厚农家有机肥，其上用附近山上土壤敷设至与地面齐平，养护区内不再进行地面铺装。

③养护区边缘增设一周木栅栏，防止游人及附近禽畜进入养护区。

④养护区外沿用青砖设牙子一道，其外干摆条石（规格 300 毫米 × 500 毫米 × 150 毫米）环形甬路，干灰 + 细砂填缝、黄沙扫缝。

⑤为扩大广场活动面积，移除南侧临近道路处的部分绿植，补种在其余位置有缺口处，移除范围根据现场实际情况确定。

⑥为防止机动车辆进入广场，在前方入口处设置挡车石球，共12个。

## 六、有关事项的处理

### （一）所有建筑木构件的防虫、防腐处理

原构件油饰均原状保留，仅做清理、维护；新配构件均暂不再做油饰，仅做断白处理，即刷生桐油三道进行防腐处理，老构件有虫蛀、腐朽者，用铜铬砷合剂（CCA或W-4）4%～6%水溶液喷涂或滴注，主要成分配比为硫酸铜：重铬酸钠：五氧化二砷比例分别为22%：33%：45%。

### （二）其他未尽事宜

在古代建筑保护设计工作中，常因部分结构处于隐蔽部分，个别构件包砌在墙内，会出现勘察不到、情况暂不明之现象存在，故设计中可能会有不到之处，需在维修工程中进行补充或调整。红二十五军长征出发地旧址古建筑群中亦存在不易勘察的结构和构造之处，故亦难免出现此类问题，建议在施工中遇到与设计不同的情况，请及时与设计方联系，以便及时处理。

本次勘察，在残损点的确定和结构可靠性级别划分方面试参照中华人民共和国标准《古建筑木结构维护与加固技术规范》（GB50165-92）。关于其实用性及效果质量，我们在以后的工作中进一步地跟踪、检验。此方案依河南省文物局豫文物保〔2011〕80号文件的专家审批意见进行修改，不尽之处，敬请批评、指正。

# 第二章 施工管理

## 一、综合概述

### (一) 指导思想

按照《中华人民共和国文物保护法》对不可移动文物进行修缮、保养、迁移，必须遵守"不改变文物原状的原则"和文物工作贯彻"保护为主、抢救第一、合理利用、加强管理"的方针，尽最大可能利用原材料，保存原有构件，使用原工艺，延续文物的历史信息和时代特征。在维修加固前提下，及时进行抢救性加固处理，确保居住在旧址内及周边人民及建筑物的安全。

### (二) 编制说明

经过认真研究招标文件，仔细考察工程现场，对工程所处位置的交通、沿线文物古建筑和地上地下管线进行调查，结合多年的施工经验和目前的施工技术，组织了拟任项目经理及主要项目管理人员编制本施工组织设计。在本工程组织设计编制中，充分考虑了各关键工序和重点工序及相互间的衔接与协调的可行性，及其实现的施工技术方案和工艺操作方法，对工程现场的地质条件、地上地下构筑物和交通情况可能对本工程产生的影响，做了充分的估计和准备。确保在业主要求的工期内完成本工程的施工，并确保工程质量达到国家施工质量验收合格标准。

本施工组织设计中提出的方案、施工方法与措施，力求具体、实用、针对性强，同时积极慎重地应用先进的新技术、新工艺。罗山县红二十五军长征出发地旧址维修工程（二次）的施工，涉及结构加固与庭院院落环境整治保护等，施工组织方案结合文物保护工程的特点，对各分项工程的施工工期、质量目标、施工部署及组织、各分项技术措施的提出与应用、主要施工方法及设备、材料的投入、成品保护、文明施工等诸多方面尽可能做了充分考虑，突出其科学性、实用性、适应性及针对性，以指导施工，顺利完成本工程项目的建设。

为在将来的施工过程中，使本施工组织设计能切实指导施工，为树精品工程服务，编制之前，对施工现场进行了详尽的踏勘，组织相关人员学习国家、省市的相关法律法规，充分了解罗山县的地方建筑特点、市场行情，熟悉工程图纸，研读招标文件，掌握了所施工的范围、区域和管理职责；编制过程中，多次有幸邀请到有关文物古建筑专家指导编制工作，专家们提出了大量的、宝贵的、科学的、实施性很强的建议，从而结合本工程特点，有针对性地编制了本施工组织设计；本施工组织设计对罗山县红二十五军长征出发地旧址维修工程（二次）所涉及主要分部、分项工程的施工方案及施工工艺做了详尽的介绍。

根据本工程的建筑特点，结合本工程的施工难点，并充分考虑到本工程的社会重要性，在施工方案中，重点介绍了文物古建筑以结构加固处理为主的维修加固，残损构件修缮、拆换修补，地面、墙体、屋面、门窗油饰修缮的施工方案，在管理方面，详细阐述施工组织保障体系、劳动力、机械的配备，以及工期、工程质量、安全与文明施工及总体协调管理的各种措施；同时，派有丰富同类工程施工经验的项目经理和技术负责人带领多次紧密合作的施工管理人员进驻现场；所有施工管理人员必须持证上岗，并且在施工过程中，将对工作进行连续考核，以确保本工程施工的管理水平。为确保实现"树精品，创优质"的目标，将严格依照 ISO 9002 质量认证体系的要求进行管理，定期派员赴现场检查考核现场的管理工作。

## （三）编制依据

罗山县红二十五军长征出发地旧址维修工程（二次）依照 ISO 9002：2002 版标准和其他相关程序，依照工程所及的相关施工验收规范，依照国家建设工程和古建筑工程质量检验评定标准，依据建设单位的图纸以及国家、地方对施工现场管理的有关规定编制本施组，作为贯彻指导施工管理全过程的指南。

### 1. 法律法规

（1）《中华人民共和国文物保护法》（2002 年）

（2）《中华人民共和国文物保护法实施条例》国务院令第 377 号（2003 年）

（3）《国务院关于加强和改善文物工作的通知》（1997）

（4）《中国文物古迹保护准则》（2002 年）

（5）河南省实施《中华人民共和国文物保护法》办法（2016）

（6）《文物保护工程管理办法》（2003）

（7）《文物保护工程安全检查督察办法（试行）》

（8）《中华人民共和国古建筑修建工程质量验收规程》（试用本）

**2. 技术规范**

（1）《木结构设计规范》（GB50005-2003）中华人民共和国国家标准（2004.01.01实施）

（2）《古建筑木结构维护与加固技术规范》（GB50165-92）

（3）《古建筑修建工程质量检验评定标准北方地区》（CJJ39-91）

（4）《建筑地基处理技术规范》（JGJ79-2002）

（5）《木结构设计标准》（GB50005-2017）

（6）《中国古建筑木作营造技术》

（7）《中国古建筑瓦石营法》

（8）《木结构工程施工质量验收规范》（GB50206-2002）

（9）《建筑安装工程资料管理规程》（GBJ01-05-2000）

（10）《工程测量规范》（GB50026-2007）

（11）《建筑地基基础工程施工质量验收规范》（GB50202-2002）

（12）《建筑地面工程施工质量验收规范》（GB50209-2002）

（13）《建筑工程施工质量验收统一标准》（GB50300-2001）

（14）《建筑工程施工现场供用电安全规范》（GB50194-93）

（15）《建筑机械使用安全技术规程》（JGJ33-2001）

（16）《建筑施工扣件式钢管脚手架安全技术规范》（JGJ130-2001）

（17）《建筑施工高处作业安全技术规范》（JGJ80-91）

（18）《建筑施工安全检查标准》（JGJ59-99）

（19）《河南省建设工程施工现场文明安全施工管理暂行规定》

（20）现状遗物的做法、用材规格、整体风格、地域特点、时代特征、功能需求等方面的勘测记录及研究性成果。

（21）建设单位提供的红二十五军长征出发地旧址维修工程（二次）施工图纸、招标文件及招标答疑。

### （四）编制原则

1. 严格按业主认可的设计要求和有关规范组织施工和检验，施工过程做到科学管理、精心组织、精心施工。严格贯彻 ISO 9002 质量体系，确保本工程顺利实施。

2. 信守合同，确保业主对本工程的工期要求。

3. 确保施工安全。

4. 严格遵照招标文件各项条款要求，认真贯彻业主和监理工程师及其授权人或代表的指示、指令和要求。

5. 严格遵照遵守国家现行和施工及验收规范和与之有关的法令、法规及行政命令。

6. 坚持技术先进性、科学合理性、经济实用性相结合及实事求是的原则。

7. 实施项目法管理，通过对劳动力、设备、材料、资金技术信息的优化配置，实现成本、工期、质量、安全和社会信誉的预期目标效果。

## 二、工程概况

### （一）建筑基本概况

中国工农红军第二十五军长征出发地——何家冲，位于河南省罗山县铁卜乡何家冲村境内，北距罗山县城 62 千米，为中国工农红军长征四大出发地之一。地理坐标为：北纬 31°38′、东经 114°18′，海拔 200 米。何家冲地处豫鄂交处的大别山的深山区，在大鸡笼山的西北侧，东、南、北三面环山，中部为长约 6000 米，宽 100 米～500 米的狭长谷地，向西伸展。红二十五军长征出发地由四部分组成：一是红二十五军军部旧址，设在何家祠堂，东西宽 19.66 米，南北长 28.86 米，现存房屋 16 间，具有南方宗祠建筑特点。当年军首长吴焕先、程子华、徐海东等人曾在此居住，并在此召开过多次重要军事会议。二是红二十五军医院旧址，位于军部旧址东约 300 米处的何大湾内。建于明代，为何姓人所建，属民居，为群组建筑，具宗族色彩。该旧址总占地面积约 2700 平方米，现存房屋 25 座（含围廊）。四组建筑的结构、风格、规模基本相同。

1985 年红二十五军长征出发地被罗山县人民政府公布为县级文物保护单位，1996 年被国务院公布为第四批全国重点文物保护单位。

## （二）建筑残损现状

### 1. 总体环境

（1）军部旧址：又称何氏祠，在自然及人为的双重作用下，残损较为严重；大部分屋面漏雨，部分木构架残损，部分墙体歪闪或坍塌；院内地坪及排水系统被破坏，排水不畅。

（2）红二十五军医院旧址：医院旧址位于军部旧址东约300米处的何大湾内。该旧址总占地面积约2700平方米，现存房屋25座（含围廊）。四组建筑的结构、风格、规模基本相同。在自然及人为的双重作用下，旧址主要残损是排水系统及室内外地面被破坏，杂草丛生，部分建筑瓦脱落或破碎，局部屋面漏雨；新修建筑的檩、椽等新配的木构件未做断白处理；柱子及装修之上新作的油饰起甲、脱落；部分建筑已坍塌或被改制。旧址内无专业人员驻守以及负责旧址的日常管理、维护和安全保卫工作，无消防设施。

### 2. 单体建筑残损

（1）军部旧址——何氏祠

①大门及倒座：结构形式为砖木结构，经实地勘察，其主要残损为飞檐糟朽40%，遮椽板全佚失，屋面小青瓦脱落、破碎5%，局部杂草丛生，门楼及东倒座正脊端部均断裂。

②正房：结构形式为砖木结构，经实地勘察，其主要残损为东山墙前檐处出现竖向贯通裂缝；椽糟朽30%，遮椽板全佚失；屋面小青瓦脱落、破碎10%，后檐屋面多处漏雨，局部杂草丛生。

③东厢房：结构形式为砖木结构，经实地勘察，其主要残损为檐椽糟朽20%。遮椽板全佚失；屋面小青瓦脱落、破碎10%，后檐屋面多处漏雨，局部杂草丛生。

（2）红二十五军医院旧址

位于军部旧址东约300米处的何大湾内。属民居，建于明代，为群组建筑，四组建筑的结构、风格、规模基本相同。现就每组建筑的残损分别介绍如下：

①第一组建筑：该组建筑由前边两进院落及一后附院落构成，原共九座建筑（含两围廊），砖木结构。前边两进院落主要残损是排水系统及室内外地面被破坏，杂草丛生，部分建筑瓦脱落或破碎，导致局部屋面漏雨；新修建筑的檩、椽等新配的木构件未做断白处理；柱子及装修之上新作的油饰起甲、脱落。后附院门楼，现已坍塌，该院正房被改制，西厢房坍塌，东厢房两间，现残损。

a. 门楼及倒座：结构形式为砖木结构，经实地勘察，其主要残损为门楼前檐飞椽糟朽40%、遮椽板全佚失；屋面小青瓦脱落、破碎5%，局部杂草丛生，门楼与倒座相接处上部屋面漏雨。

b. 过厅（含两廊）：结构形式为砖木结构，经实地勘察，其主要残损为后檐门头上方屋面佚失；西廊屋面坍塌1平方米。

c. 正房：结构形式为砖木结构，经实地勘察，其主要残损为东次间屋面小青瓦脱落、破碎5%。

d. 后附院门楼：该建筑早年坍塌，仅残存踏步、部分台基。应整体视为残损。

e. 后附院正房：该建筑早年坍塌，仅残存部分台基及踏步，今人在其基础之上改建。应整体视为残损。

f. 后附院东厢房：结构形式为土木结构，经实地勘察，其主要残损为后檐南端坍塌，现用红砖及土坯补砌；北山墙前檐处出现竖向贯通裂缝，宽25毫米；前檐檩均严重糟朽，现用两根立柱支撑；椽糟朽30%，遮椽板佚失，屋面小青瓦脱落、破碎20%。

g. 后附院西厢房：该建筑早年坍塌，仅残存台基及部分残墙，今人在其基础之上临时改建。应整体视为残损。

②第二组建筑：该组建筑由三进院落构成，共六座建筑（含两围廊），砖木结构。主要残损是排水系统及室内外地面被破坏，杂草丛生，部分建筑瓦脱落或破碎，导致局部屋面漏雨；新修建筑的檩、椽等新配的木构件未做断白处理；柱子及装修之上新作的油饰起甲、脱落。

a. 门楼及倒座：结构形式为砖木结构，经实地勘察，其主要残损为北侧排水沟内杂草丛生；南侧原散水佚失现为泥土地面；新配的檩、椽等木构件未做断白处理。

b. 过厅（含过门）：结构形式为砖木结构，经实地勘察，其主要残损为后檐门头上方屋面佚失；新配的檩、椽等木构件未做断白处理。

c. 二进正房：（含过门）：结构形式为砖木结构，经实地勘察，其主要残损为明间东缝夹山上方部分瓦脱落，局部漏雨；新配的檩、椽等木构件未做断白处理。

d. 三进正房：结构形式为砖木结构，经实地勘察，其主要残损为东稍间后檐屋面坍塌0.5平方米。

③第三组建筑：该组建筑由三进院落构成，共七座建筑（含三围廊），砖木结构。主要残损是排水系统及室内外地面被破坏，杂草丛生，部分建筑瓦脱落或破碎，导致

局部屋面漏雨；三进院围廊被改制及坍塌；新修建筑的檩、椽等新配的木构件未做断白处理；柱子及装修之上新作的油饰起甲、脱落。

a. 门楼及倒座：结构形式为砖木结构，经实地勘察，其主要残损为门楼前檐东端上部及脊部瓦脱落、破碎，导致漏雨；门楼夹层楼板残损 2 平方米；前檐轩东端残损 1 平方米。

b. 过厅（含过门、两廊）：结构形式为砖木结构，经实地勘察，其主要残损为过厅后檐门洞被封堵，板门佚失，门头屋面残损 20%。

c. 二进正房（含过门、后廊）：结构形式为砖木结构，经实地勘察，其主要残损为过门屋面多处漏雨；后檐外廊东一间坍塌。

d. 三进正房（含东廊）：结构形式为砖木结构，经实地勘察，其主要残损为东廊后檐墙前移后被改建；共约 3 平方米屋面漏雨，导致其下椽不同程度糟朽。

④第四组建筑：该组建筑由三进院落构成，原共七座建筑（含两围廊），砖木结构。主要残损是二进正房及其西侧过门、过厅西侧过门坍塌、佚失，今人在其基础之上改建；排水系统及室内外地面被破坏，杂草丛生，部分建筑瓦脱落或破碎，导致局部屋面漏雨；三进院东厢房被拆除一半；新修建筑的檩、椽等新配的木构件未做断白处理；柱子及装修之上新作的油饰起甲、脱落。

a. 门楼及倒座：结构形式为砖木结构，经实地勘察，其主要残损为门楼屋面瓦脱落、破碎 10%，导致多处漏雨；倒座板门上方漏雨。

b. 过厅（含过门、两廊）：结构形式为砖木结构，经实地勘察，其主要残损为过厅屋面瓦脱落或破碎，导致局部漏雨；西侧过门人为拆除，现残存阶条石。

c. 二进正房（含过门）：建筑整体被拆除后，今人在其基础之上新建，应整体视为残损。

d. 三进正房：结构形式为砖木结构，经实地勘察，其主要残损为西次间共约 1 平方米屋面漏雨，导致其下椽不同程度糟朽；檐椽糟朽 50%，遮椽板佚失。

e. 东厢房

该建筑南一间因违章建筑被人为拆除。现存一间的散水，原室内地面，遮椽板均佚失，檐椽糟朽 40%。应整体视为残损。

# 三、工程的重点、难点及分析

## （一）施工重点、难点分析

### 1. 古建筑修缮原则"恢复原状，保存现状"的落实

古建筑不同于今天的工业与民用及公共建筑，因它具有历史性及文物价值，完好的东西不能任意损坏，所以我们必须在维修时首先要明确维修古建筑的基本原则——"恢复原状、保存现状"。所说的原状就是指原修建竣工后的结构、造型、风格、规格尺寸的面貌。所说的现状是指古建筑经历多年至今天存留下来的外貌及结构、规格尺寸、形状。

（1）对重点文物保护单位有统一规范的，按规范做；无统一规范的，按本地常见的做法做，不可任意创举。

（2）本工程所进行的维修工作都属于保存现状的工作，必须以现存建筑的一切为依据来进行，不能任意变动，在施工技术上可以结合现代的技术，如卷扬机代替绞车、千斤顶代替杠杆、木工机具代替手工刨锯等。要维修达到与原状没有明显的区别，我们必须做深入细致的按原始资料绘图、记录、拍照、拆换件仿样制作。

本工程作为重要的历史保护遗产，它的重要性和地位是不容置疑的，因此在修缮过程中，为了保持遗产地的历史完整性，有必要使其体现全部价值因素中的相当一部分得到很好的保存，包括建筑物的重要历史沉淀层。

### 2. 古建筑修缮质量的控制

施工前应熟读设计文件，调查报告文献等资料进行分析、研究，明确该建筑物特有的制作手法、结构特征、突出的成就等，以便在施工中引起注意。同时，要掌握旧构件应尽量使用的原则，能修补的修补，能加固的加固，尽量减少历史价值的损失。另外做好施工记录、绘制好施工和竣工图，特别是隐蔽部分的结构。如木构件的搭交榫卯、基础情况、墙内结构，除文图外，还要对构件更换前后拍照留存。体现真实情况，以便进行临摹和档案资料的建立。

在遵守古建筑维修的原则下，能用的，尽量保留；不能用的，采用同规格及同材（尽量）更换，以古代工匠传统的实际操作经验及传统做法，如结构上用榫卯结合：①垂直与水平的结构（柱与枋）采用馒头榫、燕尾榫、箍头榫及透榫、半榫等；②垂

直固定件（各类柱）采用管脚榫及套顶榫；③水平件连接（檩、枋、梁）采用燕尾榫、刻半榫、卡腰榫；④水平构件与斜件相交（角梁与子梁采用栽销榫、穿销榫）；⑤板缝拼接（楼板、门板、博风板等），采用穿带、裁口、企口、银锭、抄手带。以上这些做法是经过千年的实践得到的，结构都严谨可靠、安全稳固。

**3. 油漆质量的控制**

油漆具有保护建筑物和增加建筑物美观的作用，但由于年久，风、阳光及空气中水分的自然力破坏，会使油漆老化褪色，逐步失去它应起的作用。根据油漆老化和褪色的程度来加以更新。

（1）严重褪色，无光泽，大面积产生脱落和起皮、开裂的，可采用脱漆剂整体把原漆退掉，一般一至两次，方法是把构件或装修件表面的灰尘清扫干净后，用刷脱油剂在构件表面来回刷二三下，隔二三分钟后，用金属清洁具进行擦洗，然后用灰刀把油渣刮下，干后用砂布、砂打。若油膜多层较厚的，可进行两次。脱油完后，再进行油漆（工序按新作）。

（2）褪色和失光泽不严重的和局部脱落开裂的，在清扫构件表面灰尘后，用粗砂布砂打构件表面，使之成不光滑的表面，然后再进行刮灰等工序，进行油漆。

（3）对于时间不长、无脱落开裂的，采用清洗后进行找补子、砂打油漆就行了。

**4. 工程的不可预见性**

由于本工程是古建筑施工工艺与现代施工工艺相结合的工程，在施工过程中可能会出现很多与设计文件不同的地方，因此不确定性将给该项目的施工组织造成困难。如遇不可预见情况，不得擅自行事，须经设计、甲方、监理部门研究决定后，现场调整工序安排，方可进行施工。我们在进行施工部署和安排施工进度计划时，也将充分考虑工程的不可预见因素，在发生重大变更时，对施工部署和进度计划及时进行调整，确保本工程的工期和质量。

**5. 保养与维修**

保养和维修的目的是保证文物古建筑保持良好的状况，依据施工图纸，对于材料和结构的替换要保持在最小的程度，尽可能多地保留历史资料。

**6. 防盗与防火**

罗山县红二十五军长征出发地旧址维修工程（二次）作为重要的历史文化遗产之一，一砖一瓦都是我们的重要的财富，因此在施工过程中将防盗与防火作为重点工作。

### 7. 油漆的保护

施工前将内部文物用棉被包裹，梁架上也盖上苫布，避免施工过程中雨水至室内给油漆等造成损坏。

### 8. 材料运输施工要求

红二十五军军部旧址及医院旧址施工区域与相邻建筑密集，各处建筑分布较为零星，施工交叉作业管理难度大，我们对于问题统筹安排，对运输路线、时间、人员进行合理配置，保证材料满足施工需要。

## （二）主要问题的分析

### 1. 多施工工种的配合与协调

本工程各个工种又有数道不同的工序，各种工序在施工时肯定会处在交叉作业的状态，因此如何合理地协调不同部位、不同构件、不同工艺、不同工序之间的相互关系，使各工种都能顺利地按照既定计划进行施工，是该工程的重点，也是该工程的施工难点。我们将在业主和监理的领导及部署下合理地安排各工种的配合及协调关系。

### 2. 如何避免对原结构的损伤

该工程中有多处需修整的木、梁、柱檩木等施工，在施工中不合理的操作方法肯定会对原结构或其他非施工部位造成影响，因此在施工中如何合理安排这些施工内容和施工顺序，是该工程中的一个施工重点。

### 3. 各项施工内容的配合和协调

施工内容的配合和协调包括：各工种工作界面的明确和交接、与施工中各加固工艺之间互相配合与协调等。从该工程的工程特点可以看出，施工配合与协调是该工程中的重要环节，直接影响各工种的施工能否顺利进行。

施工对策包括：

（1）人员配备

由项目经理直接负责整个工程的协调，确保工作面交接明确、合理、可操作。

（2）制度、措施保证

各工种建立工作面交接制度，以书面形式对工作面予以确认；本着"目标一致，真诚合作"的原则，和业主及监理方建立良好的沟通方式，确保配合顺畅。

### 4. 实际情况与设计文件不符

施工过程中有可能出现与设计文件不符的问题，给项目施工造成困难，遇到这种情况，我们将经设计、甲方等有关管理部门研究决定后，现场调整工序工期安排，再进行施工。

**5. 不可预见的问题**

古建修缮不可预见性是一大特点，本工程主要针对的是考虑木结构的破损程度，一部分建筑需要做进一步勘察，再确定施工方案。

**6. 工程项目特点**

本次项目施工特点是墙体、瓦面、大木架、油饰、室外排水沟及院落整治。上下作业、室内外作业会出现交叉施工的情况，涉及各个专业的工种，作业场地狭小，协调配合是此次施工缜密解决的问题。

（1）首先要配备齐全各专业技术管理人员、工长和质量检查员。

（2）其次选择施工经验丰富、干过多个类似项目的劳务队伍。

（3）上岗操作人员要经过文物局培训中心专业培训的相关人员为首选。

（4）每天下午要召开各专业工种的工长碰头会，根据相互的施工作业面进行协调。

**7. 工程技术特点**

施工内容杂、多、量大，施工技术涵盖面广。

（1）在技术管理方面做到"方案先行、样板引路"，制定和实施图纸审核、工程深化设计、方案、样板、质量、安全检查及验收计划等技术管理保障计划，依靠科技提高工效，加快工程进度，避免返工。在资源配置方面制订和实施劳动力、物资采购、设备订货计划，机械设备及资金使用等资源计划，确保各项资源的及时供给。

（2）在施工部署方面，把握好关键线路，合理安排工序，最大限度地挖掘关键线路的潜力，各工序施工时间尽量压缩。

（3）在工人思想方面，要提前发现问题，提前教育。在整个施工周期内遇到秋收，要提前做好工人思想教育工作，并主动给工人农忙补贴，要求工人从大局出发，树立爱岗敬业精神，不中途返乡，团结一致保证工程的顺利进行。

（4）教育工人要实事求是，对不懂的施工项目不要轻率下手，要进行细致全面的技术交底，甚至实操练习合格后，方可上手操作。

**8. 施工季节**

本工程拟开工日期为2017年4月，施工工期为360日历天。工期涉及贯穿春、夏秋、冬四季，但施工安排尽量提前，屋面、油饰等修缮项目避免在雨期、冬季施工。

## （三）施工重点分析及应对方法

本次施工的重点主要有以下几个方面：重点一是安全管理；重点二是工期保证；重点三是文物保护；重点四是保证工程质量；重点五是统筹组织管理；重点六是认真落实现场实测工作；重点七是注意环境保护；重点八是强化施工过程中的组织管理。

### 1. 安全管理

（1）消防安全

保证安全要考虑以下几个方面，第一是消防安全，要防止任何形式的火灾发生，在本工程中，火灾危险因素有：

①人为火灾：由于人为私带火种进入施工现场如吸烟，引发火灾。

②电器火灾：由于电器线路老化短路等原因引发电器火花引燃易燃物，发生火灾。

③雷电火灾：由于闪电雷击，击中建筑物引发火灾。

④电动工具火灾：由于切割瓦件施工不注意周围环境防火，火星引燃旁边易燃物，引发火灾。

应对方法是：

对施工人员加强管理，每天出工前进行检查、提醒，制定严格的管理制度，一经发现有人违反，严肃处理，绝不姑息，立即清除出场，罚款或辞退。

对电器的使用要认真检查，指派认真负责的专业电工进行所有电器的安装、使用、维护，所有电线全部新购，不用旧电缆，电缆接头要保证接驳质量，每天双人检查，每人都要认真填写用电安全检查记录，专职安全员也要保持随机检查的频率，使电器电线等始终保持良好健康的运行状态。

对于闪电雷击火灾的应对方法是：

提前做好防雷设备的安装和检修，每到雷雨天气，施工队要提高防范意识，注意认真观察是否有隐患。如果发现有情况出现，立即向上级报告，并根据实际情况，如果是小火苗，应及时前去扑救，把火灾消灭在萌芽状态，如火大时，要及时做好辅助的救火准备工作，例如及时清理消防路线的障碍物，引导专业救火人员及时确认失火地点等。

凡用云石机或角磨机切割相关瓦件、砖件时，必须先清理施工地点周围易燃物品，派专人配灭火器旁站看火。操作完成后，仔细检查是否存在隐蔽火种情况，不得任由工人随便进行操作。

（2）人身安全

要防止发生各种形式的人身安全事故，包括施工人员自身的安全，也包括过往车辆及行人的人身安全。

本工程容易引发的人身安全事故的危险源有以下几个：

①由于场地狭小，操作面不充分，劳动强度大，施工脚手架立面较小，容易造成人员失足滚落危险；

②运输材料时容易发生失手、失稳、材料滚落砸伤下方工人的危险；

③现场施工脚手架密集，运料通道较曲折，容易发生脚手架失稳摇晃，运料手推车翻倒，施工人员高空坠落等各类伤人的事故；

④施工垃圾容易残存带钉子的木条，因运输与居民同走一条路，若发生遗撒，容易引起行人被钉子扎脚或车辆轮胎被扎的危险；

⑤原有损毁构件拆除时，檐头部分木构件及望板已经糟朽，拆除施工时容易发生施工人员踏断糟朽木坠落的危险；

⑥夏季高温，施工人员容易发生中暑，肠道传染疾病；

⑦风大时，特别是脚手架上容易把人刮倒、刮落，引发高空坠落事故。

应对方法为：

对1.5米以上高空坠落危险的应对方法是：在危险部位设置警示标志，提醒工人注意，屋面施工配备足量的梯子板，搭设安全带锁挂拉杆装置，工人施工时系好安全带，安全带锁挂在拉杆装置上，同时在操作面设置牢固的护身栏。

在危险地段施工，工人要保持充沛的体力，如感觉疲劳，就一定要休息一下，防止体力下降、腿软失足，同时在选择施工人员时优先选择身强力壮的工人施工，这样可以大大降低危险的发生。

对材料的运输特别是大体积设备、超长木料的运输，首先要选择好材料存放的场地，一定要牢固安全，其次材料运输要保证足够的保险系数，如平时用四人可将此材料运走，此时应派六人，使他们有绝对的掌控能力，保证运输材料过程的安全。

在脚手架上搬运材料及下运时，一定要服从命令听指挥，严禁超载、打闹，专职安全员每天两次检查脚手架及运料通道，确保脚手架稳定安全。

对施工人员预防夏季疾病的应对方法是：首先调整作息时间，中午最热的时候多休息一段时间，工地准备足量的大桶开水以及桶装饮用水，瓶装矿泉水，职工伙房经常熬制绿豆汤、工地准备足量的防暑药品和治疗肠道疾病的药品，制定好相应的应急预案，详细内容见应急预案。

夜间运输，首先选择车辆保养状况良好、噪声低，封闭设施齐全有效的中型运输车辆。出车前要认真检查车辆，严禁车辆带病运行，另外在各危险路段，设置临时反光警示引导标志，使运输车辆能够确保安全行驶。

为保证施工现场安全，不使无关人员进入施工现场，同时也使工地施工人员能够自律，除统一佩戴配发的临时工作证、统一着装外，另外再单独配发本工地施工人员带照片的临时工作证。双证同时使用才有效。每天进行考勤登记。

（3）文物本体安全

施工就是为了更好地保护文物本体，施工中严格执行文物保护的方案措施，确保文物本体不受任何损伤。

2. 工期保证

（1）根据本工程招标文件，工期是360天，工程量大，交叉作业多，在施工部署、人员调配、进度安排、材料供应等方面，稍有差错就会造成工期拖期。解决的方法详见施工进度保证措施。

（2）重点关注设计图纸的要求；不可预见因素的多与少。重点是油饰工作的完成时间，因为本次工程大量工作都是关于油饰方面的，油饰工程完成得快与慢直接影响着整体工期的完成。

3. 文物保护

若现场发现古树、古建筑等文物，一定做好保护文物、树木、石构件等工作。

4. 统筹组织管理

本工程施工涉及的施工项目非常多，如果任何一方面没有处理好或没考虑到，就会直接对施工造成不利影响。如果不能科学统筹组织管理，就会造成管理混乱，施工顺序搭接出现问题，造成返工和翻工，严重影响施工质量和工期。

应对方法是中标进场后立即组织技术人员进行现场勘察，根据现场实际情况重新制定切实可行的施工部署和施工进度计划。

5. 认真落实现场实测工作

完美施工方案的确定是本工程需要重点关注的重中之重，直接影响施工质量与施工进度，作为施工单位虽然在这一问题上没有什么决定权，但是可以尽自己的一份心力，积极认真落实现场实测工作，向决策层提供详细真实的数据，为设计提供有效的深化设计依据，争取早日完善施工方案。

**6. 注意环境保护，注意防止扬尘噪声**

油饰、磨细灰扬尘的问题，切割部分瓦件、砖件的扬尘，现场掺灰泥与泼灰的妥善存放问题。

**7. 强化施工过程中的组织管理**

选择入场施工人员的条件是人品、技术双达标，平日污言秽语、小偷小摸、脾气暴躁之人也将被拒绝。

工人入场前进行不少于24小时的入场教育，结合工地特点出题考试，合格后，每人签一份安全生产协议。

施工单位统一制作配发本工地施工人员临时工作证。所有入场员工必须统一穿着我方工作制服。

每天早晨上班，清点登记人数。晚上下班，集合人数，排队出门。进出人数要一致。如有早退，必须提前申报登记。

夜间进料有专人负责，提前向甲方管理部门申报进入车辆、数量、车号、所拉货物名称、预到场时间、配合卸货工人人数名单，制成表格每天填写、申报。

卸料完毕，码放整齐，检查无安全隐患后，清点人数，汇报甲方，集体出场。

在施工现场全方位禁烟，工人进工地前香烟、打火机等火种全部在门外收缴，集中存放，妥善保管。工人下班出门后，再各自领取。

工人只准在本施工区域活动，禁止去其他地方乱串。

所有进入现场的施工人员及项目部管理人员必须将身份证复印并在甲方相关部门备案。

项目部除了与劳务队伍签订安全生产责任书外，还要与每一个施工操作人员及项目部每一个管理人员签订安全生产协议书。

**8. 组织管理**

（1）进场料场车辆行走路线

本建筑群位于何家冲民居内，路线不太宽敞，对工程有很大影响。

（2）行车路线周边建筑及车辆的保护

①夜间进料车辆行驶过程中，车速不得超过5千米/小时；

②车辆进入工程附近后禁止鸣笛；

③相关人员看好车辆两侧建筑情况后再通行；

④车辆清运建筑垃圾时，必须苫盖严实，严禁遗撒；

⑤行驶道路的两侧，在不影响附近居民和单位的正常生活、工作的前提下，用2厘米×10厘米、高2米左右的木板将建筑阳角进行封护；

⑥若有石构件的，如栏杆、望柱等采用木板钉盒罩扣的方法封护；

⑦行经途中，在经过门的过程中，车辆装卸人员将预先准备好的木盒子挡在门抱框后，车辆才可以通行过去，更好地保护非施工现场建筑本体的安全；

⑧运输车辆在运输前与项目部说明运输的物品是否超高、超宽、超长等，需由项目部根据行车路线给予确认，如有必要，需在车厢内提前准备相应的木板以备需用。

⑨大型机械无法进入，挖掘机、材料和渣土运输车辆等只能选择普通小型号，在车辆和机械进出工地之前，派专人用条幅或者告示的形式放在明显位置进行告知附近车主、居民等，派专人义务疏通交通，取得工作上的支持和谅解，减少不必要的麻烦。

## （四）施工难点应对方法

### 1. 施工组织方面

（1）施工组织方面的难点

①施工场地狭小，拆除下来再用的旧料存储困难。

②材料及垃圾运输工作难度大。

（2）难点解决方法

①在村落偏僻位置临时搭设一座铁架防雨棚，用以存放怕雨淋的材料，防雨棚与地面接触部位采用旧地毯等棉制品铺设，棉织品上面再铺设新购置的竹胶板，以备更好地对原有地面方砖的保护。其他各种材料需按甲方指定位置暂放。需要在现场长时间存放的材料尽可能运送到场外我方仓库存放，在旧有材料（还需使用）运送出现场前，必须经过建设单位的同意，并将运送材料的数量清点详细清楚，并有清单，以备随时查验。尽最大可能对各项材料在场外加工成半成品（如地面砖、瓦件、），入场后即时使用，最大限度地少占用场地空间。在消耗材料的使用上（泼灰、黄土、青灰等）提前由专业工长进行准备的，计算第二天的使用量，并与劳务队伍的技术负责人碰头商定。

②进出场车辆全部选用中小型货车运输。所有施工垃圾均需当天清运，运料及垃

圾清运车辆均按规定时间及规定路线进出，运送建筑垃圾的车辆均采用自备车辆，不去外面订购社会车辆。

**2. 保证工期方面**

（1）本工程的施工难点

①本工程建筑物整体范围齐整、严实、独立，不与施工范围外发生任何关系，施工工种多、专业齐全。瓦、木、油、画、石一应俱全，这就要求施工单位的技术人员及操作工人知识全面、技术全面、施工质量要求高。

②本工程施工技术特别要求原汁原味，符合设计图纸要求，不能走样，所以就需要施工单位进行大量的现场勘察，找出特点，制订切合实际的施工方案。所耗费的人力、物力、时间较其他普通工程要多一些。

③本工程施工过程中，门前卫生"三包"、文明施工、夜间汽车噪声扰民等问题对施工单位都是一个严峻的考验。

④本工程施工点多，施工部位繁多并且杂乱，极易出现遗忘、漏做的情况或者不注重细节活糙的现象，所以需要施工单位投入大量人力加强作业计划的完善，加强质量检查密度和力度，加强现场巡视，以及及时验收、备案存档、技术资料汇编等工作。

⑤有些施工工艺比较特殊，一般施工人员不了解，不会操作，贸然施工，达不到质量标准。

⑥有些施工项目扬尘比较严重，但还不能采取洒水降尘，降尘困难。

（2）工程难点解决方案

①统筹管理防遗漏的解决方案

本工程施工作业面多，可以多安排施工人员，多点施工，缩短工期。

指派一位施工经验丰富的工程师担任工程技术负责人，对施工全过程制订有效的施工技术方案，指导施工。

②施工材料的使用解决方案

解决办法是施工中严格遵守"不改变设计图纸"的原则，按照原形制、原结构、原工艺、原材料进行施工施工，尽可能真实完整地保存该建筑的历史原貌和建筑特色。在维修过程中采用传统做法为主要的修复手法。严格遵循使用传统材料、传统工艺和传统做法施工，对于近代改变原状的做法，要在本次维修中予以纠正，恢复原貌。

维修中原有建筑材料尽可能使用。

新材料、新技术要有充分的科学依据，要经过试验，证明确实有效，方可实施。

组织现场施工人员认真学习建筑知识，贯彻落实安全条例，加强安全意识、文明施工意识和公民道德意识。

施工前，对原有建筑采取必要的保护措施。每一工序、工种在施工前都必须在技术安全交底中，明确保护的具体防护措施。工序和分项工程交验时，必须对防护措施的执行情况做出确认。项目经理负责该项目的安全保护责任，各专业工长负责各专业工种的安全保护责任。

施工中以设计图纸和相关文件为依据，严格按图纸施工，如在施工中发现与设计图纸及相关文件不符合之处，应立即暂停施工，做好现场原状的保护，通知设计、甲方、监理和建设主管部门到场确认。

在建设过程中，可能出现"不可预见"情况，一旦发生，不能擅自行事，必须经设计、上级部门及甲方协商定案后，方可进行施工。

选用的各种材料，均有出厂合格证和检测报告，并达到国家或主管部门颁发的产品标准，地方传统材料必须达到优良等级。对更换的木件、砖料等要认真测量、记录，必要时放大样，确保原样恢复。

对施工工人进行技术培训，把特殊的传统工艺传给他们，使其通过练习，达到质量要求后，再进行实操。

## 四、施工部署及施工总体安排

根据本工程施工技术要求较高的特点，组织施工的指导思想是：修旧如旧，减小误差，赶抢工期，合理搭接施工工序，采用先进的施工技术和调集技术熟练、作风硬朗、善于攻坚的一流施工队伍，以项目法施工管理为基础，认真贯彻执行的质量方针，围绕质量、工期、安全、文明施工四大目标狠下功夫，力争优质、高速地完成本工程施工任务。

施工部署是统筹项目生产要素，组织施工实施的指导性文件，包括施工段的划分、施工总体安排等因素。根据本工程规模、结构特点、招标文件要求的工期，结合本工程的实际情况，全盘规划本工程的工期及衔接、流水的关系，达到业主对工程质量、工期、安全、文明施工等各项指标要求，为业主提供最佳最满意的服务。本工程施工总体安排如下：

## （一）具体部署

结合该工程施工条件及古建工程维修特点，细心组织好流水施工，做到各种工序连续均衡施工。

1. 就近搭设施工工棚，严禁在文物旧址内设置工棚，清理好施工现场，创造良好的施工环境和条件。

2. 施工前制订好详细的施工计划，明确施工工序，对于危险部位先采取临时措施进行支护。

3. 搭设满堂脚手架，对墙体、檩条等进行支护，架管与文物本体接触部位采用软质材料包裹或隔离。

4. 拆除前，对文物现状进行详细的拍照，对拆卸下来可用的材料进行归类整理。

5. 清理、统计准备可利用的原旧材料，着手购买所需各种材料，并细心加工制作。

6. 按审批的施工组织计划，按次序有效组织施工。

## （二）施工文物维修工程内容

施工前对文物保护范围内进行普探，以免施工中破坏地下文物。若发现地下遗址，须对遗址的位置、形制做明确记录。对文物本体重点修缮时，必须严格传统技术、传统材料、传统工艺。属加固性工程内容，可采取成熟的新技术、新材料等科学手段进行辅助性的保护，本方案以采用成熟的传统技术措施和工艺流程为主。若施工中需采用新型材料和手段时，必须根据《中国文物古迹保护准则》第二十二条进行必要的科学试验。

本次保护维修工程中各处文物旧址维修内容基本相同，主要分为以下几部分：

### 1. 总体环境整治

（1）军部旧址——何氏祠

针对军部旧址目前这一现状，我们拟对现存文物建筑进行现状保护维修，恢复甬路，疏通排水系统。

（2）红二十五军医院旧址

针对医院旧址目前这一现状，我们拟对现存文物建筑进行规状保护维修，对已改建或坍塌建筑，在确凿可靠的文献资料、众多老人现场表述及设计人员实地勘察的基础之上进行有理有据的修复；拆除违章搭建，恢复院墙、室外地坪、甬路，疏通排水系统；并建议完善日常管理、维护及消防安全工作。

### 2. 单体建筑维修保护设计

（1）军部旧址——何氏祠

据残损现状及结构可靠性鉴定，该旧址的单体建筑均属于Ⅲ类建筑，均需进行局部挑顶维修。各单体建筑的维修措施如下：

①大门及倒座：根据残损现状及结构可靠性鉴定，其中：飞椽糟朽40%，遮椽板全佚失，屋面小青瓦脱落、破碎5%，局部杂草丛生，门楼及东倒座正脊端部均断裂，日久将引起屋面部分坍塌。综合以上，将其定为Ⅲ类建筑，列为重点维修工程，对其进行局部挑顶维修。

具体维修保护措施见下表：

| 序号 | 名称 | 残损位置、性质、程度 | 维修措施 | 备注 |
|---|---|---|---|---|
| 1 | 台基 | 前檐踏步石断裂4块，60%错位，后檐阶条石断裂3块 | 用环氧树脂粘结断裂的踏步石、阶条石；归位错位的踏步石 | |
| | | 后檐原排水沟佚失，现为卵石、水泥砂浆散水，仅遗存落水口 | 拆除卵石、水泥砂浆散水恢复排水沟 | |
| | | 青砖地面残损60% | 参照遗存，补配青砖铺地 | |
| | | 前檐及东侧散水佚失，现为泥土地面 | 修整地面，补配青砖散水 | |
| | | 前檐及东侧台明勾缝灰脱落80%杂草丛生 | 清除杂草，清理缝隙，白灰（砂浆）+桐油勾（补）缝，重新勾缝 | |
| 2 | 墙体 | 自台基起0.5米高以下外墙酥碱60%，深达70毫米 | 修补酥碱墙体，铲除墙面所有水泥，白漆勾缝，用防风化材料修复 | |
| | | 内墙皮空鼓30% | 剔除墙面所有水泥，还原原墙砖本色 | |
| 3 | 木构架 | 檩、枋基本完好 | 清理，日常维护 | |
| 4 | 屋盖部分 | 飞椽糟朽40%，遮椽板全佚失 | 用同材质木材更换糟朽飞椽板 | |
| | | 屋面小青瓦脱落、破碎5%，局部杂草丛生，门楼及东倒座正脊端部均断裂 | 局部挑顶，补配脱落、破碎的小青瓦，清除杂草；修补断裂的正脊 | |
| 5 | 装修 | 油饰起甲、脱落10% | 暂做清理、维护 | |
| 6 | 柱子柱础 | 柱子油饰起甲、脱落10% | 暂做清理、维护 | |

②正房：根据残损现状及结构可靠性鉴定，其中因基础不均匀沉降，导致东山墙前檐处出现竖向贯通裂缝；椽糟朽30%，遮椽板全佚失；屋面小青瓦脱落、破碎

10%，后檐屋面多处漏雨，局部杂草丛生；日久将引起屋面部分坍塌。综合以上，将其定为Ⅲ类建筑，列为重点维修工程，对其进行局部挑顶维修。具体维修保护措施见下表：

| 序号 | 名称 | 残损位置、性质、程度 | 维修措施 | 备注 |
|---|---|---|---|---|
| 1 | 台基 | 前檐水泥砂浆粘结断裂的踏步石 | 剔除水泥砂浆，清理后，用环氧树脂粘结 | |
| | | 后檐原排水沟佚失，杂草丛生，前檐排水沟佚失，现为卵石、水泥砂浆散水；东侧散水佚失，现为泥土地面 | 清除杂草，补砌挡土墙，修复排水沟 | |
| | | | 拆除卵石、水泥砂浆散水，恢复排水沟 | |
| | | | 修整地面，补配青砖散水 | |
| | | 原青砖地面佚失，现为水泥地面 | 铲除水泥地面，补配青砖铺地 | |
| | | 台明勾缝灰脱落60% 杂草丛生 | 清除杂草，清理缝隙，白灰（砂浆）+桐油重新勾缝 | |
| 2 | 墙体 | 后檐及东侧墙体自地面起1米高以下外墙酥碱60%，深达70毫米 | 修补酥碱墙体，对于酥碱深度小于20毫米的部位，仅做清理处理 | |
| | | 内墙皮脱落10%，空鼓20% | 修补内墙皮 | |
| 3 | 木构架 | 梁、檩、枋基本完好 | 清理，日常维护 | |
| 4 | 屋盖部分 | 椽糟朽30%，遮椽板全佚失 | 用同材质木材更换糟朽飞椽、补配遮椽板 | |
| | | 屋面小青瓦脱落、破碎10%，后檐屋面多处漏雨，局部杂草丛生 | 局部挑顶，补配脱落、破碎的小青瓦，清除杂草 | |
| 5 | 装修 | 油饰起甲、脱落15% | 暂做清理、维护 | |
| | | 前檐轩佚失 | 参照倒座轩的做法补配 | |
| 6 | 柱子柱础 | 柱子油饰起甲、脱落15% | 暂做清理、维护 | |

③东厢房

根据残损现状及结构可靠性鉴定，其中檐椽糟朽20%，遮椽板全佚失；屋面小青瓦脱落、破碎10%，后檐屋面多处漏雨，局部杂草丛生；日久将引起屋面部分坍塌。综合以上，将其定为Ⅲ类建筑，列为重点维修工程，对其进行局部挑顶维修。具体维修保护措施见下表：

| 序号 | 名称 | 残损位置、性质、程度 | 维修措施 | 备注 |
|---|---|---|---|---|
| 1 | 台基 | 前檐阶条石用水泥砂浆勾缝 | 剔除水泥砂浆，用石灰砂浆勾缝 | |
| | | 后檐原散水佚失，现为泥土地面；前檐排水沟佚失，现为卵石、水泥砂浆散水 | 修整地面，补配青砖散水 | |
| | | | 拆除卵石、水泥砂浆散水，恢复排水沟 | |
| | | 原青砖地面佚失，现为水泥地面 | 拆除水泥地面，补配青砖铺地 | |
| | | 后檐台明勾缝灰脱落30%，杂草丛生 | 清除杂草，清理缝隙，白灰（砂浆）+桐油重新勾缝 | |
| 2 | 墙体 | 后檐外墙体自地面起1米高以下酥碱60%，深达60毫米 | 修补酥碱墙体，对于酥碱深度小于20毫米的部位，仅做清理处理 | |
| 3 | 木构架 | 檩、椽等新配的30%木构件未做断白处理 | 对新配木构件，刷生桐油三道进行断白及防腐处理 | |
| 4 | 屋盖部分 | 椽糟朽20%，遮椽板全佚失 | 用同材质木材更换糟朽檐椽、补配遮椽板 | |
| | | 屋面小青瓦脱落、破碎10%，后檐屋面多处漏雨，局部杂草丛生 | 局部挑顶，补配脱落、破碎的小青瓦，清除杂草 | |
| 5 | 装修 | 油饰起甲、脱落10% | 暂做清理、维护 | |
| 6 | 柱子柱础 | 柱子油饰起甲、脱落10% | 暂做清理、维护 | |

④西厢房：根据残损现状及结构可靠性鉴定，其中檐椽糟朽30%，遮椽板全佚失；屋面小青瓦脱落、破碎10%，北山墙上部屋面多处漏雨，局部杂草丛生；日久将引起屋面部分坍塌。综合以上，将其定为Ⅲ类建筑，列为重点维修工程，对其进行局部挑顶维修。具体维修保护措施见下表：

| 序号 | 名称 | 残损位置、性质、程度 | 维修措施 | 备注 |
|---|---|---|---|---|
| 1 | 台基 | 前檐阶条石用水泥砂浆勾缝 | 剔除水泥砂浆，用石灰+桐油勾缝 | |
| | | 后檐原散水佚失，现为泥土地面；前檐排水沟佚失，现为卵石、水泥砂浆散水 | 拆除水泥地面，补配青砖散水 | |
| | | | 拆除卵石、水泥砂浆散水，恢复排水沟 | |
| | | 原青砖地面佚失，现为水泥地面且勾缝、作伪 | 拆除水泥地面，补配青砖铺地 | |
| 2 | 墙体 | 后檐外墙自地面起0.8米高以下酥碱60%，深达60毫米 | 修补酥碱墙体，对于酥碱深度小于20毫米的部位仅做清理处理 | |
| 3 | 木构架 | 檩、椽等新配的40%木构件未做断白处理 | 对新配木构件刷生桐油三道进行断白及防腐处理 | |
| 4 | 屋盖部分 | 檐椽糟朽30%，遮椽板全佚失 | 用同材质木材更换糟朽檐椽、补配遮椽板 | |
| | | 屋面小青瓦脱落、破碎10%，北山墙上部屋面多处漏雨，局部杂草丛生 | 局部挑顶，补配脱落、破碎的小青瓦，清除杂草 | |
| 5 | 装修 | 油饰起甲、脱落15% | 暂做清理、维护 | |
| 6 | 柱子柱础 | 柱子油饰起甲、脱落15% | 暂做清理、维护 | |

（2）红二十五军医院旧址

位于军部旧址东约300米处的何大湾内，属民居，建于明代，为群组建筑，四组建筑的残损程度、性质基本相同，采取的维修措施及方法基本一致。现就每组建筑的维修措施分别介绍如下：

①第一组建筑：针对该组建筑的残损，采取的主要措施是修补排水沟，恢复原排水系统；补配室内外地面，斩除杂草；归位脱落、更换破碎的瓦，修补屋面；对新配木构件未做断白处理的，刷生桐油三道进行断白及防腐处理；柱子及装修之上新作油饰起甲、脱落部分暂做清理、维护。恢复后附院门楼、正房及西厢房。现就单体建筑的维修措施分别介绍如下：

a. 门楼与倒座房：根据残损现状及结构可靠性鉴定，其中门楼前檐飞椽糟朽40%、遮椽板全佚失；屋面小青瓦脱落、破碎5%，局部杂草丛生，门楼与倒座相接处上部屋面漏雨，日久将引起屋面部分坍塌。综合以上，将其定为Ⅲ类建筑，列为重点维修工程，对其进行局部挑顶维修。具体维修保护措施见下表：

| 序号 | 名称 | 残损位置、性质、程度 | 维修措施 | 备注 |
|---|---|---|---|---|
| 1 | 台基 | 北侧排水沟内杂草丛生；南侧原散水佚失，现为泥土地面；西侧原散水佚失，现为水泥地面 | 清除排水沟内杂草 | |
| | | | 清理泥土地面，补配青砖散水 | |
| | | | 清除水泥地面，补配青砖散水 | |
| | | 倒座原青砖地面佚失，现为水泥地面且勾缝、作伪 | 拆除水泥地面，补配青砖铺地 | |
| 2 | 墙体 | 自地面起0.6米高以下外墙酥碱60%，深达70毫米 | 修补酥碱墙体，对于酥碱深度小于20毫米的部位仅做清理处理 | |
| 3 | 木构架 | 檩、椽等新配的木构件未做断白处理 | 对新配木构件，刷生桐油三道进行断白及防腐处理 | |
| 4 | 屋盖部分 | 门楼前檐飞椽糟朽40%，遮椽板全佚失 | 用同材质木材更换糟朽檐椽、补配遮椽板 | |
| | | 屋面小青瓦脱落、破碎5%，局部杂草丛生，门楼与倒座相接处上部屋面漏雨 | 局部挑顶，补配脱落、破碎的小青瓦，清除杂草 | |
| 5 | 装修 | 油饰起甲、脱落10% | 暂做清理、维护 | |
| | | 门楼窗棂佚失 | 补配窗棂 | |
| | | 门楼夹层楼板残损30% | 补配残损的楼板 | |
| 6 | 柱子柱础 | 柱子油饰起甲、脱落10% | 暂做清理、维护 | |

b. 过厅（含两廊）：根据残损现状及结构可靠性鉴定，其中后搪门头上方屋面佚失，导致雨水顺墙而下；西廊屋面坍塌 1 平方米，日久将引起屋面整体坍塌。综合以上，将西廊定为Ⅲ类建筑，列为重点维修工程，对其进行局部挑顶维修；过厅及东廊定为Ⅱ类建筑，列为一般维修工程。具体维修保护措施见下表：

| 序号 | 名称 | 残损位置、性质、程度 | 维修措施 | 备注 |
|---|---|---|---|---|
| 1 | 台基 | 前檐排水沟佚失，杂草丛生；后檐排水沟内杂草丛生；西侧原散水佚失，现为水泥地面 | 补配排水沟 | |
| | | | 清除排水沟内杂草 | |
| | | | 拆除水泥地面，补配青砖散水 | |
| | | 室内及两廊下原青砖地面佚失，现为水泥地面且勾缝、作伪 | 铲除水泥地面，补配青砖铺地 | |
| | | 前檐踏步石断裂一块 | 清理后用环氧树脂粘结 | |
| | | 明间后檐排水明沟被改制后雨水倒流 | 拆除、恢复明沟排水 | |
| 2 | 墙体 | 西山外墙自地面起 0.6 米高以下外墙酥碱 60%，深达 70 毫米 | 修补酥碱墙体，对于酥碱深度小于 20 毫米的部位仅做清理处理 | |
| 3 | 木构架 | 檩、椽等新配的木构件未做断白处理 | 对新配木构件，刷生桐油三道进行断白及防腐处理 | |
| 4 | 屋盖部分 | 后檐门头上方屋面佚失 | 补配门头屋面 | |
| | | 西廊屋面坍塌 1 平方米 | 修复坍塌的屋面 | |
| 5 | 装修 | 油饰起甲、脱落 10% | 暂做清理、维护 | |
| 6 | 柱子柱础 | 柱子油饰起甲、脱落 10% | 暂做清理、维护 | |

c. 正房：根据残损现状及结构可靠性鉴定，其中东次间屋面小青瓦脱落、破碎 5%，日久将引起该处屋面部分坍塌。将其定为Ⅲ类建筑，列为重点维修工程，对其进行局部挑顶维修。具体维修保护措施见下表：

| 序号 | 名称 | 残损位置、性质、程度 | 维修措施 | 备注 |
|---|---|---|---|---|
| 1 | 台基 | 前、后檐排水沟佚失，杂草丛生；西侧原散水佚失，现为水泥地面 | 补配排水沟 | |
| | | | 拆除水泥地面，补配青砖散水 | |
| | | 原青砖地面佚失 70%，现补配水泥地面 | 铲除水泥地面，参照遗存补配青砖铺地 | |
| | | 台明及踏步石水泥勾缝 | 剔除水泥勾缝，清理缝隙，白灰（砂浆）重新勾缝 | |
| 2 | 墙体 | 自地面起 0.6 米高以下外墙酥碱 60%，深达 70 毫米 | 修补酥碱墙体，对于酥碱深度小于 20 毫米的部位仅做清理处理 | |
| 3 | 木构架 | 檩、椽等新配的木构件 30% 未做断白处理 | 对未做断白处理的新配木构件，刷生桐油三道进行断白及防腐处理 | |

续表

| 序号 | 名称 | 残损位置、性质、程度 | 维修措施 | 备注 |
|---|---|---|---|---|
| 4 | 屋盖部分 | 东次间屋面小青瓦脱落、破碎5% | 局部挑顶，补配脱落、破碎的小青瓦 | |
| 5 | 装修 | 油饰起甲、脱落10% | 暂做清理、维护 | |
| 6 | 柱子柱础 | 柱子油饰起甲、脱落10% | 暂做清理、维护 | |

d. 后附院门楼：该建筑早年坍塌，仅残存踏步、部分台基，应定为Ⅳ类建筑，列为重点修复工程，根据残存踏步、部分台基的尺寸，参照其他门楼的风格对其进行修复。

e. 后附院正房：该建筑早年坍塌，仅残存部分台基及踏步，今人在其基础之上改建。应定为Ⅳ类建筑，列为重点修复工程，拆除改建建筑，根据残存踏步、部分台基的尺寸，参照同类建筑的风格对其进行修复。

f. 后附院东厢房：根据残损现状及结构可靠性鉴定，其中后檐南端坍塌，现用红砖及土坯补砌，改变原貌又有碍观瞻；北山墙前檐处出现竖向贯通裂缝，宽25毫米，达到残损点；前檐檩均严重糟朽，现用两根立柱支撑，达到残损点；椽糟朽30%，遮椽板佚失，屋面小青瓦脱落、破碎20%；日久将引起屋面坍塌。综合以上，将其定为Ⅳ类建筑，列为重点维修工程，对其进行挑顶、局部落架维修。具体维修保护措施见下表：

| 序号 | 名称 | 残损位置、性质、程度 | 维修措施 | 备注 |
|---|---|---|---|---|
| 1 | 台基 | 后檐原排水沟佚失，现为泥土地面；其余散水均佚失，现为泥土地面 | 清理泥土地面，补配排水沟 | |
| | | | 清理泥土地面，补配散水 | |
| | | 原青砖地面佚失70%，现为泥土地面 | 清理泥土地面，参照遗存青砖规格补配 | |
| 2 | 墙体 | 后檐南端坍塌，现用红砖及土坯补砌 | 拆除红砖及土坯，补砌土筑墙 | |
| | | 北山墙前檐处出现竖向贯通裂缝，宽25毫米 | 拆除裂缝墙体，待基础加固后处理，按原做法重砌，做好新旧墙体的拉接 | |
| | | 内、外墙皮脱落80% | 修补内、外墙皮、铲除墙面所有水泥 | |
| | | 室内人为增设隔墙 | 拆除隔墙 | |
| 3 | 木构架 | 前檐檩均严重糟朽，现用两根立柱支撑 | 用同材质同规格木材更换，拆除立柱 | |
| 4 | 屋盖部分 | 椽糟朽30%，遮椽板佚失 | 用同材质同规格木材更换糟朽檩椽、补配遮椽板 | |
| | | 屋面小青瓦脱落、破碎20% | 补配脱落、破碎小青瓦 | |
| 5 | 装修 | 南一间前檐原窗佚失，现更改为门和窗 | 拆除现更改为门和窗，补配窗 | |

g. 后附院西厢房：该建筑早年坍塌，仅残存台基及部分残墙，今人在其基础之上临时改建。应定为Ⅳ类建筑，列为重点修复工程，拆除临时改建建筑，根据残存的台基及部分残墙的尺寸，参照维修后的东厢房风格对其进行修复。

②第二组建筑：针对该组建筑的残损，采取的主要措施是修补排水沟，恢复原排水系统；补配室内外地面，斩除杂草；归位脱落、更换破碎的瓦，修补屋面；对新配木构件未做断白处理的，刷生桐油三道进行断白及防腐处理；柱子及装修之上新作油饰起甲、脱落部分暂做清理、维护。现分别介绍如下：

a. 门楼及倒座：根据残损现状及结构可靠性鉴定，其中北侧排水沟内杂草丛生；南侧原散水佚失现为泥土地面；新配的檩、椽等木构件未做断白处理。综合以上，将其定为Ⅱ类建筑，列为一般维修工程。具体维修保护措施见下表：

| 序号 | 名称 | 残损位置、性质、程度 | 维修措施 | 备注 |
| --- | --- | --- | --- | --- |
| 1 | 台基 | 北侧排水沟内杂草丛生；南侧原散水佚失，现为泥土地面 | 清除排水沟内杂草 | |
| | | | 清理泥土地面，补配青砖散水 | |
| | | 室内新修青砖地面 | 日常维护 | |
| 2 | 墙体 | 后檐自地面起0.6米高以下外墙酥碱60%，深达70毫米 | 修补酥碱墙体，对于酥碱深度小于20毫米的部位仅做清理处理 | |
| 3 | 木构架 | 新配的檩、椽等木构件未做断白处理 | 对未做断白处理新配木构件，刷生桐油三道进行断白及防腐处理 | |
| 4 | 屋盖部分 | 新修屋面，基本完好 | 日常维护 | |
| 5 | 装修 | 油饰起甲、脱落10% | 暂做清理、维护 | |
| | | 门楼窗棂佚失 | 补配窗棂 | |
| | | 门楼夹层楼板残损20% | 补配残损的楼板 | |
| 6 | 柱子柱础 | 柱子油饰起甲、脱落10% | 暂做清理、维护 | |

b. 过厅（含过门）：根据残损现状及结构可靠性鉴定，其中后循门头上方屋面佚失；新配的檩、椽等木构件未做断白处理。综合以上，将其定为Ⅱ类建筑，列为一般维修工程。具体维修保护措施见下表：

| 序号 | 名称 | 残损位置、性质、程度 | 维修措施 | 备注 |
|---|---|---|---|---|
| 1 | 台基 | 后檐排水沟内杂草丛生；前檐排水沟佚失，现为泥土地面且杂草丛生 | 清除排水沟内杂草 | |
| | | | 补配排水沟 | |
| | | 前檐台明水泥勾缝 | 剔除水泥勾缝，清理缝隙，白灰（砂浆）重新勾缝 | |
| | | 室内新修青砖地面 | 日常维护 | |
| | | 两廊下青砖铺地残损30%，杂草丛生 | 参照遗存青砖铺地，清除杂草 | |
| 2 | 墙体 | 基本完好 | 日常维护 | |
| 3 | 木构架 | 新配的檩、椽等木构件未做断白处理 | 对未做断白处理的新配木构件，刷生桐油三道进行断白及防腐处理 | |
| 4 | 屋盖部分 | 新修屋面，基本完好 | 日常维护 | |
| | | 后檐门头上方屋面佚失 | 补配门头屋面 | |
| 5 | 装修 | 油饰起甲、脱落10% | 暂做清理、维护 | |
| 6 | 柱子柱础 | 柱子油饰起甲、脱落10% | 暂做清理、维护 | |

c.二进正房（含过门）：根据残损现状及结构可靠性鉴定，其中明间东缝夹山上方部分瓦脱落，局部漏雨；新配的檩、椽等木构件未做断白处理。综合以上，将其定为Ⅱ类建筑，列为一般维修工程。具体维修保护措施见下表：

| 序号 | 名称 | 残损位置、性质、程度 | 维修措施 | 备注 |
|---|---|---|---|---|
| 1 | 台基 | 前、后檐原排水沟佚失，现为泥土地面，且杂草丛生 | 清理泥土地面，补配排水沟 | |
| | | 前檐台明勾缝灰脱落80% | 清理缝隙，补配石灰砂浆勾缝 | |
| | | 室内新修青砖地面 | 日常维护 | |
| | | 前檐踏步石错位 | 归位错位的踏步石 | |
| 2 | 墙体 | 后檐外墙自地面起0.6米高以下外墙酥碱60%，深达70毫米 | 修补酥碱墙体，对于酥碱深度小于20毫米的部位仅做清理处理 | |
| 3 | 木构架 | 新配的檩、椽等木构件未做断白处理 | 对新配木构件未做断白处理的，刷生桐油三道进行断白及防腐处理 | |
| 4 | 屋盖部分 | 明间东缝夹山上方部分瓦脱落，局部漏雨 | 归位脱落的小青瓦 | |
| 5 | 装修 | 油饰起甲、脱落10% | 暂做清理、维护 | |
| 6 | 柱子柱础 | 柱子油饰起甲、脱落10% | 暂做清理、维护 | |
| | | 明间西缝前檐柱出现裂缝，长2米，宽20毫米，深40毫米 | 清理缝隙，用环氧树脂加木条嵌缝 | |

d. 三进正房：根据残损现状及结构可靠性鉴定，其主要为东稍间后檐屋面坍塌 0.5 平方米。将其定为Ⅱ类建筑，列为一般维修工程。具体维修保护措施见下表：

| 序号 | 名称 | 残损位置、性质、程度 | 维修措施 | 备注 |
|---|---|---|---|---|
| 1 | 台基 | 前檐排水沟佚失，杂草丛生；后檐排水沟内杂草丛生 | 清除杂草，补配排水沟 | |
| | | | 清除排水沟内杂草 | |
| | | 前檐台明水泥勾缝 | 剔除水泥勾缝，清理缝隙，白灰（砂浆）重新勾缝 | |
| | | 两稍间原铺地青砖佚失，现为水泥地面 | 铲除水泥地面，参照遗存补配青砖铺地 | |
| | | 前檐踏步石水泥勾缝 | 剔除水泥勾缝，清理缝隙，白灰（砂浆）重新勾缝 | |
| 2 | 墙体 | 新修墙体，基本完好 | 日常维护 | |
| 3 | 木构架 | 新配的檩、椽等木构件未做断白处理 | 对未做断白处理的新配木构件，刷生桐油三道进行断白及防腐处理 | |
| 4 | 屋盖部分 | 东稍间后檐屋面坍塌 0.5 平方米 | 修补坍塌的屋面 | |
| 5 | 装修 | 油饰起甲、脱落 10% | 暂做清理、维护 | |
| 6 | 柱子柱础 | 柱子油饰起甲、脱落 10% | 暂做清理、维护 | |

③第三组建筑：针对该组建筑的残损，采取的主要措施是修补排水沟，恢复原排水系统；补修配室内外地面，斩除杂草；归位脱落和更换破碎的瓦，修补屋面；对新配木构件未做断白处理的，刷生桐油三道进行断白及防腐处理；柱子及装修之上新作油饰起甲、脱落部分暂做清理、维护；修复三进院围廊。现分别介绍如下：

a.门楼及倒座：根据残损现状及结构可靠性鉴定，其主要为门楼前檐东端上部及脊部瓦脱落、破碎，导致漏雨，日久将引起屋面大面积坍塌；门楼夹层楼板残损 2 平方米，有碍利用；故将门楼定为Ⅲ类建筑，列为重点维修工程，进行局部挑顶维修；倒座定为Ⅱ类建筑，列为一般维修工程。具体维修保护措施见下表：

| 序号 | 名称 | 残损位置、性质、程度 | 维修措施 | 备注 |
|---|---|---|---|---|
| 1 | 台基 | 北侧排水沟基本完好；倒座南侧原散水佚失，现被泥土不同深度掩埋 | 清理泥土地面，补配青砖散水 | |
| | | 门楼南侧原散水佚失，现为水泥地面，且不同深度抬高 | 拆除水泥地面至原室外地坪，补配青砖散水 | |
| | | 倒座室内现为水泥地面；门楼青砖铺地残损 30% | 铲除水泥地面，补配青砖铺地 | |
| | | | 参照遗存青砖规格补配残损部分 | |

续表

| 序号 | 名称 | 残损位置、性质、程度 | 维修措施 | 备注 |
|---|---|---|---|---|
| 2 | 墙体 | 后檐自地面起 0.6 米高以下外墙酥碱 50%，深达 70 毫米 | 修补酥碱墙体，对于酥碱深度小于 20 毫米的部位仅做清理处理 | |
| | | 门楼砖斗拱断裂、缺失 1/3 | 参照遗存补配砖斗拱 | |
| 3 | 木构架 | 新配的檩、椽等木构件未做断白处理 | 对新配木构件未做断白处理的，刷生桐油三道进行断白及防腐处理 | |
| 4 | 屋盖部分 | 倒座的为新修屋面，基本完好 | 日常维护 | |
| | | 门楼前檐东端上部及脊部瓦脱落、破碎，导致漏雨 | 归位脱落，补配破碎的瓦 | |
| 5 | 装修 | 油饰起甲、脱落 10% | 暂做清理、维护 | |
| | | 门楼窗棂佚失 | 补配窗棂 | |
| | | 门楼夹层楼板残损 2 平方米；前檐轩东端残损 1 平方米 | 补配夹层楼板 | |
| | | | 修补轩残损部分 | |
| 6 | 柱子柱础 | 柱子油饰起甲、脱落 15% | 暂做清理、维护 | |

b. 过厅（含过门、两廊）：根据残损现状及结构可靠性鉴定，其主要为：过厅后檐门洞被封堵，板门佚失，门头屋面残损 20%。将其定为Ⅱ类建筑，列为一般维修工程。具体维修保护措施见下表：

| 序号 | 名称 | 残损位置、性质、程度 | 维修措施 | 备注 |
|---|---|---|---|---|
| 1 | 台基 | 前檐及两廊前檐排水沟佚失；后檐排水沟内杂草丛生 | 补配排水沟 | |
| | | | 清除排水沟内杂草 | |
| | | 西侧过门原铺地青砖佚失，现为泥土地面 | 清理泥土地面，补配青砖铺地 | |
| | | 前檐台明水泥勾缝 | 剔除水泥勾缝，清理缝隙，白灰+桐油重新勾缝 | |
| 2 | 墙体 | 新修墙体，基本完好 | 日常维护 | |
| 3 | 木构架 | 檩、椽等新配的木构件未做断白处理 | 对新配木构件未做断白处理的，刷生桐油三道进行断白及防腐处理 | |
| 4 | 屋盖部分 | 新修屋面，基本完好 | 日常维护 | |
| 5 | 装修 | 过厅室内人为增设夹层 | 拆除室内人为增设的夹层 | |
| | | 过厅后檐门洞被封堵，板门佚失，门头屋面残损 20% | 拆除封堵部分，补配板门 | |
| | | | 修补门头屋面 | |
| | | 油饰起甲、脱落 10% | 暂做清理、维护 | |
| 6 | 柱子柱础 | 柱子油饰起甲、脱落 10% | 暂做清理、维护 | |

c. 二进正房（含过门、后廊）：根据残损现状及结构可靠性鉴定，其主要为过门屋面多处漏雨；后檐外廊东一间坍塌。故将过门、后廊定为Ⅲ类建筑，列为重点维修工程，过门进行局部挑顶维修，后廊进行局部修复；正房定为Ⅱ类建筑，列为一般维修工程。具体维修保护措施见下表：

| 序号 | 名称 | 残损位置、性质、程度 | 维修措施 | 备注 |
|---|---|---|---|---|
| 1 | 台基 | 前檐原排水沟佚失，现为泥土地面，且杂草丛生；后檐原排水沟内杂草丛生 | 补配排水沟 | |
| | | | 清除排水沟内杂草 | |
| | | 前檐台明勾缝灰脱落80%，现用水泥勾缝 | 剔除水泥勾缝，清理缝隙，白灰（砂浆）重新勾缝 | |
| | | 西侧过门现为泥土地面；后檐外廊现为泥土地面 | 清理泥土地面，补配青砖铺地 | |
| | | 前檐踏步石错位 | 归位踏步石 | |
| 2 | 墙体 | 新修墙体，基本完好 | 日常维护 | |
| 3 | 木构架 | 新配的檩、椽等木构件未做断白处理 | 对新配木构件未做断白处理的，刷生桐油三道进行断白及防腐处理 | |
| 4 | 屋盖部分 | 过门屋面多处漏雨 | 归位脱落，补配破碎的瓦 | |
| | | 后檐外廊东一间坍塌 | 修复 | |
| 5 | 装修 | 油饰起甲、脱落10% | 暂做清理、维护 | |
| 6 | 柱子柱础 | 柱子油饰起甲、脱落10% | 暂做清理、维护 | |
| | | 明间西缝前檐柱出现裂缝，长1米，宽20毫米，深50毫米 | 清理缝隙，用环氧树脂加木条嵌缝 | |

d. 三进正房（含东廊）：根据残损现状及结构可靠性鉴定，其主要为东廊后檐墙前移后被改建，改变原貌又有碍观瞻，已构成残损；共约3平方米屋面漏雨，导致其下椽不同程度糟朽；日久将引起屋面进一步糟朽。故将其定为Ⅲ类建筑，列为重点维修工程，正房进行局部挑顶维修，东廊进行恢复维修。具体维修保护措施见下表：

| 序号 | 名称 | 残损位置、性质、程度 | 维修措施 | 备注 |
|---|---|---|---|---|
| 1 | 台基 | 前檐排水沟佚失，杂草丛生；后檐排水沟内杂草丛生 | 补配排水沟 | |
| | | | 清除排水沟内杂草 | |
| | | 前檐台明水泥勾缝 | 剔除水泥勾缝，清理缝隙，白灰（砂浆）重新勾缝 | |
| | | 前檐廊下青砖铺地残损40%，室内现为泥土地面 | 补配残损的铺地青砖 | |
| | | | 参照前廊下青砖规格补配 | |
| | | 前檐踏步石错位 | 归位踏步石 | |
| 2 | 墙体 | 新修墙体，基本完好 | 日常维护 | |
| | | 东廊后檐墙前移后被改建 | 拆除改建部分，恢复原貌 | |

续表

| 序号 | 名称 | 残损位置、性质、程度 | 维修措施 | 备注 |
|---|---|---|---|---|
| 3 | 木构架 | 新配的檩、椽等木构件未做断白处理 | 对新配木构件未做断白处理的,刷生桐油三道进行断白及防腐处理 | |
| 4 | 屋盖部分 | 共约3平方米屋面漏雨,导致其下椽不同程度糟朽 | 局部挑顶,更换糟朽椽,重建屋面 | |
| 5 | 装修 | 西稍间窗被改制 | 恢复原窗 | |
| | | 油饰起甲、脱落10% | 暂做清理、维护 | |
| 6 | 柱子柱础 | 柱子油饰起甲、脱落10% | 暂做清理、维护 | |

④第四组建筑:针对该组建筑的残损,采取的主要措施是修补排水沟、恢复原排水系统;补配室内外地面,斩除杂草;归位脱落和更换破碎的瓦,修补屋面;对新配木构件未做断白处理的,刷生桐油三道进行断白及防腐处理;柱子及装修之上新作油饰起甲、脱落部分暂做清理、维护;拆除违章建筑,恢复二进正房及其西侧过门、过厅西侧过门;修复三进院东厢房。现分别介绍如下:

a. 门楼及倒座:根据残损现状及结构可靠性鉴定,其主要为门楼屋面瓦脱落、破碎10%,导致多处漏雨,日久将引起屋面进一步糟朽。故将其定为Ⅲ类建筑,进行局部挑顶维修;倒座只存在板门上方漏雨,定为Ⅱ类建筑,列为一般维修工程。具体维修保护措施见下表:

| 序号 | 名称 | 残损位置、性质、程度 | 维修措施 | 备注 |
|---|---|---|---|---|
| 1 | 台基 | 北侧排水沟佚失;南侧原散水佚失,现均被泥土不同深度掩埋 | 清理泥土地面,补配排水沟 | |
| | | | 清理泥土地面,补配青砖散水 | |
| | | 门楼青砖铺地佚失,现为泥土地面,且后檐阶条石佚失 | 清理泥土地面,补配青砖铺地,用青石补配后檐阶条石 | |
| | | 倒座室内新修青砖铺地,基本完好 | 日常维护 | |
| 2 | 墙体 | 倒座后檐及东山外墙自地面起0.6米高以下外墙酥碱50%,深达70毫米 | 修补酥碱墙体,对于酥碱深度小于20毫米的部位仅做清理处理 | |
| | | 门楼砖斗拱断裂、缺失1/3 | 参照遗存补配砖斗拱 | |
| 3 | 木构架 | 倒座的新配的檩、椽等木构件未做断白处理 | 对新配木构件未做断白处理的,刷生桐油三道进行断白及防腐处理 | |
| 4 | 屋盖部分 | 倒座板门上方漏雨 | 归位脱落和补配破碎的瓦 | |
| | | 门楼屋面瓦脱落、破碎10%,导致多处漏雨 | 归位脱落和补配破碎的瓦 | |

续表

| 序号 | 名称 | 残损位置、性质、程度 | 维修措施 | 备注 |
|---|---|---|---|---|
| 5 | 装修 | 油饰起甲、脱落10% | 暂做清理、维护 | |
| | | 门楼窗棂佚失 | 补配窗棂 | |
| | | 门楼夹层楼板残损3平方米；前檐轩东端残损1平方米 | 补配夹层<br>补配残损的楼板及轩 | |
| 6 | 柱子柱础 | 柱子油饰起甲、脱落15% | 暂做清理、维护 | |

b.过厅（含过门、两廊）：根据残损现状及结构可靠性鉴定，其主要为过厅屋面瓦脱落或破碎，导致局部漏雨，定为Ⅱ类建筑，列为一般维修工程；西侧过门人为拆除，现残存阶条石，故将其定为Ⅳ类建筑，进行恢复维修。具体维修保护措施见下表：

| 序号 | 名称 | 残损位置、性质、程度 | 维修措施 | 备注 |
|---|---|---|---|---|
| 1 | 台基 | 前、后檐及两廊前檐排水沟佚失；后檐室外地面被抬高 | 补配排水沟<br>清理后檐室外地面至原室外地面，补配排水沟 | |
| | | 西侧过门人为拆除，现残存阶条石 | 参照同类建筑风格，修复西侧过门 | |
| | | 室内及两廊新修青砖铺地，基本完好 | 日常维护 | |
| 2 | 墙体 | 新修墙体，基本完好 | 日常维护 | |
| 3 | 木构架 | 檩、椽等新配的木构件未做断白处理 | 对新配木构件未做断白处理的，刷生桐油三道进行断白及防腐处理 | |
| 4 | 屋盖部分 | 屋面瓦脱落或破碎，导致局部漏雨 | 归位脱落，补配破碎的瓦 | |
| | | 后檐门头上方屋面佚失 | 补配门头屋面 | |
| 5 | 装修 | 新作的油饰起甲、脱落10% | 暂做清理、维护 | |
| 6 | 柱子柱础 | 柱子油饰起甲、脱落10% | 暂做清理、维护 | |

c.二进正房（含过门）：建筑整体被拆除后，今人在其基础之上新建，整体视为残损，定为Ⅳ类建筑，列为重点修复工程，参照同类建筑的风格对其进行修复。

d.三进正房：根据残损现状及结构可靠性鉴定，其主要为西次间共约1平方米屋面漏雨，导致其下椽不同程度糟朽，檐椽糟朽50%，遮椽板佚失，日久将引起屋面进一步残损。故将其定为Ⅲ类建筑，列为重点维修工程，正房进行局部挑顶维修，具体维修保护措施见下表：

| 序号 | 名称 | 残损位置、性质、程度 | 维修措施 | 备注 |
|---|---|---|---|---|
| 1 | 台基 | 前檐排水沟佚失；后檐排水沟内杂草丛生 | 补配排水沟 | |
| | | | 清除杂草 | |
| | | 前檐台明勾缝灰全部脱落 | 清理缝隙，白灰（砂浆）勾缝 | |
| | | 前檐廊下及室内原青砖铺地佚失，现为泥土地面 | 补配青砖铺地 | |
| | | 前檐踏步石错位 | 归位踏步石 | |
| 2 | 墙体 | 西次间前檐违章增改，西侧门洞被封堵 | 拆除违章增改，恢复原貌 | |
| | | | 拆除门洞封堵部分 | |
| | | 前檐东侧盘头断裂 | 局部拆除，重砌 | |
| 3 | 木构架 | 基本完好 | 日常维护 | |
| 4 | 屋盖部分 | 西次间共约1平方米屋面漏雨，导致其下椽不同程度糟朽 | 局部挑顶，更换糟朽的椽 | |
| | | 檐椽糟朽50%，遮椽板佚失 | 局部挑顶，更换糟朽的檐椽，补配遮椽板 | |
| 5 | 装修 | 门、窗基本完好 | 日常维护 | |
| 6 | 柱子柱础 | 基本完好 | 日常维护 | |

e.东厢房：该建筑南一间因违章建筑被人为拆除。现存一间散水，原室内地面，遮椽板均佚失，檐椽糟朽40%，整体视为残损，故将其定为Ⅳ类建筑，进行修复维修。补配散水，修复原室内地面，遮椽板及檐椽；拆除违章建筑，恢复南一间。

## （三）现场实测留取资料的施工组织

对旧址实施修缮前，必须做好现场测量绘图、文字记录、拍摄照片等资料留取工作，掌握第一手资料，建立科学的技术档案，在此基础上再着手下一步的工程实施阶段。

做好施工记录，注意隐蔽部分的结构，加深对古建筑的了解。平时只能看到它的表面，内部结构如何、墙内结构、基础情况、木构件的搭交榫卯，只有在拆卸和修理中才有机会见到，这是极为难得的机会，因此，要求在施工中把了解隐蔽部分的结构作为重点工作之一，随时用文字、照相、线图进行记录，作为对一座古建筑深入研究的重要资料。对平时不易发现的题记、绘画等，除了文字记录、照相外，还应临摹。

组织落实、专人负责、添置设备。在施工办公室中，要委派专人负责现场实测工作，在各施工班组中专门配备一人负责现场测绘，专门从事测绘记录工作，并隶属办公室直接管理。

专门从事现场测绘的工作人员，一定要跟班工作，施工班组加班，测绘人员也得加班。

古建筑构件拆卸期间，每日都要对测绘人员的测绘记录进行检查，发现问题，及时纠正，并请有关专家到现场进行指导。

施工期间拍摄的现场照片，要及时进行冲洗，并在照片背面注明时间、地址、分类工程项目，照相人员由现场办公室人员专派。

每一处古建筑残损构件拆卸完毕后，要及时汇总该建筑单元的现场实测记录（包括绘制草图、文字记录和照片、幻灯片），全部收齐存档，待整理。

在古建筑维修期间，组织现场测绘人员整理现场测绘资料，绘制草图，并描成标准图，复制多份待用。

## （四）施工程序安排

本工程所在范围内现存的杂物等需先行清运，腾出施工场地，安排各种临建位置，搞好施工现场"三通一平"，然后转入正式施工作业程序。

修缮施工工序为：脚手架搭设→挑顶、拆除工程→大木构件维修、补换→屋面修缮工程→墙体修缮工程→木装修修缮工程→内外墙装饰维修工程→油饰工程→地面修缮工程。

天井及院落地表排水疏通工程根据进度适时插入进行。

## （五）施工段的划分

本工程为木质结构，先搭设外架，从屋面开始，自上而下平行流水施工。总体按工程特点采用了四个班组，即文物拆卸、测绘登记组；主体木结构安装施工组；地面、木装修、屋面修缮组；院落及排水疏通组。

红二十五军军部旧址及医院旧址文物保护修缮工程，为缩短工期，我们将按建筑自身建筑特征按四个阶段进行，第一阶段是各处文物建筑的测绘、清理；第二阶段是文物本体加固修缮（墙体、木构架、梁枋等）；第三阶段是各文物建筑装饰修缮；第四阶段是天井及院落地表整修、排水疏通，施工区内逐阶段进行流水穿插作业。各工种都要紧密衔接，进行平行流水和立体交叉施工。

## （六）施工总体流程

### 1. 按照拟订修缮方案，在项目修缮工程步骤安排上

详细的文物测绘——修缮方案编制与审批——文物残损构件编号记录——确定文物残损构件修复方式——残损构件的整理修补与添配材料的组织——复原修缮——文物环境的简要清整——工程验收与资料归档。

## 2. 总体施工顺序

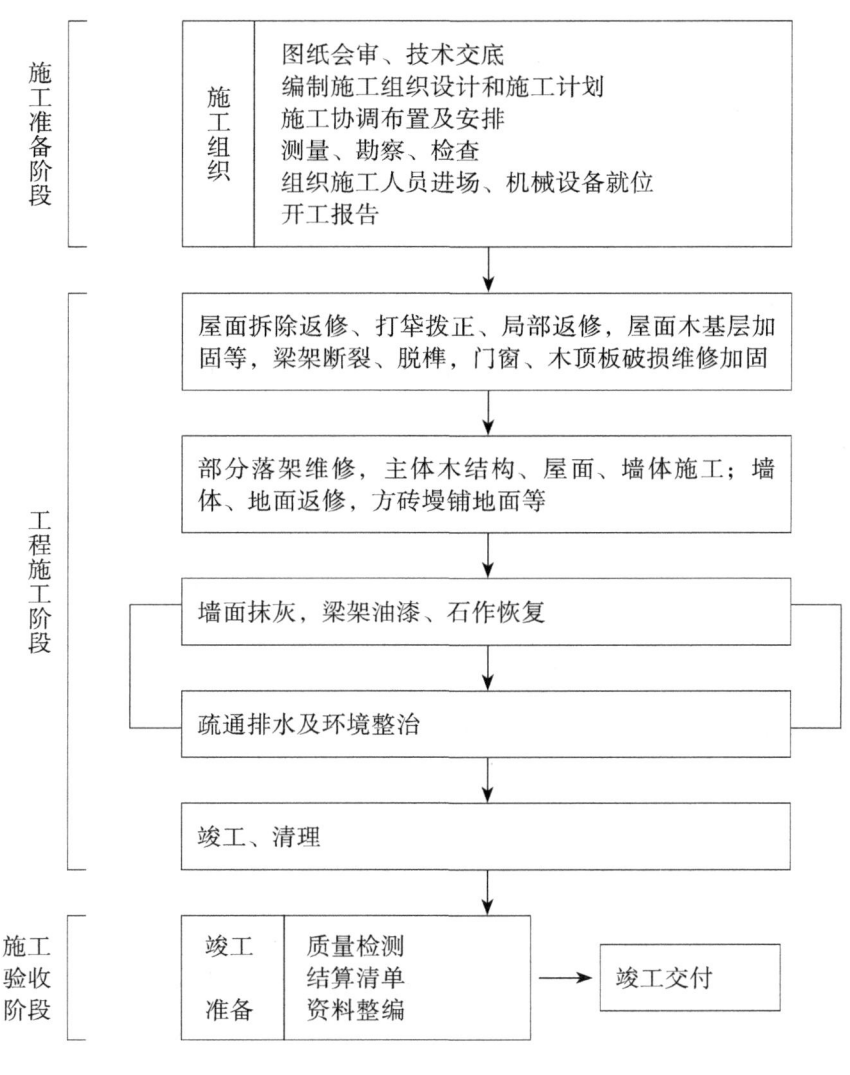

总体施工顺序图

# 五、工程进度计划与措施

## （一）施工进度计划安排

### 1. 总工期

工程拟计划 360 日历天内全部完工。

### 2. 阶段目标控制工期

根据本工程的工程量和工期要求，将本工程划分成段，交叉施工。具体控制目标见施工进度计划横道图。

### 3. 施工进度计划表

本工程施工进度，实行两级网络计划控制：一级网络作为整体工程施工总进度计划控制，其进度计划要满足节点的要求，具有指导、规范下一级计划的作用，并对各专业分包时间进行分配；二级网络作为各单体工期控制，是对一级进度计划的补充，将明确地表示出穿插施工的过程，对整个施工的生产安排起着一定的指导作用。

## （二）工期保证体系

将建立健全完善的工期保证体系，项目部各部门相互配合，确保工期目标的实现。

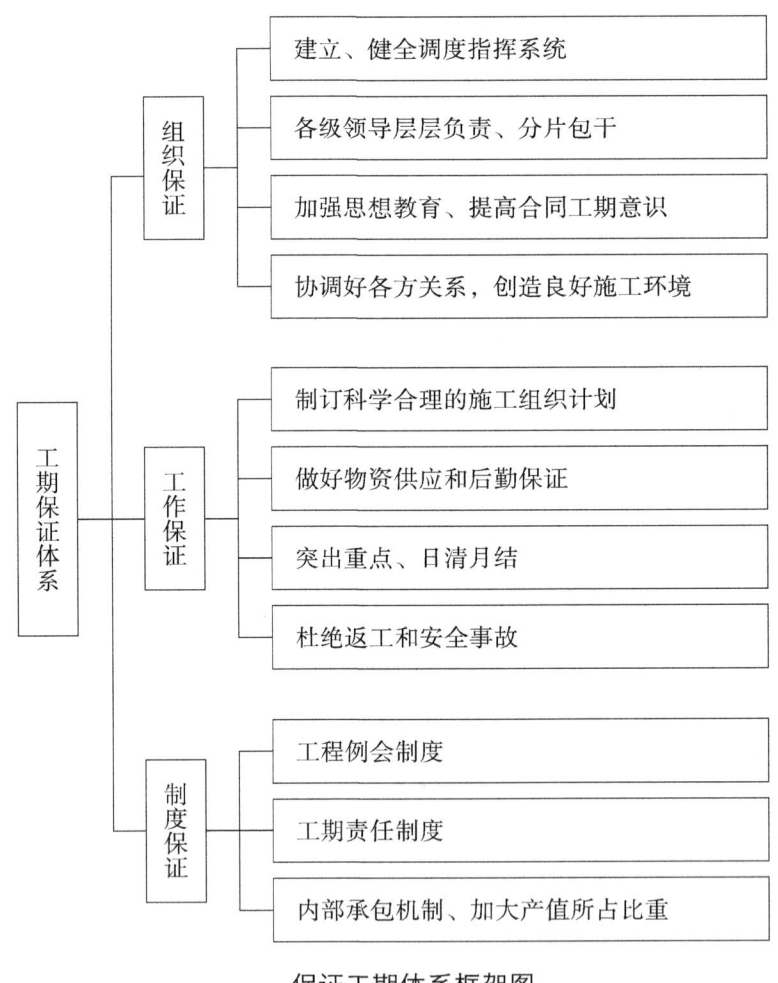

保证工期体系框架图

## （三）施工进度计划管理措施

本工程工期紧、时间短，且集中在春、夏、秋、冬四季进行施工作业。针对本工程的特点，拟采取相应的工程进度保证体系，确保各阶段工期目标和合同工期的实现。

### 1. 编制进度计划

首先根据监理工程师批准的施工计划，建立目标工期计划，重点对影响本标工程直线工期的单项工程的关键线路进行控制，然后根据每天完成的工程项目，并进行比较分析，确定按当前施工进度继续施工，将对目标工期造成影响，从而及时对现行计划进行调整，达到全工程按动态管理来进行控制，最终实现预期的工程进度计划。

在工程实施过程之前，制订一个工程实施网络计划。施工过程中，将根据此目标来进行进度、资源与费用控制和调节。通过比较工程的实际进度与目标进度的差别，及时预测出项目的进展的趋势，如根据实际工程进展得出下一步的进度计划安排能不能满足项目管理的要求，需要及时分析调整下一步计划，使工程能始终围绕目标要求进行。

根据制订的施工总进度网络计划，分解为不同时段的计划组织施工，对总进度、季度计划细化到日，对月、周计划细化到班，实现以日计划保周计划、周计划保月计划、月计划保季度计划、季度计划保实际变化情况反馈至网络计划中，系统分析由此带来对总工期、季度计划、月计划、周计划的不利影响，找出应对措施，确保计划的实现。

### 2. 进度计划的实施与控制管理

（1）工程进度控制管理流程

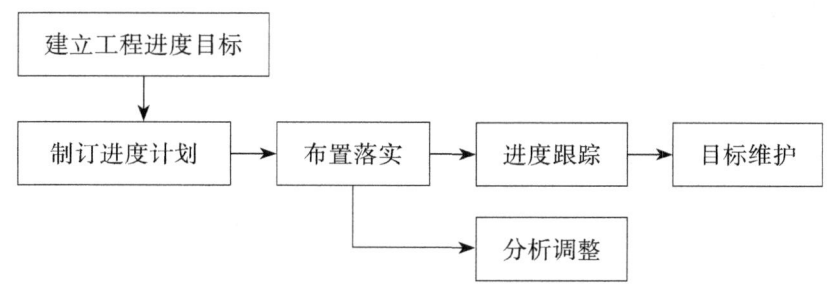

工程进度控制管理流程图

（2）进度计划的实施与管理

①工程实施中，要使所有参与单位及计划的执行人员知道按照工程的计划要求和

各计划周期项目的计划工程量，并进一步使施工人员知道完成这些工程量计划的资源与费用需求是多少，从而合理配置人员、设备及材料，充分利用有效工作又及各工序平行作业，确保综合施工，均衡施工。

②工程实施过程中，建立工程计划的执行情况的反馈机制，通过对计划执行情况的及时反馈，采用月和周计划，跟踪工程和分析现行进度与目标计划的差异，根据这种差异编制各种分析汇总报表做进一步分析，判断可能导致的后果，然后采用逐步修正接近目标的方式使工程始终围绕目标计划进行。

③在工程条件和自然灾害等重大原因造成原目标工程不可能实现或施工方案的重大改变，导致较多的作业增减、施工关系改变时，现行工程与目标已不能做出比较，需将目标工程进行维护和更新。与建设各方协商一致认可后，按更新后的目标工程进度实施。

④对计划工程项目实行项目负责，进度目标管理，要贯彻两个坚持：一是坚持施工班组抓循环计划目标，各作业队抓日计划目标，项目部抓周计划目标；二是坚持会议协调制度，坚持现场例会、每周生产调度会、每旬生产检查会、每月计划会。

## （四）保证工期的技术措施

精心安排施工组，强化管理，在深入调查、吃透设计意图的基础上，编制实施性施工组织设计，分级负责，认真实施，并在实践中不断优化，施组的实现关键在强化管理，要高起点、高质量、严要求。

施工准备期抓"两短一快"，即进场时间短、准备时间短、尽快形成生产能力。施工过程中狠抓施工的程序化、标准化作业，通过合理的组织与正确的施工方法，尽快形成生产能力，加快施工进度，保持稳产高产。

认真做好工程的统筹、网络计划工作，科学组织、合理安排、均衡生产。采用先进的项目管理p3、EXP软件，对工程进行动态控制。

根据标段所处地理位置的气候特点，充分考虑冬季对施工的影响，牢牢抓住关键工序的管理与施工，合理安排施工时间，控制循环作业时间，减少工序搭接时间，提高施工效率。

提前做好图纸会审工作，对图纸中有疑问的地方，及时与设计单位联系解决，避免耽误施工。

组织管理技术人员学习招标文件、技术规范与施工监理程序，准确掌握工程要求的标准与程序。

提前做好各分项工程的施工方案与材料试验，及时申报开工。

加强技术管理和工序管理，杜绝因工作失误造成返工而影响正常的施工进度。

在难点工程施工时，精心编制施工方案，采用稳妥施工方法，并经专家组审定，确保其科学、合理、可行，防止影响施工进度。

使用大型先进施工设备，保证足够多的施工机械及机械操作人员，确保工期目标的实现。

成立专门的机械维修班组，加强对机械的保养维护，保证施工机械的正常运转。

注重依靠科学和技术进步。采用新技术，在关键工序采用施工效率高的机械。对影响施工进度的施工技术难题，开展质量控制小组活动，组织攻关，充分听取各方面的合理化建议，加快施工进度。

根据施工总进度的要求，分别编制年、季、月、旬、周施工生产计划，实施并对照检查，找差距、找原因，完善管理，促进施工。

按生产计划情况编制材料供应计划，超前订货或加工，就近供货。根据本工程特点，冬、雨季对施工的影响很大，要备有足够的材料库存量，保证工程物资供应充足，不致影响到工程施工进展。

在施工中用计算机进行管理。用计算机分析、处理施工数据，选用决策数学模型，结合有关资料和外部信息，用计算机做出决策，以实现施工管理的规范化、高效化和科学化。

全面提高人员整体素质。加强技术培训，提高施工人员的操作技术熟练程度，项目经理部的人员要深入学习项目管理知识，规范操作行为，同时抓好后勤保障工作，一切为生产服务，关心职工的物质文化生活，充分激发广大职工的生产积极性。

加强施工现场的协调和指挥，保证工序间紧密衔接，下道工序的准备时间在上道工序完成，减少工序准备时间。

在冬雨季暴雨、暴雪等恶劣气候条件时，采取措施（调整分项工程施工计划等），将天气条件对工期的影响降到最小。

### （五）保证工期的组织措施

中标后，按招投标文件要求，立即组织项目主要管理人员及其他有关人员在7日内进入现场，积极开展前期施工准备工作。

投标前，派遣本工程的主要人员进行了较为认真详细的现场踏勘和现场周边环境的调查；中标后，进行更详细的施工调查，及办理测量、复测、用水、用电申请等临时工程的规划和申报，并组织人员、材料、机具设备迅速进场，以缩短施工准备期。

组织好施工机械、设备和材料的调运，确保首批机械物资在7天之内进入施工现场，以满足前期施工的需要。

组织措施是落实各层次的进度控制人员、具体任务和工作责任；建立进度控制组织系统；按照工程的维修、工作流程等进行工程的分解，确定其进度目标，建立控制目标体系；确定控制进度的工作制度，如检查时间、方法、协调会议时间、参加人员等；对影响进度的因素进行分析和预测。

搞好标准化施工，认真贯彻执行ISO 9002标准，通过合理的施工组织与正确的施工方法来加快施工进度，要稳产高产，防止大起大落。

抽调既富有实践经验，又年富力强的干部，有施工经验、战斗力强的专业队伍，迅速成立项目经理部。根据施工现场的环境特点和施工特点，组建各专业施工队伍，配备足够、结构合理的施工人员和机械设备承担本工程的施工。

加强现场施工组织指挥，做到指挥正确、指挥得力、效率高。以项目经理、项目总工为首的管理体系，决策重大施工问题，确定重大施工方案，切实确保施工进度。当实际进度落后施工组织设计要求时，及时提出加快施工进度。

按要求选派参与本工程投标的技术人员，提前进入角色，了解熟悉本工程特点及业主和设计要求，并且对施工前的准备工作达成共识。

建立、健全岗位责任制，施工人员定岗定责，严格技术标准、工艺措施、严明施工纪律，按设计要求施工。

完善项目管理模式，完善竞争机制和激励机制，实行全员风险承包任务层层落实。把工期效率和职工个人的经济利益挂钩，兑现奖罚，充分调动全体施工人员的生产积极性。

应用网络技术，科学组织施工，根据施工情况的不断变化，及时分析控制工期的关键线路，合理调整工、料、机、财的配置，确保分项分部工程按计划完成。每月的生产计划细化到旬，每旬中按天进行控制，使施工计划做到日保旬、旬保月的高效完成。

强化管理，健全内部经济承包责任制，利用经济杠杆的作用，充分调动施工人员的积极性、自觉性，以确保工期，对指挥不力、消极怠工者及时处理。

大力宣传本工程的重要意义，使全体施工人员充分认清形势，以高度的责任感积极投入到工程建设之中。

正确认识工期和安全、质量、效益的辩证关系，没有进度就没有效益，没有安全、质量保证的进度是负进度。

在施工中，切实理顺与业主、监理、地方各相关部门及当地群众的工作关系，使工程施工能得到社会各界的大力支持。

### （六）资源保证措施

按照投标承诺，组织精干、高效、富有创造力及充满活力的专业化管理机构及作业队伍，按照相关法律法规组织实施本工程的施工。在本工程任职的主要管理人员和施工人员必须具有丰富文物修缮工程及类似工程的施工经验。

加强施工人员技能培训工作，提高其操作技术熟练程度，确保均能胜任本职工作。

配备先进的施工设备，加强设备的维护，充分发挥施工机械的优势，提高其完好率、利用率以提高生产作业的效率。

根据施工生产计划编制材料供应计划，超前订货加工，同时严把原材料质量关，防止因不合格材料而影响工期。

加强施工人员的思想教育工作，激励其发扬艰苦朴素、吃苦耐劳、无私奉献的精神，激发施工人员的积极性、主动性和创造性，为工程施工建言献策。

项目经理部成立设备物资部，专职从事材料和机械配件的调查、采购、管理、发放及监控工作，确保配件材料供应及时，满足施工进度的需要。

材料采购计划具有超前性，并经工程技术人员确认，防止材料采购的种类、型号出现错误或采购的时间不对，避免出现采购不及时或库存时间过长等现象。

提前做好节假日期间的材料计划，此期间的材料采购提前进行，并做好充足的准备，材料库存量应能满足节假日施工的正常需要。加强对材料供应单位放假制度的了解，确定他们在节假日期间的业务管理制度，在节假日期间随时保持联系，并做好应急准备工作，确保在非常规情况下仍能保证材料的正常供应。

按生产计划情况编制材料供应计划，提前订货加工，及时供货，并备有足够的库存量，保证物资供应。

先进精良的设备配置是保证施工的重要条件之一，根据工程需要，我们将配备充足、先进、完好的机械设备和检测仪器投入到本工程的施工中。

编制机械安全技术操作规程，组织专人深入现场，督促检查设备安全工作情况，发现问题，及时纠正，消除隐患，使机械设备达到安全、优质、高效、低耗地运行。严禁违章指挥、违章操作、违反劳动纪律等操作行为。

加强对施工设备管、用、养、修的动态管理，积极应用现代化微机管理，建立设备台账和技术档案，建立检测、大修项修、技术开发、配件库存、人员培训等信息库，提高机械管理水平。

严格执行交接班制度：认真填写交接班记录，交班清楚后，接班人检查移交的运转、维修、油耗等记录情况及设备情况，并开车试运转，确认妥善无误后，方能进行工作。

配备足够的备用电源，防止因网电暂停而造成事故和时间延误。

工程施工前期，自备一定的资金，保证前期准备工作的顺利开展。施工过程中，保证业主支付的本工程项目资金全部用于本项目的施工使用，不挪作他用。

设立专项资金用于材料的采购工作，确保材料的供应，任何个人或组织均不得擅自挪用该资金。

## （七）不可抗因素导致工期滞后的补救措施

本工程若出现不可抗因素导致的工期滞后，将从以下方面采取补救措施，以保证工期目标实现。

### 1. 增加资源投入，提高维修施工进度

必要时增加人力、设备、材料等资源的投入，以缩短结构施作时间。通过增加人力及架子、设备数量，增加施工作业面。

### 2. 开展多工作面平行作业，加快附属维修施工进度

附属维修在保证质量和安全的前提下，开展多工作面平行作业，加快施工进度。同时优化施工方案，使得各工序间能穿插作业，减少相互影响，加快循环作业时间。

### 3. 做好成品保护，减少返修率

对完成的成品、半成品制定相应的保护措施，安排专人负责，保证成品、半成品质量，以保证顺利交验或进行下一道工序，防止因返工、返修增加工期。

### 4. 采取技术措施，改善施工环境

针对施工进度造成影响的管线、地下文物等制定相应的技术措施，采取可靠的保

护方案，为施工创造良好的条件，从而保证施工安全，加快施工进度。

### （八）缩短工期的技术措施

施工进度计划，是施工单位进行生产和经济活动的重要依据，它从施工单位取得建设单位提供的勘察设计图纸并进行施工开始准备，直到工程竣工投产交付使用为止，包含广泛的内容。要加快工程进度、缩短施工工期，编制施工进度计划必须做好以下工作：

**1. 合理加快工程进度，科学合理地计划**

（1）进行科学的施工部署。对群体工程应区分出相对独立的施工区，在每个施工区内划分出施工流水段，以便按"平面流水、立体交叉"作业原则施工，提高作业效率。

（2）确定施工顺序合理。各分部（子分部）或分项工程客观工艺流程必须遵守，不能颠倒，要考虑满足资源平衡、工艺间隔、保证质量、安全操作、施工机械和季节影响的要求。施工顺序的确定必须经过认真地计算，科学地安排施工进程，以达到快速、有序、均衡施工的目的。

（3）选择合理的施工方案。要搞好施工现场的平面布置和劳动管理，安排好主体修缮、辅助修缮的相互衔接和配合，合理组织施工流水、交叉作业；同时要尽可能多地采用新材料、新工艺、新技术、新机具和充分利用现代化施工机械，以提高生产效率；另外，在征得建设单位和设计单位同意的前提下，多采用一些成品构件，减少现场作业环节，以提高施工效率。

（4）网络进度计划中要明确主线和支线，必须控制主要节点的工期，同时要留有余地，由于设计中的不可预见因素和施工条件不可预见的变化，施工进度计划要从实际出发，既要积极先进，又要稳妥可靠、具有可操作性。

（5）相关辅助计划要配套。有了施工进度计划，具体实施还受到人、机、料、法、环境等因素的影响。因而还应编制配套的辅助计划，如机械选用计划、物资供应计划、劳动工资计划、财务成本计划、技术措施计划，等等。

**2. 合理加快工程进度需要有效的管理和必要的投入**

影响施工进度的因素是复杂而多变的，由于不可能准确预测到施工过程的一切变化，施工进度计划只能是概括性的，不可能一次安排好未来施工活动中的全部细节。因此，还应做到"长计划、短安排"，根据总的控制进度进行有效的管理。

采用节点控制法的科学管理程序来管理进度，并以充足的机具、周转材料以及班组劳动力的投入来保证。

（1）编制进度计划前要求充分掌握现场情况，即通过实地考虑、统计分析、类似工程经验积累、熟悉施工图纸等尽可能多地了解实际情况的信息。

（2）班组劳动力投入是保证工期计划的重要基础，在精心计算工程量的基础上，选择足够数量的优秀班组劳动力进场流水施工交叉作业、动态管理。

（3）及时检查小结。就是要对照计划要求，检查、总结执行的效果，及时总结执行计划过程中的经验教训。现场查出的问题，在了解清楚的基础上，强调就地处理解决问题。还要通过调查研究，找出带有倾向性、全局性的问题提供依据。一旦在某个节点中工期被延长，务必在下个节点控制工期中调整部署，加强投入的人、机、料等，即在下一环节弥补，确保月计划的完成。

节点控制法施工进度管理就是不断地、周而复始地进行循环控制，以日保周、以周保旬、以旬保月、以月保季，最终确保施工进度按计划实施并争取提前。

**3. 合理加快工程进度的技术管理措施**

（1）施工人员吃、住在工地附近，可以适当延长工作时间，一般控制在 10 小时~12 小时。

除春节外，星期日和节假日加班加点施工，施工人员出勤一般在 28 天以上（按劳动法规定发给加班费）。

（2）根据工程的修缮特点，组织分段流水作业和立体交叉施工，适当多投入劳动力，充分利用工作面，尽量缩短主体修缮工程施工时间。

（3）准备足够的照明灯具，在取得环保部门的许可下进行夜间施工，根据具体情况，可采用"二班制"、"三班制"工作，充分利用夜间时间，抓前不抓后，达到缩短工期的目的。

（4）项目部与操作班组签订工期合同，引进奖励机制，根据各工程的操作特点和计划工作的目标，落实项目内部层层承包责任制，按期奖励、逾期处罚，充分调动施工人员积极性。

（5）财务对工程项目实行专款专用，必要时考虑垫付资金，保证工程用款，确保工程顺利进行。

（6）考虑到古建筑材料涉及面广，在市场机制作用下，建筑材料市场供应经常会发生变化，应做好材料和半成品预订工作，避免建材供应不及时而影响工程进度。

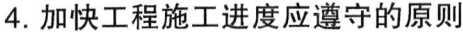

### 4. 加快工程施工进度应遵守的原则

（1）应在保证工质量的前提下，要特别强调"百年大计，质量第一"，防止片面抓工程进度而粗制滥造的做法。

（2）应在保证施工安全的前提下。安全措施要超前于施工进度，施工作业计划安排时，尽可能考虑劳力作业均衡，减少作业者的疲劳，确保作业者在安全状态下作业。

（3）应在考虑技术经济效果的基础上进行，贯彻"经济、适用"的原则，为求做到技术上先进、经济上合理。

（4）应按基本建设程序合理组织施工，特别强调不能未经审批、未经验收（隐蔽工程、中间结构等）即擅自进入下道工序施工。

## 六、施工前的准备

### （一）准备工作计划

将精心进行现场准备、物资准备、技术准备、劳动力准备工作，保证工程顺利进行。

#### 1. 现场准备

（1）开工前办理好施工许可证、安全许可证等各种手续，并安排专人与各有关部门建立联系，以便及时协调。

（2）本工程实行场区封闭式管理，严格按照已批准的施工区域进行临时建筑和仓库等的设置，运输车辆必须按指定路线进、出施工现场。

（3）按照现场总平面布置图所示布置场区，按实际使用位置接通临时用水、用电，合理布置消防设施及消防通道。

#### 2. 物资准备

（1）依据总体施工进度计划安排编制材料采购、加工、进场计划，组织按计划进场。依据本工程的施工图纸，计算出各主要材料用量及进场时间。

（2）材料进场时，须经专人验收，对某些特殊部位的材料会同建设单位共同进行严格验收，严格管理制度，对各种材料按规范和规定要求进行检验。

（3）对决定工程质量的重要材料，在采购前坚持样品送报制度，经建设单位或监理批准后方可采购。同时进入现场的材料要严格按照现场平面图要求的地点堆放，并按相关标准程序进行标识和放置。

### 3. 材料的选购

项目部技术人员对本工程的施工图纸的各种材料进行分类汇总，材料采购部分根据汇总的数量和质量要求进行分门别类采购；采购回的材料交给技术部鉴定。

（1）木材

对现存木质构件进行识别，尽量采用原木质材料，所需订购之木料与原构件材质一致。

根据《古建筑木结构维护与加固技术规范》（GB50165-92）的要求，对更换后的木材，要求：①不允许有腐朽现象；②在构件任何一面150毫米长度上沿周长所有木节尺寸的总和，不得大于所在面宽的2/5；③每个木节的最大尺寸，不得大于所测部位原木周长的1/5；④任何1米材长上斜纹倾斜高度不得大于80毫米；⑤不允许在受剪面上有裂缝；⑥木材表面不允许有虫蛀；⑦生长年轮其平均宽度不得大于4毫米；⑧所有木构件的含水率不应大于20%。

（2）瓦件及脊饰

瓦件要求质量好，无脱层，胎质耐压力不低于150号。

脊饰要求造型准确，各部位结构紧密，色泽合度，胎质耐压力不低于150号。

（3）青条石

阶条石、地面石添配的青石要求无蜂窝，沙眼、裂缝，表面相对平整，三角度3.7～3.8，吸水率≤0.75%，弯曲强度≥10.0兆帕，光泽度60左右，密度2800千克/立方米。

（4）方砖

地面、墙体添配的砖为青灰砖，要求无蜂窝，沙眼、裂缝，耐压力不低于100号。

## （二）技术准备

1. 开工前，由项目经理部技术负责人组织各专业人员熟悉图纸，进行图纸会审。

2. 根据图纸和招标文件的要求，按照工程的总进度计划提前编制好施工方案，并做好书面技术交底工作，落实到作业班组和操作人员。

3. 为确保本工程的优质完成，我们拟对全体施工人员做好以下交底：本工程的施工特点、《施工组织设计》的主要内容和项目经理部对本工程的总体部署，本工程质量安全、文明施工的目标及要求、分部分项工程的具体实施交底等。

4. 为合理利用场地，事先对现场进行统一布置和整体规划，并做好实施计划安排，以保证施工的顺利进行。

## （三）劳动力准备

施工劳务层是在施工过程中的实际操作人员，是施工质量、进度、安全文明施工的最直接的保证者。故在选择劳务层操作人员时的原则为：在劳务优良的人员名册中选择；具有良好的质量、安全意识；具有较高的文物古建筑修缮技术等级；具有相关工程施工经验的施工劳务人员。

劳务层的划分为三大类。第一类为专业化强的技术工种，配备人员约为20人，其中包括雕刻工、机操工、机修工、维修电工、焊工、架子工、实验工、测量工等，这些人员均为曾经参与过相类似工程的施工，具有丰富的经验，持有相应之上岗操作证的人员。第二类为普通技术工种，配备人员平均为50人，其中包括木工、瓦工、石工、油漆工等，施工过相关工程施工人员为主进行组建，且配备两名文物古建筑修缮专家做指导。第三类为非技术工种，配备人员约为40人，此类人员的来源为长期与合作的成建制施工劳务队伍，进场人员具有一定的素质。

劳务层组织由人力资源部根据项目部的每月工程的工作量、进度、质量要求，选择确定具有文物古建筑维修施工能力、经验丰富的劳务队伍，并办理好各项用工手续，进行平衡调配，并以确保施工顺利为最基本之原则。

## （四）施工机具准备

施工阶段，砌筑、地面铺装、石作安装、盖瓦的砂浆搅拌采取集中拌制点，配备四台和灰机；木构件修复阶段配备手提电锯、手提电刨各八台，木工压刨五台；水平运输在地面上配备工程小推车配合使用。上述设备目前正进行全面维修、保养，并随时运至施工现场进行安装、调试、动用。

## （五）施工及运输通道的设置

本工程施工及运输通道的位置是根据现场实地勘察情况和施工的具体需要设置，以保证人员进出及进出场材料的运输，另将现有主入口、次入口的施工便道设定为临时运输通道，以备急需。

## （六）施工现场用电

本工程因无大型用电机械，故无须特殊供电要求。施工电源由甲方提供。

采用电缆引入施工现场设置的总控制箱，再由总控制箱分配至各分配电箱。每级配电箱均独立控制，分配电箱下设若干个开关箱。配电系统采用三级配电和二级漏电保护。

## （七）施工现场用水

由于本工程主要为文物建筑修缮工程，用水量不大，水源由甲方提供，由施工单位将水引至各施工用水点。

## （八）施工现场平面布置

因施工场地狭窄，故施工现场按甲方要求设一个简易办公室和两到三个材料堆放点，施工现场不设工人宿舍；所有施工人员（除值班人员外）均不得在施工现场留宿。施工时根据实际进度有计划地安排材料的进场和建筑垃圾的及时清运，以减少不必要的施工占地。

# 七、资源配备计划（包括人员、施工设备和主要物资）

## （一）劳动力资源配备计划

### 1. 管理机构的设置、职责分工

（1）项目经理部的组成人员

| 项目经理 | 刘晓文 |
| --- | --- |
| 项目副经理 | 鲍人肩 |
| 项目技术负责人 | 王葱法 |
| 质检员 | 叶群 |
| 安全员 | 周辛骞 |
| 施工员 | 吴文渊 |
| 材料员 | 汪和平 |
| 造价员 | 吴彩琴 |

（2）项目经理部主要成员岗位职责

①项目经理的主要职责：

a. 制定项目规划，对本工程项目的质量、安全、工期、成本以及现场文明施工全面负责，进行全过程管理。

b. 确保本工程合同目标的实现，提高企业社会信誉。

c. 负责组建项目管理机构，按编制配备人员。

d. 组织有关协调会议，处理项目部内外关系。

e. 合理组合、配置及落实项目的人、财、物等生产要素，严格按照国家法律、法规以及有关规定组织项目经营活动。

f. 负责做好项目部人员的思想教育工作，坚持"两个文明一起抓"。

项目经理部组织机构设置：

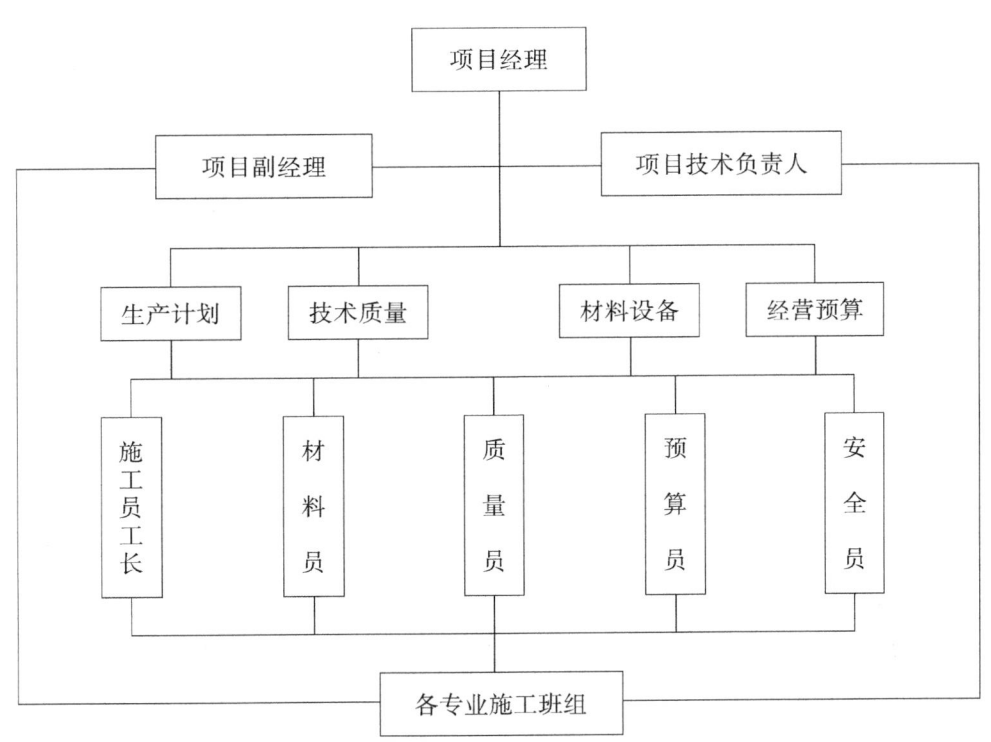

项目经理部组织机构图

②项目副经理的主要职责：

a. 协助项目经理做好项目管理工作。

b. 制订项目施工进度计划，组织生产进度，保证项目工期目标的实现。

c. 严格按照国家、行业的施工规范、技术标准和操作规程组织施工，确保工程质量。

d. 组织安全教育，落实安全生产组织技术措施，抓好现场文明施工管理工作。

e. 按计划组织施工机械设备、材料、设施料的进场和管理工作。

f. 组织分部、分项工程质量检查，组织不合格品（工程）的纠正活动。

③项目技术负责人主要职责：

a. 负责工程技术和质量管理工作。

b. 负责项目质量策划，编制施工技术方案和特殊过程作业指导书，解决古建施工中出现的技术质量问题。

  c. 负责组织图纸会审、设计变更及技术交底工作。

  d. 负责一般不合格品（工程）的处理建议，并对不合格品（工程）的纠正措施及纠正活动进行检查和验证。

  e. 负责新技术的开发和应用工作。

  f. 负责施工过程的技术管理和质量检验的领导工作，并对质量记录予以证实。

  g. 组织本工程的分部、分项工程内部检评，负责项目竣工资料的整编。

其他各类人员岗位责任由项目经理制定。

④项目经理部的协调管理：

  a. 与业主的协调

中标后，公司经营部和项目经理及时与业主联系，办理签订工程施工合同及相关手续。同时，三天以内项目部主要管理人员和有关施工班组、机械设备全部准备就绪，并进入施工现场，形成施工生产能力。

尊重业主，加强与业主及文物部门友好合作，为业主提供满意服务。施工期间，按单位工程形象进度分阶段征求业主和施工监理人员对工程建设中的意见。

工程交工和竣工过程中，除按规定向业主有关部门提交检验、验收资料外，并由项目经理部向业主逐间办理各个分项工程内容交验手续，直至业主满意为止。

交工和竣工时，项目部组织责任心强，技术水平高的职工组成维修班，由项目副经理直接领导，在现场办公，专门解决和维修交工中出现的各种质量问题。

交工后，做好工程回访保修，定期、不定期地征求业主的意见，为业主提供满意服务。

  b. 与监理工程师的协调

严格按照经建设单位、监理工程师批准的"施工组织设计"组织施工。分部和分项工程质量在班组"自检"、项目部"专检"的基础上，接受监理工程师的检查验收，并按监理工程师的要求及时认真地整改，绝不留隐患。

分部分项以及工序质量检验，严格执行"上道工序不合格，下道工序不准施工"的准则，使监理工程师能顺利地开展工作。经常与监理工程师沟通，维护监理工程师的权威性。

进入施工现场的成品、半成品和建筑材料以及安装设备均主动向监理工程师提交出厂合格证、产品试验证明，使所有材料和设备始终处于受控状态。

教育全体管理人员和职工，尊重监理工程师的工作，服从监理工程师的检查和监督。

c. 与设计部门的协调

与设计部门加强工作联系，充分了解设计图纸内容、领会设计意图以及对工程施工的具体要求。

严格按照图纸施工，如发现图纸出现的轴线、标高、几何尺寸以及设计不明确等问题，须及时向设计部门提出，待设计部门明确确认后，方可改动和施工。

及时针对施工图纸进行补充设计，并报请设计部门、监理部门及设计单位批准实施。

d. 施工管理中的协调

每天定时召开现场协调会，解决和处理施工中出现的工种配合、工序衔接、材料供应以及质量、进度、安全生产文明施工中的各种问题。

每周定时召开现场办公会，由项目经理向业主和监理部门报告本周内施工情况，并与业主共同研究解决施工中的各种矛盾。

项目经理部以旬为单位，编制施工简报，向业主监理部门和总部报告工程进度状况及需解决的问题，确保施工顺利进行。

e. 与其他部门的协调

工程开工前，项目经理部主动与建设单位主管部门以及文物局、城建、公安、市容、市政、环保、交通、街道办等政府主管部门联系，及时办妥有关手续，创造良好的施工环境和氛围。

模范自觉地遵守各项法规、规定，积极配合上级部门和主管部门的抽查监督。

进驻施工现场后，与施工现场的四周单位搞好关系，安排专人协调和解决各类问题。

⑤项目管理模式：

将按照多年来积累的成功项目管理经验来运行和管理本项目，形成以项目经理负责制为核心，以项目合同管理和成本、进度、质量控制为主要内容，以科学系统管理和先进技术为手段的项目管理机制。同时，项目经理部充分发挥企业的整体优势，按照"总部服务控制、项目授权管理、专业施工保障、社会协力合作"的项目管理模式，以此高效地组织和优化生产资源。严格按照以 ISO 9002：2002 模式标准建立的质量保证体系来运行，形成以全面质量管理为中心环节，以专业管理和计算机管理相结合的科学化管理体制，以此出色地实现质量方针和本工程质量目标以及对业主的各项承诺。

为规范本项目的管理工作，项目经理部严格执行我方颁布的《程序文件》《质量手册》等我司独具特色的项目管理方法，同时现场场区管理严格遵守施工现场标准化管理的有关规定。

**2. 劳动力计划各工种进退场交接时间**

测量工：拟于2016年11月进场，于2017年11月退场。

木工：拟于2017年4月进场，于2018年4月退场。

石工：拟于2017年6月进场，于2017年11月退场。

泥工：拟于2017年4月进场，于2018年4月退场。

瓦工：拟于2017年4月进场，于2017年10月退场。

普工：拟于2017年4月进场，于2018年4月退场。

机操工：拟于2017年4月进场，于2018年4月退场。

刷油工：拟于2017年5月进场，于2017年10月退场。

架子工：拟于2017年4月进场，于2018年4月退场。

电工：拟于2017年4月进场，于2018年4月退场。

管理人员：拟于2016年11月进场，于2017年11月退场。

测绘资料人员：拟于2016年11月进场，于2017年11月退场。

**3. 劳动力投入计划保证措施**

（1）主要施工管理人员计划

项目经理配备足够的各种专业管理人员，如技术负责人、质量管理员、材料管理员、安全管理员、施工管理员、计划管理员，协助项目经理管理整个工程的施工。

（2）施工队组计划

①主要施工技术人员及劳动力需用量，按如下配备：修缮主体阶段主要考虑木工、瓦工、机械工；装修阶段主要考虑细木工、石工。

②以下工种由持有效证书的专业技术工人组成：架子工、电工、焊工、搅拌工等。

③专业技术工种组成的各施工队组，施工队组设队长，全面负责队组的生产工作，各生产班组由班组长率领，工人直接完成施工任务，施工队长、班组均不脱产，为直接生产工人。

（3）劳动力保证措施

①进行劳动力的选择时应考虑以下因素：

a. 劳动力素质的优化性选择：为保证现场施工质量，需根据本工程的特点，选用素质较高、有类似工程施工经验的劳动力，并通过现场短期的培训不断提高劳动力的综合素质。

b.劳动力数量的优化性选择：根据工程的规模和施工技术特性及进度安排，按比例配备一定数量的劳动力，以避免窝工，又不出现缺人现象，使得现有劳动力得以充分利用。

c.劳动力组织形式的优化性选择：建立适合于本工程特点的精干、高效的劳动力组织形式，做到管理到位、人员调动灵活且能降低管理费用。

根据本工程的特点结合我单位的实际情况，调遣具有较高施工技术水平和丰富施工经验的施工队。

②保证劳动力及时供应的措施：

高素质、充足的劳动力的投入是工程施工质量、安全、进度的保证，为确保实现工程总体目标要求，在劳动力投入管理上按以下措施执行。

a.根据施工进度计划、施工阶段划分、各个专业工种的需要、劳动定额，编制切实可行的劳动力需用量计划，并提前在单位内部的施工队伍和劳务基地中进行组织安排。施工前和每月25日前根据工程实际进展情况，由项目经理部负责对各施工队劳动力进退场时间、数量提出指导性计划并及时调整，避免劳动力资源的浪费。

b.选择长期奋战在我方工程一线的、高素质的劳务人员。

c.由于工期紧，在劳动力进场前，先明确要求保证节假日的安排，使之做好准备和相关的配合，方能签订合同，以满足工程的需要。

d.根据本工程的特点、质量、工期要求，对所组织的劳动力进行现场岗位技术培训，提高劳动者的操作技能，加强质量意识教育，组织学习国家有关规范、标准、规程，进行施工组织设计的总设计交底，使施工人员了解该工程的特点，以熟练规范的要求，高质量地完成额定任务，确保计划用量，满足施工生产需要。

e.通过各种资金渠道解决好工人的资金供给问题，安定民心，让工人干得放心、干得称心，专心工作，保证不拖欠施工人员的工资。

f.在本工程范围内根据施工进度的需要对各个施工队进行必要的调节，实行动态管理，使之合理流动，达到最佳劳动效率和满足现场施工进度的需要。

g.制定合理可行的激励机制，充分调动施工人员的积极性、创造性，优胜劣汰，以保证工程的劳动力满足要求。

h. 搞好后勤生活保障工作：在施工人员进场前，必须做好后勤工作的安排，为施工人员的衣、食、住、行、医等予以全面考虑，认真落实，以便充分调动施工人员的生产积极性。

i. 推行经济承包责任制，使员工的劳动与效益挂钩。

j. 为了保证劳动力及时到位，我单位将针对本工程成立专门的人力资源管理机构，指派专门的人员对本工程劳动力进行调配管理。

## （二）主要施工机械、施工设备资源配备计划

### 1. 配备原则

工程质量的好坏、进度的保证很大程度与施工机械的先进性有关。对于本工程的施工，将结合实际情况和各工种、工序的需要，合理地配备先进的机械设备及挑选专业水平较高的技术操作人员，最大限度地体现技术的先进性和机械设备的适用性，充分满足施工工艺的需要，从而保证工程质量和修复效果。

在本文物修缮工程的施工中，配备机械设备时，将遵循以下原则：

（1）贯彻机械化、半机械化和改良机具相结合的方针，重点配备中、小型机械和手持动力机具。

（2）充分发挥现场所有机械设备的能力，根据具体变化的需要，合理调整装备结构。

（3）优先配备本工程施工中必需的、保证质量与进度的、代替劳动强度大的和作业条件差的配套的机械设备。

（4）按本工程体系、专业施工和工程实物量等多层次进行配备，并注意不同的要求，配备不同类型、不同标准的机械设备，以保证质量为原则，努力降低施工成本。

（5）另外，在配备机械设备时，综合考虑了以下因素：

①技术先进性。机械设备技术性能优越、生产率高。

②使用可靠性。机械设备在使用过程中能稳定地保持其应有的技术性能，安全可靠地运行。

③便于维修性。机械设备要便于检查、维护和修理。

④运行安全性。机械设备在使用过程中具有对施工安全的保障性能。

⑤经济实惠性。机械设备在满足技术要求和生产要求的基础上，达到最低费用。

⑥适应性。机械设备能适应不同工作条件，并具有一定多用的性能。

⑦其他方面：成套性、节能性、环保性、灵活性等。

（6）我方将根据工程建设的总体要求合理配备施工机具，保证满足质量、工期、安全生产的要求。当监理方提出、甲方认定施工单位配备的施工机具不能满足要求时，我方会在5日内调整机具到位。一次不能及时调增机具到位，我方将接受甲方的经济处罚。

**2. 主要施工机械、设备使用的保证措施**

（1）正确地选用机械设备。根据"技术上先进、经济上合理、施工上适用、安全可靠"的原则，考虑机械产品的特点，正确选用配置设备。

（2）保证机械设备始终处于良好的技术状态。

①根据机械设备的性能用途和效率等，制定完整的操作规程，以求合理使用。

②研究机械设备的故障、磨损规律，根据设备的寿命周期和生产状况，确定维护保养制度及方式，制订检修计划。

③运用先进的检测、维修手段和方法，减少磨损，恢复精度，延长寿命周期。

（3）加强设备的日常管理工作

①采取行政与经济手段相结合的方法，加强设备的日常管理工作。

②主要包括：

降低能源消耗费和维修费的支出。

降低机械设备的寿命周期费用。

做好设备的验收登记、保管、事故处理等工作。

做好机械设备的经济核算工作。

## （三）主要物资资源配备计划

**1. 材料供应计划**

（1）现场成立材料供应监督小组，实施对材料供应等方面的现场监督，由项目部项目经理、材料员、技术员等有关人员组成现场材料供应小组实施现场材料的计划、采购、供应等相关工作，其中项目经理是总责任人，材料员为材料采购的第一责任人，技术员兼管材料计划的编制工作。现场制定关于材料进场的管理措施，如果材料计划中急需进场的材料未能及时落实到位，影响了相关作业面的施工和工程进度，由项目部对相关责任人按有关管理措施进行罚款。

（2）组织有关人员编制分部项、分层次、分阶段的工程施工预算，并分析相应材料用量，根据施工组织设计编制和审定月度以及旬进度计划编订现场材料供应计划。

（3）工程一开工，组织材料人员对本工程所需的工程材料进行货源落实工作，安排采购工程所需的材料，保证开工后所需材料如期进场。

（4）对一些专用或比较特殊的材料、成品、半成品在当地难以采购或供货量较小的，必须针对市场的情况采取相应的措施，如派人外出、通过市场供货信息资料、网上查询等方式，寻找生产厂家提前与生产厂家订货，以确保在使用时有货进场。

（5）大宗的建筑材料或周转材料无法一次供应进场，为保证现场的文明施工，同时考虑施工场地情况，拟对大宗材料采取分批进场、一次到位的方式，即所需材料运进现场后就用起重机等运输设备将材料运至使用部位或边用边进料，既减少了二次运输带来的费用增加，又不影响现场的文明施工，还能保证现场材料的使用。

### 2. 材料投入计划及保证措施

（1）材料周转配置

为加快施工进度，保证按期完工，决定按配置三处修缮旧址建筑所需的周转材料。

（2）工程材料的采购与验收

①材料采购

定货源、找厂家、看质量、组织好货源、安排好运输车辆，按品质合格、数量充足、价格低廉、运输方便、不误使用的原则下择优选定。

②材料供应过程中的质量验收

正确选择进货渠道，对生产厂家及供货单位进行资格审查；建立严格的审核制度，认真审核各类计划，确认无误后，进行交底；严格履行经济合同手续与程序；加强供货渠道及各种计划、合同的管理，采购时必须向供销单位索取产品合格证及有关检测试验资料，对无合格证的材料和产品一律不得采购。

③材料验收的质量验收

对于木材、瓦材、防水材料及各类外加剂实行检验双控，即要有出厂合格证，还要有试验室的合格试验单，方可接收入库。对于直接送到现场的材料及构配件，收料人员可会同现场的技术质量人员联合验收；进库物资由保管员和材料业务人员一起组织验收。

④施工现场的材料管理措施

施工前的准备工作：

平面规划布置要合理规范。在划分材料堆放位置时，已考虑到施工进入高峰时的堆放容量。料场、料库、道路的选择不能影响施工流水作业，以靠近使用点为原则，减少二次倒运与搬迁。

对临时料库、料棚等制定符合防雨、防潮、防爆、防晒、防损坏等管理措施与要求。

施工过程中的组织与管理：

建立健全现场料具管理责任制。现场料具要严格按平面布置图堆放，划区分片包干负责，要有责任区、责任人，并有明显标牌。经常清理杂物和垃圾，保持场地、道路、工具及容器清洁。

材料清退：

根据工程主要部位进度情况，组织好料具的清退与转场。一般在施工阶段接近80%左右时，要检查现场存料，估计未完工程用料量。

（3）材料储备计划

①材料储备数量必须满足施工进度要求。

②材料储备数量不能过大，以免造成资金积压，要确保不因材料储备资金积压而影响工期。

③按照工程进度要求制订材料储备计划。

（4）限额领料制度

①签发：采用限额单，根据工程项目工程量，计算限额用料的品种和数量。

②下达：将限额单下达到队组，并进行用料交底

③应用：施工队组凭限额单到指定部门领用，管料部门在限额内发料。将每次领发数量、时间做好记录，并互相签认。

④检查：在用料过程中，管料部门要对影响用料的因素进行检查，帮助班组正确执行定额、合理使用材料。

⑤验收：施工队组在完成任务后，由工长及有关人员对班组实际完成工程量和用料量情况进行测定和验收，作为估算用工、用料的依据。

⑥结算：根据施工队组实际完成的工程量核对和调整应用材料数量并与实耗数量进行对比，结算班组用料的节约和超耗。

⑦分析：查找用料节超的原因，总结经验，吸取教训。

⑧奖罚：把用料结果与施工组的利益结合起来，及时兑现。

（5）材料管理人员职责

收集所有材料的合格证、产品检测报告等材料、设备资料和原始记录资料，并按规定的要求整理，交资料组保存；供应商评价资料；材料采购资料；材料仓库管理资料；保管按规定由采购员，库管员保管的文件资料。

（6）主要材料进场计划

本工程工期紧，工程量相对比较集中，为此需要组织好主要材料的进场时间。

根据施工进度计划，分段提出材料需用计划，安排好进场时间，详见拟投入的物资计划表。

做好材料及外加工构件的供应计划，项目经理部及时安排预算人员做出施工预算，材料人员提供各类材料的规格、型号计划。对外加工的构件提出加工计划，委托加工，杜绝因材料、构配件供应不到位而影响工期。

# 八、主要分部（分项）工程施工方案与技术措施

## （一）文物建筑修缮施工中应坚持的原则

遵照《中华人民共和国文物保护法》有关精神，按照我国有关古建筑修缮管理办法要求及《古建筑木结构维护与加固技术规范》（GB50165-92）标准，参照国际文物建筑保护和范例，并根据红二十五军长征出发地旧址建筑群的特点，对其修缮加固设计应遵循如下原则：

1. 注重历史环境形象的恢复。建筑环境是建筑艺术构成的一个重要内容，故应拆除违章、有碍观瞻的现代构筑物，尽量保持出发地的历史环境氛围，以利观众的历史联想。

2. 慎重对待"复原"问题。凡复原者，必须具有足够的依据。对缺少依据者，只要无碍于结构和使用功能，均不做复原。当出于保护目的而必须时，可参照该旧址同类构造，适度考虑重点构件的配置问题，但绝不在艺术风格及时代特征方面做任何臆测。

3. 注重采用传统材料和工艺。除在隐蔽部位出于结构方面的需要外，新补配的构件均应注意采用与原构件相同的材料和施工工艺进行维修。

4. 尽可能多地保留原构件。对构件的更换必须掌握在最小的限度。凡是能加固使用的原构件，均应予以保留；确实无法使用，但具备较高的历史与工艺价值的构件，应于拆除后予以妥善保存。

5. 新配置的部分应具有可识别性和可逆性。当用原材料、原工艺进行维修时，应注意使用新配部分在材料的色泽、细部、纹路等方面与原件有一定程度的区别。如有可能，应在所配材料、构件的隐蔽部位做出时间及修缮情况标记。

6. 应坚持"不改变文物原状"的修缮原则。当原结构不合理，确需借助新结构进行加固时，应注意在隐蔽部位进行结构处理；当无法利用隐蔽部位进行处理时，应加强附加新结构在材质、结构和时代特点等方面的可识别性，以免产生误导作用。

## （二）测量放线、拍照摄像施工方案

### 1. 工程照相

（1）施工开始前，须将整个工程进行拍照和录像，作为工程竣工后照片的对照记录。每个施工工序施工前，都将进行拍照、测绘，关键部位进行摄像，并做好记录，其目的主要是方便检查施工完毕后是否恢复了原样，并且及时做好记录与数据的整理、存放工作，同时也作为进行了该施工工序的依据。

（2）拆除的木构件、石构件，在拆除时进行编号，依次堆码。拆除的腐朽、断裂、虫蛀严重的构件，经编号、照相、记录，监理工程师认可后，堆放在需更换或修补的堆场。

（3）木结构不拆除但需要更换、墩接或修补的，编号、照相，做好标记，经监理工程师认可后，进行更换或修补。

### 2. 测量控制

（1）本工程文物建筑群工程，测量时先要根据业主给定的定位基准点和水平点进行各处建筑的定位测量，制订测量方案，经过业主、监理的验收，方能以其为基准。

（2）本工程施工中设专职测量技师协调技术负责人做好工程测量工作，作为工程施工重点之一。为了切实保障施工测量与放线测量及放线的精确，现场设置1名专业测量员和辅助人员两名，进行施工现场的测量与放线工作。

①与有关部门办理测量控制点复测与交接工作，对进场的仪器设备进行强制检验，并做好技术交底工作。

②场区平面控制网布设原则：平面控制应先从整体考虑，遵循先整体、后局部、高精度控制低精度的原则。选点应选在通视条件良好、安全、易保护的地方。桩位必须保护，必要时用钢管进行围护，并用红油漆做好测量标记。

③采用经纬仪方向线法引桩到开挖线以外安全、易保护的地方，作为场区控制网。

④根据建筑平面图，将内部轴线一一测出，然后检查旧址轴线间的距离，其误差不超过轴线长的 1/2000。

⑤轴线投测方法：±0.00 米以下施工采用经纬仪方向线交会法来传递轴线；引测投点误差不应超过 ±3 毫米，轴线间误差不应超过 ±2 毫米。

⑥落架施工在地面建筑拆除后、施工放线前，测量人员认真熟悉施工图，掌握各个房间的细部尺寸，放线前检查测量工具，保证测量工具的精确性，放线时做好测量记录，放线工作结束后，重新复核一遍，使测量成果准确可靠。

⑦施工测量放线后，后续工作施工时，以所放线为依据，同时依据施工图进行复核，进行工程施工。

⑧该工程标高、垂直度的控制用 J2 经纬仪、S3 水准仪、30 米钢卷尺、线锤等测量器具进行。施工时用红油漆做好标记，以备后续工作使用。

⑨施工测设记录应真实可靠，随测随记。认真做好对各班组的交底工作，班组人员要切实掌握各测设标志的具体数据，进行施工操作。按规范要求，做好测量成果永久标志、临时标志和测量记录，以便前后续测量工作的检验与验证，同时为施工提供可靠的标高点。

## （三）脚手架搭设技术措施

### 1. 外檐架子

（1）外檐架子使用铁管搭设，铸铁扣件，木脚手板，因外檐做油漆，故外檐架子搭设时要同时考虑屋面揭瓦、檐头瓦、屋面查补、檐头更换椽飞、望板和油漆，为便于施工操作，搭设施工架子应严格执行架子方案。

（2）柱距1.5米～1.7米，立柱三排（头层檐檐下）二层檐下最内一排柱子为悬柱，自外排柱子向内打斜戗，为加强架子的刚度和稳定性，自外排柱向内伸水平排木，一排搭在围脊的一满面上，但要求搭在满面上的排木要加木枋，使用厚30毫米、长500毫米、宽200毫米的木板枋。外皮架子隔间打迎头戗。

（3）架子的首步为2米高，架子脚加扫地杆。以上逐步高为1.8米，排步高时，要从头层檐、二层檐的飞头以下20厘米计算，要满足做檐头椽望油画的要求，步高在1.8米～1.9米（翼角部分不考虑）。油活架子花铺盘，檐头齐檐架子满铺盘。齐檐架子盘宽为1.5米（小推车在架子上行走）。

（4）立杆在搭设时要从套兽外皮15厘米计算竖立杆（即中间立柱）向外返1.5米盘宽。

（5）安全防护，齐檐架子设两道护身栏，护身栏高度1.10米，架子外皮满挂网眼防尘安全网。

（6）施工人员上下脚手架使用马道，位置设在前檐。盘宽为1.2米，"之"字搭设，角度在30度之内。马道上顺铺脚步手板，铅丝固定，钉厚20毫米防滑条。

**2. 内满演堂红脚手架**

军部旧址及医院旧址各文物古建筑旧址内维修需搭设施工满堂红脚手架，其方案如下：

（1）立柱间距1.5米～1.8米（视室内内柱之间所剩余尺寸排），做油活架子立柱距内柱500毫米立杆，顺水、排木探出立柱350毫米，铺板2块，用细铅丝绑牢，排木间距不大于1000毫米。

（2）步高以满足施工需要1.8米～2.0米，保证施工人员操作得力。天花板施工，自天花板下返1.8米～1.9米计算为最上一步，最下一步自地面上返2.0米，以保证施工人员通过。中间步高控制1.8米～2.0米进行调整。

（3）做柱子油活、前檐装修等部位的架子，凡是有施工操作人员的工作面架子，均设置护身长栏两道。

（4）铺盘，做天棚部分满堂盘为花铺板，板缝不大于10厘米，对头板加排木，不准压茬，板两端均用小连绳绑牢，装修油活盘宽为1米。

（5）上下交通，室内采用搭设梯子方法，梯步高不得大于300毫米。为保证架子的稳定性，垂直地面做剪刀撑、隔间打戗。

**3. 垂直运输起重架子**

本工程红二十五军军部旧址——何氏祠处设置一部卷扬机提升架，医院旧址分别在四组院落处各设置一部，位置放在建筑前方处，材料铁管直径38毫米，铸铁扣件连接，撂底5米×5米。吊栏盘2米×2.5米，双排立柱，外角柱为双笔管，内角柱双笔管。天轮木中心柱内外均为双笔管立杆，步高随大架子步高，冒高部分为6米。缆绳为两道，使用3分钢丝绳，用钢丝绳卡子固定。下脚做地锚，坑深1.2米，地锚横担使用240毫米×200毫米×300毫米砼梁埋入地锚坑，挖地锚坑时500毫米宽，在1.5米深处将坑向两侧掏，使之地锚梁打横45度，用4分钢丝绳做引绳，锚入坑内，梁砼等级C20，主要配置长4米直径12毫米箍筋，直径6毫米～直径200毫米。回填锚坑进行夯实，工程完成之后，挖出清出场外。

施工用的脚手架是为施工服务的暂设工程，工程完毕，脚手架即随之拆除。因此在管理上有其特殊性，其中突出的是技术管理和安全管理。

### 4. 脚手架的技术管理

施工用脚手架需做周密设计。因为建筑物高处作业工作量大，而且工期长，施工场地相对狭窄。建筑施工的特点是对竖直运输的依赖和立体交叉作业。在施工中稍有疏忽，就会影响施工，造成质量事故与工伤事故。外脚手架是保证高处作业所必需的施工设施，必须做周密的设计。

脚手架的设计要针对工程特点，可根据工程平面形状、体形、层高和总高度、结构特征、外装饰用料和要求、施工所采用的机具和模具、施工工艺、施工周期、施工场地和周围环境等来确定脚手架的形式、构造、搭设和拆除的方法和顺序，以满足使用和安全要求。

### 5. 脚手架的施工管理

（1）设计与施工交底

脚手架工程设计审批后，在实施前要向有关人员进行交底，包括设计交底和施工交底。参加人员应包括该项工程施工的有关管理人员和操作者，不仅施工员（工长）要参加，材料员、安全员、参加搭设和拆除脚手架的人员都要参加，使用脚手架的施工人员也要有人参加。交底的目的是使上述人员了解脚手架的设计意图，脚手架在搭设和拆除中的安全措施，使用脚手架的安全要求，以确保使用和搭设符合安全和设计意图，并确保拆除时的安全等。

（2）脚手架检查与验收

在搭设、使用和拆除脚手架的全过程中，必须对其进行严格的监督和管理。一般应包括搭设后的验收、参加验收人员应包括设计、搭设和使用三方面，安全部门必须参加，验收合格方可使用。验收合格的脚手架应挂牌；使用中的日常检查和例行保养，可由使用者与专职人员结合进行；定期全面检查，对于查出的问题要限期改正，改正要经验收合格后，方可再次使用；在大风、雨后和暂停后重新使用的脚手架，都要全面检查，只有合格的脚手架，方可投入使用。

脚手架的技术数据是工程施工技术数据的重要组成部分，它应包括：脚手架的计算、方案比较、设计图和审批档；脚手架搭设验收记录和交接记录；脚手架定期检查和周检记录，整改通知单和整改验收记录；拆除前的检查记录；拆除中的监护记录等。

**6. 脚手架的安全管理**

施工用脚手架在搭高、使用和拆除时，其自身安全和周围环境的安全都应十分注意。建筑施工中，高空坠落常占工伤事故的第一位。建筑施工的外脚手架是高处坠落的发生地点。因此，对建筑施工脚手架的安全管理要十分重视。

（1）脚手架的验收管理

按脚手架的验收标准组织有关人员进行检查，全部合格并办妥验收手续后，方可启用。在验收中如发现部分不符合标准，必须限期改正，改正完毕后，再经检查，完全符合要求并办妥验收手续后，方可启用。分段搭设的脚手架应分段进行验收，严禁边搭边投入使用。对于分段搭设的脚手架，不允许下部在使用的同时在上部进行搭设，使用与搭设应交叉进行。

（2）脚手架的防雷、防电和防火

外脚手架的防雷，接地电阻应小于4欧姆。

脚手架的防电，电线不能直接扎在脚手架上。如必须扎于脚手架上时，应有可靠的绝缘保护。

脚手架的防雷、防电、防火要有完整设计，形成制度，落实责任制。建筑施工用脚手架上堆荷严禁超载，即使一时的超载也是不允许的。支模、外挑堆货平台，向室内卸货的溜槽等均不允许支承在脚手架上或与其联系。绝对禁止振动设备与脚手架联系。施工井架的附着杆均应与脚手架分开。也禁止将其他设备的缆风固定于脚手架上，更禁止将垂直运输设备架于脚手架上。

## （四）残损及现代后加违章建筑拆除施工方案

**1. 拆除施工顺序**

拆（剔）除施工前，要先切断水、电源，拆下水电设备，再进行屋面的挑顶等项施工。

施工顺序为：

架子支搭→拆除瓦面、椽子→支搭大木结构戗杆→拆除木梁、柱、枋结构→拆（剔）除木板墙体→揭（剔）地面等。

**2. 施工要求**

（1）本工程的施工特点是工程量较为零散、工序较多、工期较紧；所以必须合理安排包括施工人员、场地、运输以及工作面上各工序的搭接、配合等。组织好各工种的配合、协调工作。

（2）拆除前应做的准备：各专业工长必须做好详细的交底工作，包括安全技术交底、脚手架支搭方案等。组织有关人员统一部署、监督、检查拆除工作。

（3）机具准备：包括汽车、手推车及小型拆除工具等。

（4）场地准备：包括拆除材料的存放地点，库房及渣土堆放场地。

（5）资料准备：需恢复使用的材料、构件等，拆除前要进行拍照并做好标识，拆除过程中如遇特殊或隐蔽部位也要拍照或录像。重要的构件应造册登记，采取有效措施进行保护。

（6）在拆除过程中要特别注意保护瓦件，避免损坏或丢失。

（7）瓦件拆下后，应及时用人工下运，妥善保存；搬运时要轻拿轻放。拆除前要洒水湿润降尘，渣土用封闭溜槽或装袋运至地面，堆放处要进行苫盖，统一运出。运输车辆要做到封闭严密，防止遗撒扬尘。

（8）拆除木构件时，拆除前要进行认真详细的记录；必要时还要测绘成图，分件编号，按种类分别存放。

### 3. 不可利用材的处理

凡本工程所拆除下不可利用的瓦、木、石不得任意处理，均需报请文物部门、质监部门、建设单位确认处置方式。

### 4. 安全措施

（1）相关工长拆除前必须向施工班（组）进行安全技术交底，并对工人进行施工安全教育。

（2）进入施工现场，必须戴安全帽，现场严禁吸烟。

（3）脚手架应按要求支搭，经有关部门验收合格后，方可使用，严禁私自拆改架子。

（4）严禁从高处向下抛扔各种建筑材料、工具、渣土等。

（5）现场暂设用电，按用电规范及罗山县建委有关要求执行。

（6）施工现场应重点做好防火、防盗、防倒塌、防触电、防高空坠落等事故的发生。

（7）拆除时，现场设安全员巡视，发现问题，及时汇报、处理，同时做好对文物本体的安全防护。

## （五）屋面揭瓦瓦顶施工方案

对于屋面残损严重的部位，必须揭除瓦顶，设计方案中，军部旧址何氏祠大门及倒座、正房、东厢房、西厢房等屋面为局部挑顶，医院旧址第一组、第二组、第三组、第四组院落屋面部分为挑顶，少许为日常维护，其中一组西廊屋面坍塌1平方米，需重新修复。我们的做法是：屋面中能勾抹的，就不进行揭瓦；能局部揭瓦的，就不要全部进行揭瓦。需揭瓦时工作顺序如下：

### 1. 现状记录

决定揭瓦时，首先进行现状记录，除文字记录以外，并须附以图或照片，记录内容大约分为三种。

第一种时现存瓦顶的工程做法记录，例如瓦顶的样式为歇山，悬山………做法为蝴蝶瓦………瓦件的地质为布瓦。

瓦顶的尺寸：以歇山顶为例，应记明四面坡檐头的长度，大脊、垂脊等长度，高、宽尺寸。每面坡瓦垄的长度，翼角翘起的尺寸（檐生起），翼角向外平出的尺寸（檐生出），布瓦、沟头、滴水瓦、大小吻兽的尺寸等都应记录清楚。

瓦件的数量：每条脊用的脊筒子的数目，每垄瓦的盖瓦、板瓦数目，则应记明其部位、数量、颜色。翼角戗脊上小兽的个数、排列次序。

第二种为残毁情况的记录：布瓦件数目较多，一般以百分比估计，如某建筑的筒瓦残毁15%，板瓦残毁16%，沟头、滴水、吻兽、脊筒子等都以件数记。大吻应记明残毁部位和块数，缺欠的小兽、钉帽也应查明记清。

第三种为行制（法式）的记录：古代建筑的瓦顶是最容易被后代修理的部分。历史上的修理，不可能完全是按照我们今天"保存现状"或"恢复原状"的原则进行的。因而往往出现瓦件混杂的现象，如布瓦的尺寸不统一，有时竟达七八种之多。这些都应仔细查清。此种记录的目的，主要是为了分析瓦顶原来的状况和为修理工作中的参考资料。

### 2. 瓦件编号

拆除瓦顶前，对一些艺术构件，如雕花脊筒、大吻、小兽等为了瓦瓦时位置不会装错，拆卸前应进行编号，绘出编号位置图。编号应依一定顺序进行，我们的习惯是从西北角开始（或有中间向两边分揭），逆时针旋转。在图上写明构件名称和编号数。在实物上可以用油漆书写，颜色需与瓦件颜色有明显的区别。安装后，再用溶剂擦掉。对于数量多的和位置关系不大的勾头、滴水、扣脊瓦、筒瓦、板瓦或无雕饰的脊筒等，一般不进行编号。但遇有圆顶建筑，它的瓦件每陇自下向上逐块缩小，则需自下至上，分陇逐件编号，才能保证瓦瓦时顺利进行。

### 3. 拆除瓦件

一般顺序是先从檐头开始，卸除花边、滴水、帽钉，然后进行坡面揭瓦。自瓦顶的一端开始（或由中间向两边分揭），一陇盖瓦、一垄底瓦的进行，以免踩坏瓦件。坡面瓦揭完后，一次拆除小兽、戗脊、垂脊、正脊，通常最后拆卸吻兽。因为吻兽体形大、重量大，要借助于起重设备，故排在最后施工，便于操作。

拆卸瓦件所用工具是瓦刀、小铲、小撬棍等，不要用大镐、大锹以免对瓦件造成新的损伤。

瓦件拆卸后，应随时从施工架上运走，放在安全场地，分类码放整齐，自屋顶向下运送瓦件，可装在篮子、箱子内，用卷扬机等吊装设备运到地平，或用人力自脚手架上抬至地面。有些地方运送瓦件，在高度不超过4米~5米时，采用"溜筒"。它是由三块长板装成，类似儿童的滑梯，瓦件顺筒溜到地平。更简单的仅用两根杉篙并在一起代替木板的"溜筒"。

拆除瓦顶过程中，应配合照相记录工作，以备研究原来做法和瓦瓦时的参考。

### 4. 清理瓦件

拆卸瓦件后，重新安装前，在适当的时间内要对瓦件进行清理，首先是清除瓦件上的灰迹，这道工序古代叫作"剔灰擦抹"，用小铲慢慢除去瓦件的灰迹，还要用抹布擦拭干净。

清理过程中，应结合挑选瓦件的工作，挑选的标准，一是形制，二是残破程度如何。

瓦兽件的形制，首先要研究它原来的形制，选出比较标准的瓦件。如原制为三号灰筒瓦，就应按规定尺寸式样挑出整齐的盖瓦、底瓦、花边、滴水等瓦件，以此为标准进行挑选，不合格的另行码放，以待研究处理。考虑到古代的手工操作的生产方式，构件的尺寸偏差较大，挑选时应考虑到允许偏差，如盖瓦的宽度和长度为±0.3厘米，底瓦宽约为±1.0厘米，底瓦长度的尺寸可以放宽一些。

经常遇到的情况是，瓦顶经历次重修，所用瓦件大小不一，挑选时首先应按不同规格进行码放，以便研究处理。在保存现状的修理时，我们主张对于这一部分不合规格的瓦件，只要坚固，就应继续使用。在瓦瓦时，仔细安排一下，将这些瓦件用在后坡或两山，安排适当则并不十分影响外观。瓦件的颜色不对，是否继续使用，应按建筑物的重要性仔细考虑。

残毁的瓦件，按其程度分为可用的、可修整的、更换的三种。依不同构件，不同建筑的要求，检验的标准也不能完全一致。

盖瓦：四角完整或残缺部分在瓦高 1/3 以下的，列为可修构件，其余残碎的列为更换构件。

底瓦：缺角不超过瓦宽 1/6 的（以瓦瓦后不露缺角为准），后屋残长在瓦长 2/3 以上的，列为可用瓦件。断裂为二段茬口能对齐的，列为可修构件，其余残碎的，列为更换构件。

勾头瓦、滴水瓦：检验方法与布瓦一致，但应特别注意瓦件前部的雕饰，如花纹残而轮廓完整的，列为可用瓦件，轮廓残缺的，一般列为更换瓦件。

以上所述挑选瓦件的工作，都是以保存现状为原则的，如为恢复原状工程，则需按照复原要求的规定处理。

## （六）残损木构件拆卸技术措施

### 1. 拆卸木构架的方法与步骤

本工程各处文物旧址均有不同程度的损坏，对于木结构古建筑由于残毁严重，主体构架中的大梁和柱子需要更换时，应拆卸局部或全部构件，经过修整后，重新归安。拆卸时，属于小木作的如天花、门窗和其他附于木构件上的雕刻品（包括额枋上的泥塑雕花、柱子雕龙等），应在拆卸大木构件之前拆卸。此项工作虽然繁重费力，但应百倍细致从事，如因一时疏忽把榫卯拆坏，不仅增加修补的工作量，有时还可能把本来不需更换的构件，变为更换构件，既有损于古建筑物的史证价值，又造成工料上的浪费。

（1）准备工程

拆卸前应做好充分的准备工作。

清理现场：拆卸后的各种瓦、木、石等大量构件需在现场码放清点。拆除前首先应清除附近的杂草树木，平整场地，划出码放构件的范围，并为运输车辆留出通道。

支搭临时工棚：拆下木构件中，如带有壁画的梁枋及其有雕刻的构件，应存放于库房内，免受风吹雨淋，如无现成的库房，应支搭临时工棚，坚固程度视施工期而定。时间短的，可用竹竿席棚；时间长的，顶部应加铺油毡。

准备拆除器材：施工前应将所需杉篙、脚手板、铅丝及起重设备等准备齐全，此外如防火器材、防雨设备等都需要事先准备齐全。

钉编号木牌：为防止拆除过程中，构件错乱丢失和安装不被安错，在拆除前应根据每座建筑物的结构情况,绘制拆除记录草图,并按结构顺序分类编号注明图上,同时制作编号小木牌,写明编号及构件名称,拆除前钉于该构件上。大构件应不少于两枚,便于码放后查找。木牌尺寸一般为6厘米×4厘米×1厘米。拆下构件应填写登记单以便查核。

(2)绘制拆除记录草图及编号

拆除记录草图依结构分为椽飞、檩枋、梁架、额枋、柱子等不同的图样,线条粗略,以简明为准编号的方法分为两种。第一种习惯称为"水平编号",凡建筑物周围都有的构件如柱子、额枋等,可按照水平面,自建筑物的某一固定点起始,逆时针或顺时针旋转,逐渐依次编号。我们的习惯自西北角开始,逆时针旋转编号。此种方法适用每号只有一个构件的情况。第二种习惯称为"综合编号"凡自成一组或一个单位的构件,如各缝梁架,每一组的总号依水平面进行,各组内构件另编分号,依结构情况不同,自下向上或自上向下皆可。

椽子、飞檐椽:根据其分布情况,画单线平面俯视草图,各步架分别注明根数、做法(斜搭掌或乱搭头)、翼角超翘部位式距角梁的尺寸,各角各面翘起椽、飞数目,并自起翘点向翘起方向逐根编号,如东南角椽1、2……

檩、枋及角梁:依据结构位置画单线草图,依不同构件分别进行编号,四周交圈的正心檩,挑檐檩自西北角起逆时针旋转编号,不交圈的檩枋,习惯上自左向右排列,如脊檩1、2……角梁、子角梁编号顺序同正心檩。

梁架:先画总编号图,梁架的范围一般是指脊檩至梁。总号自左向右,编为"一缝""二缝",每逢梁架可利用各缝梁架的横断面图,自上向下逐层进行编号。同一层的相同构件,如三架梁前后两个叉手,分别编为"一缝叉手1"及"一缝叉手2"。单一的构件即可写为"一缝三架梁""一缝五梁架"等。

额枋及柱:按结构层次,分别画出平板枋、额枋、柱子的平面草图,先外檐、后内檐,内外檐的号码可连续排列,也可分别编号。

门窗:一般应画平面图或立面草图,总号一般可指明部位如前檐明间,分号自左向右如"前檐明间隔扇1""前檐明间隔扇2",间数多时,总号可改为自左向右,编为"装修一""装修二"。

(3)主要构件拆除方法

①拆卸椽子:支搭架木后,拆除各步架的椽子,由上而下,自脑椽、花架椽、飞

椽、檐椽。拆除时需注意起椽钉时不要将椽头弄劈。运送时避免摔伤，运达指定地点，分类码放齐整。

②拆卸大木构件：依结构情况，支搭承重架木，需避开梁缝，不能影响大构件落地。拆卸之前，要清除构件榫卯中的积土，如有加固铁活，应予先取除。

大木构件拆落顺序，一般分两个阶段进行，第一阶段自建筑物一端开始，先拆除山面的悬鱼博缝，然后由西向东或由东向西逐间由檩枋，顺结构次序拆至大梁上皮为止，第二阶段，自一端开始逐缝拆卸大梁。

小构件如瓜柱、叉手、驼墩及梁架上的各种装饰件，可用简单工具如撬棍等撬离原位后，运至架木下。大构件如檩、三架梁、五架梁、角梁等的拆卸需借助起重设备如倒链、天秤、绞磨等。首先在构件两端绑好吊拉绳，用倒链或天秤将构件吊起至预定高度，一般为1米左右，暂时固定在承重架上，然后用绞磨或吊车放至地平，运到存放场地。但大构件落地时，须有一定范围的场地，施工中往往架木纵横出入不便，故时常采取将大构件暂时绑牢于承重架上，待拆完额枋、柱子以后，再放至地平运走。

拆卸中，撬离构件榫卯离位，应两端反复进行，避免仅从一端直撬、另一端榫头折断或劈裂，必要时可用千斤顶在构件底皮辅助进行。

构件上绘有彩画或墨书题记，拆卸前应用纸、棉花或麻片等包扎，以免施工中被磨损。

③拆卸额枋、柱子：依结构顺序自任何一间开始皆可，先拆平板枋，依次为额枋、垫板、小额枋、柱子。需借助于简单的起重工具。

拆卸柱子时，因许多柱埋入墙内，故需先拆去部分墙身，或先将墙身拆除后再拆卸柱子，应按具体情况决定。拆墙时自上向下逐层逐块把砖块或土坯轻轻拆下，不要用大镐刨，更不许用推倒的方法，应尽量多保留原有砖块。最后拆到柱顶时，将底盘清理干净，校核平面尺寸。

### （七）砖石构件拆卸的技术措施

本项目室内有人为增改的墙体，如医院旧址第四组三进正房西次间前檐墙体，前檐东侧盘头断裂等，对于此类墙体，须拆除后恢复青砖墙，其施工方法如下。

现状记录：现状记录包括文字和线图或照片。记录内容是位置图或排列图，残损现状和残损的部位以及残损程度，可利用的应标明位置号回收。各封火墙、墀头等部位拆卸前要重新测量，绘制准确形状、尺寸图样，并拍照存档，以利复原。

编号：与木构件拆卸一样，在绘制的平面图上编号，并使用油漆书写。

拆卸：对不提前拆卸的砖石构件，应采取包裹遮护。石构件拆卸比木构件更要小心，接触处的榫头更易折断，断后修复非常困难。拆卸墙身时，由上而下逐层逐块地把砖头轻轻拆下，不许用推倒的办法，这样才能了解到墙的结构、砖的摆设形式，并尽量多的保留原有砖块。墙身拆完后，还要继续下挖，如实了解砖石构件的基础状况及做法；墙体石础和石梯步有无基础或基础状况。

砖石构件拆卸后，采取软性材料包装，运至临时工棚内存放。对于青条散水、石柱础，应防止损坏外露的棱角，以利修复后保持建筑物的原貌。

## （八）木构架"打牮拨正"的施工方案

维修中替换的木材要达到干燥、规定强度和耐久要求，本次修缮工程新添配的木构件材质尽可能与原构件相同。在更换构件时，首先要选好马尾松木材料，再按更换构件实际长度、截面尺寸卯榫之间的距离、式样的大小进行制作安装。

对于局部开裂但不影响正常使用的檩条，可选用同等干燥材质木条镶缝，再用铁箍予以加固；其余糟朽、腐烂、变形严重的檩条予以重新制作替换。在修复中如发现隐蔽处有残缺的构件，根据现状另行设计制作安装。所有木构件需做好防虫防腐处理。

打牮拨正即通过打牮杆支顶的方法，是木构架重新归正。大致工序为：先将歪闪部分支顶上戗杆，防止继续歪闪；揭去瓦面、椽子等露出打木架；将构架榫卯出的木楔、卡口等去掉；在柱子外皮附上中线、升线；向构架歪闪的反方向支顶牮杆，同时吊直拨是正闪的构架归正；稳住牮杆重新掩上卡口，堵塞涨眼，加上铁活，垫上柱根。

### 1. 整体木构架的歪闪与扶正

如果是主要构件梁或柱子有糟朽中空不能承重的情况，只有拆落修整构件后，再重新按原制规安，来达到扶正构架的目的。如果是主要大木构件基本完好的情况下，就不需要全部落架规安，而是采取"打牮拨正"的方法。

打牮拨正的方法是使用较为简单的工具，一方面将下沉构架抬平，叫作"打牮"，另一方面将倾斜的构件归正，叫作"拨正"。实际工作中二者是不能分开的，所以此项工作被统称为"打牮拨正"。

打牮，是用一根称为立牮杆的立撑顶在要抬平的梁皮底，杆下垫以抄手楔子（两个木楔子尖尖相对相垒放置）打牮时，左右相对打紧木楔，立牮杆逐渐升高顶起构件以抬平的目的。这是利用力学上的尖劈以小力发大力的道理。如果起重的结构沉重时，另加一根卧牮于立牮杆底部，卧牮的中间垫木块作为支点，另一端加重物，使立牮杆向上升起，这一方法是利用杠杆的作用以节省用力。

天秤：打牮是从下向上使下沉构件逐渐抬平，天秤是从上向下将下沉构件吊起的工具，它是利用杠杆原理，用长杉篙（一般用3根～5根杉篙捆扎成一根大料）作秤杆，中间用支架，为支点，一端加压，另一端吊去重物。

拨正用绞车，又称绞磨。古代为木制，现代用铁制。现在所用的绞车，木床用方木做成，长约2米，高宽各约1米，中间直径约20厘米的木轴，上绕大绳（直径3厘米～4厘米），牵引重物，木轴上部凿孔穿推杆作为用力点。工作时，手扶推杆，使木轴转动，大绳牵动构件可做上下或左右移动，再配合一些简单的滑轮调整受力的方位。它的工作原理与农村普通汲水用的木制辘轳相同，推杆相当于辘轳的曲柄，由于它的旋转半径比木轴半径大几倍或十几倍，加力点的速度恒大于生力点的速度，因而加小力可以产生大力的作用。

具体操作是，一般情况下如仅是檐柱歪闪可直接用绞车拉正，如整体倾斜时，应在倾斜方向的相反方向安置两台绞车扶正。如倾斜有伴随梁枋下沉时，应同时加用立牮杆或天秤吊起梁枋。总之这是一件省工但又极为需要高超技巧的工作，必须详细制定施工方案后，才能达到预期的良好效果。稍不慎重将梁枋榫卯拉断，其效果则适得其反，还不如拆卸后重新安装比较稳妥安全。

**2. 整体木构架的加固**

整体木构架发生歪闪，经过打牮或拆重新归安后，为防止木构架继续发生歪闪时，一般采取以下几种加固措施。

（1）柱头与额枋之间加钉拉板

木构架歪闪，由于额枋插入柱头的榫卯很小，特别是明清建筑物，一般仅为柱径的1/4，形式多为直榫，遇震极易拔出，木构架归正后在柱头顶部钉一连接左右额枋头的铁板，中间留出孔，将柱头的馒头榫套整体木构架发生歪闪，经过打牮或拆重新归安后，为防止木构架继续发生歪闪时，一般采取以下几种加固措施。

（2）柱头与额枋之间加钉拉板

木构架歪闪，由于额枋插入柱头的榫卯很小，特别是明清建筑物，一般仅为柱径的1/4，形式多为直榫，遇震极易拔出，木构架归正后，在柱头顶部钉一连接左右额枋头的铁板，中间留出孔，将柱头的馒头榫套入，两翼伸在额枋上皮，用镞头钉钉牢。这样一周圈的柱头都钉好铁板，其效果类似现代建筑中的圈梁，可以防止柱额枋局部拔榫和整体歪斜。板厚一般0.3厘米～0.4厘米，宽度和总长度视建筑构件的大小而定，一般情况下宽度约为5厘米～10厘米，总长除柱头直径外，另加50厘米～60厘米。

（3）檩头连接

檩条是木结构建筑中纵向主要联系构件，但檩头连接榫卯一般都是直榫，而且多不严实。在大型工程中，揭除瓦顶更换椽望时，一般都在檩头交接处，于檩上皮加钉铁扒锔或铁板加固。

（4）加钉拉杆椽

檐头下垂大多数是由檩条向下滚动造成的。因此，在考虑防止整体木构架牢固时，为防止檩条再向外滚动，于每间上下檩条之间加钉拉杆椽两根，通常要用新料制作椽子（旧椽子两端有钉眼，不适用），两端用螺栓与檩条钉牢。自上而下，自前坡向后坡，各檩条间的拉杆椽基本上连成一条直线。在斜搭掌式铺钉椽子的木构架中，也可以在椽档间自上而下用一根长铁条，在与檩条相交处用螺栓钉牢，这种做法又称铁板椽。以上两种做法，在实践中可以证明凡采用此种拉杆椽的都没有再发生檩条外滚的现象，对防止整体木构架歪闪或檐头下垂都有明显的效果。

（5）临时支撑加固

木结构古建筑，遇有地震、暴风、水灾等以外灾害时，常易发生整体歪闪或局部沉陷等情况。遇有此种现象，为防止残毁情况继续扩大，甚至全部坍塌，为了建筑物的安全，必须及时进行抢险加固工作。一般是进行临时支撑，由于结构情况不同、残毁程度不同，很难制定出统一的做法，但加固工作中最基本的原则应该是一致的。

第一，依据构架歪闪的方位，在其相反方位用木杆斜撑，角度以45度～60度为宜，杆头应顶在最大歪闪部位。木杆的细长比不宜大于1/20，斜撑底部应支垫牢固，不要使其滑动。

第二，梁枋折断、弯垂，应用木杆支在最危险部位，支杆上需加垫木以扩大受力面积，支杆底部用抄手楔子支牢。

第三，柱子下沉时，应支垫四周的梁枋以减轻柱子受力，避免继续下沉。

第四，局部坍塌时，应局部拆卸保存构件，或支搭保护措施，避免残毁情况继续扩大。

## （九）柱子修缮技术措施

柱子是整体梁架下层的支撑构件，一般情况下按实际受力计算所需木材的断面较小。中国民间谚语"立木顶千斤"，正说明这种情况，事实上本工程中木柱的断面面积都比较大，有时甚至超出实际需要的几倍。这种现象给修理工作提供了有利的条件，有时柱子糟朽、劈裂虽然超过原有段1/2左右，但建筑物仍然安全屹立。然而有些柱子常被埋入墙内，由潮湿、长期不通风和漏雨造成的糟朽现象却十分严重。大多数自柱根向上糟朽，由此而造成的柱子下沉、歪闪也是经常发生的。柱子的用材虽然较大，但残毁修理的次数也是相当多的。

### 1. 挖补

柱子轻微的糟朽，往往只是柱子本身表皮的局部糟朽，柱心尚完好，根本不至于影响柱子的应力，对于这种情况，通常采取挖补和包镶两种方法。柱皮小局部的糟朽深度不超过柱子直径的1/2时，采取挖补的方法，具体做法是：先将糟朽的那一部分，用凿子或扁铲剔成容易嵌补的几何形状，如三角形、方形、多边形、半圆形或圆形等状，剔挖的面积以最大限度地保留柱身没有糟朽的部分为合适。为了便于嵌补，要把所剔的洞边铲直，洞壁也要稍微向里倾斜（即洞里要比洞口稍大，容易补严），洞底要平实，再将木屑杂物剔除干净。然后用干燥的木料（尽量用和柱子同样的木料或其他容易制作、木料本身的颜色接近柱子木料颜色的）。制作成已凿好的补洞形状，补块的边、壁、棱角要规矩，将补洞的木块楔紧严实，用胶粘结，待胶干后，用刨子或扁铲做成随柱身的弧形，补块较大的，还可用钉子钉牢，将钉帽嵌入柱皮以内，补泥子、补油饰。

如果柱子糟朽部分较大，在沿柱身周圈一半以上深度不超过柱子直径的1/4时，可采取包镶的方法。包镶的做法和挖补的做法相同，只是将糟朽部分沿柱周先截一锯口，再用凿铲剔挖规矩，或周圈半补，或周圈统补。补块可分段制作，然后楔入补洞就位，拼粘成随柱身形。补块的高度较短的，用钉子钉牢；补块高度较长的，需加铁箍1道~2道；铁箍的宽窄薄厚规格，可根据柱径和挖补等具体情况酌定，铁钉可加工特制，铁箍要嵌入柱内，箍外皮与柱身外皮取齐，以便油饰。

### 2. 柱子劈裂的加固

自然劈裂宽度超过0.3厘米的木条镶嵌并粘结牢固，逢宽3厘米~5厘米或以上的嵌木条粘结外加铁箍；受力劈裂构件除用上述加固外，应减少荷载，附加支撑，必要时可更换构件。

柱劈裂大多数情况不是因受重力而引起的，主要是由于木材在干燥过程中或是建成后年久失修，受大气干燥变化而引起的。较细裂缝常常留待油饰或断白时用泥子勾抿严实。缝宽超过0.5厘米的，用旧木条粘牢补实。缝宽在3厘米～5厘米以上，深达木心的，粘补后需加铁箍1道～2道。所加铁箍应嵌入柱内，外皮与柱外皮齐平。粘补的木条每道裂缝应争取用通常木条，避免用碎木填塞影响外观。

3. 柱糟朽的剔补与墩接

仅有表皮糟朽，且验算剩余截面尚能满足受力要求时，采用剔补加固，如是周身剔补，需设铁箍2道～3道全根部糟朽不超过柱高的1/4时，可用墩接；对于墙包柱柱根的糟朽，可采用青石墩接，青石规格视柱径及柱根糟朽高度在工程中临时认定。柱中空糟朽且足以满足受力要求者，灌浆加固；全糟或下半部糟朽高度超过1/4以上不适于墩接的应更换。新更换的柱子若为墙包柱，建议在保障墙体安全的前提下，采用通风构造做法、保持柱身干燥。

有的檐柱置于墙内，最易发生柱根糟朽。仅表皮糟朽、柱心完整不超过柱根直径1/2时，采取剔固的方法，将糟朽部分剔除干净，用干燥旧木料依原式样、尺寸补配整齐。如周圈剔补时，需加铁箍1道～2道。糟朽严重，自根部向上高度不超过柱高1/4时，通常采用墩接柱根的方法。依据糟朽的程度、墩接材料及柱子所在位置的不同大体分为三种情况：

（1）用木料墩接：这是使用最多的一种方法，露明柱更宜使用此种方法。先将糟朽部分剔除，依据剩余完好的木柱情况选择墩接柱的榫卯式样，以尽量多的保留原有构件为原则。榫卯式样各地做法不尽相同，常见的有以下几种。

"巴掌榫"：墩接柱与旧柱搭交长度最少应为40厘米左右，用直径1.2厘米～2.5厘米螺栓连接，或外用铁箍2道加固。有些地区在搭交内部上下各面一个暗榫，防止墩接柱发生滑动位移。

"抄手榫"：在柱断面上画十字线，分为四瓣，相搭交处都剔去十字瓣的两瓣，上下相叉，长度为40厘米～50厘米。外用铁箍两道加固。

"螳螂头榫"：墩接柱上部做入螳螂头式插入原有柱内。长度40厘米～50厘米。榫宽7厘米～10厘米，深同柱径。

所用各式墩接榫头施工是应做到对缝严实，用胶粘牢后，再加铁活。露明柱所加铁活应嵌入柱内与柱外皮齐平。

（2）矮柱墩接：柱根糟朽高度为20厘米以下时用木料墩接易裂劈。因而常用墩石料接，按预定高度用青石或豆渣石块垫在柱础石上，并须做出管脚榫的卯口。露明柱为了不影响外观，应将石料砍凿为直径小于柱径10厘米左右的矮柱，顶凿管脚榫卯口，底凿卯口与厚柱础管脚榫卯口用铁榫卡牢。垫好后周围用厚木板包镶钉牢与原柱接缝处加铁箍一道。

### 4. 柱子糟朽的灌浆加固

木柱由于原建时选料不慎或白蚁蛀害，常常出现表皮比较完整而内部糟朽中空的现象。通常采用高分子材料灌浆加固的方法。施工顺序如下：

（1）先在预定灌浆柱的周围支撑牢固，以卸除柱子的荷载。

（2）选定柱子的一面，自上而下分段开槽宽约10厘米～15厘米，将柱内糟朽部分剔除干净，以见到好木为止。柱身内部不得留有木屑等任何浮物。

（3）详细检查柱身周围上下可能跑浆的漏洞和裂缝，以环氧树脂封闭严实，然后配料，自下而上分段灌浆。每段高不超过1米。每次灌注树脂为3千克～4千克。两次间隔为灌浆初步固化以后约在半小时以上。

（4）每灌完一段后，再补配上段的槽口木，用环氧树脂粘牢，干燥后再进行灌浆。灌浆后柱的表面不得留有污渍，若有污渍，可用丙酮或香蕉水随时探试干净。新补槽口木条应候其他构件补配后，统一断白或油饰。

（5）灌浆材料配比：

307-2不饱和聚酯树脂100克；

过氧化环乙酮浆（固化剂）4克；

萘酸钴苯乙烯液（促进剂）2克～3克；

石英粉100克；

粘结槽口木条和勾缝、补漏洞所用环氧树脂及泥子。

### 5. 抽换柱子

首先做好准备工作，如千斤顶、荦杆、木垫板、招杆、铁撬棍、高凳、手使的工具及所要更换的柱子等，上述物件备齐后，就可以开始操作了。首先应把所要抽换的柱子周围清理干净，将被换柱子的柱门每边掏开20厘米左右，清理干净。如果是前檐柱，则应先把坎墙靠柱子的部分拆除，然后再把窗扇、抱框及和柱子有关联的枋子榫卯拆下清理干净。在柱子里皮，对梁端部位放好垫板，在垫板上把千斤顶尽量平稳地放好，根据梁底与千斤顶的垂直距离支好戗杆，为了保证安全，在靠近千斤戗杆处，应再加扶一根太平戗杆，使之不要移动，以防备千斤戗杆一旦发生意外，梁仍不至脱落，此时，一个人掌管戗杆，另一人或两人转动千斤顶。此项操作要格外得稳而慢，将梁逐渐顶起，顶起的高度以原有柱子不承荷重为止（当然以能把新柱子装进去为合适），这时千斤戗杆与太平戗杆就不能再动，要支撑牢稳。将旧柱子撤下，把新柱子换上立直，如果梁底原有海眼大小深浅与新换柱子的馒头榫不合适时，可将榫子略加修理合适，柱子换立完了，按中线垂直吊正，再将千斤戗杆与太平戗杆慢慢回收撤掉，将原有抱框及窗扇，归位重新装好，由泥工按原样补砌坎墙。

### 6. 柱子的更换

柱子糟朽严重而不能墩接或灌浆加固的，应依原来式样和尺寸更换，更换下来的柱子考虑二次利用或收藏保管。施工时应注意以下几点。

（1）柱高的决定：木构建筑物年久失修，柱子糟朽严重时，它的高度常常由于柱根糟朽下沉而降低，于是一座建筑物的周围柱子出现高低不等的现象。在一些年代较早的古建筑中，它的柱高由于具有柱生起它们的高度本来就不一致，经过糟朽下沉后，情况更为复杂。由于以上这些情况，在决定更换糟朽柱子或墩接柱子时，首先必须决定所更换或墩接柱的原来高度。

（2）复制的要求：更换时，首先应仔细研究更换构件是否原建时的旧物。如果是原件，更要严格按其式样尺寸进行复制。如为后代更换，其形制与原制不一致时，一般情况下应按原状复制，如果柱头有卷杀或为梭柱时则需对原件详细测量，找出它原来的砍制规律进行复制。不要不加分析地一律按照宋营造法式的规定制作。如是拼合柱，应连同内部榫卯都要照原样复制，黏合时可采用新材料（高分子化学材料）。认为原有榫卯不可靠时，可在外面增添铁箍加固。如为包镶柱，也应如实复制，以保留其时代特征。对其缺点如内部心柱易糟朽、包镶柱易开缝等，应采取措施加以防止。

（3）材料的选择：更换柱原则上应选用与原构件相同树种的干燥木材。如为湿材（含水率在15%以上的），应进行干燥处理。遇有特殊情况，如原材种质地太差，可用质地较好的材料代替，木纹应顺直，最好不要用扭纹木材，因此种木材最易劈裂，影响安全。

## （十）梁、枋、檩等木构架加固与修配施工方案

### 1. 更换下来的梁、枋、檩考虑二次利用或收藏保管

檩、梁、椽等新配的木构件未做断白处理的，刷生桐油三道进行断白及防腐处理。

木构梁架中的主要构件，梁、柱、檩、枋等如有损坏，对建筑物安全影响较大，对梁架的维修，是本工程中的主要项目。

**2. 木构梁架的抢救措施**

木结构古建筑物，由于年久失修，常易发生梁架歪闪、构件朽折等现象，须立即采取抢救性措施。此项工作在施工中对暂不修理的情况下是十分必要的。为了建筑物的安全，有时仍需在正式施工前，先做临时支撑或拆除而保存构件。由于白蚁或其他害虫影响木结构的安全时，应在支撑的同时，进行杀灭害虫的工作。

临时支撑工作由于结构不同，残毁的程度不同，很难定出统一的处理方法。最好的方法是在现场就损坏的结构进行受力情况分析，研究决定切实可行的方案。

①整体或局部梁架歪闪：此种情况，多数是由年久失修而引起的。有时是因为个别部位基础松软、下沉，逐步发展而引起的。处理方法最简单有效的是在对歪闪方向进行支撑。撑杆用杉篙或圆木、方木都可，直径应稍大一些，细长比以不超过1/20为宜。例如长度为5米～6米时，圆木直径20厘米～30厘米。撑杆的斜度为45度～60度，上端顶在柱头，垫以厚5厘米～10厘米的木块。也可以加铁锯子防止错位。杆底部用顶撑或顶石以防止滑脱。顶撑的下端应打入地内1/2以上。在不允许拆除地面的情况下，可不用顶撑，在撑杆与柱根之间加拉杆，使木柱、撑杆、拉杆形成一个三角形的支架。较大建筑物的角柱部位歪闪，一般应加两根撑杆。大梁歪闪时，撑杆应顶在歪闪尺度最大处。式样与柱的撑杆相同。建筑物间数较多、歪闪范围较广时，有时采用十字斜撑的办法。

②大梁折断弯垂：在大梁折断处的底皮或是弯垂最大的部位，支顶木柱，柱头垫以5厘米～10厘米厚的木板。宽同梁底皮，长视具体情况。此种顶柱，位于室内，不能破坏地面。在柱根垫以5厘米～10厘米厚板。用两个相对的木楔撑牢。所用顶柱应初步估算其荷重，以决定用柱的断面。一般情况下高3米～4米时，圆柱直径为20厘米左右，方柱15厘米×15厘米即可。

③梁枋拔榫：整体梁架歪闪时，梁枋拔榫的现象常常伴随而生。拔榫轻微的（1厘米～3厘米）只加铁锯子加固即可。拔榫较重的（榫头长1/2以上），应在梁头拔榫处的底皮加顶柱，式样与处理大梁弯垂相同。如在七架梁上的五架梁拔榫，用短柱支在七架梁上即可。

④柱根糟朽下沉：一般情况在柱的里侧大梁头的底皮加一根顶柱，以减轻柱本身

的荷载。在条件许可下，也可在柱左右两侧额枋下皮顶柱。

⑤翼角下沉：古代建筑的屋顶的转角处，荷重较大，角梁伸出尺寸较长，容易发生翼角下沉现象。临时支撑时，顶柱位置应支在角梁端部的底皮，方法与大梁弯垂相同。有些古建筑物在以前修理时，曾将这种临时顶柱变为永久性的"饯柱"，断面或圆或方或成四角凹入的梅花柱形，底部安柱顶石，外部也做油饰，与原有构件不易分辨。

⑥檐头下垂外闪：此种情况常是并发症，由于屋檐荷重大，连带着引起檐头下垂。有时是由于檐檩外滚，檐头也必然下垂。加固处理的方法是用撑杆顶在外出第一翘头的底皮，做法与梁柱歪闪加固相同，也可在檐檩后部加铁拉条钉在梁上。走廊空间狭小时，应采用底面加拉杆的办法，但拉杆应伸入室内，在适当位置绑牢。

⑦檩折断或拔榫：拔榫处应加铁锔子，折断时采用附加小檩的办法，紧靠折断檩的上下附加圆木以承托上下椽子。如折断处靠近两端，则可附加两个斜撑。

⑧椽子朽折：最简单的方法是在折断椽子的两侧附加1根~2根新椽，或在折断处横托木板，两端钉牢在坚固的椽子上。檐头椽子朽折时，常在托板两端加顶柱。

以上这些临时性的支撑工作对所加构件有一个共同的要求，首先必须牢固可靠，在施工中易于取除，不要过多地损伤原有构件。此外临时支撑构件的位置多在明显部位，不免会影响建筑物的外观，因而施工中应考虑使其影响降到最低程度。

### 3. 梁、枋的维修

总体维修思想是：对于糟朽的梁架，先将腐朽部分剔除干净，经防腐处理后，用干燥的木材依原样和原尺寸，以耐水性胶粘结贴补严实，再用铁箍加固。对于劈裂的梁架，用铁箍加固。对严重糟朽或高度腐朽的梁架予以替换。

梁、枋是木构架中的主要构件。从力学的角度分析，属于弯曲构件，上部承受压力，下部承受拉力。荷重大或年久失修，常常出现弯曲劈裂和底部折断现象。此外因严重漏雨而糟朽折断的现象也经常发生，梁、枋维修工作是本工程维修中的主要项目之一。

（1）大梁劈裂、弯垂的维修

采用构件组合或加大支座、减小构件计算长度等方式加强构件刚度；一般裂缝采用粘结和打箍，逢宽超过0.5厘米时木条嵌补胶粘后外加铁箍；榫头糟朽、折断、劈裂时，考虑采用硬杂木更换榫头；扭闪糟朽严重时更换构件。

大梁按有关建筑法令的规定，依其重要性不同允许弯垂尺寸为梁长1/400~1/100。在古代建筑中的大梁一般限制在1/400~1/100。弯垂超过1/100的即认为危险构件。事实上弯垂尺寸较大时，必然先出现劈裂现象，严重时在梁底部的劈裂纹会发生垂直方向的折断。

裂纹的处理：大梁侧面裂纹长度不超过梁长 1/2，深度不超过梁宽 1/4 的，在此限度以内的一般只加 2 道~3 道铁箍加固以防止继续开裂。裂缝宽度超过 0.5 厘米时，在加铁箍之前，应用旧木条嵌补严实，用胶粘牢。铁箍的大小按大梁的高宽尺寸及受力情况而定。一般情况下铁箍宽 5 厘米~10 厘米，厚 0.3 厘米~0.4 厘米，长按实际需要。

①一根铁箍围在梁的周围，接头处用手工制的大头方钉钉入梁内。

②两根 U 形铁箍相对用螺栓拧牢，或一根 U 形铁箍，上部加角铁或铁板用螺栓拧牢。

③一根铁箍式样与甲种相同，接头处用手工制的铆钉铆固。

上述式样中古代修理时常用第 1 种式样，安装简单，缺点是钉钉时用力不当，常对梁枋造成新的裂缝。第 2 种受力较大，外形比较难看。第 3 种外形虽不太突出，但安装需有一定技术，不然不易钉牢。

劈裂长度深度超过前述规定时，在没有严重糟朽或垂直断裂时，加铁箍之前，在裂缝内应灌注高分子材料加固（通常用环氧树脂灌注）。其方法是，先将裂缝外口用树脂泥子勾缝，防止出现漏浆情况，勾缝须凹进表面约 0.5 厘米，留待做旧。预留两个以上的注浆孔，一般情况下用人工灌注。材料配比如下：

E-44 环氧树脂：二乙烯三胺：二甲苯 +100：10：10（重量比）

勾缝用环氧树脂泥子，在上述灌浆液中加适量的石英粉即可。

底部断裂的处理：此种情况说明大梁底部承受拉力断面减少，对剩余完整断面，应进行力学计算，如超过允许应力 20% 以上，应考虑更换。在此范围内可做加固处理。先用高分子材料灌缝，做法及材料配比均同劈裂处理。同时在大梁断裂部位的两侧用钢板螺栓加固或用 U 形钢板槽螺栓加固。

弯垂处理：大梁在允许范围内的弯垂是正常现象，这里所指的弯垂是超过允许弯垂的情况，大梁如无严重糟朽、劈裂现象时，可在拆卸后在施工现场将构件翻转放置（即梁底面向上）用重物加压。一般情况下可以压平一部分。如能恢复到允许范围以内，即认为可用构件。另有一种情况值得注意：有时当拆除梁上荷载时，构件本身能够自动弹回一部分。

古建筑中，大梁弯垂经过翻转加压处理后，仍不能恢复时，如无严重糟朽、折断现象，我们也不主张更换新构件，可用高分子材料灌注裂缝并在主要受力点支撑细钢柱，以保持它的史证价值。

（2）承椽枋扭闪的加固

在木构建筑中，承椽枋是最容易发生扭闪的构件。主要原因是它的结构式样与受力情况所决定。承椽枋是承托山面椽建筑的下层檐椽或花架椽后尾的横向构件。它的结构常见的有以下几种。

①椽尾搭承椽枋上皮，山头超过枋的里皮。

②椽尾搭在承椽枋上皮而不出头（椽尾仅比承椽枋外皮稍长）。

③椽尾搭在承椽枋外皮的椽窝内。

这几种做法的共同弱点是当檩子发生向外滚动现象时，带动椽尾及承椽枋也向外扭闪。第二、三两种枋本身受偏心压力，扭闪的可能性更大一些。承椽枋构件如因严重糟朽而不能承重须更换新料，一般应修补完整，处理方法与大梁相同。继续使用时，在按原位归安的同时，应采用适当的加固措施，防止再发生扭闪现象。

防止扭闪的处理：首先进行防止檩向外滚动的处理，通常是在檩与梁之间加铁钉锔，再依承椽枋不同的结构进行加固。第一种式样的结构在椽后尾承椽枋上附加一根枋木压住椽尾，此枋木习惯称为"压椽木"。用铁箍、螺栓或与额枋之间用短支顶，使压椽木与承椽枋连为一体夹住椽尾，不能随意翘起。第二、三种式样的结构在承椽枋的外侧，椽子底皮附加一根枋木，增大椽尾与枋木接触面。

（3）额枋的加固

糟朽、劈裂、弯垂的处理与大梁相同。但额枋与柱相交的榫头常因梁架歪闪拔出，甚至劈裂折断。榫头完整的，在安装时按原位归安，并在柱头处用铁活连接左右额枋头，防止拔榫。劈裂折断或糟朽时，可补换新榫头。

额枋厚度较大时，原构件榫头宽约为枋宽的 1/4~1/5，将残毁榫头锯掉，用硬杂木按原尺寸式样复制，后尾加长为榫头的 4 倍~5 倍。嵌入额枋内，用胶或环氧树脂粘牢并用螺栓与额枋连接牢固，螺栓帽隐入构件内。断白作旧时予以隐蔽。

（4）梁、枋糟朽的维修与更换

根据糟朽后所剩余完好木料的断面尺寸，进行力学计算，如仍能安全荷重时，应进行修补，将糟朽部分剔除干净，边缘稍加规整，然后依照糟朽部位的形状用旧料钉补完整，胶粘牢固，钉补面积较大时外加 1 道~2 道铁箍。如原构件为贵重木料制成，在钉补时更应严格要求，因为此种构件外部多无油饰。钉补木块的边缘应严实，表面要干净，不得有污点。事实上此种钉补是特殊的艺术加工，是一项非常细致的工作。

糟朽严重经过力学计算不能承担荷载时，可以更换新料，严格按照原来式样尺寸制作。最好选用与旧构件相同树种的干燥木材。新砍伐的木材应经干燥处理后才能使用。制作时应注意以下几点。

①榫卯式样尺寸，除依照旧件外，还须核对与之搭接构件的榫卯，新制构件应尽量使之搭交严密。

②梁、枋断面四边抹棱的，应仔细测量其尺度，找出其砍制规律再进行制作。如为月梁对其梁头上下弧线，需逐段进行测量以后再进行制作。如原构件是用铁锛砍制的，则不要刨光，以保持原有建筑物的特征。

③原构件为自然弯曲构件，如元代的斜梁，在选料时应特别注意寻找与其弯曲形状相似的树木，进行复制。

④更换梁、枋原则上应照原制用整根木料更换，如遇特大构件木料不能解决而影响施工进度时，可以改用拼合梁，内部拼合处理可采用新结构的技术，但外轮廓及榫卯式样不得改变。如原构件为包镶做法，也不要无根据地用整料代替，应保持原来建筑的时代特征。

⑤梁、枋修配中的预安装，各修配的梁、枋构件，在修补或更换过程中，需随时与其相连接构件校核榫卯是否严实、尺寸是否相符。在上架安装前、修配构件较多时，通常要进行预安装工作。在施工现场的空地上将大梁的两端垫起，按结构顺序自下而上进行实地安装，凡尺寸不符、榫卯不严的，再进行一次修改，然后拆卸保存，等待正式安装。

**4. 檩的维修**

檩条损坏的情况，常见的有拔榫、折断、劈裂、弯垂和向外滚动等现象。通常需要进行修补，并在隐蔽处增加预防性构件。

工程维修时，当檩条在柱头出现两处以上糟朽现象时，应进行更换；若檩条糟朽不严重，可采用刻榫对接的方式修补檩条，对接长度为50厘米，接合面应采用耐水性胶黏剂粘结牢固，并用两道20毫米×2毫米的铁箍加固。

檩上皮糟朽深度为20毫米，不超过直径1/5的，即认为为可用构件，砍净糟朽部分后，用相同树种的木材按原尺寸式样补配钉牢；对于拒不开裂但不影响使用的檩条，以铁箍予以加固；其余糟朽、变形严重的檩条，予以重新制作替换。

在修复中如发现隐蔽处有残缺的构件，再根据现状，另行设计制作安装。所有木构件需做好防虫防腐处理。

（1）檩拔榫的维修

檩拔榫的原因主要是梁架歪闪，檩头榫卯又比较简单，遇到剧烈震动，容易拔榫。如榫头完整时，在归安梁架时，便可归回原位，并在接头处两侧各用一枚铁锔子加固。铁锔子一般用直径1.2厘米～1.9厘米钢筋制品。长约30厘米，或用扁铁条代替铁锔子，铁条断面一般为0.6厘米×5厘米或加铁钉锦，檐椽转角处也可用十字形铁板尺寸式样。

（2）檩糟朽、折断、劈裂、弯垂的维修与更换

檩糟朽、折断的原因多数情况是屋顶漏雨，水沿椽钉孔渗入檩子内部而引起，严重时发生折断，有时由于选料不当，构件中有死节贯穿，也会发生折断现象。

施工时，应先进行残毁情况检查，并经过力学计算，定出更换构件的标准。一般情况下需要依靠经验数据。如檩上皮糟朽深度不超过直径1/5的，即认为为可用构件。在砍净糟朽部分后，用相同树种的木料按原尺寸式样补配钉牢。糟朽深度很少的（1厘米～2厘米），通常仅将糟朽部分砍净，不再钉补。

遇有折断情况，裂纹贯穿上下时，通常即需更换。如仅底部有折断裂纹，高度不超过直径的1/4时，可以加钉1道～2道铁箍，或用环氧树脂灌缝后，外缠环氧玻璃网加固。

仅是檩子榫头糟朽或折断时，简单的办法为去除残毁榫头，另加一个由硬杂木做成的银锭榫头，一端嵌入檩内，用胶粘牢，或再加铁箍一道。嵌好的榫头在安装时插入相接檩的卯口内。

劈裂长度超过全长2/3，深度超过直径1/3的应更换，在此限度内的，可加1道～2道铁箍钉牢（断面5厘米×0.3厘米），并可留待油饰断白时处理。

弯垂超过1/100的应更换新料，在此限度以内，可在檩皮钉椽处加钉木条垫平。木质完整时，可试做翻转安装（即以檩底皮改做檩上皮）。

应更换的构件需用旧料或经干燥的新料（木材含水率在15%以下的），依照原构件的式样、尺寸复制。所用树种最好与原件一致。截料后，画线、砍圆、刨光、两端榫卯等应与相邻构件的旧榫卯吻合。

还有一种特殊情况，经过力学计算后证明原有檩的断面尺寸不够，此时应首先考虑用减轻檩上部的荷重来解决，如仍不足时，再考虑更换新料。如果历史上修理时没按原来规制施工，可按应有规制更换。如确为原设计尺寸小，应用新料更换，但绝对

不要增大檩的断面。解决办法常用的有两种：一种方法是改用容许应力较大的木料；另一种方法是将檩下构件用3道2厘米铁箍连在一起，使它起复梁的作用，以增加荷载能力。如檩下为襻间枋，则需在加铁箍部位的空当内垫以木块，再按螺栓连接。

（3）檩外滚的加固措施

檩与梁头的搭交形式常见的有以下几种：檩、垫、枋三件联用（或檩、垫两件联用）。檩下用襻间枋和用托脚的。第一种圆檩置于梁头半圆槽内，第二种檩搭在枋上，梁头凹槽更浅，稳定性较差，当上层椽子受力后在檩上产生向下的推力，促使檩向外滚动；第三种有托脚的，若断面尺寸大的尚可挡住，而断面尺寸小的作用不大。因而在修理过程中为防止檩向外滚动，经常采取加固措施来加以预防。最简单的方法是在梁头上皮紧贴檩的搭缝处，用楔形木块顶住檩头，并用铁条钉在梁头两侧。经验证明此种做法并不理想，因为檩外所露梁头尺寸很小（一般长度为半檩径），楔形木块受力后常易滑脱。比较有效的方法是利用檩上的椽子作为加固构件，习惯上称为"拉杆椽"。

拉杆椽是选择在每间靠近檩头接缝处的两根椽子，将椽头的椽钉改为螺栓穿透檩子，增强其结点的稳定性，自檐部顺序往上直到脊檩处，使前后坡每间形成两道通长拉杆，阻止檩子外滚。开间较宽时，可在中间增加一道拉杆椽。螺栓直径一般为1.2厘米～1.9厘米。斜搭掌式的，在脊檩处另加铁板连接前后坡的脑椽。铁板断面一般为5厘米×0.5厘米。这种做法因为螺栓头隐入檩内不易察觉，又不增加新的构件，效果较好；缺点是因为旧椽两旧钉眼改为螺栓时不易钉牢，故需更换新椽。必不可免的，要增加更换数量，但在部分椽子需要更换的情况下，经过适当调换部位，可以少增加或不增加更换数量。

为避免增加更换椽子数量，可在椽子空当加铁板条，又称铁板椽。每坡也是自上而下用通长铁板条，断面5厘米×0.5厘米，与檩相交处加钉螺栓。至脊檩将前后坡的铁板联结在一起，原理与拉杆椽相同。此种做法的优点是不用更换新椽，缺点是露明易见，在有天花板的建筑物内并不影响参观。经验证明，此种做法也是行之有效的。

## （十一）木基层修缮施工方案

按原规格、式样补配劈裂、糟朽严重的檐椽（椽皮）、飞椽（飞椽皮）；按原规格补配大、小连檐、瓦口，更换风化及糟朽的望板。

**1. 椽子的维修**

椽子、飞椽维修加固：依据本工程实际情况，椽头或尾折断或糟朽要更换；其余步架椽弯垂矢高大于2%时更换，不足时继续使用，糟朽者更换。

飞椽、望板、连檐、瓦口等维修是木构架最上层的构件，也是屋顶漏雨首先被侵蚀的部分，在修理工作中更换的比例最大。我们对待此类构件的态度是：能保留使用的，应尽量保留。尤其是椽子和飞椽，不能因为不是原构件而随意抛弃不用。

（1）椽子的加固与更换

椽子的毁坏情况多为糟朽、劈裂、弯垂。前者是由长时间的屋顶严重漏雨而引起的。劈裂的现象多数情况是由木材本身在干燥过程中内外收缩不一致而引起的，施工中使用湿木材经常会发生此种现象。有时是由于施工方式不当，如用猛力钉椽，常易引起椽头劈裂。古建筑维修工作中，因为椽子糟朽或折断需要揭开瓦顶修整的情况不多见，大多数情况是因为木构架的主要构件发生问题需要修整时，瓦顶和椽子望板也必须揭除。在木构架修整安装后，再重新铺钉。

①残毁旧椽选用标准：拆下的旧椽安装前需进行清理、修补，挑选可用的构件，查清修补更换数目。重要建筑物的维修，应根据现在建筑物的结构情况进行力学计算，验算椽子的受力情况，决定更换的标准。一般情况依靠经验数据进行判断。

糟朽：局部糟朽不超过原有直径 2/5 的认为是可用构件。但需注意糟朽的部位，如椽子本身是一个挑梁，受力最大的支点是挑檐檩或正心檩处，常因漏雨顺钉孔糟朽。孔径不超过直径 1/4 的，可以继续使用。椽头糟朽不能承托连檐时，则列为更换构件。

劈裂：深度不超过直径 1/2、长度不超过全长 2/3 的，认为是可用构件。椽尾虽裂但仍能钉钉的也应继续使用。

弯垂：由于受超重而弯曲，不超过弯度 2% 的认为是可用构件。自然弯曲的构件不在此限。

②加固方法：细小的裂缝一般暂不做处理，等油饰或断白时，刮泥子勾抿严密。较大的裂缝（0.2 厘米以上）嵌补木条，用胶粘牢或在外围用薄铁条（宽约 2 厘米，俗称铁腰子）包钉加固。

糟朽处应将朽木砍净，用拆下的旧椽料，按糟朽部位的形状、尺寸，砍好再用胶粘牢。胶的品种，古代用鱼皮鳔、皮胶或骨胶。椽子顶面（底面为着面）糟配在 1 厘米以内的，一般只将糟朽部分砍刮干净，不再钉补。

③更换椽子：要尽量使用旧料，首先考虑的是建筑物本身的旧椽料。建筑中椽子的特点是数量多，各种椽子的长度也不相同。檐椽最长，其次是脑椽，花架椽最短。此种情况为利用旧料提供了很大的方便。如必须以新料更换时，应注意以下几点。

选料：圆椽依据现场材质，长度、直径按原尺寸。应保证檐椽的大头尺寸。按操作程序，在椽头画出八边形、十六边形，然后依线砍圆刨光。圆椽子用料一般不用枋材砍制圆椽，用枋材遇到边材部分很易发生弯曲、起翘，影响质量。如受条件限制使用枋材，要注意材料的选择，以木纹顺直为准。斜木纹或扭丝纹的极易断折，不能使用。方椽选料同此。本工程建筑中的椽子，常要求砍刨顺直。许多地区的建筑对于顺直的要求不严，常用具有自然弯曲的。但制作时应保证顶面取平，便于铺钉望板或望砖，遇到此种建筑物，在选料时应充分注意其特点。

有椽头盘子的应补做。檐椽后尾和其他椽子的两端做法依钉铺方法不同而异。斜搭掌式要求在两椽相接处锯斜面，尖端锐角为 30 度左右。乱搭头式因为椽子位置相错钉铺，椽头仅要求锯截平齐即可。

椽头如有椽梢的，应按原制凿出椽梢眼，并连同椽梢眼一起制作。椽梢宜用硬杂木制作。

（2）飞椽的加固与更换

飞椽为方形构件，后尾逐渐减薄，头部与尾部的长度比为 3∶1，俗称"一飞三尾"。飞椽头部受雨淋易糟朽，凡不影响钉大连檐的，应继续使用。尾部易劈裂，尖端极薄更易折断，残留长度的头尾比例保持在 1∶2 以上的，列为可用构件。裂缝长不超过头部 1/2，深不超过直径 1/2 的可继续使用，但应用铁腰子加固，更换时常用一等红松厚板（厚度与飞椽高度相同）每两根联合制作，锯截后刨光，有卷杀的和闸挡板槽按原制做好。

**2. 望板的修理**

椽子上铺钉望板的式样，分为横铺与顺铺两种。一般多为横铺。此种做法板薄易受潮腐朽。对于年久失修的古建筑物，虽然规定旧望板只要不是糟朽的仍应继续使用，但实际施工中更换望板的比例数量是相当大的。通常在 50% 以上，甚至高达 90% 或 100%。新换望板，常用厚 2 厘米～2.5 厘米的松木板或杉木板，宽 15 厘米～30 厘米，长度最短应在 1 米以上。上下接缝用企口缝或斜缝（俗称柳叶缝）。顺铺望板，用板较厚，更换时应随原制，不要随意改为横铺，一般每两椽之间铺一块，其板宽应与椽子中距一致，一面刨光。接缝式样多用企口缝。

檐头各个飞椽的端部借助于大连檐、小连檐、闸挡板（或用里口木）连接牢固。这一类构件断面小、长度大，即使原件不糟朽的，在拆卸过程中也极易折断。对于未损坏的构件，应尽量保留使用，一般不做修补处理，因此更换的比例相当大，常常需要全部更换。用料常用一等红松。式样及断面尺寸应按原制。小连檐及瓦口木条的长度最短应在 2 米以上。大连檐的长度应比翼角翘起部分的长度加长 1 米以上，避免安装时发生"死弯"现象。制作时还要沿水平方向锯成四等份，至起翘部位锯缝逐渐加长，每节长约 30 厘米。安装前先在水中浸透，按翘起的弧度初步捆绑成形。因此翼角大连檐所用木料应无疤节。制作时两根联合锯截。

建筑中在檐椽与挑檐檩或正心檩相交处，用椽椀堵塞空当（一般建筑用砖或土坯堵塞抹灰），残毁处应按原尺寸制作。

瓦口也是更换比例较大的构件，旧件应尽量使用，新换构件尺寸式样按原制。锯截时也应两根联合制作。

## （十二）地面方砖修缮施工方案

室内地面：补配佚失或残损的青砖地面。做法为：青砖，黄沙扫缝→25 毫米厚中砂铺垫→150 毫米厚三七灰土→素土夯实。

院内地面：清除杂草，平整地面，补配青砖甬路及地面。做法为：青砖，黄沙扫缝→25 毫米厚中砂铺垫→150 毫米厚三七灰土→素土夯实。

散水：补配佚失散水，做法同地面。青砖尺寸：270 毫米 ×130 毫米 ×60 毫米，坡度：3% ~ 4%，铺法为：十字缝纵铺。

排水沟：补配或修补排水沟，疏通院落的排水系统。

**1. 地面基层施工**

（1）凿除原破损的土地面、后期改动的水泥地面。凿除的深度要符合设计要求。

（2）对凿除完毕的地面进行清理，并对原土层进行夯实。

（3）对夯实的地面进行观测，如土层过于干燥，则需进行洒水润湿，以土表润湿为准。如土层过湿，则要过几天等土层达到施工要求后，才能进行三合土施工。

**2. 方砖地面施工**

（1）材料要求：所用砖料的规格、品种、加工等应遵照建筑物的时代特点和尺寸；要有出厂合格证明、检测报告。进场前做复试，不合格材料不准进场。

（2）操作要求：在地面拆除时对其铺墁形式和材料作详细的文字记录和照片，底衬层不动。如有局部衬层松动损坏，要重新处理补墁，材料使用青方砖。

（3）地面挖补：先将残破砖剔除干净，再按原砖种类规格加工补配，随旧自然。

（4）地面揭除：残毁地面揭除重墁时，首先做好原样记录，然后逐行逐块用撬棍轻轻揭除。依规格或残毁程度分类码放，查清数量。在铺墁前，应清除灰迹。

(5)地面细墁铺设

垫层:重新铺墁前,应先清理旧垫层,残毁的按原则补配,或改用白灰代替。垫层做好后,四角抄平,以黑线或红线在墙壁四周弹出水平线,根据原样分出行数挂线进行铺墁。

磨砖:细墁所用砖块,必须经砍磨加工。首先用磨石或两砖相对,将砖正面磨平,再将四个侧面,用平尺、方尺找直校正,按要求尺寸画线,把多余的砖边砍掉,用磨石磨平,底面斜收。

墁砖:用方砖细墁。用砍磨加工的砖块,依原样铺墁。先将砖块逐行按线摆正,用水平尺和拐尺检验砖块是否方正,边棱接缝是否严密平直,不足之处应随时用磨石修好。无误后,标号揭起,铺墁时,先铺底灰厚1厘米~2厘米,砖块边棱接缝处勾灰。然后逐行逐块进行铺墁。随时用木槌锤击,将砖缝挤严,令四角合缝,砖面平整。细墁所用底灰为纯白灰浆,砖棱勾缝用油灰。白灰和生桐油的重量比为1:1(或加少许白面),以竹制宝剑形的抹子,尖挂油灰抹在待墁的砖块接缝处。铺墁后油灰挤在缝内,外露油灰擦拭干净。

钻生泼墨:细墁砖地面干后,打扫干净用墨斗将墨汁洒在砖面上,干后钻生桐油2道~3道。

使灰钻油:在细墁砖地面上,先刷生桐油1遍~2遍,再涂灰油1遍~2遍,最后刷光油1遍~2遍。

质量要求:地面美观整洁,棱角完整表面无灰浆,油灰饱满、缝子严实,宽窄一致,真砖实缝。柱顶盘掏卡子要方正,差活要严,待干透后,方可钻生。

墁完后到钻生要有晾干的过程,所以要加强成品保护。需要上人时,要先铺塑料布,再铺板。无其他工作时,设标牌提示不得上人,以防碰砸、污染。

(十三)天井地面墁石施工方案

红二十五军军部旧址及医院旧址各院落天井地面多为墁石地面。石板的铺设一般工艺为:弹线→试排→铺灰浆(砂)结合层→铺设石板→清扫面层。

1. 弹线:首先统一往待铺面引进标高线,然后在垫层面上弹互相垂直的控制十字线,作为检查和控制的准绳。

2. 试排:铺设前先要进行石板的试拼,同时核对板块与周围面的相互位置是否符合要求。

3. 铺灰浆(砂)结合层:按水平线定出面层厚度,拉好十字线,即可铺灰浆

（砂）。铺前宜洒水湿润垫层，然后随即摊铺灰浆（砂），铺好后刮大杆、拍实，用抹子找平，其厚度适当高出按水平线定的结合层厚度1毫米~2毫米。

4. 铺设石板：铺设时要拉准线，用水平大尺边铺边靠，保证铺筑平整度，纵横缝要通直。铺好后，用木槌敲击检查密实度，如有空鼓，要及时掀起补浆（砂），然后再复位，正式镶铺。

5. 清扫面层：铺设完成后，要以干灰粉或细砂铺在板面扫缝，使所有缝隙都嵌堵严实，然后将板面清扫干净。

石板材质较脆，在铺设时应注意要用木夯、木槌拍实，严禁用铁锤击打；此外，在大板铺设时，要小心用木撬棒移动，不可用铁棒，以防撬碎石板棱边。

## （十四）木门窗、隔扇修缮技术措施

按设计图纸补齐残损部分木门窗，对于缺失部分门窗按原样重新制作；木门窗的木材品种、材质等级、规格、尺寸应符合设计要求；材质含水率应符合《建筑木门、木窗》（JG/T122）的规定。木门窗的接合处和安装配件处不得有木节或已填补的木节。门窗框和厚度大于50毫米的门窗扇应用双榫连接。榫槽应采用胶料严密嵌合，并用胶楔加紧。施工中严格按《建筑装饰装修工程质量验收标准》（GB50210-2018）第5.2.2条、第5.2.3条、第5.2.5条、第5.2.6条、第5.2.12条、第5.2.13条、第5.2.14条执行。木门窗品种、规格、开启方向、安装位置及连接方式应符合设计要求；安装必须牢固，并应开关灵活，关闭严密，无倒翘，完成后刮泥子，刷桐油两道。施工时严格按照《建筑装饰装修工程质量验收标准》（GB50210-2018）第5.2.8条、第5.2.9条、第5.2.10条、第5.2.11条、第5.2.15条、第5.2.16条、第5.2.18条执行。

本次设计门窗的参考依据主要来源于原有建筑保留下来的部件和式样，经过分析、调查后，根据其不同部位的式样，将后期改造、增加的不协调门窗部件予以重新制作。

### 1. 板门

板门维修加固：裂缝不宽的用木条嵌缝，较大的拆卸后加木块重新拼装；佚失的补配。

门扇裂缝：板门的门扇是由厚板拼接而成的，背面嵌以木穿带拉固。由于原建时，所用木料不干，年久木板收缩出现裂缝现象。微细裂缝可在油饰断白时用泥子勾抿。一般裂缝，用通长木条嵌补粘结严实，木条厚度与门板相同。裂缝较大时，首先将板门扇拆卸，重新归安，在门扇中部依照各条裂缝的总宽度，嵌补一块整板，外观上比前一种效果更好。

门扇下垂：板门扇最里边的一块木板称为"肘板"，它的上下各突出一段作为上下门镍，分别安在连楹和门枕内，门扇开关以此为轴转动。在古建筑中的板门大多是又大又厚，笨重的板门仅仅依靠肘板底部的门镍支承，因而常常出现门镍被磨短压劈，有时连同肘板下部也被压劈，甚至断裂，致使门扇下垂。属于此种情况时，可在下门外表套上一个铁筒，铁筒的上部伸出两块或一块铁板，高度应超过肘板断裂处，与此同时，在门枕的窝处放置一个铸铁碗承托新安装的铁筒。

板门附属零件（如门钉、门钹等），缺欠者应照原样、原材料补配齐全。

### 2. 隔扇门窗

隔扇门、窗维修加固：边梃、抹头榫卯松动，拆卸后重新组装；用胶粘牢；边框局部糟朽的钉补，隔扇心残毁的修补；佚失的按遗存卯口，参照同类建筑装修风格补配。

窗扇扭闪变形：由于年久，开关活动多，门窗扇四框的边梃、抹头榫卯松脱，整体发生扭闪变形。修理时应整扇拆落，进行归方正，接缝处重新灌胶粘牢，最后在门窗扇背面接缝处加钉"L"形和"T"形薄铁板加固，铁板应卧入边梃内，与表面齐平，用螺钉拧牢。

边梃、抹头劈裂糟朽：局部劈裂糟朽时钉补齐整，个别糟朽严重的应更换，一般情况下，将四框拆卸按原样复制新件后，再重新归四边框，背面加钉铁活，式样同前项。

隔扇心残缺：这一部分的式样最多，从单位的直棂条细，交接点多，整体连接的强度弱，常常因碰伤或剧震而残缺不全，局部残毁后，如不及时修补，时间一久就会整扇心棂条全部脱落。

轩、牙子或遮椽板残缺的按原尺寸或卯口补配。

通常遇到的情况，多属于局部残缺。我们的原则是，缺多少补多少，但有时常常认为新旧棂条并接费事，采取整扇新做的办法，这是应该避免的。补配棂条应依原来搭交的情况，各根棂条分别复制，根据旧构件是否平整，无误后再与旧棂条拼合，粘牢的新旧棂条接口应抹斜，背面加钉薄铁板拉固。

修补式样复杂的隔扇心时，为了便于新旧部分的拼合，常将旧隔扇心整体拆下，取四周的仔边，隔心拼合后，再重新安装。此种做法虽然费工，但质量较好。

### （十五）石作工程修缮施工方案

1. 灰缝维修：缝内积土长草的，清除后用石灰砂浆重新勾缝。若为水泥砂浆勾缝的，改为石灰砂浆勾缝。

2.新补配的石构件的品种、质感和色泽，应与原件相近，外形尺寸、表面剁斧、磨光、打道等均应与原件相同。

3.断裂维修：断裂部分用环氧树脂粘结，并在接口处做做旧处理。

4.歪闪、位移的，拨正后，坍塌的重砌。

5.有关露天石质防风化的处理，目前十分成熟的方法有限，施工前必须进行大量的试验、分析、论证和总结。

工程维修时，对破损的青条石进行更换，对完整但错位的青条石进行归安，对后人砌筑的水泥散水，拆除后重新添配青条石。

原有断裂破损条石构件：呈规则形断裂，且属受压构件的，原则上应在修补后安回原处，不予更换；呈不规则且多处断裂和破碎严重或残缺的，允许更换。所更换的构件，其石质、色泽、规格和外观应与被替换的构件一致。

（1）石柱础等构件的维修办法

一般磨损和风化碱酥的石作构件，应将表面碱酥层用钢丝刷清除。

残缺构件：用与原构件色泽和石质同样的石料，按原存式样复制修补。

①打点勾缝：打点勾缝多用于台明石活，当台明石活的灰缝酥碱脱落或其他原因造成头缝空虚时，石活很容易产生移位。打点勾缝是防止冻融破坏和石活继续移位的有效措施。如果石活移位不严重，可直接进行勾缝。如果石活移位较严重，打点勾缝可在归安和灌浆加固后进行。打点勾缝前应将松动的灰皮铲净，浮土扫净，必要时可用水洇湿。勾缝时应将灰缝塞实塞严，不可造成内部空虚。灰缝一般应与石活勾平，最后要打水茬子并应扫净。

②石活归安：当石活构件发生移位或歪闪时可以进行归安修缮。如归安阶条；归安陡板；归安踏跺；归安角柱等。石活可原地直接归安就位；不能直接归位的可拆下来，把后口清除干净后再归位。归位后应进行灌浆处理，最后打点勾缝。

③添配：石活构件残破严重或缺损时，可进行添配。添配还可以和改制、归安等修缮方案共同进行。比如，当阶条石的棱角不太完整，同时存在移位现象时，就可以将阶条全部拆下来，重新夹肋截头，表面剁斧见新，然后进行归安。阶条石经重新截头后，长度变小，累积空出的一段就应重新添配。添配的石活应注意与原有石活的材质、规格、做法等保持一致。

④重新剁斧、刷道或磨光：大多用于阶条、踏跺等表面易磨损的石活。表面处理的手法应与原有石活的做法相同。如原有石活为剁斧做法，就应采用剁斧做法。重新剁斧不但是一种使石活见新的方法，也是使石活表面找平的措施。因此表面比较平整的石活一般不必要重新剁斧。

⑤表面见新：这类作法适用于表面较平整但要求干净的石活或带有雕刻的石活。

a. 刷洗见新：以清水和钢刷子对石活表面刷洗。这种方法既适用于雕刻，也适用于素面。

b. 挠洗见新：以铁挠子将表面挠净，并扫净或用水冲净。这种方法适用于雕刻面，如带有雕刻的券脸等。

c. 刷浆见新：用生石灰水涂在石活表面，可使石料表面变白。这种方法只能作为一种临时措施，不适于雕刻的见新。

d. 花活剔凿：石雕花纹风化模糊不清时，可重新落墨、剔凿、出细、恢复原样。

（2）改制

石活改制包括对原有构件的改制和对旧料的改制加工，既可以作为整修措施，也可以作为利用截头进行添配的方法。

截头：当石活的头缝磨损较多，或所利用的旧料规格较长时，均可进行截头处理。

夹肋：当石活的两肋磨损较多，或所利用的旧料规格较宽时，均可进行夹肋处理。经截头和夹肋的石料，表面一般应进行剁斧见新。

打大底：打大底即"去薄厚"。当所利用的旧料较厚时，可按建筑上的构件规格"去薄厚"。如石料表面不太完好，可在打大底之前在表面剁斧。

劈缝：当被利用的旧料规格、形状与设计要求相差较大时，往往需要将石料劈开，然后再进一步加工。

（3）修补、补配

当活石出现缺损或风化严重时可进行修补、补配。方法有以下两种。

剔凿挖补：将缺损或风化的部分用錾子剔凿成易于补配的形状，然后按照补配的部位选好荒料。后口形状要与剔出的缺口形状吻合，露明的表面要按原样凿出糙样。安装牢固后再进一步"出细"。新旧茬接缝处要清洗干净，然后连接牢固。面积较大的可在隐蔽处萌入扒锔等铁活。缝隙处可用石粉拌合粘结剂堵严，最后打点修理。

补抹：将缺损的部位清理干净，然后堆抹上具有粘结力并具有石料质感的材料，干硬后再用錾子按原样凿出。

（4）粘结

素水泥浆，适用于小块石活的粘结；高分子化工材料，其粘结力很强，适用于大块石料，目前使用环氧树脂粘结剂较普遍，第一种方法是：环氧树脂（#6101）：乙二胺=100：6～8（重量比），第二种方法是：环氧树脂：二乙烯三胺：二甲苯=100：10：10（重量比）。

（5）照色做旧

将高锰酸钾溶液涂在新补配的石料上，待其颜色与原有石料的颜色协调后，用清水将表面的浮色冲净，进而可用黄泥浆涂抹一遍，最后将浮土扫净。

（6）灌注加固

当砌体开裂、局部构件脱落时，可以采用灌浆的方法进行加固。施工中用白灰砂浆、混合砂浆、水泥砂浆或素水泥浆灌缝。如需要加强灰浆的粘结力，可在浆中加入水溶性的高分子材料。缝隙内部容量不大而强度要求较高者，可直接使用高强度的化工材料，如环氧树脂等。为保证灌注饱满，可用高压注入。

（7）支顶加固

一般作为临时性的应急措施，适用于石砌体的倾斜、石券的开裂等。支顶加固，既可以使用木料，也可以砌砖垛。

（8）铁活加固

①在隐蔽位置凿锔眼，下扒锔，然后灌浆固定。

②隐蔽的位置凿银锭槽，下铁银锭，然后灌浆固定。

③在中心位置钻孔，穿入铁芯，然后灌浆固定。

## （十六）青砖墙体及土坯墙修缮施工方案

经检查鉴定、结构受力分析为危险墙体，或外观损坏十分严重，应拆除重砌的墙体，或经评估需局部拆除重砌的裂缝墙体，必须先检查、鉴定基础是否完好，若由基础不均匀沉降（且沉降存在继续发展的趋势）引起的墙体残损，须加固地基，同时消除影响基础安全的隐患。砌筑时，均须参照各建筑墙体原有的施工工艺及青砖规格重砌，并做好新旧砌体的咬合、拉结，灰缝平直，灰浆饱满，外观保持一致。整段墙体较好，但墙体上部有某处残缺的应进行局部整修：对细微墙体裂缝（0.5厘米及以下），维持原状并定期观测裂缝发展情况，墙体裂缝较宽（0.5厘米以上）且不影响结构稳定性的，采用铁扒锔沿墙缝加固，均用白灰浆灌缝、白灰勾缝、作伪；整段墙体完好，仅局部酥碱的墙体应剔凿挖补，对酥碱深度小于等于 20 毫米的部位做作清理处理，对酥碱深度大于 20 毫米的墙砖，用小铲或凿子将酥碱部分剔除干净，用砍磨加工后的砖块归安原位、原形制镶嵌，用石灰砂浆粘贴牢固，白灰勾缝；内墙面脱落或残损的，要按原做法修补，维修时，须与原面层的厚度、层次、材料比例、表面色泽一致，揎压坚实平整。本次维修建筑的内墙面存在两种做法，一是当基层为砖时，做法为：18 毫米厚 1∶3 石灰砂浆→2 毫米厚麻刀石灰面；二是当基层为土坯时，做法为：18 毫米厚滑秸泥→2 毫米厚麻刀石灰面。

### 1. 青砖墙体修缮方法

本工程墙体砌筑方法为青砖空斗砖，采用 M5 混合砂浆砌筑，本工程建筑物普遍存在大面积墙面砖酥碱、残损、风化，根据设计要求，墙面砖采取全部或局部重砌、修补、打点；为了尽可能地保留原老砖，墙体拆卸时，应轻拆轻放，严禁高空投掷。必须用人工传递至地面后，再转运至周边空地上铲除砖灰，码好堆放待用，并清点数量，下差砖件应及时组织购买同尺寸规格的城砖。

根据旧址建筑现状，修缮时采取局部拆砌和剔槽挖补、整体整修的技术措施。按原墙所用砖规格制作，新制手工砖应保证抗压强度在 150 号以上，砌筑墙体所施白灰应提前 6 个月（至少 3 个月）淋好的陈白灰。做到砌筑规矩，清理整洁。

（1）局部拆砌：针对那些碱酥、空洞、鼓胀范围较大，经局部拆砌即可排除危险的墙体。该方法只限于墙体上部使用。

（2）剔槽挖补：用于局部碱酥的墙体，先用凿子将需修复的部位剔除，所剔部位应是单个整砖的倍数，然后按原墙面所用砖的规格和手法重新砍磨制作，砍磨后按原做法补砌，墙内须施灰膏填灌饱满。

（3）砖墙裂缝：细微裂缝（0.5 厘米及以下）可用青灰浆沿墙缝加固，较宽的裂缝（0.5 厘米以上），要挖补重做。

粘结剂：砌筑墙体时施白灰糯米混合灰浆，将糯米煮烂加入白灰膏中搅拌均匀后施用，白灰糯米浆配比为白灰膏∶糯米 =100∶3（重量比）。白灰膏须用提前 6 个月淋好的陈白灰。

青砖空斗墙加内填土时，先确定一位懂技术的施工主绳师傅，捆绑好版筑的墙篩，而后把打碎并调配到一定湿度和黏度的泥土送入空斗墙之中，然后用夯杆的小头反复夯筑，直到把空斗内泥土夯筑至面面俱到后，再用夯杆的大头夯筑，主绳师傅根据夯土时发出的声音来判断坚实程度是否符合要求。经鉴定，已夯坚实后，再加入二重土和三重土夯筑，三重为一版。每夯一版前要在空斗两端挡板上吊铅锤，以保证墙体垂直。通常行墙一周行第二周时，必须反方向进行，即正反方向轮流夯筑，这样墙体才更加牢固。同时要在已夯好的墙上洒些水，以使上下周之间的墙体能够夯合。

**2. 土坯墙修缮方法**

土坯墙修缮时，注意不要损坏原土坯砖，清理土坯砖表面砂浆及杂草，清理后挑选比较好的土坯砖按原砌法重砌，不够的按原规格定制，新老砌体之间的搭接一定要处理好，基面清理干净，砌筑砂浆必须饱满密实。

所谓夯土版筑，就是用土棒（亦称夯杵）将黄土用力夯打密实变硬而建造起来的房屋，夯土版筑墙的外部，多数有抹灰层保护，灰皮剥落可局部补抹或全部重抹。下肩酥碱处，可用砖补砌后抹灰，坍塌歪闪严重的，应按原做法式样重新夯打或垒砌。

版筑墙应先分析研究原夯层的厚度，夯窝尺寸，夯土掺和材料的比例及夯筑方法，然后照原做法复制。

常见的夯筑土墙材料与做法：

夯筑土墙主要是以泥土为原材料，所以土质的好坏直接关系到土墙的耐久性和坚固性。因此要选取黏性好，又含有一些沙子的黄土，少量的沙子可以减少土墙筑成后的收缩，使土墙不易倾斜走样或开裂，有的是掺上耕地下层未被翻犁过来的新土即田土甲泥。生土挖出后，一般不直接夯筑，而要敲碎研细，并放置几个月，让其发酵，使其和易性更好，以保证夯土墙的质量。

夯筑墙最讲究的是用"三合土"，即黄土、石灰、河沙，三种成分搅拌夯筑。其主要做法有湿夯和干夯两种。湿夯三合土的配方，黄土、石灰、河沙的比例为1:2:3，多用于墙脚，这种土墙在水中浸泡而长期保持不变；而干夯三合土则以黄土为主，黄土、石灰、河沙的比例为4:3:3，也可以为5:3:2，多用于大型圆、方土楼的一层外周底墙，这种土墙怕水，但比普通土墙要坚固得多。但不管是湿夯，还是干夯，都十分讲究土中水分的控制，水分太多了，夯筑时会发生水析现象，土墙不能夯实；水分稍偏多，则墙体不易干燥，且会收缩变形开裂；水分少了则黏性差，很难夯实。因此在夯墙施工中依泥水匠师傅的经验掌握，一般拌合的三合土捏紧能成团，抛下即散开就认为是水分合适。

另将红糖、蛋清水及糯米汤加入三合土中，翻锄和匀，这三种原料都是绝好的黏合剂，可以增强三合土的坚韧度。

夯筑墙的工具非常简单，只要有墙筛一副，夯杵两根，圆木横担若干支，以及绳线、大小拍板、鲁班尺、杨公尺等原始工具。墙筛以老硬杉木制作，内部平整，规格一般长1.5米~2米，高40厘米，木板厚7厘米，其形状与制砖木模相似。墙筛的一端为开放的，用硬杂木制成的"墙卡"支撑，成"H"形，非开放的一端以"墙针"固定。"墙针"为两根以榫头固定的模封，这样墙筛能灵活拆卸，任意改变墙筛的内空（即墙体厚度）。

夯墙的夯杵棍，用重实而不易开裂的杂木制成，重5千克~10千克。杵棍两端一头大一头小，直径8厘米~10厘米，中间部分削至适于手握为准。墙筛内填上虚土时用小头夯，待夯得差不多了，再用大头夯平。

## （十七）屋面修缮施工技术措施

漏雨部分进行挑顶，更换受损构件后，按原做法重筑。

军部旧址的屋面做法：椽子→望瓦→10毫米~15毫米厚护板灰→合瓦屋面（底瓦压七露三）→吻、兽、脊饰。

医院旧址的屋面做法：椽子→望瓦→10毫米~15毫米厚护板灰→合瓦屋面（底瓦压七露三）→脊饰。

在局部揭瓦和维修时应注意：应按原材料、原工艺进行；确定揭瓦面积时，应考虑拆装木构件和揭瓦时对周围瓦顶的影响，不得因抽动木构件而伤害瓦顶；新、旧间的搭接坡度应一致；抽拉接茬时，不得移动其上层瓦件。

挑顶维修时应严格控制挑顶范围，尽可能多地保留原有屋面，维护文物的真实性和完整性。

瓦件维修：不能使用的，应更换；佚失或形制、色彩不合规制的，应补配。

脊的修复：损坏不严重的，可用灰勾抹严实；缺损、散落的局部脊件应进行归安、添配；具有文物价值的脊件应尽量进行粘补，实在不能粘补时，应参照原式样更换；脊毁坏严重的，应进行局部挑修或全部重新挑修。

### 1. 屋面查补

（1）屋面查补范围：罗山县红二十五军军部旧址、医院旧址各处建筑屋面。

（2）查补雨漏：先在室内查看有无漏雨痕迹，分析漏雨原因，查看屋面确定位置，然后进行换瓦、修补。

（3）普遍查补：查补分成若干小组，每小组两人，每个小组承包若干垄瓦面。检查捉节灰、夹垄灰、碰头缝灰是否酥松、裂缝、空鼓、脱落，重点检查底盖瓦是否碎裂，特别是底瓦隐裂。

（4）查补小青瓦用麻刀灰。方法是先进行逐垄逐块普查，将酥松、空鼓的灰皮铲掉，并用粉笔做上记号，然后用水刷子将需要修补的地方洇湿，用麻刀灰收一收，将缝子勾抹严实，打点整齐。

（5）抽换底瓦和更换盖瓦：发现碎裂的底瓦时要进行抽换，方法是先将上部底瓦和两边的盖瓦撬松，取出坏瓦，并将底瓦泥铲掉，然后铺灰，用好瓦按原样恢复好，被撬动的盖瓦要进行夹塞、夹垄。更换盖瓦时，先将破瓦拿掉，并铲掉盖瓦泥，用水洇湿接槎处后，铺灰将瓦重新瓦（音：wà）好，接槎处要勾抹严实。

（6）查补做完后，要进行复查，找补漏查的部位，以保证彻底补好瓦面。

**2. 揭瓦檐头、添配瓦件**

（1）添配瓦件要有出厂合格证、检验报告，并经现场送检复试合格。

（2）施工顺序：檐头揭瓦→铲除粘灰层→清理瓦件→挑选瓦件→上灰泥→瓦。

（3）对准备更换椽子的部位，要先将檐头瓦件揭下，粘灰层铲除干净。

（4）进行现状记录、对原瓦面的工程做法，瓦件尺寸、瓦件的数量以及残毁情况和形制（法式）做图像、文字记录。

（5）清理瓦件，拆除瓦件后重新安装前，要对瓦件进行清理。即"剔灰擦缝"，用瓦刀、小铲慢慢将瓦件的灰迹除去，用抹布擦拭干净。

（6）挑选瓦件，按原形制选出较标准的瓦件，对于瓦件中有脱落，但不残缺、不劈裂的，继续使用。

（7）对于添配的瓦件应集中起来，按文物管理部门指定使用部位使用。

（8）依据设计要求和拆除记录，按原形制做法进行瓦瓦，要求檐头三块瓦和新旧瓦接槎处必须用麻刀灰，檐头拴三道线（滴水线、勾头线）与旧垄高低出一致顺直，严格按古建瓦操作规程进行。

## （十八）大木作制作安装施工方案

**1. 短木柱的做法**

柱子在开始制作之前，应把柱高的尺寸点画在小杖杆上，然后再画线进行打截料，两端头的截面要求锯得平整，不能偏线，为放迎头线做好准备。具体操作如下。

（1）放迎头十字中线，迎头十字中线是柱找中的依据。把已加荒的柱料，用木楔或用两根三寸见方的木料做成斜十字架，架离地面约一尺的高度，柱料必须架稳，易于工作，注意安全。一切准备就绪，放线工作便可开始，放线可用两人也可用一人。除放线人员外，还得有一至两名的副工进行配合。

一人放法：在柱子一端的断面上，先分出中点，再依此点，用墨斗吊画出垂直中线，然后根据中线用弯尺画出横线，两线相交成为十字中线，另一端十字中线的画法同上。

二人放法：在柱的两端，两人手中各拿平尺一根，同时在柱料的两端找出中点，再把平尺立于中线位置上，尺的上端要高出截面的上皮，二人互相重合，从平尺边的下端往上画出垂直中线，依中点线用弯尺边互相重合，从平尺边的下端往上画出垂直中线，依中点线用弯尺再画出横线，成为十字中线。还可以二人不用平尺，直接用墨斗吊中线，依中线再用弯尺画十字中线。

（2）放八卦线：放八卦线，就是按柱径尺寸找圆周线的第一步，放八卦线要以迎头十字中线为基准，匠师们把八卦线的放法总结成一句话叫作"四六分八卦，四外小加一"。

（3）砍八卦楞：把放完八卦线的柱子料平放于地面，柱身两边用木楔子稳住，并随手找正被八卦线分成八面的任意一面，注意此面要与地面呈水平面，不能歪闪，用锛子先砍出一面，并用二虎头刨子刮平，如用锛子砍出的一面非常平直，不必用刨刮，即可紧接着将楞线弹上，然后转动柱料，一面接一面地砍刨复弹楞线，八面操作完后，即成八卦楞。

（4）分十六瓣线：在八方的基础上放十六瓣线，使之趋于圆形。放法：将八方的每面均分三等份，把每个内角的三分之一联系起来，即得出十六瓣。再依十六方形的每个角点在柱身弹线，然后用锛子砍去棱角，再用二虎刨子刮光找圆，找圆后的柱子应是规矩的圆形。柱身上不能留下死楞，更不能将柱径尺寸做小，这道工序完成后，依迎头十字线在柱身上复弹柱中线，并按柱子的方向（里外面）在柱身里面标写柱位，接着开始弹升线。

（5）弹升线：前后檐的柱子都是向里倾斜的，所以柱中线就不能再做柱的垂直线了，必须另外弹一条柱头至柱脚的垂直线，此线就称为升线。

（6）制作：在柱子制作程序中，应做出柱头上的馒头榫及柱脚的管脚榫（大式檐柱的柱头不做馒头榫只做管脚榫。小式檐柱做馒头榫，要在柱头上画额枋卯深）。做榫时要用两人，先将柱子垫高一尺，使之不得晃动，然后在柱子的迎头，按十字中线画出榫的位置线，然后向柱子的顺身方向开锯。两人要同时认清自己一方的线记，下锯时，劲要使得均匀，锯到柱头或柱脚线后把锯撤出。榫共分四个小面，要逐一锯完一面翻动一下，四面锯完以后，按柱头或柱脚线开锯断户，去掉余料，此榫的制作便告完成。当柱头或柱脚榫做完以后，须在两头的截面上依柱身上的柱中线复弹迎头十字线。然后依此线在柱头上画出大额枋银锭榫卯的深度及广度，卯深按柱径的四分之一；宽按枋厚的十分之三。银锭卯的上口及下口宽窄不一，卯深的里面要比外面大，呈小喇叭形状。此外，银锭榫还有另一种带袖户的做法，即在卯榫深的一半处做一个上下宽窄相同的方槽，一半以下做燕尾榫。

榫卯的制作，可分为两步：即能用到锯的地方先用锯，然后再用凿子剔去余料，如迎面上的大额枋争锭榫卯。它的卯榫深线外露，可以用锯沿榫卯宽线锯到榫卯的下皮及深度位置，锯时要注意不要挡线，下锯要轻，一下是一下。所用锯最好锯料小一点，这样锯出来的榫卯口平面可不用修整。锯完后，用合适的凿子（六分或八分），从榫卯下皮往上剔，但不能图快。榫卯做完后，要细心地检查一下榫卯的深浅度是否合适，有无留线等问题。

以上为柱子与额枋银锭榫交结卯的做法。柱头上其他卯口的制作，如小额枋榫卯、由额垫板卯及穿插枋大进小出卯等，均可用凿子直接凿剔，一面做完，再做另一面。

### 2. 童柱的制作方法

与其他落地柱没有什么区别，不同之处是下脚多了三根管脚枋。它是起连接和固定作用的，其下皮与童柱根部齐平，可以做燕尾榫与童柱柱脚拉接。童柱内侧穿插枋的透眼，要尺量避开额枋卯口。

### 3. 梁架的制作

（1）根据总工程设计要求进行选料，而且在选料时要注意合理使用木材。

（2）打截去荒。以事先排好的杖杆，在选好的料上，把梁总长的尺寸点画出来，适当地加出荒料进行打截。打截前，要把两端锯齐，以便放线。

用吊线的方法，在打截后的木料两端，画出迎头十字线，即梁头上的垂直中线。依此线向两侧各画一条线，两线之距即为梁的宽度。再用弯尺画出梁的上皮线，以迎头线为准，将各线弹在顺身方向，然后用锛子按照四面的边线砍去荒料，用刨子刮光以备画线。

（3）弹线画线。用墨斗根据梁两端的迎头中线，弹出梁上下两面的中线。以杖杆点画出各部中线，用弯尺画出中线。再把梁的一个侧面翻转向上，在梁的两端从梁的底皮上画出平水线位。大式平水一般按一桁径，小式平水为2.5椽径，再从平水线位向阳花上按二分之一桁径点出抬头线。再向上按照梁总高的十分之一尺寸点画出熊背线。然后用墨斗根据迎头的各线，分别弹在梁的两个侧面顺身方向。当以上几种线弹完后，把梁的上面向上摆正，把杖杆上的梁长及步架的分位，分别点画在这一面。用弯尺把以上点画出的各线，过画在梁的上面，将梁两端桁位中线过画在梁的四面，首尾连接。这样，经上所画的各线，就和梁顺身方向的各线交成了互相垂直的十字相交线。

根据以上所弹出的各种线，首先用桁径四分之一的样板在梁两端的桁位，按中线在平水线至抬头线之间画出桁位。在桁位的下部，即平水线至梁下皮，依中线画出垫板的榫卯线，口宽一般按一斗口，然后再在梁上皮的瓜柱位置，画出瓜柱柱脚的管脚榫卯口，即梁两端以内的第一步架分位中线与梁上面中线相交处。榫长按瓜柱径的十分之三，榫宽按一瓜柱径，榫厚按柱径的15%。最后在梁下面的两端十字相交处，画出与柱头馒头榫相交的卯口，即海眼，海眼的尺寸按柱径的十分之三。

### （十九）屋面木基层制作安装施工方案

**1. 檐椽制作**

（1）如设计无规定时，方檐椽直径，大式1.5斗口，小式1/3檐柱径，椽长檐步架加2/3上檐出乘举斜系数，按上述尺寸放大样，并制作样板。

（2）把选择出直径适合制作檐椽的荒料，按椽长加出盘头荒份打截，两端画上迎头十字中线，按图纸设计尺寸砍制好檐椽。

（3）把迎头十字中线弹在檐椽长身上，用檐椽样板套画出椽长，画出椽头盘头线、交掌盘头线按椽直径3/10弹出椽金盘线。

（4）用锯把椽头盘齐拉出交掌斜面，用刨子刮出金盘线，按序码放以备安装。

**2. 飞椽制作**

（1）飞椽见方与檐椽同，椽头长按上檐出1/3乘举斜系数，椽尾按椽头长的3倍，放大样并制作样板。

（2）把加工好的规格毛料进一步加工刨光成规格椽料，用样板成对套画出椽头椽尾、椽头盘头线。

（3）用锯开出椽尾，把椽头盘齐，用刨子把椽头两侧面和底面刮平净光，按序码放以备安装。

### 3. 闸挡板制作

闸挡板高 1.2 椽径，厚 5 分（1.67 厘米），用锯开出，一面用刨子刮平净光即可，码放好以备安装。

### 4. 椽碗（椽中板）制作

椽碗位于老檐椽之间椽档，高 1.2 椽径，厚 0.8 寸（2.67 厘米），两面用刨子刮平净光即可，码放好以备安装。

### 5. 里口木制作

（1）里口木相当于闸挡板小连檐连做，里口木高 1.2 椽径加 0.8 寸（2.5 厘米），厚 1 椽径，断面呈角梯弧形。

（2）按开间尺寸在已备好的里口木规格净料上用面宽檩杖杆点画出椽位和椽当，用方尺过画出来，然后交制作人员制作。

（3）用二锯开出椽位，用凿子剔出椽位口，用刨子把外面净光，码放好以备安装。

### 6. 小连檐制作

小连檐宽 1.5 寸（5 厘米）～2 寸（6.7 厘米），高 0.8 寸（2.67 厘米），通常将已备好的小连檐规格料用锯打对角制作开出即可，码放好以备安装。

### 7. 大连檐制作

大连檐宽 1 椽径，高 1 椽径，通常将已备好的大连檐规格料用锯打对角制作开出即可，制作完成，码放好以备安装。使用在翼角翘起上的大连檐，还要在翼角区间用锯开出几条水平缝，并用水浸泡以备安装。

### 8. 瓦口制作

瓦口位于大连檐头上，按瓦垄做成的"碗子"，承受最下一片滴水板瓦。

瓦口长随连檐，高随使用的瓦件，厚与原构件相同。

在预先刮制的薄木板上用弯尺按瓦口档的尺寸分别画线，两线之间画出中线，再以一边为底边，在中线处从底边向上点画出瓦口高，用圆规画弧。用锯锯掉弧线内余料，两端盘头后在瓦口底板钉一小木条。

瓦口的制作方法：瓦口长度与大连檐相同，宽依板瓦中高再加两底台的尺寸。厚按瓦口高的1/4。选料、打截、刨光一面，画上分中号垄得到的瓦口尺寸，按样板弧线套画在上面，然后锯挖掉余料。

### 9. 博缝板制作

（1）在制作博缝板之前，应先按博板的实际尺寸做出样板，样板料应选用较薄的木板。画时应先将板的搭茬处，用方尺找方锯出直角，以举架各架的坡度定长（即一架椽长用一块样板），再将各板头尾刮齐。随各椽长的样板依次连在一起，根据举折勾画博缝板曲线，并在随出檐椽长的博缝板的下端，画出霸王拳的形状，画完后，查对尺寸，沿线锯出样板。

（2）用样板在加工好的博缝板料上勾画，画完后依搭在中线为据，在中线以外画出搭茬分位。最后在博缝板的里面点画各桁头位置中点，并依此中点按随桁径的尺寸用规画圆（搭茬分位线在博缝板里外都画）。然后选用尺寸合适的凿子，凿剔出桁窝，其深度约为0.5椽径，这里要注意桁窝不能凿剔得过深或过浅，应呈平面。

（3）用锯随曲线开锯，锯完后用小刨净光，不能留下锯痕，并用挖锯锯出霸王拳。然后再做出搭茬分位。最后净活，写上编号，以备安装。

（4）在安装博缝板时，应在外面的桁头位置处加钉五星钉或七星钉。

## （二十）铺盖小青瓦施工技术措施

工程维修时，对破损的瓦件以及糟朽的木椽进行更换，完整的瓦件清除表面苔迹后重新铺设，未糟朽的木椽经防火、防腐处理后重新安装。

本工程添配缺失的小青瓦，按保留的样式以小青瓦筑脊。施工方法如下。

### 1. 铺小青瓦的操作工艺顺序

铺瓦准备工作→基层检查→上瓦、堆放→铺筑屋脊瓦→铺檐口瓦、屋面瓦→粉山墙披水线→检查、清理。

### 2. 铺瓦操作要点与铺瓦操作方法

（1）铺挂小青瓦操作方法

铺挂小青瓦的操作顺序与铺平瓦基本相同。即从左往右、自下往上。但因小青瓦较薄易于破碎，为避免屋面铺好后再去铺盖屋脊瓦时会将瓦片踩碎，因而在铺挂屋面瓦之前要先将脊瓦做好。

（2）做屋脊

做小青瓦屋脊一般有三种方法：①像作平瓦屋脊一样，将瓦一张一张地从一个山头铺筑到另一个山头。②将瓦片斜成一定的角度并挤紧，由山头向中间筑脊。③先在两山头各平放一沓瓦封头。具体做脊时，一般先在靠近屋脊两边的坡屋面上铺筑5张～6张仰瓦或俯瓦作为分垄的标准，并用草泥或屋脊底部，连接着铺盖脊瓦。屋脊筑完后，用混合砂浆或纸筋灰将脊背及瓦垄的缝堵塞密实、压紧抹光。

（3）铺挂檐口瓦和屋面瓦

檐口瓦要挑选外形整齐、质量好的瓦进行铺挂。檐口第一张瓦挑出檐口的长度不得少于50毫米，檐口瓦垄必须与屋脊瓦垄上下对直，以利排水。檐口仰瓦相邻的空隙要用砂浆和碎瓦片填塞稳后再盖2张～3张俯瓦。檐口处第一张仰瓦应抬高20毫米～30毫米，以防俯瓦下滑。

铺屋面瓦时，应先顺斜坡拉线，再从檐口开始，自下往上一垄一垄地进行铺挂。铺瓦要求"一搭三或压二露三"，即要求瓦面上下搭接2/3。俯仰瓦屋面的相邻两垄俯瓦和仰瓦的边之间要搭接40毫米。铺俯仰瓦时，应先铺两垄仰瓦，并在其两垄仰瓦之间空隙处用灰浆塞垫稳后再铺俯瓦。若铺仰瓦屋面，则要在每两垄瓦之间空隙处用灰泥堵塞饱满后，用麻刀灰做出灰埂，并在灰埂上涂刷一层与瓦颜色相近的灰浆，再抹压圆直。若是不做灰埂的仰瓦屋面，应挑选外形整齐一致的小青瓦铺挂，且要求边缘必须咬接紧密，坐浆饱满，铺挂密实稳牢。悬山屋面，山墙处的瓦应挑出半块瓦宽，再粉披水线。硬山屋面则可用仰瓦随屋面坡度侧贴于墙上作泛水。

3. 操作要点

（1）运瓦与堆瓦。运瓦上屋面之前，应检查椽子与檩条是否钉好，是否平整牢固，偏差过大的，要经修整或返工后，才能运瓦上屋面。因小青瓦薄而容易破损，运瓦上屋面时要稳拿轻放。小青瓦的堆放应按规格尺寸与质量的不同分别堆放，且要根据铺瓦的不同要求选择好堆放地点。屋面堆瓦应在两坡屋面对称堆放。在运瓦过程中，要把有裂缝、破损的瓦挑拣出来，不合格的瓦不运上屋面。

（2）檐口第一张瓦一定要按规范要求严格铺挂好，其出檐长度和第一张仰瓦抬高的高度应符合规定要求，以保持檐头整齐平直，美观且不渗漏。

（3）屋脊要求脊瓦底部坐浆饱满，缝隙填塞密实，铺筑稳固。脊瓦与屋面瓦的接缝处要严密无渗漏缝隙，且屋脊要求平直无沉陷现象。

（4）铺筑小青瓦为保持屋架受力均匀，两坡屋面应同时对称铺瓦。

（5）铺挂小青瓦应搭盖均匀，瓦的疏密应保持一致，且每张瓦都要窝坐牢固，无下滑现象。特别在斜沟、烟囱等与屋面瓦连接的部位，更应严格做好防漏处理。在山墙处应按规范要求做好泛水处理。

（6）铺瓦过程中，应随时检查与清扫。每盖完一垄瓦，可用一支 2 米长的直尺轻轻拍靠瓦头和瓦垄两个侧面，以校正瓦头高低和保持瓦垄平直，使屋面平整，没有张口和翘曲等现象。挂瓦还要注意随时更换质量不合格的瓦和随时清扫碎瓦片及灰渣。

### 4. 工程质量控制标准

（1）屋面瓦施工质量执行现行建筑工程施工及质量验收规范。

（2）质量保证措施

①铺贴砂浆一定要饱满，标号满足设计及规范要求。

②铺贴前必须根据设计要求及屋面实际情况做好控制线。

（3）坡屋面阴角交会处，阴角处板瓦沟须低于两边板瓦沟，以便流水，两侧屋面筒瓦根据坡度及交角切割整齐，端头用高标号砂浆填实并平整。

（4）铺贴时应遵循"先上后下"的原则，即先铺贴最高处屋面或造型的屋面瓦，依次向下进行，以保证屋面的清洁。

（5）同一屋面铺巾时按"从下到上"进行，即从檐口向屋脊方向进行。

## （二十一）内外墙面抹灰修缮的施工技术措施

### 1. 外墙面勾抹打点、清洗、墁水活

（1）勾抹打点：墙面缺棱掉角、酥碱，用钢刷子除净表面酥碱层，用水浇透。然后用三合灰加小麻刀勾抹平整，划出砖缝。

（2）清洗、墁水活：基本完好未挖补部分先过一遍钢刷子，然后用磨头墁水活，用砖药打点、擦净，露出真砖实缝。

（3）质量要求：三合灰配色靠近砖色，砖面清除要干净，勾抹平整、光滑。划缝随旧平直。

（4）完活的墙面采取遮挡措施。石活灌浆用灰锁口，以防灰浆污染墙面。

### 2. 内墙面抹 18 毫米厚滑秸泥或 18 毫米厚 1∶3 石灰砂浆，刷 2 毫米厚麻刀石灰面

内墙面表层铲除清理干净后，抹灰前应保持墙面湿润并保证表面平整，打底灰须使用碎稻草、谷壳、灰泥混合浆混刷一道，待干至七成左右，再抹罩面灰并刷浆轧亮，最后用白灰粉刷。

（1）施工准备

清理墙体下脚绑搭抹灰架子，按照设计要求及传统做法备齐灰料及浆料。

（2）主要工序

①清理墙面堵脚手眼，浇水湿润墙面。

②用2毫米厚麻刀石灰面抹底灰两遍，以达到抓紧墙面找平为主，不用轧光。

③用白灰灰罩面一遍。分段抹灰时，边缘处要刮茬子，越薄越好，以便于接茬。抹灰时要痕迹轻浅结合牢固。操作时"当间走直线，两边抹子转"，走直线为找平整，抹子转好刹茬子。

④待灰面稍凝时，用木抹子找补搓平灰面，再用小轧子伸展大直线擀轧，一般轧两至三遍，擀光轧亮以不皱活为好。擀轧时，应掌握火候，不得用轧子尖小碎纹来回擀轧，以免造成皱活糊活。

⑤有刷蒙头浆要求时，按设计调好色浆，做法应"横刷竖盖"，头遍横刷，二遍竖盖，走刷直顺，用力均匀，干后整体一色。

⑥为使灰层与墙体粘结牢固，传统做法有在抹灰前钉麻揪或压麻的做法，现代有钉钢丝网、抹砂子灰打底找平的做法，应视设计要求确定。

⑦质量要求：应符合《文物建筑工程质量检验评定标准》第八章第八节的规定。

（3）注意事项

①在已做地面室内抹灰时，应顺墙根处铺垫薄木板或薄膜，以免弄脏或磕碰地面。

②抹完灰后，应及时清除粘在木构件上的灰渍，并刷洗干净。

## （二十二）木材面油饰施工技术措施

清理原木构件表面污垢，全部木构件重新刷饰，木构架表面采用优质桐油，涂刷三遍，每道工序要等上次桐油完全被木料吸收后，方可进行下次涂刷。

### 1. 基层处理

用刮刀将表面的灰尘、胶迹、锈斑刮干净，注意不要刮出毛刺。木门基层有小块活翘皮时，可用小刀撕掉。重皮的地方应用小钉子钉牢固，如重皮较大或有烤煳印疤，应由木工修补。

（1）磨砂纸：用1号以上砂纸将基层打磨光滑，顺木纹打磨，先磨线角，后磨四口平面，直到光滑为止。

（2）润油粉：用大白粉24、松香水16、熟桐油2（重量比）等混合搅拌成润油粉（颜色同样板颜色）盛在小油桶内。用棉丝蘸油粉反复涂于木材表面，擦进木材棕眼内，而后用麻布或木丝擦净，线角上的余粉用竹片剔除。注意墙面及五金上不得沾染油粉。待油粉干后，用1号砂纸轻轻顺木纹打磨，先磨线角、裁口，后磨四口平面，直到光滑为止。注意保护棱角，不要将棕眼内油粉磨掉。磨完后，用潮布将磨下的粉末、灰尘擦净。

（3）满批油泥子：抹泥子的配合比为石膏粉20、熟桐油7、水适量（重量比），并加颜料调成石膏色泥子（颜色浅于样板1成~2成）。泥子油性大小适宜，如油性大，刷时不易浸入木质内；如油性小，则易钻入木质内，这样刷的油色不易均匀，颜色不能一致。用披刀或牛角板将泥子刮入钉孔、裂纹、棕眼内。刮抹时要横抹竖起，如遇接缝或节疤较大时，应用披刀、牛角板将泥子挤入缝内，然后抹平。泥子一定要刮光，不留野泥子。待泥子干透后，用1号砂纸轻轻顺木纹打磨，先磨线角、裁口，后磨四口平面，注意保护棱角，来回打磨至光滑为止。磨完后，用潮布将磨下的粉末擦净。

**2. 涂刷桐油**

桐油的涂刷施工方法，一般有两种，一种是用白棉布或软细布包上一团棉花后，拧成布球，另一种是用尼龙丝团。布球大小根据所擦面积的大小而定，包好后，将底部压平。也可以选用刷毛较薄，弹性好的猪鬃刷。

施工现场的温度要求在15摄氏度以上，相对湿度为65%左右。若施工温度不够，也可以用人工加温的方法预热表面，可以加速表面干燥速度。室内涂刷施工时，应关好门窗，涂刷过程中尽量避免涂层表面吹风，保持室内温度平衡。如果在室外涂刷施工，应选择无风、阳光照射充足的晴好天气进行。

详细操作方法如下。第一遍涂擦，先用棉球蘸适量的桐油，在表面上顺木纹擦涂几次。接着在同一表面上采用圈涂法，即棉球以圆圈状的移动在表面上擦揩。圈涂要有一定的规律，棉球在表面上一边转圈，一边顺木纹方向以均匀的速度移动。从表面的一头揩到另一头。在揩一次过程中，转圈大小要一致，整个表面连续从头揩到尾。在整个表面按同样大小的圆圈揩过几次后，圆圈直径可以增大，可由小圈、中圈到大圈。棉球的运动轨迹可以按圈涂、8字形涂、直线涂三种方式进行。圈涂法在加厚涂层的同时，能把桐油揩入表面所有的凹处以及木材管孔中。棉球的曲线运动除了圈涂法，8字形涂法，也可以呈现波形、之字形及其他圆滑连续的曲线形等。按各种曲线形，每擦拭一次，能形成平滑均匀而又很薄的一个涂层，但是连续用曲线形涂擦多次后，可能会留下涂形痕迹，这时一般还要采用横擦、斜擦几次后，再顺木纹直擦的方法，以求擦出的油膜平整，并消除曲线轨迹。这样，就可以结束第一遍涂擦了。

第二遍涂擦。经过第一遍涂擦的木材表面，经两到三小时表面干后，涂擦过程基本方法与前一遍相同。第二遍涂擦的次数可减少一些，同时，棉球蘸桐油的量也要比第一遍少一些，但是力度要比第一遍重一些，擦涂的时间比第一遍短一些。目的在于填平渗陷的细微不平处，一般在圈涂若干次后，便顺着木纹揩涂，直至达到一定厚度，油膜平整后，就可以结束第二遍涂擦了。

### 3. 静置修整

第一、二遍擦涂后，也应经过2天~3天的静置干燥，即能获得平整光滑、具有高光泽度的油膜。

## （二十三）木材面防腐、防虫、防火处理方法

木构件防腐、防虫处理：所有木构件必须进行防腐（虫）处理，刷底色一道和油饰两道，对不露明部分可采用涂刷或喷淋。方法为：使用OS-1防腐（虫）药剂（有效成分为五氯酚）处理2次~3次。施药后，即用塑料薄膜包裹密封5天~7天，以便药剂向木质内部渗透。然后晾放2天~3天，让药味散尽。如此反复2次~3次，有必要时应聘请专业白蚁防治部门对旧址白蚁危害现状进行评估、治理。

木材构件清理干净后，须对其进行防腐、防潮、防虫、防白蚁处理，具体如下。

木材的含水率是影响木构件性能的重要因素，作为受力构件的木材应严格控制含水率，若达不到要求，应用人工干燥法进行处理。所有木构件在做处理时，其含水率不应大于18%。

埋入墙内或与墙面相贴的木构件，容易受潮腐朽，施工时应进行防腐处理，按传统工艺做法，应用生桐油进行"钻生"，一般需要两遍，也可采用沥青或新型化学防腐药剂进行处理。选用的新型化学防腐药剂应不影响木材的性能，对人、畜、环境无有害影响。

对承重构件，为了保证在使用期内安全使用，应在所有木构件安装完成后，采用第2条中传统工艺做法进行施工。

木构架、木基层安装完成后，对新、旧的露明木构件全部做防腐处理，具体做法按传统工艺做法进行施工。

对所有暴露的木构件，应在安装"补疤"完成，做地仗之前进行防腐处理。且应测量木构件的干燥程度，其含水率不大于15%。

经过防腐处理的木构件，不得再进行二次加工或损坏，以免损害防腐处理效果。如遇特殊情况，也应尽量减少加工面，加工完应及时进行修补处理。

掌握建筑易受虫、白蚁侵袭的部位，根据设计要求做出施工设计和安排。

对使用的防虫、防白蚁药剂，应是经过试验使用，证明符合设计要求，对人、畜、环境、木构件性能均无有害影响的产品。

本工程部分木结构构件腐朽、虫蛀严重。为保证工程结构安全，在工程维修时，对木构件进行防腐、防火和防虫蛀处理。

当木柱有不同程度的腐朽而需整修、加固时，可采用下列剔补或墩接的方法处理。

（1）当柱心完好，仅有表层腐朽，且经验算剩余截面尚能满足受力要求时，可将腐朽部分剔除干净，经防腐处理后，用干燥木材依原样和原尺寸修补整齐，并用耐水性胶黏剂粘结。如系周围剔补，需加设铁箍2道~3道。

（2）当柱脚腐朽严重，但自柱底未超过柱高的1/4时，可采用墩接柱脚的方式处理。墩接时，可根据腐朽程度、部位和墩接的材料选用：木料墩接，先将腐朽部分剔除，再根据剩余部分选择墩接的榫卯式样，通常用巴掌榫或抄手榫等。施工时，除应注意使墩接榫头严密对缝外，还应加设铁箍，铁箍应嵌入柱内。

若木柱内部腐朽、蛀空，但表层的完好厚度不小于50毫米时，可采用聚酯树脂材料灌浆加固。

①应在柱中应力小的部位开孔。若通常中空时，可先在柱脚凿方洞，洞宽不大于120毫米，再每隔500毫米凿一洞眼，直至中空的顶端。在灌注前，应将朽烂木块、碎屑清除干净。

②柱中空直径超过150毫米时，宜在中空部分填充木块，减少树脂干后的收缩。

③灌注树脂应饱满，每次灌注不宜超过3千克，每次间隔时间不宜少于30分钟。

④当木柱严重腐朽、虫蛀或开裂，而不能修补加固时，可考虑更换新柱。

（3）防虫蛀、腐朽

木构件使用的防腐防虫药剂，应符合下列规定。

①应能防腐又能杀虫，或对害虫有驱避作用，且药效高而持久。

②对人畜无害，不污染环境。

③对木材无助燃、起霜或腐蚀作用。

④无色或浅色，并对油漆无影响。

⑤处理方法

a. 柱子根部表层腐朽处理：剔除朽木后，用高含量水溶性浆膏敷于柱脚周边，并围以绷带密封，使药剂向内渗透扩散。

b. 柱子根部木心腐朽处理：可采用氯化苦熏蒸。施药时，柱脚周边须密封，药剂应能达到柱脚的中心部位。一次施药，其药效可保持3年~5年，需要时可定期换药。

c. 柱头及其卯口处的处理：可将浓缩的药液用注射法注入柱头和卯口部位，让其自然渗透扩散。

d. 枋、檩、椽的防腐、防虫蛀，可采用喷涂方法处理。对于梁枋的榫头和埋入墙内的构件端部，尚应用刺孔压注法进行局部处理。

木结构的防腐，防虫蛀和防火处理，应按设计要求及有关规定执行。

不同树种和不同规格的木构件应分类进行防腐、防虫蛀处理。

木结构防虫蛀、防腐的处理必须进行检查和记录，记录的要求如下。

a. 处理前的含水率和清除树皮，杂物情况。

b. 木构件防虫蛀、防腐的质量证明或试验数据。

c. 木构件防虫蛀、防腐的配合成分及处理方法。

d. 木构件防虫蛀、防腐的溶解情况。

e. 木构件防虫蛀、防腐的透入深度和均匀性。

每立方米或平方米木构件所吸收的防虫蛀、防腐的剂量应按规范规定。

⑥对露天结构或易受潮的小木构件，经过防火剂处理后，尚应加防水层保护。

（4）木构件防火

待所有木构件安装完毕后，采用喷涂防火涂料（氯化橡胶、石蜡和多种防火添加剂组成的溶剂型涂料）的做法对所有木构件进行喷涂防火处理。

## （二十四）方砖、青方砖加工施工工艺

### 1. 作业条件

（1）要有厂家出厂合格证、检验报告。

（2）加工之前，完成砖的复试检验工作，合格后进行加工。

（3）"官砖"制作完成，并经有关部门确认，做好预检记录。

（4）完成技术、安全交底工作。

（5）"制子"统一制作完成，并已核验。

（6）质量检查员、质量检查制度已落实。

### 2. 工艺要求

（1）墙体使用青方砖。因该砖强度很高，手工加工难度很大，必须使用专用机械加工，故该地面砖由厂家专业人员用机械加工大面和四边切割。砖进场以后，由现场再进行二次细加工（不是全部砖，指有些加工不精部分）。待砖进场以后，视砖情况是否使用专用机械加工。外加工部分墙面砖，由工地项目部提供加工尺寸给厂家，要求做好以下几项工作。

①提供尺寸及排砖图，保证尺寸准确。

②立面排砖图须经业主审批同意。

③对加工砖的数量、规格提出明确要求。

（2）使用机械制作成的方砖，要求过肋两遍，保证每块砖、每面均有转头肋，包灰每块砖每面5毫米。在加工砖过程中，要求做到以下几点。

①"官砖"完成，即样板砖完成，按"官砖"做统一"制子"。

②操作人员每人必备方尺、尺板、制子，并要求每天进行校对。

③方砖加工"五扒皮"做法，四角格方，尺寸准确，砖面平整。

④每块砖均进行检查，表面不准有"斧伤痕""花羊皮"、缺棱掉角、"肉肋""隐裂"。

⑤严格选砖，不准使用带有"避裂"声响的砖加工。

⑥砖"盒子面"码放，码放地点基底要实、平整，码放高度不准超过10块。

### 3. 成品保护

装运前要进行草绳捆包装，绑井字扣，草绳每边不少于三道。运输车厢内用软材料垫底，砖四周用软材料挤严，防止行车时相互磕碰。

### 4. 标识

加工完砖按图纸编号打号，用毛笔写在砖底部。

## （二十五）传统施工粘结材料的应用

### 1. 焊花粘结

材料和比例：白蜡、芸香、松香、黑炭的重量配比为2∶1∶1∶33。

单位用量：每平方寸（营造尺）用量，计白蜡二层四厘，芸香、松香各一分二厘，黑炭四钱。

调制方法：将上述几种材料，按照重量配比拌合在一起，徐徐加温后，即熔化成一种粘结剂，用它粘补石活，可取得较好的效果，是一种值得深入研究的传统经验。

### 2. 各种灰浆的配制

拨灰：前上节有所描述。

麻刀灰：拨浆灰或拨灰加麻刀（100∶4重量比）加水搅匀而成。

夹陇灰：拨浆灰（或拨灰加其他颜色）加煮浆灰（3∶7）加麻刀（100∶3重量比）加水调匀而成。

打底用：拨浆灰加麻刀［100∶（3～5）重量比］加水调匀而成。

抹面用：煮浆灰掺颜色加麻刀［100∶（3～5）重量比］用水调匀而成。

素灰：为各种不掺麻刀的煮浆灰（灰膏）或拨灰。勾瓦脸用的素灰又叫"熊头灰"。

油灰：面粉加细白灰粉（过绢萝）加烟子（用熔化了的胶水搅成膏状）加桐油（1∶4∶0.5∶6）搅拌均匀而成。

麻刀油灰：用生桐油生灰块，过筛后加麻刀（100∶5重量比）加适量面粉加水，用重物反复锤砸而成，麻刀油灰一般用于粘结石头。

### 3. 安装完后应及时刷油

## （二十六）木构件拆卸与安装的机械设备技术措施

本修缮工程拆卸残损构件及安装大型木柱梁及石材构件时，须用吊装机械设备，工程中所用的拆卸与安装工作的机械设备，通常采用传统设备与近代设备相结合的办法。

### 1. 千斤顶

常用的有齿条式千斤顶、螺旋千斤顶和油压千斤顶。它们是建筑施工中使用较广的简易起重工具。齿条式千斤顶，在金属外壳内装有齿条、齿轮，用手柄搬动顶起重物3吨～5吨。螺旋千斤顶，工作时搬动摇把，转动伞齿轮带动套筒升降。在伞齿轮外部有按钮可以控制伞齿轮的正反转，操作比较安全省力，起重能力为3吨～50吨。油压千斤顶可起重5吨～500吨，起重高度为100毫米～250毫米。利用压入千斤顶内的液体（一般为变压器油）压力将物件顶起。使用这些千斤顶应注意以下事项。

（1）使用前应详细检查各部件是否灵活，有无损失，使用时地面应平整，下面垫厚木板以防损伤地面。

（2）应严格按照标定的数据使用千斤顶，每次顶升量不得超过螺杆丝扣或活塞总高的3/4。操作时先将物件稍微顶起一点后暂停。检查部件及所顶起的构件无特别变化，再继续工作，顶重物时不应用力过猛。

（3）两台以上千斤顶同时顶升一个构件时，要统一指挥和喊号，使动作一致，不同类型的千斤顶应避免放在同一端使用。

### 2. 倒链

由轮轴、链盘、钩环等组成，设备简单，一至两人拉链条即可工作，适用于短距离起重。垂直、水平方向均可使用。工作时开始应慢慢接紧，待滑车全部加力后，检查各部件有无变化，正常后再继续工作，应注意不能超荷载使用。

常用倒链型号表

| 型号 | 起重量/吨 | 起重高度/米 | 手拉力/千克≥ | 起重链行数 |
| --- | --- | --- | --- | --- |
| SH1/2 | 1/2 | 2.5 | 19.5 | 1 |
| SH1 | 1 | 2.5 | 21.5 | 2 |
| SH2 | 2 | 3.0 | 32.5 | 2 |
| SH3 | 3 | 3.0 | 34.5 | 2 |
| SH5 | 5 | 3.0 | 37.5 | 2 |

### 3. 滑轮

由吊环（或吊钩）、拉杆、轮、滑轮及夹板组成。一般为铁制，简单的可用木制。按使用方式可分为定滑轮，动滑轮和复滑轮三种，前一种只能改变用力方向，不省力。第二种可省力，但不改变方向。复滑轮既可改变方向，又可省力，是起吊重物常用的一种。

使用滑轮需按规定数据，不要超过负荷能力。使用前要详细检查各部件有无损伤，以防发生事故。应根据构件重量选用吊绳。

### 4. 卷扬机

常用的为电动卷扬机，由电动机、减速机、电磁抱闸和卷筒等部件组成。卷扬机能力一般为1吨~10吨，速度快、操作轻便，在工地被广泛用作土法吊装、升降机、打桩机和拖运设备等的动力装置。

### 5. 绳索

这是吊装机械上不可缺少的工具之一，分为麻绳与钢丝绳两种。

（1）麻绳：由植物纤维成线，线绕成股，股拧成绳索。常用的有三股、四股和九股三种。有一种是用油浸过的麻绳，耐腐蚀但强度降低10%~20%，吊装工作中多不愿采用。

麻绳的破坏拉力，直径在50毫米以内的可依下列公式粗略计算。

允许拉力 = 直径 × 直径 ÷ 2

如麻绳直径为 20 毫米，允许拉力为 20×20÷2=200 千克

使用麻绳应注意滑轮的直径应大于绳径的 10 倍，以免绳因受到较大的弯曲而使强度降低。整卷麻绳，根据需要长度切断时，在切断前应用细铁丝各细麻绳将切口两侧的棕绳扎紧。

吊装工作中根据不同用途，麻绳需要打成各种式样的绳结，好的绳结应是打结方便，使用牢靠，解开容易。常用的绳结介绍如下。

①平结、组合结：用于两绳连接。

②拴柱结：用于缆风绳末端与木桩连接。

③鲁班结：绳两头愈拉愈紧。

④背结、倒背结：绑木杆以便起吊。

⑤琵琶结：用于溜绳与构件连接。

⑥挂钩结：用于绳与吊钩连接。

⑦称人结：在某些高空作业，临时上下操作人员时用。

⑧吊桶结：用于绑扎圆形物件。

⑨缩短结：绳太长时，可用此结缩短。

⑩接绳头：麻绳需要接长时，将两端头各股松开约 10 倍于直径的长度，每股头上用细麻线扎紧，然后将两个绳头各股交叉在一起，互相顶紧，再撑开绳子的股缝，将绳股依次穿入不同的缝隙中，每根绳股穿压三次以上，最后用手钳将绳头拉紧，剪去其余下部分。

（2）钢丝绳：强度高、韧性好、耐磨。由几束绳股和一根绳芯绕成，一般为六股和一个麻芯，绳股是由许多直径 0.3 毫米～3.0 毫米，强度 130 千克/平方毫米～220 千克/平方毫米的高强钢丝绕成。一般每股的丝数为 7 根～61 根不等。细丝绳的规格为 6×19+1，即指钢丝绳为 6 股，每股 19 根钢丝，另加一根绳芯。由于钢丝的破坏拉力为 130 千克/平方毫米，绳的破坏拉力可用下列简易公式计算。

破坏拉力 40× 直径 × 直径

以直径 25 毫米 6×19+1 的钢丝绳为例，其破坏拉力为 40×25×25=25000 千克，如 6×37+1 比此少 3%，6×61+1 则比此少 6%。

使用钢丝绳穿过滑轮时，滑轮槽径应比绳径大 1 毫米～2.5 毫米，滑轮的直径在手动设备中不得小于钢丝绳直径的 16 倍，在机动设备中不得小于 20 倍，以减少绳的

弯内应为，使用中绳股间有大量油挤出来时，表面钢丝绳荷载已相当大，应勤加检查，防止发生事故。

钢丝绳端的固定方法，有楔式固定和夹头固定。由于钢丝绳扣易产生永久变形，应尽量避免结扣。

## （二十七）施工中文物拆卸修复构件运输及库存施工方案

### 1. 文物运输中的防护

（1）施工过程中任何产品不准直接放置于地上堆放。

（2）根据成品支架的搬运特点，制订搬运规定以保证成品质量。搬运过程中必须将成品放置于搬运支架上，禁止单个搬运和不使用支架搬运。

（3）成品按包装标准和包装规范将成品固定在支架上并进行捆扎，捆扎以后应进行检查，以确保成品的捆扎固定。

（4）支架装车时，应按规定的支架个数放置，严禁超载，造成文物材料变形、损坏。

（5）搬运过程中应指定责任人，负责文物材料库存过程中的完好；在运输过程中保护好包装箱及其标识，防止文物材料在运输中损坏，确保文物材料安全地存放于仓库。

（6）根据文物材料的搬运特点，文物材料搬运人员、文物材料仓库的工人及运输司机，应进行必要的培训，以具备文物材料搬运的要领，并作为文物材料防护的重要手段。

### 2. 仓库储存管理

（1）拆卸下来的木构件及瓦石构件要及时入库，防止暴晒，出入库时要轻拿轻放，搬运时要注意标识，严禁不按规定搬运。

（2）原材料、辅料仓库，半成品仓库应做好先进先出的标识工作；特别是原材料应在料账中标注批次，存放定位和堆放层数，以便切实做好先进先出。

### 3. 文物古建材料临时仓库管理

（1）仓库保管员根据《收料单》，填写文物古建材料材质、厚度、规格存放；领料时根据原料的出库单领料，由资料记录员及质检员复核文物古建材料的编号、构件完好程度。

（2）文物古建材料入库后，仓库保管员将材料按不同材质、残损程度做好标识；分区域堆放，并根据文物材料的技术性能和质量要求，做好防护工作。

（3）管理员应负责在文物材料的外包装上标注构件编号，是否完好，残损程度；拆卸部位，并标注防护的标识，搬运注意标识。落实文物材料防护的各项措施。

（4）保管员根据拆卸人员的《收料单》核对文物古建材料的详细记录，填写《入库单》办理入库手续。

（5）保管员负责标识，将按不同部位、构件编号、不同材质、残损程度、拆卸部位分区域堆放。

（6）保管员应当结合实际的辅助材料出入库量做好记录，保证仓库材料账、物相符。

**4. 防护工作程序**

（1）管理员要根据文物古建材料的技术性能和质量要求做好防护工作，包括防虫、防腐、防霉、防火、防机械损伤等，避免古建材料在复原前损坏。

（2）文物古建材料和物资应分区、分类隔离堆放，标识明确，防止错用、误用和损坏。

（3）施工人员负责文物古建材料在搬运、贮存、包装和防护过程中发生的问题并进行汇总分析，需要包装改进时，可向项目经理汇报，并提出改进方案。

## （二十八）施工现场防火处理措施

1. 在修缮旧址区域外周边建临时消防水池一个，木工加工棚及木成品仓库均挂消防灭火器，派专人值班负责工地的消防工作。

2. 电源线、照明灯具不应直接敷设在古建筑的柱、梁上，照明灯具应安装在支架上或吊装，同时加装防护罩。

3. 古建筑的修缮在雨期施工，应安装避雷设备，对古建筑及架子进行保护。

4. 加强用火管理，施工现场实行取火证制度，严禁携带火种进入本车间和现场。组织义务消防员、留置消防通道、安置临时消防栓，以备不时之需。

5. 在室内油漆时，应逐项进行，每次安排油漆量不宜过大，以不达到局部形成爆炸极限为前提。油漆时应禁止一切火源。对剩下的油皮子要及时处理，防止因高温造成自燃。施工中的油棉丝、手套、油皮子等不要乱扔，应集中进行处理。

6. 古建筑施工中，剩余的可燃材料多，应随时进行清理，做到活完脚下清。

7. 易燃、可燃材料应选择在安全地点存放，不宜靠近树林等。

8. 施工现场应安装消防给水设施、水池或消防水桶等。

9. 木材的存放要求

（1）应在干燥、平坦、坚实的场地上堆放，垛基不低于40厘米，垛高不超过3米，以便防腐防潮。

（2）应按树种以材种等级、规格分别一头齐码放，板枋材质顺垛应有斜坡；方垛应密排留坡封顶，含水量较大的木材应留空隙；有含水率要求的，应放在料库或料棚内。

（3）选择堆放点时，应尽可能远离危险品仓库及有明火（锅炉、烟囱、厨房等）的地方，并有严禁烟火的标识和消防设备，防止火灾。

## （二十九）室内外环境整治

由于本次维修的军部旧址何氏祠及医院旧址庭院内天井疏通，在环境整体治理时最后统一考虑，对旧址天井院落地面进行整治处理。

对旧址院落地面依据设计图纸进行地面维修（方砖墁铺地面），同时疏通排水沟。

## （三十）施工中应注意的事项

1. 施工前，要首先根据现场实际情况做好文物保护措施，确保维修范围内一切文物的安全。

2. 掌握维修原则，注意工程质量。施工中应严格遵守文物维修原则，能够不换的构件应尽量保留，大换、大改和大动是文物建筑维修中的大忌。施工中应一丝不苟，精心操作。

3. 熟读设计方案。维修工作开始之前，有关施工人员应对设计图纸和做法说明认真阅读，领会设计意图和一些特殊要求。除此以外，应对旧址的文物价值和特征有所了解。

4. 做好施工现场布置。工地各种设施是否合理，直接关系到施工安全和文物安全，因此应在施工前予以充分的重视。

5. 做好施工记录，施工记录包括两个方面的内容，一是日常施工的记录，二是施工中遇到特殊情况的记录。

6. 严格遵循施工规程，按古建筑传统施工工艺要求进行施工。

7. 在施工过程的每一阶段，都要做详细的记录，包括文字、图纸、照片，留取完整的工程技术档案资料，特别应当注意隐蔽部位的地方性做法。如果发现新情况或发现与设计不符的情况，除做好记录以外，须及时通知设计单位，以便调整或变更设计。

8. 严格遵循施工规程，按施工工艺要求进行施工。

9. 施工中要注意防火安全，要制订防火安全措施，确保建筑物的消防安全。

10. 施工材料的选购，一定要按方案落实，确保工程质量。

11. 施工中若发现方案未涉及的问题，施工单位要及时向有关部门报告，未经有关管理部门和设计单位同意，不得擅自施工。

12. 施工时严格按《安全技术操作规程》施工。

13. 检查拆除工程的施工准备工作，各项实施情况不到位不得施工。

14. 施工现场周围设置围护结构，保证现场内无非施工人员进入。

15. 脚手架搭设要有足够的牢固性和稳定性，保证施工期间在规定的荷载作用下或在气候条件的影响下不变形、不摇晃、不倾斜，并能保证安全。

16. 严格按施工组织设计搭设脚手架，满足堆料、运输、操作和行走的要求。

17. 行人通道口、出入口设置安全防护通道。

# 九、施工总平面布置

## （一）布置原则

施工总平面布置由项目经理部总体布置，统一协调，导入公司 CI 企业标准，施工场地由项目经理部统一规划、安排，统一管理。具体原则如下。

1. 在满足建设单位要求的前提下，结合我方 CI 企业标准，并将二者有机地结合在一起布置施工现场。

2. 在满足施工要求的前提下，尽可能节约施工用地。

3. 合理组织场内交通运输，最大限度地减少场内二次搬运，避免各工种、各单位之间的相互干扰。

4. 满足安全生产、文明施工场地的要求，生活区和生产区隔离布置，生活区占用独立的地块。

5. 符合施工现场防火规范要求和城市环境卫生的要求。

6. 符合施工现场安全用电规范的要求。

7. 在场地布置时，要避免古建筑主体维修、装饰维修单位的相互干扰，并且应满足建设单位的有关要求。

8. 平面布置时应充分考虑到室外工程的施工状况。

9. 按施工进度分阶段调整施工现场总平面布置。

## （二）施工临时用电布置

### 1. 电力线路

施工现场电力线路采用三相五线制，电气设置的金属外壳必须与专用保护零线连接。

### 2. 临时配电系统

配电系统布置及操作必须符合下图要求：

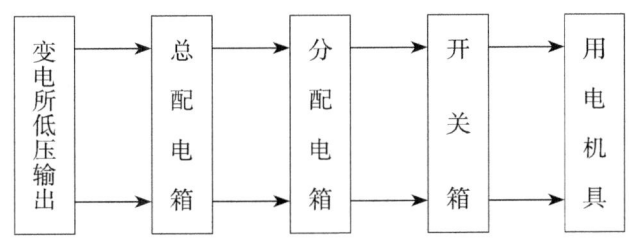

**3. 施工现场用电线路随总平面图布置。**

4. 埋设钢套管电缆，电缆线通过阚家塘古民居旧址总配电箱，水平供电由每处总配电箱接出分配电箱和开关箱，再由分配电箱和开关箱接至用电机具。

**5. 临时用电安全技术规定**

（1）编制依据：《施工现场临时用电安全技术规范》（JGJ46-2007）。

（2）需要变更临时用电施工组织设计内容时，必须由电气工程技术人员编制，技术负责人审核，经主管部门批准后，方可实施，并补充有关图纸资料存档。

（3）建立临时用电安全技术档案。其内容为：

①临时用电施工组织设施。

②修改临时用电施工组织设计资料。

③技术交底资料。

④临时用电工程检查验收表。

⑤电气设备试、检验凭单和调试记录。

⑥接地电阻测定记录表。

⑦定期检（复）查表（施工现场每月一次，并复查接地电阻值）。

⑧电工维修工作记录。可指定专人（电工）管理，并于临时用电工程拆除后统一归档。

⑨施工脚手架、机动车道、起重设置与外电线路间距应符合安全要求。凡施工现场不能满足有关规定时，应实施相应安全技术措施，增设屏障、遮挡、围栏或防护网，并悬挂醒目警告标牌。实施过程中，应有电气工程技术人员或专职安全人员负责监护。当上述防护措施仍无条件实施时，必须与有关部门协商，采取停电、迁移外电线路或改变工程位置等解决办法，否则不得施工。

**6. 保护接零、接地、防雷规定**

（1）施工现场中的中点直接接地的电力线路必须采用TN-S接零保护系统（三相五线制），电气设置的金属外壳必须与专用保护零线连接，专用保护零线（简称"保护零线"）应由工作接地线，配电箱的零线或第一级漏电保护器，电源侧的零线引出，并按规定色标要求接线。

（2）潮湿、条件特别恶劣的施工电气设备必须采用保护接零，保护零线不得装设开关或熔断器，保护零线应单独敷设，不作他用，重复接地线应与保护零线相联结。

（3）下列施工用电设备不断电的外露导电部分应做保护接零：电机、变压器、电器、照明器具、手持电动工具的金属外壳；电气设备传动装置金属部件；配电屏与控制屏的金属框架；室内外配电装置的金属框架及靠近带电部分的金属围栏和金属门。

（4）保护零线的截面，应不小于工作零线的截面，同时必须满足机械强度要求。保护零线架空敷设的间距大于 13 米时，保护零线截面应为 1.0 毫米的绝缘铜线或 1.6 毫米的绝缘铝线。

（5）与电气设备相连接的保护零线应为截面不小于 2.5 毫米的多股绝缘铜线。

（6）保护零线必须采用绿、黄双色绝缘线，任何情况下不准用作负荷线。

（7）接地电阻规定：

| 序号 | 接地类别 | 电阻值 |
| --- | --- | --- |
| 1 | 电力变压器 | 电机工作接地 |
| 2 | 单台容量 100kV·A 或用同一接地装置并联运行总容量 100kV·A 的变压器或发电机的工作接地 | ＜10Ω，若土壤电阻率＞1000Ω·m 时＜30Ω |
| 3 | 保护零线每一重复接地装置的接地电阻 | ＜10Ω |
| 4 | 工作接地电阻允许达到 10Ω 的电力系统中所有的重复接地的并联电阻值 | ＜10Ω |
| 5 | 施工现场内所有防雷装置的接地电阻值 | ＜10Ω |

（8）防雷

施工现场内的物料提升机等垂直运输机械若处在相邻建筑物、构造物的防雷装置保护范围以外，且机械设备高度高于 20 米时，则应安装防雷装置。

机械设备上的避雷针（接闪器）长度应为 1 米～2 米。安装防护装置的机械设备的防雷引下线，可利用该设备的金属结构体，但应保护导体与导体之间电阻接近为零的金属性连接（焊接线或螺栓连接）。该设备上所用的动力、控制、照明、信号通信线路均应采用钢管敷设，并将钢筋与设备的金属结构体作电气连接。垂直接地体宜采用角钢、钢管或圆钢，但不得使用螺纹钢材。

7. 临时用电线路安装、配电箱、开关箱、施工照明及手持电动工具的使用，除遵守《施工现场临时用电安全技术规范》（JGJ46-2007）规定外，尚应注意下列事项。

（1）根据工程施工的实际情况，编制施工临时用电施工方案，并分阶段付诸实施。现场施工机具繁多，用电量大，应合理分配用电资源，确定先后用电顺序，确保主导工种的施工用电，以保证工程施工的顺利进行。

（2）配电线路布设

为确保安全生产以及道路畅通，在室外采用电缆地沟通设电缆，架空线布置，在过道路处电缆应加套钢管保护。室内照明线路电线采用PVC护套管，室外临时照明线路采用三芯橡胶电缆。修缮施工时，照明灯布置于立杆上。

（3）配电箱和开关箱

变电房配电屏与现场供电系统间须设置隔离开关，以便检修，并应安装电能表，以作为计量。施工现场设置总配电间，采用电缆埋地将电送至总配电箱。配电箱和开关箱由专业厂家生产，并有合格证明。现场施工用电实行三级配电、三级保护。配电箱应尽可能放置在干燥通风处，室外配电箱要有挡雨措施。配电箱、开关箱应安装端正、牢固，移动式配电箱、开关箱应装在支架上。固定式配电箱和开关的底端距地面应大于1.3米，小于1.5米。移动式配电箱、开关和底端距地面应大于0.6米，小于1.5米。分配电箱距开关盒的距离不大于30米。开关箱与其控制的用电设备的水平距离不大于3米，配电箱和开关箱的周围应有二人可同时工作的空间，不得堆放其他物品。配电箱、开关箱内的工作零线应与接线端子板连接，并与保护零线端子板分设。配电箱、开关箱的金属箱体、金属电器安装板以及箱内电器的不应带电的金属底座、外壳等必须作保护接零，保护零线应通过接线端子板连接。配电箱、开关箱内的连接线应采用绝缘导线，接头不得松动，不得外露有电部分。配电箱、开关箱导线的进、出线口须设在箱体底部。移动式配电箱和开关箱的进、出线必须用橡皮绝缘电缆。动力配电箱与照明配电箱应分别设置。所有配电箱应标明编号、名称、用途，并作分路标记。所有配电箱门应配锁，由专人负责。

①总配电箱：总配电箱应装设总隔离开关和分路隔离开关、总熔断器和分路熔断器。本工程分路隔离开关设置三路，钢筋对焊机和塔式起重机分别设置，其他分一路。并装设漏电保护器，若漏电，漏电保护器同时具备过负荷和短路保护功能，则可不设分路熔断器。总开关电器的额定值应与分路开关电器相适应。总配电箱漏电保护器，其额定漏电动作电流不得大于75mA，额定漏电动作时间应小于0.1s。

②分配电箱：分配电箱应安装总隔离开关和分路隔离开关以及总熔断器和分路熔断器。分路隔离开关的数量应由该分配电箱控制用电设备的数量来决定。分配电箱和

各分路应安装漏电保护器，其开关的额定值应与相应开关箱额定值相适应，分配电箱漏电动作电流不得大于50mA，额定漏电动作时间应小于0.1s。

③开关箱：每台用电设备应由各自专用的开关箱就近设置，距用电设备水平距离不大于3米。做到一机一闸一保，并设有过载保护装置，禁止用同一个开关电器直接控制两台或两台以上设备。开关箱内的开关电器必须能在任何情况下都可以使用"用电设备"与电流实行隔离。开关箱中必须装设漏电保护器，其开关的额定值与用电设备相适应。开关箱漏电动作电流不得大于30mA。额定漏电动作时间应小于0.1s。照明用开关箱应单独设置，也应实行一闸一保。

（4）用电机械设备和手持电动工具

施工现场所使用的用电机械设备和手持电动工具，均应符合国家标准、专业标准和安全技术规程，且要有产品合格证和使用说明。用电机械设备安装须由专业电工负责，非专业人员不准安装和拆除用电器设备。电动机械要做好保护接零，但其电源线必须选用接头的多股铜芯橡皮护套软电缆，其中黄/绿双色在任何情况下只能用于保护零线或重复接地线。电焊机进线处必须设有防护罩。

（5）照明

现场施工用照明须装设单独的照明开关箱，不能与动力电箱混合使用，施工区照明采用橡胶电缆。办公区、生活照明用护套线或用铜芯线加套管及穿墙用套护套，灯头线可用绞织线。

①施工区照明：在主体木质结构修缮施工阶段，在提升机架上安装两盏3.5kW镝灯，用于大面积照明。局部照明采用1kW碘钨灯照明，增加光照明度。主体木质结构维修完成后，油饰和抹灰修缮阶段采用碘钨灯照明。大空间处采用镝灯照明，一般照明均采用36V安全电压照明，且灯头选用橡胶防爆灯头。

②办公、生活区照明：职工集体宿舍照明，在夏季考虑到天气炎热，职工宿舍内防暑降温需要，采用220V电压照明，每个宿舍设一只插座，作电扇之用。在其他季节，职工宿舍改用36V安全电压供电，可有效使用除照明之外的其他用电器。办公室、仓库等均采用220V电压作照明，每间装设两只插座。

8. 施工现场的修理和维护

施工现场用电基础用专业电工全面负责管理和维护。所有配电箱、开关箱均应标明名称用途、统一编号，在配电箱内标明分路标记，方便维修。所有配电箱、开关箱门均应上锁，配电箱由专业电工负责，开关箱由用电设备操作人员和电工负责。施工现场停电一小时以上或下班时，应将开关箱断电上锁。配电箱、开关箱应保持清洁，不得放置任何杂物。每只配电箱、开关箱须建立检查维修记录本，每月进行检查、维修一次，并登记在册，检查、维修人员必须是电工。检查、维修时，须按规定穿戴绝缘鞋、绝缘手套，且须将前一级相应的电源分闸断电，并悬挂停电检修标志牌，严禁带电作业。

### （三）施工临时用水布置

**1. 用水量计算**

（1）施工用水量

本工程施工临时用水为工程施工用水、施工现场生活用水、生活区生活用水和消防用水四个部分组成。

（2）计算结果及处理

根据供水管管径计算结果，现场施工临时用水供水管管径要求为DN100，建设单位提供的供水管管径为DN100可以满足使用要求。

**2. 平面布置**

场地用水沿建筑物布置，灰浆搅拌、消防等用水采用消防立管上水。

### （四）施工场地临时排水

根据本工程施工场地狭窄的特点，应做好场地临时排水工作，以防施工现场积水。排水采用排水沟加集水井沉淀，后将沉淀水引入城市排水管网，局部沉淀池无法排出时则用水泵抽排。

### （五）场内道路

该项目位于罗山县何家冲村，分散在两个区域，施工方拟采用三马车或手推车到达施工现场，以便材料运输；将何家冲村道路作为临时施工便道，直通各处革命旧址，施工现场应派人专门指挥交通，有交通指示标志，危险地区悬挂"危险"或者"禁止通行"的明显标志，夜间应设红灯示警。

### （六）施工现场平面管理

1. 施工区域现场周围设立封闭、严密、完整，设立明显的标志牌和禁令标志。非施工人员不得入内。

2. 加强工地综合治理，作业人员需持证上岗。设专职门卫及纠察，建立门卫及纠察值班制度，严格管理。施工人员进入施工现场应有明显标志，从服装、安全帽的颜色及佩证上能区分各工种员工及管理人员。加强同当地公安部门的联系，所有外来员工应有身份证、劳务证、务工证、暂住证。

3. 在项目经理的授权下，以现场管理人员为主，组成总平面图管理小组。加强材料、半成品、机械设备堆放，管线布置和场内运输等工作的协调与控制，不得侵占场内道路及安全防护等设施，发现问题及时处理。

4. 与建设单位签订《治安责任承包协议书》，并设专职人员，执行建设单位社会治安、综合治理、计划生育、交通管理、环境保护等管理规定。

5. 生活区与工作区拟在周边临时租借，或在旧址周边空地上设置。

6. 施工现场主要出入口悬挂工程鸟瞰图，并标明工程项目名称、建设单位、设计单位、施工单位、项目负责人的姓名、开工竣工日期和监督电话。

7. 建筑材料及周转材料严格按布置图分类堆放，堆放整齐，堆放不超标准，堆场不作他用，仓储间有材料收发管理制度。

8. 严格依照《中华人民共和国消防条例》的规定，在施工现场建立和执行防火管理制度，防火和易燃易爆物品管理要有专人负责，重点位置设置符合消防要求的消防设施，并保持完好的备用状态。

9. 严格执行"门前三包"制度，工地内的污水统一排放，建筑垃圾集中堆放并及时清运。

10. 工地应备置适量的劳动用品和防病杀菌药品，夏季施工应有防暑降温措施，冬季注意保温。

11. 项目管理部在与操作人员明确任务，安排进度、质量、安全生产要求的同时，必须向操作人员明确施工要求，严禁野蛮施工。对施工区域、危险区域及主要场内道路，设立醒目的警示标志，并采取警戒措施。

12. 夜间施工阴暗处，应有足够的照明。

13. 组织职工开展有利于身心健康的文体娱乐活动，严禁在工地聚众赌博等。

14. 协调各工种与业主的关系，做好相互配合工作，在工序交接过程中，后道工序必须对前道工序做成品保护，严禁在成品上乱涂乱画。

15. 焊工持证上岗，明火作业要有审批手续。木工间应有禁烟牌，易燃物要及时清理，易燃物与明火的安全距离要符合规定。职工宿舍严禁私拉乱接电线，严禁使用电炉等明火设备。

16. 进入施工现场的所有人员必须佩戴安全帽，严禁赤脚、穿高跟鞋、拖鞋、喇叭裤、裙子等上岗。

17. 施工现场采取有效措施控制各种粉尘、废气、噪声、振动对环境的污染和危害。

# 十、文物保护管理体系与措施

## （一）建立文物保护体系

施工现场发现的所有文物都是国家财产，为此，项目部成立以项目经理为组长的文物保护领导小组。

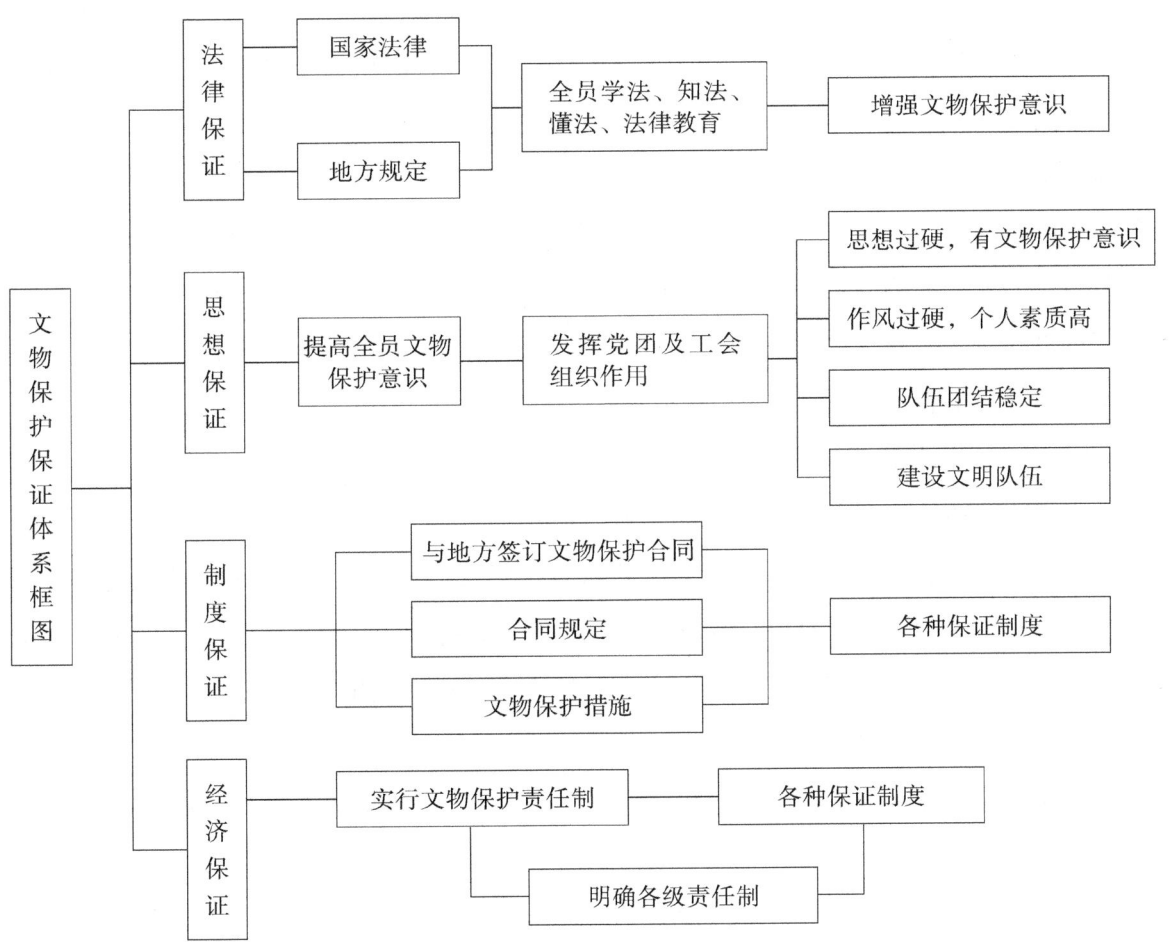

文物保护保证体系框图

## （二）文物保护组织管理措施

本工程为文物建筑。该建筑是河南省罗山县目前规模较大的明代民居建筑，保存价值极高，为近代民居的研究提供了可靠的依据。必须先将它们保护起来，才能开展其他的复原修缮工作。在施工中必须加强对文物保护意识的教育、宣传，加强文物保护的法制观念，坚决制止、防止建设性损坏。

1. 项目经理部明确各个岗位的职责和权限，建立并保持一套工作程序，对所有参与工作的人员进行相应的培训。

2. 工地设专门文保员，建立以项目经理为首的文物保护小组。会同业主、监理和文物部门对文物进行定期检查、确认，并做记录。

具体工作内容包括摄像、照相、文字记录和实测大样图，真实完整地记录各部位的构件尺寸、形式特征、工艺特点、材料做法等内容，对所要修缮的部位，在修缮前做仔细测量，并做详细的文字记录。对测量过程进行摄像或照相，然后根据记录资料绘制图纸，作为修缮复原的技术依据，待工程竣工后，将留下的完整真实的技术资料存档，以备专家、学者将来研究考证。具体内容包括：细部尺寸列表记录，工艺做法文字记录，附于测绘图后，同时配以照片，录像测量过程，最后汇总转录成光盘存档。

3. 开工前，会同文物部门划定保护范围，划定重点保护区和一般保护区，对所有参建员工进行交底。

4. 在工地显著位置安置好文物部门设立的标志，标志中说明文物性质、重要性、保护范围、保护措施，以及保护人员姓名。

5. 建立文物保护科学的记录档案：包括文字资料（做好对现状的精确描述，对保护情况和发生的问题做好详细的记录）、测绘图纸（做好对文物现状的测绘，位置、平面图、保护范围图等各部位的尺寸关系）、照片（包括文物的全景照片、各部位特写、需要重点保护部位的照片）。

6. 保护措施上报审批制度。每个具体的文物保护措施都要在得到文物部门和建设方的批准后，才可以实施。

7. 每周召开一次施工现场文物保护专题会，根据前一周的文物保护情况及施工部位、特点布置下一周的文物工作要点。

8. 文保员每日对现场进行巡回检查，并向项目经理汇报检查结果。

9. 所有施工人员签订《罗山县红二十五军长征出发地旧址维修工程（二次）保护

协议书》，建立奖罚制度，对不遵守文物保护规定，私闯现场、破坏文物的，要处以50元~100元罚款，并停工再次接受教育培训，情节严重者要处以更高的罚款，乃至除名，对保护文物有突出表现者要适当给予奖励。

10. 进场后，立即会同甲方和文物部门，共同核查施工区古建筑、纪念物，明确保护项目范围，由文保员做好记录，开工前按遗址文物进行拍照、编号、测绘，做好标识和交底，分别制定保护措施。

11. 对所有进场职工进行文物意识的教育和培训考核，使每个职工弄清文物的价值和保护方法。

12. 对施工区域做好全封闭硬质景观围挡，不得随意进出施工现场，未经项目经理允许，不得进入文物保护区，也不得随意越出指定的施工现场区域。

13. 对工程沿线的道路和古建筑加以保护（道路用草帘子和木板铺垫成合适的厚度进行保护）。

### （三）文物保护施工程序

文物建筑室内陈设等的保护→壁画、题记的保护→拆除施工中原有建筑的保护→拆除下来再利用等构件材料的保护→运输过程中的保护→防止气候影响的保护→其他部位的保护。

### （四）文物保护技术措施和方法

#### 1. 室内陈设等的保护措施

对室内陈设采取防水、防尘、防碰撞措施，实行内外两层防护。具体做法如下：先将室内陈设用塑料布封严，用以防尘、防水，然后根据陈设的大小，用钢管搭设防护棚，并用大芯板或钢板进行全封闭，将板材与钢管固定牢固，防止大木整固、打牮拨正和屋面施工过程中的碰撞。

#### 2. 壁画、题记的保护措施

（1）在屋面查补的过程中，对上架壁画用聚苯乙烯板材包裹、衬垫，必要时再加木板包裹，外用塑料布包严，用以防磕碰、防尘；大木整固、打牮拨正和屋面施工过程中多备苫布，根据天气预报情况，及时做好防雨工作，以免壁画遭受雨水冲刷。

（2）在对原有壁画清理除尘后，用塑料布进行苫盖，以便对其保护。

#### 3. 拆除施工中原有建筑的保护措施

为达到修缮目的，在修缮施工的过程中，在对完好构件及已破损构件进行拆除时，均应采取如下保护措施。

（1）根据现存文物的具体尺寸，采用加厚杉木板及杉木枋做成一个隔离层，将其保护起来。待砖石工程、大木结构工程、油漆彩绘工程完工后，再拆除里面的保护木料。

（2）内外檐架子

外檐架子为双排齐檐瓦木油画施工架子，所有架子立杆不准与地面直接接触，均铺垫脚手板一层。排木、打戗一律不准与建筑物相连，架子的稳定性要靠架子的戗杆解决，形成几何不变体系。檐下油活架子立杆时瓦面上要采用相应的措施，如垫麻袋布、架木枋均不准与瓦面直接接触。屋面捅持杆架子查补瓦面，采用相同方法。

内檐架子为满堂红，在满足施工操作的同时，不与建筑有任何直接接触，内檐架子搭架子过程中要谨慎操作，防止触碰。

**4. 拆除下来再利用等构件材料的保护措施**

对于本工程修缮过程中再利用的构件等材料，在拆除之前由施工管理人员进行拆前检查登记，必要时照相，如可利用的飞椽，清点数量。对施工人员进行交底，拆除后，运至指定地点，按规格堆放。易受雨浸、易燃物采取相应措施处理，并做好文字记录，作为原始归档资料，然后在工程上重新利用。瓦件、木件等有文物价值的材料，但工程上又不能再利用的经文物部门审查后，提出书面处理意见，再进行处理。施工单位在事先以书面信函方式报文物部门的有关单位，并要求文物部门有书面信函手续通知施工单位后进行处理工作。

**5. 运输过程中的保护措施**

拆除下的构件，有些需要运至场外，待整修后，再运回安装，在运输过程中均应采取保护措施，如防雨雪、防装卸撞击。车辆进入施工现场，对建筑物容易剐碰的位置采取防护遮挡，对古路地面，不准碾轧，划定行车路线，以保证文物不受任何损坏。

**6. 防止气候影响的保护措施**

建筑查补瓦面，添配瓦件，对雨水的防范采取遮挡和苫盖的方法。该工程在常温下施工，要充分备齐遮挡苫盖的物资材料，屋面瓦拆除后，无论晴天与阴天，每天下班之前拆除面和施工作业面一律用苫布盖好，并将脚手板翻起，防止雨水溅到墙板上，派专人负责覆盖和检查，以防气候的变化。

外檐刷桐油部分，凡是容易受到潲风雨侵害的，均备彩条编织布进行立面遮挡，彩条编织布上下固定均不准用钉子钉在椽子上，只允许在架子上固定。本工程湿作业一律在常温下施工，木构件、地仗、油漆，未完成的作业面无人施工时，要一律覆盖。

**7. 其他部位的保护措施**

（1）修缮前，对原有建筑采取必要的保护措施，如支搭防护棚，对棱角部位和易受损坏的部位、构件等加设防护装置（如加护板或加护壁）。

（2）进入施工现场后，对现场内保留的构件等，用木板做可靠的防护；在架子立杆下垫板进行防护，确保文物建筑、设施的现状不受损。

（3）墙身、地面、台基在挖补、拆除、归安、添配时，根据具体情况采取相应的施工方法，剔凿墙身或地面茬口时小心仔细，尽可能减少对原墙或地面旧砖的碰损。

（4）找补、砍除重新抹上身灰时，在淋水润湿和抹灰过程中，用塑料布对周围的干摆墙面、木构件、木装修、彩画进行遮盖防护，地面除铺垫塑料布外，再铺垫硬质板材，防止运料、清理时对地面造成硬伤和污染。

（5）大木构件更换、添配、制作时，按原工艺制作、选用与原木构件相同的材质，榫卯制作按原构件的做法、尺寸一致，不许擅加改变。

（6）所有拆卸的瓦、脊件由专业工长负责派专人清点、码放、保管，挂牌标明使用的殿座、名称、位置等有关记录。

## （五）防盗措施

1. 对全体施工人员进行文物保护法等普法教育，言明盗窃文物的危害性，从思想上提高认识。

2. 在施工现场入口处设置专人，防止非施工人员进入现场。

3. 每天下班前由项目经理带队，对施工现场内的文物及遗留物进行清查登记。

4. 下班后，全体施工人员一律退出场外，由项目经理负责清点人数，并带队检查现场内是否有遗留人员。

5. 教育施工人员出入施工现场和主大门时，主动配合红二十五军军部旧址及医院旧址管理人员进行安全检查。

## （六）成品保护

1. 成品堆放控制。分类、分规格，堆入整齐、平直、下垫木；叠层堆放，上、下垫木；水平位置上下应一致，防止变形损坏；侧向堆放垫木外应加撑脚，防止倾覆。成品堆放地应做好防霉、防污染、防锈蚀措施。成品上不得堆放其他物件。

2. 成品运输。要做到车厢清洁、干燥，装车高度、宽度、长度符合规定，堆放科学合理；超长构件成品，应配置超长架进行运输。装卸时做到轻装轻卸，捆扎牢固，防止运输及装卸散落、损坏。

### 3. 交工前成品保护措施

（1）为确保工程质量美观，达到用户满意，项目施工管理班子及时在分部分项修缮完成成活后，组织专门人员负责成品质量保护，值班巡查进行成品保护工作。

（2）成品保护值班人员，按项目领导指定的保护区范围进行值班保护工作。

（3）对于原材料、制成品工序产品，最终产品的特殊保护方法及时由方案编制者在施工方案中予以明确。

（4）当修改成品保护措施，或成品保护不当需整改时，由专人制订作业指导书，交成品保护负责人执行。

# 十一、季节性施工措施

为了保质按期完成该项目的施工任务，采取各项有效的措施、搞好季节性施工是重要的一环。因此在综合考虑施工进度时，应考虑气候等条件要求较高的分项，尽量根据当时的气候条件，进行合理安全的施工；及时与气象部门建立联络关系，随时掌握天气的变化，为整个施工项目创造有利条件。因此针对季节气候，我们将采取不同措施进行指导施工。经过认真研究确定，进入冬季，避免精装修施工，还敬请业主斟酌。如果非要进行冬季施工，我们会采取以下措施，以确保工程质量。

## （一）冬季施工措施

### 1. 实施原则

（1）冬季施工

本工程拟于2016年11月进场，360日历天内竣工，当室外日平均气温连续5天稳定低于5摄氏度，即进入冬季施工；当室外日平均气温连续5天高于5摄氏度施解除冬季施工，进入正常施工阶段。

罗山县在11月开始进入冬季，气温逐步开始降低，本工程的施工将进入冬季施工阶段，室外湿作业全部停工。部分室内人员需要进行保护性修缮施工。

（2）实施原则

①确保工程质量。

②冬季施工过程中，做到安全生产；工程项目的施工要连续进行。

③制订冬季施工方案（措施），要因时、因地、因工程制宜，既要求技术上可靠，又要求经济上合理。

④应考虑所需的热源和材料有可靠的来源，减少能源消耗。

⑤力求施工点少，施工速度快，缩短工期。

⑥凡是没有冬季施工方案（措施），或者冬季施工准备工作未做好的工程项目，不得强行进行冬季施工。

⑦必须制订行之有效的冬季施工管理措施。

**2. 组织措施**

（1）成立冬季施工领导小组，项目经理为组长，全体管理人员和施工队长为组员。落实具体责任人，明确责任。从技术、质量、安全、材料、机械设备、文明施工等方面为冬季施工的顺利进行提供有力的保障。

（2）进行冬季施工的工程项目，在入冬前应组织专人编制冬季施工方案。编制原则是：确保工程质量；经济合理，使增加的费用为最少；所需的热源和材料有可靠的来源，并尽量减少能源消耗；确实能缩短工期。冬季施工方案应包括以下内容：施工程序；施工方法；现场布置；设备、材料、能源、工具的供应计划；安全防火措施；测温制度和质量检查制度等。

（3）进入冬季施工前，组织技术业务培训，学习有关规定，明确职责。方案及措施确定后，组织有关人员学习，并向各施工班组进行交底。

（4）提前做好现场测温记录，及时接收天气预报，以便提前做好大风、大雪及寒流等恶劣天气袭击的预防工作。

（5）根据工程需求，提前组织冬季施工所用材料及机械备件的进场，为冬季施工的顺利展开提供物质上的保障。

（6）施工时，施工人员须做好御寒工作，备足必要的热饮水设施及必备的常用药品。

（7）冬季施工期间，结合本工程的特点及相关方面的指令指标，做好各分项及整体项目的计划安排。

（8）质检员、巡检员将冬季施工情况，纳入重点工作范围之内，有检查、有记录、有管理。

必须冬施期间完成的分项工程，做到合理安排，措施齐全。

(9)做好日常防火宣传工作,防火器械齐备。

## (二)夏季施工措施

夏季气温较高,且空气湿度较大,因此夏季施工以安全生产为主题,以"防暑降温"为重点,只有抓好安全生产,才能确保工程质量。

1. 对高温作业人员进行就业前和暑前的健康检查,检查不合格者,均不得在高温条件下作业。

2. 炎热时期,组织医务人员深入工地进行巡视和防治观察。

3. 积极与当地气象部门联系,尽量避免在高温天气进行大工作量施工。

4. 对高温作业者,供给足够的合乎卫生要求的饮用水和含盐饮料。

5. 采用合理的作息制度,根据具体情况,在气温较高的条件下,适当调整作息时间,早晚工作,中午休息。

6. 改善宿舍、职工生活条件,确保夏季防暑降温物品及设备落到实处。

7. 根据工地实际情况,采取三班制的方法,缩短一次连续作业时间。

8. 确保现场水、电供应畅通,加强对各种机械设备的维护与检修,保证其能正常操作。

9. 在高温天气施工的,应适当增加其养护频率,以确保工程质量。

10. 加强施工管理,各分部分项工程坚决按国家标准、规范、规程施工,不能因高温天气而影响工程质量。

## (三)雨季施工措施

雨季施工主要以预防为主,采用防雨措施及加强排水手段,确保雨季正常地进行生产,不受季节性气候的影响。

### 1. 雨季施工准备工作

(1)施工场地

①场地排水:根据地形对施工场地排水系统进行疏通,以保证水流畅通,不积水,并要防止四邻地区地面水倒入场内。

②道路:现场内主要运输道路两旁要做好排水沟,保证雨后通行不陷。

(2)机电设备及材料防护

①机电设备:机电设备的电闸箱采取防雨、防潮等措施,并安装好接地保护装置。

②原材料及半成品的保护:对木制品及怕雨淋的材料要采取防雨措施,可放入棚

内或屋内，要垫高码好，并要通风良好。

（3）主要分项工程雨季措施

①墙体工程

用塑料布遮盖青砖墙或土坯墙，防止墙体内水分饱和，以保证墙体工程正常施工。

②消防工作

a. 消防器材要有防雨防晒措施。

b. 对化学品、油类、乙烯品应设专人妥善保管，防止受潮变质及起火。

③瓦瓦工程

在雨天禁止工人上房顶进行瓦瓦工作，以免发生事故。

④油饰工程

及时收听天气预报，做好防护措施。

## 十二、主要工程指标

在施工中，按照"加强管理、精心施工、创优良工程、树文明形象、拓一方市场"的质量管理方针精心组织施工。

在本工程施工过程中，我们将积极响应招标文件的全部条款，采取切实可行的措施，确保达到如下目标。

### （一）质量管理目标

坚持"百年大计、质量第一"方针，确保工程质量达到《建筑工程施工质量验收统一标准》和国家有关文物古建筑要求的合格标准，符合设计要求，并一次性验收合格，力争创优。保证罗山县红二十五军长征出发地旧址维修工程（二次）达到修旧如旧的效果，重现历史原貌。

### （二）施工工期

在接到本工程招标文件后，结合本工程的特点、重点和难点进行了施工组织设计的详细编制，对进度计划的可行性进行了认真仔细地深入研究，对工程施工组织、管理进行了细致的部署、安排和筹划，对每一道工序的安排做到科学合理、高效紧凑、衔接紧密，在确保施工质量目标的前提下，对工期提出了如下目标。

（1）精心组织，确保全部工程在 360 日历天内全部竣工。

（2）凭借施工方的技术实力和多年类似施工实践经验，通过采取先进的施工工艺，精心组织、周密计划安排，完全有信心、有能力在投标工期内保质保量，圆满完成该工程的施工任务，保证工程的按期交付使用。

### （三）安全施工目标

本工程创"安全标准化工地"。施工全过程安全管理做到"四无一低"，即无重大工伤事故；无重大安全事故；无重大机械事故；无死亡事故；对生产安全事故控制在"双零"目标以内。

### （四）环境保护和文明施工目标

将严格按照河南省关于建筑工程施工的各项管理规定执行，加强施工组织和现场安全文明施工管理，防止大气、水源污染，对罗山县红二十五军长征出发地旧址维修工程（二次）环境和原貌进行保护。

### （五）团结协作目标

秉承"急业主之所急，想业主之所想"的指导思想，提高服务意识，诚心诚意接受甲方、设计师和监理工程师的指导、监督，营造一种团结协作、积极高效的工作氛围，共同促进各项目标的全面实现。

### （六）工程回访与服务目标

我方承诺对本工程质量按国家规定进行保修，采取季节回访和工程定期保修回访等多种形式，争创"用户满意工程"。

## 十三、确保工程质量管理体系与措施

### （一）质量目标

本合同段工程施工质量控制目标为：确保合格，争创优良工程。

让业主满意是我们一切工作的出发点和归宿。

单元工程质量合格率100%以上，优良率95%以上，确保本标段工程质量达到一次性验收合格标准。

### （二）建立现场质量管理体系

#### 1.统一思想，领导决策

我们将结合本工程实际情况，编制质量计划，领导要高度重视，建立和实施质量体系。从思想上把质量作为本工程的长期战略，正确决策，在行动上，亲自参与，一抓到底。这是能够建立和实施质量体系的基本保证。

**2. 建立质量管理的专职机构**

根据质量总目标和质量体系，在项目经理部设专职质安科，负责质量计划执行情况和综合统计考核工作。在总负责人的领导下，结合工种具体情况，制订和阐明质量方针，规定质量目标和质量计划，普及质量管理教育，培训质量工作人员，协调各有关部门的质量活动，建立质量决策和反馈系统，保证质量体系有效地工作。

**3. 制订工作计划**

为了使建立质量体系的工作有条不紊，当签订项目合同后，项目经理部编制质量计划，按项目质量目标，明确项目经理部组织机构、职责及体系职能分配表、项目必备的控制手段、项目的质量管理相关程序的活动及控制，等等。

**4. 实行全面质量管理，成立全面质量管理（TQC）领导小组**

## （三）质量体系的实施

**1. 加强宣传教育**

质量教育是质量管理的基础工作，教育全体职工树立质量第一，本着为用户服务，对用户负责的思想，努力提高职工的质量意识，努力提高工作质量。

**2. 质量控制措施**

根据技术规范标准和合同条款，项目经理部制订有关工种施工方法、操作规程、质量奖罚条例，并严格执行同各施工队签订质量责任书，促使各施工一线单位提高质量意识和质量责任感，从而也使施工人员自觉遵守各项操作规程，实行质量一票否决权制度，不放过任何一点有可能影响施工质量的隐患，保证工程质量。

**3. 把好内业关、原材料关、人员设备关**

内业关：熟悉设计文件，理解设计图纸各项技术要求和规定，进一步优化施工组织设计，超前做好各项技术准备工作，对设计不合理的部分及时向业主或设计部门提出，技术人员给全场员工上技术课，进行技术交底，杜绝技术差错。

原材料关：产品均应有产品合格证书，其他进入工地的原材料必须经检验合格后，方可使用到工程上，并应经常抽样检查，做到符合规范要求。

人员设备关：现场技术人员跟班生产，机械操作人员做到岗前培训，定机定员，加强机械设备的维修保养，提高机械利用率。

工程所有灰浆的标号均由实验室试验确定，工地建立临时实验室，配备专职的质检人员和必要的仪器设备，进行日常的质量监督控制。

做好隐蔽工程的施工记录和验收签证：取得合格签证后，方可覆盖或进入下一道工序施工。

### 4. 施工过程控制

实现质量总目标，每个单元工程按一定的工序进行，上一道工序未经检验合格，不能进入下一道工序施工，各单元工程、分项工程实行"三检制"，提交监理工程师检验，验收合格后，方可进入下道工序施工。

在确保机械设备工程需要的前提下，要抓好机械设备的利用率、完好率，即对机械设备进行定期检查、鉴定，制定安全操作规程、维护保养计划和交接班制度，组织实施"五定"（定员、定质、定量、定期、定人）制度。

### 5. 施工现场质量保证体系

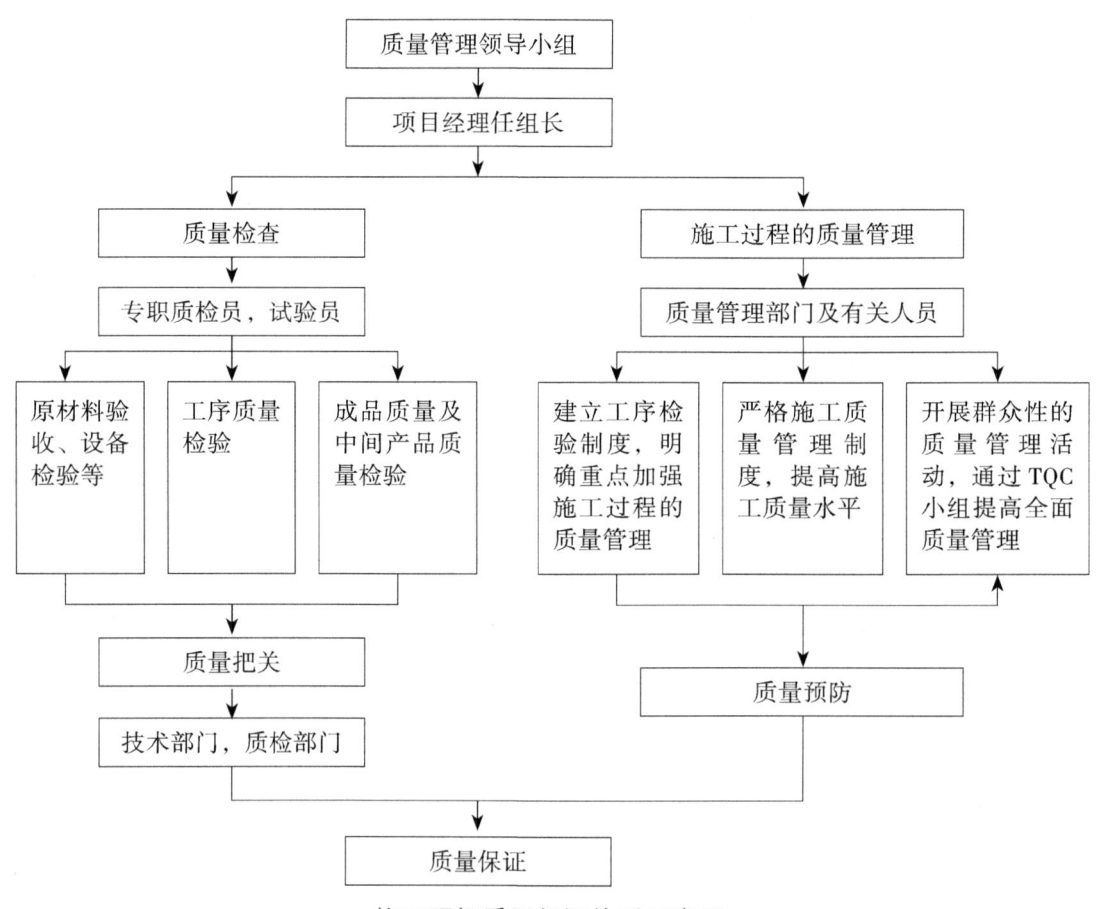

施工现场质量保证体系示意图

## （四）质量管理制度

1. 项目经理部贯彻 ISO9002 标准，使一切工作都按照质量保证体系要求开展工作，真正做到一切质量活动都具有可追溯性，使各职能部门、各项质量活动始终处于受控状态。

质量检查人员责任制度，施工图纸会审制度。

施工现场材料管理制度，施工现场技术交底制度。

施工材料代用制度，石材粘结材料管理制度。

施工人员资格审定制度，设计与施工变更签证制度。

现场施工记录制度，质量检查制度。

质量事故处理制度，质量奖罚制度。

**2. 质量职责**

（1）项目经理：主抓全面质量工作；控制总工期。

（2）项目技术负责人：协助项目经理对施工过程控制负责。负责施工组织设计、质量计划的编制、完善与实施，负责纠纷和措施控制。审核各工序和分项工程的技术交底、施工方案或作业指导书；管理及组织好工程质量的验收、质量记录的填报工作，并定期组织各施工班组进行质量进度交流会，以促进工程的整体质量控制。

（3）施工员质量职责

为项目工程质量达到预期目标负直接责任。

其主要完成组织班组熟悉图纸，按图施工，参加上级组织的技术交底，向班组进行技术交底；组织隐蔽工程验收，填写隐蔽工程验收单；负责积累施工技术资料，并对其完整性负责。

（4）技术员质量职责

编制一般工程的施工组织设计或施工方案。

组织原材料试验，配合比申请，审查试验结果。

参加新技术、新工艺、新材料的推广应用。

贯彻执行保证工程质量的各项技术、安全措施。

（5）质检员质量职责

负责过程检查评验工程，签署预检记录、隐检记录，对各部分项工程进行核定，并对核定结果负责；负责向项目经理、技术负责人提出工程存在的问题和改进意见，按系统反映工程质量状况；负责将本项目的工程资料及时报验。

（6）试验员质量职责

严格执行国家有关文物修缮的标准规范。

认真做好试件取样、存放、养护工作。

认真执行见证取样和送检制度，对试件代表性、真实性负责。

按控制规程认真进行各种试验，做好原始记录。

负责取样委托实验室试验。

（7）材料员质量职责

审查采购计划，负责进货检验，并标识储存发放。整理材料合格证、产品说明、试验报告，及时报审监理备案。

（8）资料员的质量职责

负责工程项目施工技术资料管理。

对交工资料收集、整理、汇总、编目、以及对资料的准确性完整性负责。

（9）测量员质量职责

负责工程项目定位、轴线、标高测设工作，对测量成果符合设计要求及质量要求负责；负责各种测量标志的埋设。

（10）各专业班组组长

对所承担的分部分项工程质量负责，负责编制各工序和分项工程的技术交底、施工方案或作业指导书；按施工进度计划组织施工，保证施工过程符合图纸规范规程要求。使分部分项工程质量达到规定标准。负责组织自检、互检，协助质检员填写隐检记录。

## （五）质量保证技术交底措施

### 1. 瓦作施工质量保证措施

（1）认真做好现状记录

①对所要施工的部位认真进行现状文字记录，包括现状工程做法，并附画实测大样图和拍现状照片。记录内容包括：原始施工材料及成分，是否为后期修缮做法；当前残损程度、部位和当前几何尺寸。

②拆除前，按设计要求制订主要分项工程修缮方案，进行详细的技术安全书面交底和现场口头交底，以保证瓦件、木料、石材在拆除及搬运中不造成新的损伤。

（2）认真做好清点工作

①清理砖瓦件时认真挑选，能继续使用的一定使用，对不能使用的和有隐伤不宜

使用的一定要挑出不用，以免给工程造成不必要的隐患。

②制作旧料检查表，对清点结果认真填写，要保证内容真实可靠。

（3）做好加工订货工作

①根据施工情况，尽早提出加工订货计划。订货单内要注明方砖瓦件等材料的型号、数量、尺寸、使用部位、质量要求和进场日期。

②提前考察材料生产厂家，对生产厂家的产品质量价格、生产能力、商业信誉、技术力量等方面进行考察，并对厂家进行综合评审，评审出合格的供货厂家。

（4）把好材料的质量关

①严格执行文物保护法，使订购加工材料的品种、规格、质量必须符合设计要求与文物建筑的时代特征和尺寸的规定。

②对小青瓦使用前按要求验收，将变形、裂纹、脱层不正等次品挑出退货。对石活颜色、质地和棱角大面、外观、尺寸逐块检查验收，凡加工不合格的产品不得安装。对白灰、麻刀、青灰等无法进行试验的材料，请有丰富施工经验的老师傅进行鉴定把关，以保证这些材料的质量优良。

③严格执行自检、互检、交接检制度，每道工序完成后要进行自检，把合格的工序转交给下道工序施工。

④严格执行隐检、预检及报验制度，及时填写隐检单、预检单，经验收合格后，方可进行下道工序的工作。

⑤对各种灰浆的配制，必须严格按传统方法计量配制。

⑥保证施工中对各操作部位原形状、原尺寸、原工艺、原手法的要求和做法，交活时做到恢复原状，忠实体现原时代工程工艺手法。做好技术交底，除书面交底外，还要在操作现场进行口头交底，使操作人员真正明白如何操作。

⑦认真做好成品保护工作，避免在施工中造成污染或损坏。

**2. 木作施工质量保证措施**

（1）凡挖补、嵌缝、更换残损的构件，使用与原构件相同的材料，如果不能满足要求，要报请文物局批准，选择代用木材，所用木材必须干燥，含水率不得大于检验评定标准，不得有劈裂、糟朽、轮裂、死节、群结、虫蛀等现象。

（2）挖补嵌缝要严实，粘钉要牢固，表面平整。

（3）更换残损构件时，榫卯做法、形状尺寸要与现存构件相同，要用样板或用抽板讨退减小误差。

（4）裙板、绦环板、天花板裂缝要用通长木条嵌补，厚度与板的厚度相同，较宽裂缝，要将门扇拆卸，重新归安，重新嵌补。

（5）隔扇、槛窗下垂，修理时要整扇拆落，用卡子归方正。榫卯处重新灌胶粘牢，用木楔逐渐背牢，防止榫卯劈裂。

（6）仔屉花心，具有棂条细、交接点多、整体连接强度弱的特点。根据这些特点，在制作时，必须选用无疵病、纹理直顺的木材制作。按实际尺寸放大样，分档均匀、正确，榫卯方正、平顺，用小齿木锯断肩、卡腰，不得过线，卡腰要严实，松紧适度。

## （六）工程质量"三检"制度的实施

为提高施工质量，适应企业生存和发展的需要，依据我方质量体系文件，在施工过程中应严格执行"班组自检→技术主管检查→质检工程师专检"的三级检查制度。

1. 班组自检：每道工序施工时，班组长应组织和监督班组工人，严格按照图纸、操作规程和技术交底、施工规范等要求进行施工，全面负责班组质量自检和工序交接检工作，发挥班组兼职质检员作用，虚心接受技术员和质检员的检查、监督；对有缺陷或问题的施工工序，要及时督促整改，直至符合质量标准。施工工序完成后，班组长负责自检，合格后填写"三检制"检查记录表，签字后将"三检制"检查记录表报技术主管检查。班组长未进行自检或未在"三检制"检查记录表上签字的，技术主管有权拒绝进行检查验收。

2. 技术主管检查：技术主管接到班组长签字的"三检制"检查记录表后，应立即根据图纸、操作规程和技术交底、施工规范等要求对施工工序进行检查验收；对于有缺陷或问题的施工，要指出缺陷和问题，以及相应整改措施或现场给予技术指导，并督促班组整改；对拒不整改的，有权及时上报，并拒绝在"三检制"检查记录表上签字；对验收符合要求或整改到位的，及时填写"三检制"检查记录表，并签字报专职质检工程师组织验收。

3. 质检工程师专检：专职质检工程师对工序质量组织验收前，应熟悉图纸、操作规程和技术交底、施工规范等对工序的要求，会同技术主管、班组长等人员一同对工序进行验收。验收发现工序有缺陷或一般问题，应督促指导班组及时整改；检查验收时发现较大问题或需要返工的，及时上报部门领导或项目部领导，并书面下发整改、返工通知书；检查验收合格后，方可报请监理工程师进行工序验收，并认真做好"三检制"检查记录表的填写工作，对合格的工序进行拍照并保留电子影像资料。

4. 建立各级"班组自检→技术主管检查→质检工程师专检"相结合的工程质量检查管理制度，各级设立专（兼）职质检员，持证上岗，对施工过程的质量实施检查控制，做好隐蔽工程的自检工作，分级进行分项、分部和单位工程的质量评定。

5. 项目部每周组织一次进行质量检查，集中对现场质量进行检查，内容包括修缮前后对比、石材粘结、木结构榫卯连接质量等项目进行检测。凡一次检查合格率不足90%，提出黄牌警告；连续二次检查合格率不足90%，责令调换岗位；对一次检查合格率达90%以上，内实外美且现场管理有序的班组给予奖励，项目部给予通报表扬。

6. 在分项工程施工中，工班及一线作业人员应坚持施工工序的自检、互检、交接检制度，自检合格后报专（兼）职质检员检查。

7. 施工全过程，坚持分部工程和单位工程由外协负责人自检合格后，报技术主管和质检工程师联合检查。

8. 技术主管和质检工程师要严格按照批准的设计文件、图纸、资料和有关规范规定进行检查，保证工程质量。检查中如发现质量不符合规范要求的，应提出具体内容，立即要求班组进行整改，直到合格，方可报监理工程师检查。检查合格后，按规范格式填写隐蔽工程检查表和"三检制"检查记录表，于隐蔽前48小时通知监理工程师到现场进行检查。

9. 待监理工程师检查合格并在分部、分项、单位工程评定表上签字确认后，方可进行下道工序的施工。

10. 若经监理工程师检查后通知不合格，应严格按通知要求进行整改，整改完毕后，质检合格的再报监理工程师检查。

11. 在施工过程中还应接受监理工程师的随机和重点检查，并提供必要的检查条件。

## （七）隐蔽工程质量验收规定

### 1. 隐蔽工程质量验收

贯彻我方已认证的ISO9002质量管理体系，落实各控制程序和相关文件，编写项目质量计划（包括各工序的质量检测计划），确定特殊工序与关键工序，制订针对性质量保证措施与检测试验计划。

找出隐蔽工程的特点、难点和通病，由项目技术负责人制订相应的质量保证措施，对班组施工人员进行技术交底，主动控制不合格品的产生。

凡下一道工序施工以后，会覆盖上一道工序的，应做隐蔽工程验收记录。

各工种的工人都持有技术上岗证。

施工前，施工工长向班组进行技术质量交底，班组长向班组成员具体布置任务并提出技术要求，保证隐蔽工程的质量。

各隐蔽工程的量具使用应符合标准的计量仪器和量具。

各工种隐蔽工程所使用材料、设备都应有出厂合格证。

隐蔽工程必须有严格的施工记录，验收表格要填写清楚检查部位等，技术负责人、质量检查人必须签字。

**2. 隐蔽工程的质量保证措施**

（1）加固使用铁活时，严禁破坏相邻构件，主要承重构件不得钻眼穿螺栓。

（2）墩接柱子常用小接巴掌榫接与大接莲花瓣榫接（或称抄手榫接）两种方法。墩接长度严禁大于柱高的1/3，搭接榫的长度为柱径的1.5倍，但不得小于40毫米，巴掌榫的榫头宽度20毫米～30毫米，高40毫米～50毫米。柱子采用巴掌榫接时看面须见横缝，不得见立缝。

（3）抽换的柱子，其柱高、柱径、中线、升线、收分，以及其他做法或特征，须与建筑原状一致。

（4）攒柱眼，补柱必须用较硬木材顺纹镶补，补柱子表面做人字肩。

（5）梁端局部糟朽，在梁架两端支顶加抱柱时，抱柱柱根与柱顶石鼓镜相交处必须圈活。

（6）梁架挠度过大或身劈裂在跨中，或劈裂处用柱临支顶加固时，顶柱下须加垫板，上端须用钉与梁架钉牢。

（7）梁架两端加抱柱，在原梁下附木梁，或用型钢梁架加固时，必须按设计要求施工。

（8）附檩常见的附檩方法有：①在梁架上钉蛤蟆托，即檩托于檩下，附单檩；②在原檩两侧附双檩；③架斜撑支顶；④用反桁架加固。

（9）揭瓦檐头局部更换檐椽、飞头或部分望板时，旧椽子严禁翻转使用，新更换的椽子须集中放在明间附近使用，椽头找平时，不得过分砍伤。

（10）瓜柱加固一般采用附瓜柱和抽换瓜柱等措施，附瓜柱必须按要求加箍，与原瓜柱连接牢固。

## （八）原材料质量控制措施

**1. 物资采购控制**

贯彻执行《采购控制程序》。

（1）生产技术部门根据图纸编制采购计划、加工订货计划，并负责翻样，材料部门根据采购订货计划送交项目经理审批并执行实施。

（2）材料员会同项目经理、项目总工，严格按我方程序文件进行合格供方选择和评定，材料供应厂家必须是经公司评审合格的单位，如因设计和甲方指定厂家要按公司评审程序进行综合评审，且得到认可之后，方可供应材料。由项目部负责拟订加工/订货合同，并报交我方预审部审批，通过审批后，签订合同。

（3）材料采购计划由项目经理部各专业主管提出申请，项目经理批准，采购人员依据经营部提供的材料单价和总量采购，并控制单价和供应数量，如在数量上出现申请数量与控制数量不符，经营部要与项目经理共同分析原因，并取得一致意见。

（4）大宗、重要、贵重材料的采购必须经议标的方式选择供应商，招标工作由采购员和专业主管共同组织，由项目经理批准并与厂家签订合同，合同内容必须包括产品性能和各项技术指标（或参数）、产品质量标准和检验方法及其他技术约定，必要时要有封样的样品，并以此作为项目经理部验收物资的依据。

（5）总部和项目部的材料员共同依据国家现行材料验收规范、设计要求、合同标的，对到场物资进行进货验证，对物资中的不合格品，坚决禁止进入现场。

（6）材料验收时，凡新厂家或新产品，公司派技术人员与项目部共同验收，一般情况下，以项目部各专业主管为主，质检员、材料员共同验收，验收方法可以采用抽检方法，但必须是随机并具有代表性。

（7）项目部要对厂家的供货和合作情况做动态管理。

**2. 对甲方提供产品的控制**

严格按照合同要求和相关的程序文件（《生产和服务提供控制程序》《产品的监视和测量控制程序》《不合格品控制程序》）对甲方提供的物资进行验证储存、保管和使用。

**3. 产品的标识和可追溯性**

贯彻执行《产品的监视和测量控制程序》。

（1）物资的标识和可追溯性

物资的标识内容是按不同材料的要求以材质证明、验收、合格证、采购台账、收发料单和堆放标志牌等方式实现的标志牌，注明合格、不合格、待验，检验判断以备追溯。另外项目依据实际情况在现场搭设封闭式临时库房，并设专人负责材料的出入库管理，定期盘点库存并报项目部。

①本工程应做标识的材料：木材、瓦等以上内容的材料样品标识，由项目经理部的技术负责人依据设计图纸要求，向设计、业主、监理呈送原材料样品的标识和可追溯性文件，相关文件包括产品合格证、质量认证书，有关试验报告或证明等。

②样品标识的编号，可用产品的自有编号（无编号时，可自行编号），标识表中的编号与样品上的编号必须相符。

③在三方选定的样品背面，要有业主或监理的签字或印章等封样标记，以作为材料标识的依据。有条件的情况下，样品标识应一式两份，其中一份由业主或监理封存，另一份由项目部技术负责人封存。

（2）施工过程中的标识

施工过程中的标识是通过试验记录、施工记录、隐预检、施工组织设计交底、作业指导书、质评记录、洽商验收记录等方式实现。

（3）不合格的标识及控制

①对进场材料通过检测，复试为不合格的杜绝入场，而且要对同种已进场材料进行复审，发现质量、规格及性能达不到设计要求的，也同样清除场外。

②工程中检查不合格项目，由质检员以书面形式提出返修，并会同有关的技术负责人和施工人员查明原因，总结经验教训。

## 十四、确保安全管理体系与措施

### （一）安全生产管理目标

本工程创"安全标准化工地"。施工全过程的安全管理做到"四无一低"，即无重大工伤事故；无重大安全事故；无重大机械事故；无死亡事故；对生产安全事故控制在"双零"目标以内。

### （二）安全生产管理体系

根据项目部安全生产责任制的规定，成立以项目经理为第一责任人、项目副经理为分项安全责任人的安全保证体系，监督和指导各职能部室的安全生产行为。安全生产管理体系实行项目经理负责制，设置专管安全的项目副经理，领导各级生产指挥人员贯彻、落实安全生产方面的各项规章制度和保证措施，确保安全生产。安全生产的日常工作由安全副经理、安全员负责。在安全副经理、安全员的指导下，组织全体上岗人员进行岗前安全教育，特种作业人员必须经过培训合格后，持有效证件上岗，杜绝盲目指挥冒险作业。

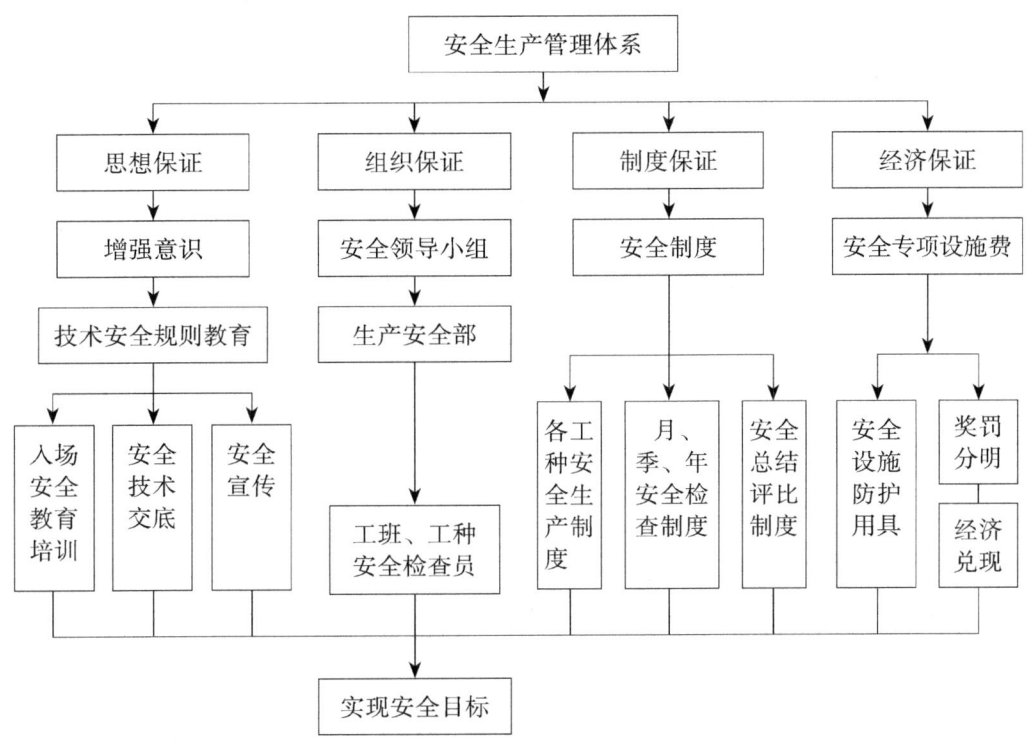

安全生产管理体系图

## （三）安全生产管理人员各岗位职责

### 1. 项目经理

（1）认真贯彻执行国家有关法律、法规和规范，对本工程安全生产工作负全面责任。

（2）定期主持召开安全生产会议，研究解决安全生产中的重大问题，注意改善劳动条件，关心职工的安全和健康，保证安全生产管理体系正常运行。

（3）检查并考核项目部各部门安全生产责任制落实情况。

### 2. 安全员

（1）在项目经理领导下，负责本工程的安全生产工作，确保安全生产管理体系正常运行。

（2）协助项目经理组织贯彻国家劳动保护方针、政策、法令和上级有关安全生产方面的指示。

（3）贯彻安全生产"五同时"的原则，即在计划、布置、检查、总结、评比生产的同时，同样要计划、布置、检查、总结、评比安全工作。

（4）领导编制和组织实现安全技术措施计划，监督劳动保护费用的使用，不断改善职工的劳动条件。

（5）对各级干部、工程技术人员、工人经常进行安全生产教育。

（6）组织安全大检查，定期召开安全专会。

（7）组织均衡生产，注意工人的劳逸结合，对因加班加点致使工人过度疲劳造成的事故负领导责任；对经理责成解决的安全工作或已决定急需解决的安全隐患，未及时采取措施解决而酿成的事故负直接责任；对虽采取措施，但由于下属人员执行不力造成的事故负领导责任。

**3. 项目技术负责人**

（1）在项目经理领导下，对本工程安全技术工作负责。

（2）审批各工种安全技术操作规程，主管安全技术教育工作。

（3）在审批技术文件和处理技术问题时，认真贯彻落实国家的安全标准。

（4）在审批采用新技术、新工艺、新材料、新设备和革新项目时，符合安全技术规定。

（5）对已提出的技术方面的安全隐患，未能及时采取措施解决而酿成的事故负直接责任，对虽采取措施，但由于下属人员执行不力造成的事故负领导责任。

**4. 技术质检员**

（1）在项目经理的领导下，协助主管领导贯彻落实安全技术工作。

（2）在进行技术方案设计及工艺方案选择时，优先考虑安全设施的设计（脚手架、护栏、支撑等），减少对施工人员的危害，以保证施工人员的安全，并防止职业病的发生。

（3）在使用新工艺、新材料时，必须组织施工人员进行施工作业前的交底和技术指导，以保证作业人员在施工中的人身安全和产品质量。

（4）在项目经理的领导下，协助主管领导检查产品安全工作。

（5）严格检验产品质量，保证产品安全。

（6）发现安全隐患及时报告。

**5. 工程物资材料员**

（1）在项目经理的领导下，协助主管领导贯彻落实安全生产工作。

（2）按照"五同时"的要求，在组织安排生产计划时，必须同时对安全工作进行计划、布置、检查、总结、评比工作。

（3）根据管生产必须管安全的原则，结合设备、场地、人员、负荷等因素在安排组织生产时，合理调配劳动力，尽量避免施工人员因疲劳作业而发生事故。

（4）在项目经理的领导下，协助主管领导贯彻落实安全、消防管理工作。

（5）按现场施工人员的1%～2%配备专职安全员，在现场设置醒目的安全警示牌。经常性深入现场检查，及时发现各种事故苗头，并及时组织消除各种事故隐患，监督施工人员正确穿戴防护用品，制止各种违章操作行为，并按我方有关定置管理规定指导施工人员搞好现场定置管理，切实做到文明施工、清洁作业，达到工完料清场地净。

（6）定期组织特种作业人员的学习、培训和考核，做到持证上岗。

（7）保卫消防人员对各施工现场进行经常性的检查，根据各场地施工环境，合理布置防火器材，严格执行我方有关"危险作业场所的动火申报审批制度"的规定，做到"预防为主，防消结合"，以保障生产的顺利进行。

**6. 施工工长**

（1）在项目经理的领导下，协助主管领导做好本项目的安全生产和职工生活工作。

（2）依据国家卫生和劳动条件分组管理标准GB5817-1988的要求，加强现场作业、劳动过程和作业环境职业危害监测分析工作。确保施工人员身体健康，并做好防护用品穿戴和职业安全卫生的各项规定要求。

（3）根据季节性劳动保护工作管理程序，做好防暑降温、防寒保暖工作，防止意外事故发生，确保施工人员有健康的体魄，满足工程建设高节奏、高效率的需要。

（4）从事高空作业人员，按高空作业管理程序要求，上岗前必须进行体格检查，凡患有高血压、心脏病、贫血等，不安排从事该作业，以确保施工人员的安全。

（5）在工地和现场施工时，遵守国家和施工现场所在地方政府有关环境保护的规定。施工废水、生活污水不得污染水源、道路等，工程垃圾、固体废物及时运至指定地方，采取妥善的处置方式处理，环缝焊接时，采用防护网、挡板等防止装焊作业的火花伤人，焊接作业的设备、设施按定置管理要求摆放整齐，固定合理，防止坠落。

为了确保施工期间符合国家对安全生产及职业健康的有关要求，符合施工方的《职业健康安全和环境管理手册》和《职业健康安全和环境作业文件》，我方从公司领导到项目班子人员极为重视，由公司危险源辨识与风险评价小组采用"作业条件危险性分析评价法（LEC）"，结合该工程实际情况对施工（生产、运输）过程和施工作业场所存在的危险源进行辨识与评价。考虑的范围包括：正常的作业活动和非正常的作业活动；所有进入作业现场人员的活动；作业场所内的设施、设备。从危险的根源和状态归结为：坠落；物体打击、起重伤害；坍塌；触电；火灾；车辆伤害；灼伤；机械伤害及其他等20种事故类别，最终评价为Ⅰ、Ⅱ、Ⅲ、Ⅳ、Ⅴ级危险等级，从而对其采取相应的职业健康安全措施。

项目经理部所有员工严格遵守项目经理的职业健康安全承诺，严格遵守执行有关法律、法规、条例、标准及本岗位的岗位职责和操作规程，不违章作业，对本岗位的职业健康安全工作负直接责任。自觉接受职业健康安全培训，增强自身职业健康安全意识及防护能力。

### （四）安全交底措施及安全管理制度

#### 1. 施工防护措施

（1）对所有进场人员进行各分项工程的安全交底，提高每个职工的安全意识，并落实安全责任人。

（2）所有外檐架子一律做全封闭围挡，并设明显的安全标志以防止落物伤人。

（3）现场人员严格遵守施工现场管理规定，坚持利用"三宝"，进入现场必须佩戴安全帽，吊装高处作业必须佩戴安全带，施工区域必须按规定张挂安全网。

（4）坚持架子维护、验收制度，未经验收的架子严禁使用。除架子作业外，任何人不准爬行架子上下。

（5）电锯、电刨要有防护装置，卷扬机和灰浆机等要用有经验的机工进行操作，并制订安全操作规定，严格执行安全操作规定。坚持安全第一，预防为主的原则，各个施工班组认真落实本工种工序的安全措施。

（6）现场的机具、设备、材料要认真维护，有序堆放，堆的面积不得过大，也不可太高。材料分类分区堆放（如木材、石材、砂、石灰、砖等），做好材料标识。

#### 2. 主要安全管理制度

（1）安全生产例会制度

每半月召开一次安全生产工作例会，总结前一阶段的安全生产情况，布置下一阶段的安全生产工作。

（2）特种作业持证上岗制度

施工现场的特种作业人员必须经过专门培训，考试合格，持特种作业操作证上岗作业。

（3）安全值班制度

项目经理部及劳务队伍必须安排负责人员在现场值班，不得空岗、失控。

（4）安全技术交底制度

各施工项目必须有针对性的书面安全技术交底，并有交底人与被交底人的签字。

（5）建立安全生产班前讲话制度

安全工程师应根据具体施工进展情况及各阶段施工特点，在施工之前，及时对班组作业人员进行安全讲话。

（6）日检查、旬检查制度

日检查：由现场经理和安全工程师负责，按照建筑施工现场安全日检表的内容，在每天下午下班前进行检查，对发现的问题立即定人员、定时间进行整改，为夜班或第二天施工创造条件。

旬检查：由项目经理部召集现场经理、责任工程师、安全员、保卫、消防、机务、料具、行政、卫生等有关人员共同进行联合检查，按照施工现场管理规定的内容检查评分，评估工地的管理水平。

（7）机械设备、临电设施和脚手架的验收制度

各种机械设备、临电设施和脚手架在安装完毕后必须进行专项验收，未经验收或验收不合格，严禁使用。

**3. 施工现场各项管理制度**

（1）施工现场管理制度

①本制度是为了保障职工在生产过程中的安全和健康，减少事故，消灭隐患，贯彻执行各项劳动保护法律、法规和有关标准，把"安全第一，预防为主"的方针贯彻到每个环节，落实安全生产分级负责制和安全生产岗位责任制的基本要求，各部门必须遵照执行。

②安全生产分级负责制的实施和要求

a. 项目经理和分管安全生产负责人的安全生产教育工作，由我方组织实施，主要学习国家劳动保护法规、标准及安全年审等有关规定。

b. 各工程项目的施工员、班组长的安全生产教育，由项目班组根据国家有关劳动保护法规、标准以及我方有关规定组织实施。

c. 一般职工的安全生产教育（主要是生产班组），由公司负责组织实施，学习有关施工现场文物保护、文明施工、消防保护等标准及特殊工种的操作规程。

d. 新农民工的安全生产教育，即"三级教育"，由我方总部、项目部、班组分级负责组织实施，我方负责上岗前的安全技术培训及考核，各项目部、班组负责二、三级安全生产教育。

③参加施工的施工人员要熟知本工种安全技术操作规程，严格执行本工程的操作要求，加强自我保护意识。施工做到"三不伤"：自己干活不伤自己；自己干活不伤别人；别人干活不伤自己。进入施工现场必须戴好安全帽，高空作业人员必须系好安全带。

④施工人员需经培训方可上岗。做好经常性、季节性的安全教育，建立安全卡片。特殊工种必须持证上岗，正确使用劳保用品。

⑤使用中小型机械，必须遵守操作规程。手持电动工具必须完好，不准带病运转，不准超负荷使用。机具的危险部位必须装有安全保护装置，并定期检修，坚持班前检查，班后拉闸断电。

⑥上岗用电、临时照明线路，必须由正式持证电工按要求架设，线路必须绝缘良好。电动机具做到一机一闸一保险，配齐漏电保护装置，遇有临时停电或停工时，要拉闸断电。电器设备、电动工具出现故障，必须专人修理。

⑦搭设装饰修缮脚手架、防护栏杆所有材料搭法，必须符合安全要求，遵守操作规程及技术规范。搭设完毕，要经专业人员验收签字后，方可使用，使用中，不经专业人员同意，不得随意拆改。

（2）施工现场料具管理制度

施工现场对于安排材料堆放要合理规范，做好布置规划。在划分材料堆放位置时，要考虑到施工进入高峰时堆放的容量，材料场、料库等临时设施，都要统筹安排，不能影响施工流水作业，并以靠近使用地点为原则，减少二次倒运、搬迁，道路通常要有回旋余地。

①临时料库，要符合防潮、放火、防爆、防损坏等管理措施的要求。

②施工现场，料具按平面布置图码放，划分区域包干专人负责，并有明显标志。

③根据施工进度不同工段，材料变化等要及时调整堆放材料的现场位置，保持道路通畅，减少二次搬运。

④随时掌握施工进度，做好供应平衡调剂，材料计划严密可靠，保证施工需要。

⑤严格按照平面布置堆放料具或堆成线，经常清除杂物垃圾，保持清洁。

⑥认真执行材料的验收、保管、发料、退料、回收等手续，建立健全原始记录和各种台账。

⑦根据施工的进度情况，组织好料具的清退与转场，在工程修缮施工进行到80%左右时，要检查现场存料，估计未完成的工程用料量，调整材料计划。

⑧对于周转、租赁的材料要修整、清退或入库、转新工地。

## （五）主要设备安全操作规程

### 1. 手持电动工具操作规程

（1）使用前，对电动工具进行全面检查，确认完好有效后，方可使用。

（2）操作人员在作业中必须按要求佩戴好相应的防护用品。

（3）操作时握持要稳。

（4）搬运时，不准用缆线拖拉电动工具。

（5）更换部件或维修，要切断电源，拔下插头。

（6）用完的手持电动工具放在干燥处保管。

### 2. 平刨操作规程

（1）施工前检查刨刀安装是否紧固；安全防护罩是否齐全，电源线、漏电保护器是否有效。

（2）运转后，不准调整刨刀、检修或清理，衣袖要扎紧，不准戴手套。

（3）加工旧料应先除钉、灰垢、冰雪，严禁手指按在节疤上操作。

（4）加工薄、短和窄料时，必须推板和推棍。

（5）使用时禁止摘掉安全挡板。

（6）不准将手伸进安全挡板里侧。

（7）禁止在操作棚内吸烟或使用明火。

（8）工作完毕断电，锁好闸箱，并打扫干净。

### 3. 电锯操作规程

（1）施工前检查电源接线是否正确，机身的接零（接地）漏电保护器的灵敏程度。

（2）锯片上应有防护罩，分料器不得卸下。

（3）操作人员不准戴手套，袖口扎紧，严禁手指按在节疤上操作。

（4）小于50厘米的短料不准用电锯加工，长度大于2米时应两人操作。

（5）操作人不得站在旋转锯片的切线方向操作。

（6）更换锯盘和维修时，必须切断电源。

（7）工作完后切断电源，清理锯末和碎末。

### 4. 千斤顶安全操作规程

（1）千斤顶不允许在超过规定负荷和行程的情况下使用。

（2）千斤顶在使用时必须保证活塞外露部分的清洁，如果沾上灰尘杂物，应及时用油擦洗干净。使用完毕后，各油缸应回程到底，保持进出口的清净，加覆盖保护，妥善保管。

（3）千斤顶张拉升压时，应观察有无漏油和千斤顶位置是否偏斜，必要时应回油调整。进油升压必须徐缓、均匀、平稳，回油降压时应缓慢松开油阀，并使各油缸回程到底。

（4）双作用千斤顶在张拉过程中，应使顶压油缸全部回油。在顶压过程中，张拉油应预持荷，以保证恒定的张拉力，待顶压锚固完成时，张拉缸再回油。

### 5. 卷扬机安全操作规程

（1）作业前准备

①安装时，基座必须平稳牢固，设置可靠的地锚并应搭设工作棚。操作人员的位置应能看清指挥人员和拖动或起吊的物体。

②作业前，检查卷扬机与地面固定情况、防护措施、电气线路、接地线、制动装置和钢丝绳等全部合格后方可使用。

③使用皮带和开式齿轮传动的部分，均须设防护罩，导向滑轮不得用开口拉板式滑轮。

④以动力正反转的卷扬机，卷筒旋转方向应和操纵开关上指示的方向一致。

⑤从卷筒中心线到第一个导向滑轮的距离，带槽卷筒应大于卷筒宽度的15倍，无槽卷筒应大于20倍，当钢丝绳在卷筒中间位置时，滑轮的位置应与卷筒轴心垂直。

⑥卷扬机自动操纵杆的行程范围内不得有障碍物。

（2）作业中注意事项

①卷筒上的钢丝绳应排列整齐，如发现重叠和斜绕时，应停机重新排列。严禁在转动中用手、脚拉踩钢丝绳。钢丝绳不许放完，最少应保留三圈。

②钢丝绳不许打结、扭绕，在一个节距内断线超过10%时，应予更换。

③作业中,任何人不得跨越钢丝绳,物体(物件)提升后,操作人员不得离开卷扬机。休息时,物件或吊笼应降至地面。

④作业中,司机、信号员要同吊起物保持良好的能见度,司机与信号员应密切配合,服从信号统一指挥。

⑤作业中如遇停电,应切断电源,将提升物降至地面。

(3)作业完成后注意事项

①作业完毕,应断开电源,锁好开关箱。

②提升吊笼或物件应降至地面,清整场地障碍物。

### (六)施工用电管理规定

#### 1. 用电形式

施工用电实行"三级配电两级保护"。"三级配电"即总配电—分配电—负载开关;"两级保护"是在确保末级(负载开关)必须安装漏电保护器的前提下,在总配电箱或各分配电箱再安装漏电保护器。

#### 2. 支线架设

(1)配电箱的电缆线应有套管,电线进出不混乱。大容量电箱上进线加滴水弯。

(2)支线绝缘好,无老化、破损和漏电。

(3)支线应沿墙或电杆架空敷设,并用绝缘子固定。

(4)过道电线可采用硬质护套管理地并做标记。

(5)室外支线应有橡皮线架空,接头不受拉力并符合绝缘要求。

#### 3. 现场照明

(1)一般场所采用220伏电压。危险、潮湿场所和金属容器内的照明及手持照明灯具,应采用符合要求的安全电压。

(2)照明导线应用绝缘子固定,严禁使用花线或塑料胶质线。导线不得随地拖拉或绑在脚手架上。

(3)照明灯具的金属外壳必须接地或接零。单相回路的照明开关箱内必须装设漏电保护器。

(4)室外照明灯具距地面不得低于3米;室内距地面不得低于2.4米。碘钨灯固定架设,要保证安全。钠、铊等金属卤化物灯具的安装高度宜在5米以上。灯线不得靠近灯具表面。

#### 4. 架空线

（1）架空线必须设在专用电杆（水泥杆、木杆）上，严禁架设在树或脚手架上。

（2）架空线应装设横担和绝缘子，其规格、线间距离、档距等应符合架空线路要求，其电杆板线离地2.5米以上应加绝缘子。

（3）架空线一般应离地4米以上，机动车道为6米以上。

#### 5. 电箱（配电箱、开关箱）

（1）电箱应有门、锁、色标和统一编号。

（2）电箱内开关电气必须完整无损，接线正确。各类接触装置灵敏可靠，绝缘良好。无积灰、杂物，箱体不得歪斜。

（3）电箱安装高度和绝缘材料等均应符合规定。

（4）电箱内应设置漏电保护器，选用合理的额定漏电动作电流进行分级配合。

（5）配电箱应设总熔断器、分熔断器、分开关、零排地排齐全、动力和照明分别设置。

（6）配电箱的开关电气应与配电线或开关箱一一对应配合，作分路设置，以确保专路专控；总开关电气与分路开关电气的额定值、动作整定值相适应。熔断器应和用电设备的实际负荷相匹配。

（7）金属外壳电箱应作接地或接零保护。

（8）开关箱与用电设备实行一机一闸一保险。

（9）同一移动开关箱严禁配有380伏和220伏两种电压等级。

#### 6. 接地接零

（1）接地体可用角钢、圆钢或钢管，但不得用螺栓钢，其截面面积不小于48平方毫米，一组2根接地体之间间距不小于2.5米，入土深度不小于2米，接地电阻应符合规定。

（2）橡皮线中黑色或绿、黄双色线作为接地线。与电气设备相连的接地或接零线截面面积最小不能低于2.5平方毫米多股芯线；手持式民用设备应采用不小于1.5平方毫米的多股铜芯线。

（3）电杆转角杆、终端杆及总箱、分配电箱必须有重复接地。

（4）高层配电箱重设接地，必须从地下引入。

### （七）防火管理规定及消防措施

#### 1. 防火消防制度

（1）严格执行《中华人民共和国消防法》和省、市有关消防法规。

（2）逐级实行安全防火责任制，务必层层落实"谁主管，谁负责"的原则。

（3）加强消防队伍建设，项目部应健全义务消防组织，成立以项目经理为组长、安全负责人为副组长、其他管理人为组员的消防领导小组，实行"预防为主，消防结合"的方针，立足自防自救。

（4）开展经常性的消防宣传教育，提高广大职工安全消防意识与知识，增加防火警惕性和自觉性。

（5）加强消防设施建设，依照上级消防标准，根据不同场所中可能发生火险的物料，配备齐全各消防器材的硬件和构件，做到有备无患。

（6）建筑工程临时设施的搭设，材料、设备放置，以及电力、电气、电路布置等，必须符合"防火规范"的标准，严格取缔违章搭建、违章用电。

（7）严格对易燃易爆物品的管理，及时清理易燃杂物，落实专人负责制度，保证疏散通道畅通。

（8）经常性检查现场的消防器材，以保证消防器材的可靠性，检查规定的执行情况，发现隐患及时纠正，对易燃易爆场所应设禁火标志。

**2. 防火消防措施**

（1）施工现场由安全员负责保卫工作，建立保卫工作责任制，保卫工作领导小组与分包单位签订保卫工作责任书。

（2）根据工程规模，建立消防组织，配备消防人员。

（3）施工组织设计要有消防措施方案及施工平面布置图，并按照有关规定，报公安监督机关审批或备案。

（4）施工现场要建立门卫巡逻护场制度，护场守卫人员要佩戴执勤标志；实行凭证件出入的制度。

（5）施工现场发生各类案件和灾害事故，要立即上报并保护好现场，配合公安机关查破。

（6）现场要有明显的防火宣传标志。每周一对职工进行一次治安、防火教育，半月召开一次治保会。每周组织保卫、防火工作检查，建立保卫、防火工作档案，组建义务消防队并进行消防知识培训，合格后上岗。

（7）工地消防设施应按罗山县规定配备齐全，符合要求，施工现场严禁吸烟，设置消防标志。

（8）要加强对包工队的管理，掌握人员底数，签订治安消防协议。非施工人员不得在施工现场留宿，特殊情况要经保卫工作负责人批准。

（9）料场、库房的设置应符合治安消防要求，并配备必要的防范设施。贵重、剧毒、易燃易爆、放射性等物品，要设专库专管。建立存放、保管、领用、回收制度，做到账物相符。职工携物离开现场，要开出门证。

（10）施工现场必须设置消防车道，其宽度不得小于3.5米。消防车道不能环行，应在适当地点修建回转车辆场地。

（11）施工现场要配备足够的消防器材，并做到布局合理，经常维护、保养，采取防冻保温措施，保证消防器材灵敏有效。

（12）施工现场进水干管直径不小于100毫米。消火栓处，要昼夜设有明显标志，配备足够的水龙带；周围3米内，不准存放任何物品。

（13）电工、焊工从事电气设备安装和电、气焊切割作业，要有操作证和用火证。动火前，要清除附近易燃物，配备看火人员和灭火用具。用火证当日有效。动火地点变换，要重新办理用证手续。

（14）使用电气设备和易燃易爆物品，必须严格遵照防火措施，指定防火负责人，配备灭火器材，确保施工安全。

（15）因施工需要搭设临时建筑，应符合防盗、防火要求，不得使用易燃材料。

（16）施工材料的存放、保管，应符合防火安全要求，库房应用非燃料支搭。易燃易爆物品，应设专库储存，分类单独存放，保持通风，用电符合防火规定。不准在工程内、库房内调配油漆、稀料。

（17）工程场地内不准作为仓库使用，不准存放易燃、可燃材料，因施工需要进入工程场地内的可燃材料，要根据工程计划限量进入，并应采取可靠的防火措施。工程场地内不准住人。特殊情况需要住人时，要报经上级机关批准并与建设单位签订协议，明确管理责任。

（18）施工现场严禁吸烟。必要时，应设有防火施工现场和生活区，未经保卫部门批准，不得使用电热器具。

（19）氧气瓶、乙炔瓶（罐）工作间距不少于5米。使用两瓶同明火的作业距离不得小于10米。禁止在工程场地内使用液化石油气、"钢瓶"乙炔发生器作业。

（20）在施工过程要坚持防火安全交底制度。特别是在进行电气焊、油漆粉刷或从事防水等危险作业时，要有具体防火措施。

## （八）现场急救措施

施工现场急救救护的基本原则为：先救后送。事故发生后，事故现场要尽快采取一切简易有效的救护方法进行处理后，再送医院，为医生进一步抢救做好前期准备。为避免或防止延误救护时间和不正确救护方法，特制订以下现场急救救护措施和方法。

### 1. 创伤救护

（1）切割伤的救护

抢救人员应先洗净手。伤口内油污用清洁流水或肥皂水洗净，然后用双氧水溶液或冷开水仔细洗净、消毒，盖上清洁的纱布或卫生消毒巾，再用绷带或清洁布条扎紧止血。手指外伤，应将手指尖露在外面，以便于随时观察手指皮肤的色泽。

（2）擦伤的救护

抢救者用肥皂水洗净自己的手，再用冷开水或消毒水洗净伤口的污血，用双氧水等消毒剂消毒伤口，然后盖上清洁的纱布，包上绷带。如在铁器上、泥土地上擦伤，有可能感染破伤风，要注射破伤风抗生素预防。

（3）刺伤的救护

硬刺穿入皮肤，抢救者应洗净手，拿干净消毒的钳子去拔刺，但要预防伤口感染。如被旧钉等刺伤，要立即注射破伤风抗生素，冲洗伤口，防止感染。

（4）砸伤的救护

最有效的方法是冷敷，局部冷却可减轻内出血和组织肿胀，减轻疼痛。表面有伤口，用消毒药水纱布洗净伤口和冷敷，若没有消毒药水，可用清洁布条或清洁纱布包好伤口，盖上不透水的塑料薄膜，再用冰块冷敷。

### 2. 烧伤救护

（1）热力烧伤的救护

烧伤严重者应迅速送医院救治。局部应盖上清洁干净的布罩，以保持烧伤部位的清洁，不要任意在伤口上撒消炎粉等。轻度烧伤，局部用消毒油纱布包扎即可。

（2）酸碱烧伤救护

强碱或强酸烧伤，应立即用大量清水冲洗局部，然后分别用弱酸（如食用醋或氯化铵溶液等）或弱碱（如小苏打水、肥皂水等）溶液进行酸碱中和。

经上述初步紧急处理后，速送医院救治，千万不要在不做任何处理的情况下就送医院，因为这样会加重烧伤程度。

**3. 毒害物品中毒急救**

毒害物品中毒急救，首先抢救者要做好自身的防护（如戴好空气呼吸器等），方可进入储罐、有毒物质污染的区域或者窨井、下水道进行施救。

（1）口服摄入中毒的救护

应立即催吐，用手指刺激咽喉深部，尽量低头，身体向前弯曲，不要使呕吐物呛入肺部。若让中毒者大量饮水，使药物被稀释催吐，也会有效。

（2）吸入毒气的救护

立即将中毒者转移到空气新鲜的场所，中毒者只要能呼吸，就可吸入无毒新鲜空气，若能吸入氧气则更有效。如中毒者呼吸停止，要保持呼吸道畅通，并及时进行人工呼吸。

（3）皮肤吸入中毒的救护

立即除去污染的衣物等，用清水冲洗毒物吸收的部位至少15分钟，毒物流入眼睛，也要用流动的清水清洗，然后送医院救治。

**4. 中暑救护**

尽快将中暑者转移至阴凉处，解开衣服，饮用冷开水或凉盐水，但不要使中暑者过分受凉，要让中暑者感到凉快、舒服，休息片刻就可恢复。

**5. 坠落救护**

（1）四肢骨折的救护

有伤治伤，有出血止血，骨片穿过皮肤，应冲洗消毒后，用厚纱布包扎伤口，就地用木棍或板条做应急夹板，放在骨折部位，用宽带子将夹板固定在肢体上，在骨折部位填上毛巾等物，使骨折部位固定不动，夹板应有一定的长度和强度。上夹板的时候，必须把骨折部位非常小心地拉伸开，同时固定，骨折变形得到纠正，不要在患肢上压重物，并马上送医院请骨科医生处理。

（2）脊椎骨折的救护

背部中央受到外力打击造成脊椎骨折，搬运伤者时应注意不能使其身体屈曲、扭动，更不能让伤者行走或坐着，否则会损伤骨髓。搬运时应使伤者平躺在木板之类的硬板上，头颈两侧放沙袋，防止左右前后移动，避免脊椎的受伤加重。

# 十五、确保文明施工的技术组织措施

## （一）文明施工目标

施工期间遵守当地制订的各项管理规定。施工区域采用全围蔽管理。对进场施工人员进行严格的文明施工教育，行为举止符合文明市民的规范标准，并统一着装，统一胸卡，规范管理。做到文明施工，达到文明施工工地要求，创建市样板文明施工工地。

## （二）确保文明施工管理体系

为实现文明施工的目标，项目经理部成立领导小组，由专人负责现场文明施工措施落实，如下图所示。

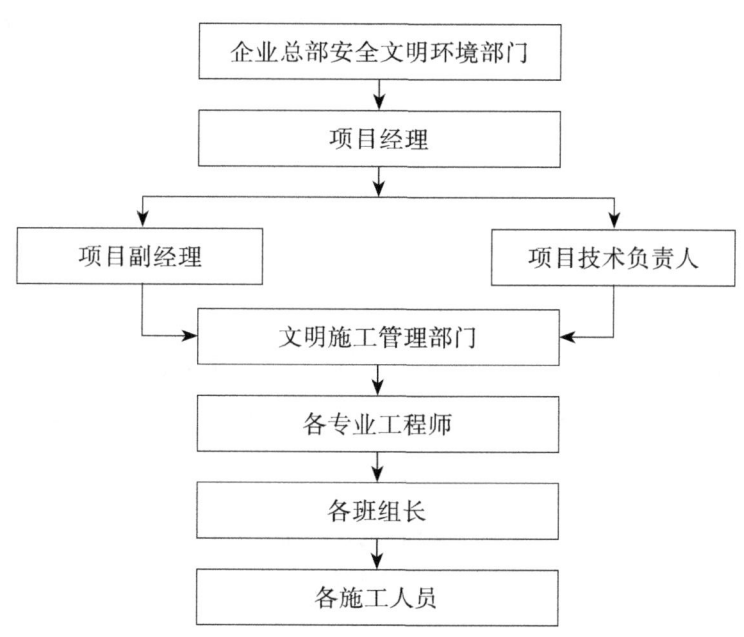

文明施工管理体系示意图

## （三）文明施工组织措施

### 1. 成立管理小组

根据本工程项目经理部的组成情况，根据每个岗位的责任，成立文明施工管理小组。

### 2. 确定目标、制订方案

根据小组的要求及本项目确定的目标，制订详细可行的方案及规章制度，做到有章可循，有据可依。

### 3. 提高文明意识

利用各种形式和机会，宣传文明施工的意义、目的，提高全项目特别是管理人员的文明施工意识，让全项目人人行为文明。

### 4. 动态管理监督

（1）每周一召开一次由项目副经理主持，全体人员参加的施工计划、文明施工交底会，在安排施工计划的同时，安排好安全、文明施工的工作。

（2）宣传监督由专门小组负责，加大宣传力度，加大监督量，扩大监督面。

（3）动员全体员工的积极性，多出点子，多想主意，在工作例会时提出，为文明施工提供坚强后盾，使施工标准化、文明化。

（4）每周由项目领导组织带队分头进行全面检查，对质量、安全、场容方面未达到要求的，提出书面整改意见，强制限期整改，责任到人，未及时有效整改的，按奖罚条例予以处罚。对文明施工中有创新或工作认真负责的个人或班组予以奖励。

## （四）确保文明施工管理制度

### 1. 生活区管理制度

（1）工地布置建设时，按文明工地标准进行，按规定标准建设食堂、浴室、厕所，卫生工作由专人负责。

（2）配备专职治安保卫人员，教育相关人员遵纪守法，加强与当地治安部门的联系，共同维护整个工地社会治安，做好包括工地和生活区在内的治安保卫工作。

（3）建立健全安全保卫制度，落实治安、防火管理责任人。

（4）施工人员统一佩戴工作卡，做到持证上岗。

（5）生活区内根据人员情况，设置厕所及淋浴措施，并派人专门负责清洗，保证无异味、臭味。

（6）食堂申请卫生许可证，炊事员持有效的健康证上岗。建立食品卫生管理制度，严格执行食品卫生法和有关管理规定，食堂和操作间相对固定、封闭，并且具备清洗消毒的条件和杜绝传染疾病的措施。在食堂设置简易有效的砖砌隔油池，加强管理，专人负责定期掏油，防止污染。按规定，食堂内采用柴油灶、不锈钢蒸饭箱。炊事用具应清洁卫生，贮藏柜（箱）和菜饭应生、熟分开，并有标识。

（7）施工现场根据就餐情况提供符合卫生条件的就餐场所和配置简易饭桌，同时设有专用保温饮水桶，水桶加盖、加锁，公用的水杯随时消毒，不让施工人员喝生水，必须配垃圾桶，严禁乱丢废物和剩饭。

（8）员工宿舍的要求

①宿舍内要通风良好，电源线、灯头线、开关均符合用电标准，每间宿舍照明灯泡控制在每8人用40瓦灯泡。

②宿舍内日常生活用品，要放置整齐有序，衣服、被褥折叠整齐。

③不准在宿舍（工棚）内烧火煮饭、炒菜，严禁烧电炉（除工作需要，用电炉须经批准同意）。严禁乱挂、乱接、乱绑电线及电器开关，严禁使用大功率电器烘烤衣被、鞋袜等。

（9）工地设医务室，负责员工的医疗保健，做好防病治病，开展医疗卫生宣传。

（10）尊重当地民风民情以及当地人民的生活习惯，与当地政府、当地人民群众以及监理工程师、设计代表等有关单位建立良好的关系，为文明施工创造良好氛围。

（11）施工过程中，坚持尊重地方政府、相信地方政府、依靠地方政府的原则，加强走访联系与请示汇报，服从各级地方政府的指导，施工计划和要求要提前报交当地政府和有关部门，以取得地方政府的配合与支持。做到在与地方政府的长期合作中，建立良好的往来关系，融洽感情，加深了解并增进友谊。

（12）明确业主与承包商的关系，摆正自身位置，认真履行合同，尊重监理工程师，自觉接受和服从监理工程师的监督与指导。

**2. 现场管理**

文明施工直接影响企业的形象。从工程进场开始，就把文明施工当作一件大事来抓，强化施工现场管理。施工现场内的所有物品严格按施工现场平面布置图布置，做到图物相吻合。同时根据工程进展，适时地对施工现场进行整理和整顿。

（1）施工现场设临时围挡隔离施工，围挡高度不低于2.1米。施工现场主要入口宜设置在何家冲村红二十五军军部旧址及医院旧址的主入口处，大门的门框或门柱必须牢固，门旁设立明显的标牌、安全标志和建筑施工许可证牌。包括：工程概况标牌、文明施工管理牌（施工管理人员及监督电话牌）、安全纪律牌、文明施工牌、消防保卫牌、安全生产牌、安全生产六大纪律牌、十项安全技术措施牌、施工现场总平面图、消防布置平面图、安全标识平面布置图，要求规格适当、字迹端正、位置明显、张挂牢固。

（2）建立文明施工责任区，划分区域，明确管理人，实行挂牌制，做到现场清洁整齐。

（3）施工现场场地平整，道路坚实畅通，设置相应的安全防护设施和安全标志，周边设排水设施；人行通道的路径避开作业区，设置防护措施，保证行人安全。

（4）施工现场临时水电派专人管理，不得有长流水、长明灯。

（5）施工现场的临时设施，包括生产、办公、生活用房、仓库、料场以及照明、动力线路等，严格按施工组织设计确定的施工平面布置、搭设或埋设整齐。

（6）施工操作地点和周围清洁整齐，做到活完脚下清，工完场地清，水泥弃浆等要及时清除，建筑垃圾集中堆放清运。

（7）对成品进行严格的保护措施，严禁污染损坏成品。

（8）施工现场严禁乱堆垃圾及余物。在适当的地点设置临时堆放点，定期外运。并且采取遮盖防漏措施，运送途中不得遗撒。

（9）针对施工现场情况设置宣传标语和黑板报，并适时更换内容，切实起到表扬先进、促进后进的作用。

（10）拌合机、灰浆机周围必须是硬地坪。整个施工现场排水畅通，无任何积水和临时给水管线滴漏及长流水现象。施工污水泥浆不得溢流到周边的古路面，也不得将没有沉淀过的污水直接排入城市市政基础设施和河流。

（11）宿舍、木工棚、仓库等易燃易爆场所分别设置三台以上挂式灭火器，并按规定期限更换灭火剂，同时配备灭火沙装3袋~5袋及消防水池，蓄水量2.4立方米~6立方米，严禁竹木制品仓库使用碘钨灯和超过60瓦的白炽灯等高温灯具。

3. 现场机械管理

（1）现场使用的机械设备，按平面布置规定地点存放，遵守机械安全规程，经常保持机身及周围环境的清洁；机械的标记、编号明显，安全装置可靠。

（2）施工现场出入口处设置汽车冲洗台，出场时必须将车辆清理干净，不得将泥沙带出现场。清洁机械排出的污水设有排放措施，不得随地流淌，在冲洗排水出口下游设置污水隔油沉淀池，对废水进行隔油沉淀处理，加絮凝剂达标后，可用于施工区的洒水降尘。

（3）加强对机械驾驶员的安全和文明施工教育，确保装运建筑材料、土石方、建筑垃圾的车辆在行驶途中不污染道路和环境。

## （五）施工用电搭设管理措施

1. 临时用电必须符合安全用电的有关运行规程，施工用电设施设专人管理，并经培训合格后持证上岗。

2. 低压架空线必须采用绝缘铜线或铅线，架空线必须设在专用电杆上，严禁架设在树干上。

3. 电缆线沿地面铺设时，不得架用老化脱皮的电缆线，中间接头牢固可靠，保持绝缘强度；路口道路处穿管保护，电源端设漏电保护装置。

4. 移动的电气设备的供电线，使用橡胶套电缆。

5. 电缆线路采用"三相五线"制接线方式，电气设备和电气线路必须绝缘良好。

6. 使用自备电源或与外电线路共用同一供电系统时，电气设备根据当地要求做保护接零或做保护接地，不得一部分设备做保护接零，另一部分设备做保护接地。

7. 手持电动工具和单机回路的照明开关箱内必须装设漏电保护器，照明灯具的金属壳必须做接零保护。

8. 各种型号的电动设备按使用说明书的规定接地。

9. 维修、组装和拆卸电动设备时，断电挂牌，防止其他人私接电动开关而发生伤亡事故，实行"一机一闸一漏"制，严禁"一闸或接零"，传动部位按设计要求安装防护装置。

10. 现场的配电箱坚固、完整、严密、有门、有锁、有防雨装置；同一配电箱超过三个开关时，设总开关；熔断器及热元件按技术规定严格选用，禁止用铁丝、铝丝、铜丝等非专用熔丝代替。

11. 室内、工棚配电盘和配电柜要有绝缘垫，并安装漏电保护装置。

12. 施工现场临时用电要定期进行检查，并进行防雷保护；移动式电动设备、潮湿环境和水下电气设备每天检查一次。对检查不合格的线路、设备及时予以维修或更换，严禁带故障运行。

# 十六、减少噪声、降低环境污染的技术组织措施

我们将依据《环境管理体系要求及使用指南》GB/T24001-2016环境管理标准，建立环境管理体系，制定环境方针、环境目标和环境指标，配备相应的资源，遵守法规，预防污染，节能减废，力争达到施工与环境和谐，创建环境保护工作先进现场。

本工程中，我们将重点控制对自然环境的破坏、大气污染、噪声污染、废弃物管理等。在制订控制措施时，考虑法规符合性、对环境影响范围、影响程度、发生频次、社区关注程度、资源消耗、可节约程度等。

## （一）环境保护组织管理

1. 在项目经理部建立环境保护体系，明确体系中各岗位的职责和权限，建立并保持一套工作程序，对所有参与体系工作的人员进行相应的培训。

2. 根据现场情况，项目经理部成立5人～10人的场容清洁队，每天负责清扫场外周围区域内的清洁保洁，并洒水降尘。

## （二）环境保护工作制度

1. 每半月召开一次"施工现场环境保护"工作例会，总结前一阶段的施工现场环境保护管理情况，布置下一阶段的施工现场环境保护管理工作。

2. 建立并执行施工现场环境保护管理检查制度。每半月组织一次由施工现场环境保护管理负责人参加的联合检查，根据检查情况按《施工现场环境保护管理检查记录表》评比打分，对检查中所发现的问题，应根据具体情况，定时间、定人员、定措施予以解决，项目经理部有关人员监理落实问题的解决情况。

## （三）环境保护防止污染措施

### 1. 防止对大气污染

（1）地面修缮施工阶段，主要采取淋水降尘措施，现场不存放土方，回填时另外运土进场。

（2）石灰和其他易飞扬物、细颗粒散体材料，安排在库内存放或严密遮盖，运输时要防止遗撒、飞扬，卸运时采取码放措施，减少污染。

（3）在出场大门处设置车辆清洗冲刷台，车辆经清洗和苫盖后出场，严防车辆携带泥沙出场造成遗撒。

### 2. 防止施工噪声污染

（1）脚手架在支设、拆除和搬运时，必须轻拿轻放，上下、左右有人传递。

（2）钢管修理时，禁止使用大锤。

（3）使用电锯切割时，应及时在锯片上刷油，且锯片送速不能过快。

（4）使用电锤开洞、凿眼时，应使用合格的电锤，及时在钻头上注油或注水。

（5）加强环保意识的宣传，采用有力措施控制人为的施工噪声，严格管理，最大限度地减少噪声扰民。

### 3. 废弃物管理

（1）施工现场设立专门的废弃物临时储存场地，废弃物应分类存放，对有可能造成二次污染的废弃物必须单独储存，设置安全防范措施，且有醒目标识。

（2）废弃物的运输确保不散撒、不混放，转移到政府批准的单位或场所进行处理、消纳。

（3）对可回收的废弃物做到再回收利用。

**4. 其他管理**

（1）对易燃、易爆、油品和化学品的采购、运输、储存、发放和使用后对废弃物的处理制订专项措施，并设置专人管理。

（2）对施工机械进行全面的检查和维修保养，保证设备始终处于良好状态，避免噪声、泄漏和废油、废弃物造成的污染，杜绝重大安全隐患的存在。

（3）生活垃圾与施工垃圾分开，并及时组织清运。

（4）施工作业人员不得在施工现场围墙以外逗留、休息，人员用餐必须在施工现场围墙以内。

（5）项目经理部配置粉尘、噪声等测试器具，对场界噪声、现场扬尘等进行监测。项目经理部对环保指标超标的项目及时采取有效措施进行处理。

（6）每天要对现场及场外绿树、植被进行检查，防止破坏环境的各种隐患的发生。

## 十七、施工环境保护、水土保持和文物保护等措施

在施工中将严格执行《中华人民共和国环境保护法》《中华人民共和国水土保持法》《中华人民共和国文物保护法》的有关要求，严格遵守国家和地方所有控制环境污染的法律和法规，采取行之有效的措施来保护施工区域环境。

（1）设立环境保护、水土保持和文物保护小组，规定有一定专业水平的项目部办公室主任管理，对施工区域周围环境、临近的设施及居民作合理保护，并积极主动与当地环保和水土保持部门联系，定期汇报，取得他们对我们工作的支持。

（2）加强对全体职工、民工的环保、水土保持、文物保护思想教育，重视环境保护和文明施工。

（3）施工现场附近，应设置废水处理池和泥浆处理池。

（4）施工和生活区的废物及垃圾集中放置，集中处理。

（5）施工中采取有效措施，确保当地的道路不受污染，松散性材料在运输途中采取措施防止材料沿途撒漏，并遮盖防止扬尘。施工碾轧、堆放拌合或筛分的细粒材料，

适当洒水，减少粉尘污染。

（六）通过采取措施或改进施工方法，使施工噪声降至符合环境标准。

（七）施工过程中产生的废渣、废液，运往业主指定的废弃场。

（八）加强对施工机械的维修保养，遇到漏油、漏水的情况，机械必须修好后，方可参与施工，废油回收后集中存放，统一处理。

（九）在古路地面铺设有一定承载力的玻璃砖和木地板，在保护地面的同时形成一定的隔离层，既能保护遗迹，又能达到原状展示的效果。

（十）所有重点位置均需设置明显的标志和说明，禁止人员直接触摸、践踏或过分靠近文物。

（十一）采取必要防护措施，改善收藏条件，设置监测设备，设置防火、防盗、防自然破坏的相应措施。

（十二）对于部分可移动文物，应进行收集整理，收入文物管理部门或陈列馆进行保存或展出。

（十三）当施工过程中发现有文物时，施工管理人员应马上保护好施工现场，停止施工，及时向上级部门和项目经理汇报情况，后由上级部门或项目经理及时向业主报告。

# 十八、合理化建议及降低工程成本措施

本工程作为群体修缮建筑，采取不同的施工安排和组织，不同的技术措施、施工手段和方法、施工工艺和机械设备等，都对工程的成本和造价的影响极大，我方一贯非常重视工程成本造价的控制，在此次施工组织设计和各种施工方案的制订过程中，都是经过认真研究，追求技术经济综合指标的最优化选择，在该工程实施过程中，我方将采取以下主要成本造价降低措施。

### 1. 合理组织和施工优化

如何组织结构施工，采用何种技术措施、施工手段和方法、施工工艺和机械设备、材料选型等，都对工程成本和造价的影响极大。在结构施工阶段，我方所采取的降低成本的措施包括以下方面。

（1）合理划分施工流水段和结构施工流水段，采取小流水施工的方法，合理组织和安排，能有效节省人、机、料的投入，加快工程进度，从而大幅度降低成本。

（2）整个工程木材、瓦材用量较大，我方将在施工现场合理布置场地，进行统一进木材和干烘板材，加快工程进度，大幅度减轻劳动强度，减少二次搬运，最大强度地减少浪费，从而大幅度节约工程成本。

**2. 其他控制措施**

（1）材料费的控制

材料管理主要从控制价差和量差入手。

①材料采购及时货比三家，选择质优价低的原材料。

②编制准确的材料进场计划，从时间和数量上严格把关，减少材料剩余量，加快资金的周转。

③现场消耗及时严格执行限额料制度，采取材料消耗按施工预算，多用材料自行负责，督促工长、班组合理领料，做到工完场清。

④周转材料及时根据进度要求，合理计划组织进、退场，以控制租赁费。木层板、木枋使用及时合理，严格控制长料锯短、大料裁小，同时及时加强模板保养，以增加周转使用次数。

（2）机械费的控制

①编制机械设备进退计划，并严格执行，做到项目机械设备动态平衡。

②采取合理的方案，减少机械的投入量和租用时间，并加强机械设备的维修和保养，提高设备的利用率。

（3）加强技术管理

在施工管理中，合理组织，加大科技含量，从而提高工作效率，实现经济效益。编制科学合理、周密的施工方案，合理组织现场施工流程，加快施工进度，缩短施工期。

（4）质量管理

加强工程施工过程中的质量管理，消灭质量隐患，杜绝质量事故发生，从而避免返工、修补所发生的费用。

（5）加强安全生产管理

杜绝安全事故的发生是最大的成本节约。

（6）文明施工管理

做好现场文明施工，也是节约成本的重要一环，工完场清、材料及时回收，堆码整齐等都是项目经济效益的最好体现。

# 十九、工程承诺服务

### 1. 工程服务目标

（1）工程施工阶段服务

①在工程施工及管理的全过程中，完成对业主的合同承诺是最基本的前提，同时要积极主动、优质高效地为业主进行潜在的服务，共同实现项目的工期、质量、成本等综合目标。

②在工程实施过程中，积极主动地协助业主工作，完成与之相关的辅助性和事务性工作，使业主从繁杂的事务性工作中解脱出来，加快工程招标的进程，促进工程进度。

③在工程实施过程中，我方将根据长期以来所积累的经验和吸取的教训，提出有针对性的合理化建议，确保工程质量、加快工程进度和降低工程造价。

（2）工程竣工收尾阶段服务

为了保证工程顺利竣工，保质保量完成施工任务，解决好工程收尾及成品保护问题，我们将采取如下措施。

①我们将制订切实可行的收尾施工方案，并严格按照方案落实到施工现场。

②成立工程收尾领导小组，由各专业及职能部门人员组成，确保收尾工作有序进行。

③确保充足、稳定的劳动力和施工材料，及时完成剩余工程量和解决工程中不到位的项目。

④在工程正式交工之前，我们将委派专业成品保护人员对工程重点部位做好监护。

⑤积极配合业主完成与文保部门的交接工作。

⑥成立"保驾护航"小组，配合文保部门完成工程保修任务。

（3）工程竣工后服务

①在工程竣工后，我方将免费为业主提供一套与本工程有关的《用户服务手册》，并对业主的文保部门管理人员进行培训交底，在工程交工之后积极配合业主的文保部门管理工作，直到业主方的文保部门管理工作步入正轨。

②在本工程保修期结束之后，仍将一如既往地为业主进行建筑物维护保修工作，以确保建筑物的正常使用，让业主放心。在所有保修期结束之后，只要业主提出要求，

仍将对本工程进行及时认真的维护保修工作。

③倘若业主在整个工程竣工交付使用之后，因业主自身业务发展的需要，需对建筑物的某些使用功能进行调整和改造等，我方仍将积极配合业主，向业主提供有效的合理化建议，做好业主的参谋，按照业主的要求完成上述工作。

**2. 服务遵循的原则**

服务积极主动，工作优质高效，服务态度谦和，信息交流畅通，质量保证完善。

**3. 组织保证体系**

为保证用户服务目标的实现，达到用户服务标准，将围绕本工程成立专门的用户服务领导小组，负责对施工过程中施工环节和施工部位的控制工作，对工程竣工后保修期内的售后服务组织工作和保修期结束后为业主提供各种延伸服务工作的领导、监督和检查。

**4. 用户服务实施细则**

（1）施工过程中重点预控

①严把材料质量关，杜绝使用不合格产品

针对本工程，我们将从与我方建立有长期、良好合作关系，并经评审后进入我方合格分供方档案的生产厂家采购材料和物资。同时，在正式进场前，将材料样品上报业主和监理，经审批同意后再组织进场，对严重影响工程质量的重要材料，如石材、砖瓦、水泥、木结构材料等重要材料，更要严格把关，进场材料按有关规范进行材料性能的检验，合格后方可用于本工程。

②提高对施工机械、器具的检测标准

为确保施工产品的合格率，对施工过程中使用的机械、工具器具，在使用前必须进行严格检测，做到标准精度、符合现行使用要求，尤其是对安装工程所使用的器具，确保每一个接头和结点都严密、牢固、可靠。

③加强修缮质量控制

修缮工程的质量对整个工程的质量水平起着重要的作用，因此，为保证修缮工程质量，将制订高标准的分部分项工程施工方案，对装修工程进行预控，在施工过程中对各分工序质量进行严格的检查和控制。

④加强施工技术资料的管理

施工过程中设专职资料员对工程的所有施工资料进行汇编整理，资料做到及时、准确、完整、有效，能够如实地反映施工的质量情况。工程竣工后，我们将向业主上交一套完整的工程技术资料，以供业主在工程竣工后核查之用。

（2）保修期内的回访、保修工作

①向用户提供有关该工程的《用户手册》，该手册包括本工程相关结构形式、特点、工程主要应用材料的名称及使用说明，工程有关设备、部位及使用说明书，并提供重要部位的结构形式（节点图），附上施工照片，针对使用中易出现的问题提出检查、处理方法和使用注意事项。

②向业主提供《用户保修卡》，使业主对该工作的有关使用情况能予以充分地了解，并予以监督、检查。

③保修期间，设专职保修人员对使用中发现的问题及时处理。

④用户服务部每季度对工程进行一次回访，同用户进行沟通，了解用户对使用功能不完善方面的意见，以及建筑安装使用功能和安全方面存在的问题和隐患，处理急需解决的质量问题，了解用户对项目的全面评价及后期出现的质量缺陷。

（3）保修期后的服务

本着"至诚至信的完美服务、百分之百的用户满意"的服务宗旨，在保修期满后，我们将一如既往地为用户进行全面的服务。为了让业主放心，对业主提出的问题能够得到及时处理，我们将指定专人对该工程负责用户服务工作，并定期向用户提供有关建筑工程方面的咨询，做好业主的参谋。

**附表1 拟投入的主要施工设备表**

| 序号 | 设备名称 | 型号规格 | 数量 | 国别/产地 | 制造年份 | 额定功率（千瓦） | 生产能力 | 用于施工部位 | 备注 |
|---|---|---|---|---|---|---|---|---|---|
| 1 | 翻斗车 | FC-1A | 16 | 北京 | 2013 | 12P | 良好 | 材料运输 | |
| 2 | 千斤顶 | 97809 | 5 | 上海 | 2014 | 32吨 | 良好 | 木结构修缮 | |
| 3 | 卷扬提升机 | JK-282 | 4 | 河南 | 2012 | 7.5 | 良好 | 垂直运输 | |
| 4 | 灰浆机 | LJZ200 | 4 | 湖北 | 2014 | 3 | 良好 | 灰浆搅拌 | |
| 5 | 蛙式打夯机 | HW-40 | 6 | 北京 | 2015 | 1.26 | 良好 | 三合土地面 | |
| 6 | 石材切割机 | TQ500 | 4 | 郑州 | 2014 | 11 | 良好 | 台阶石材 | |
| 7 | 云石机 | MOD5200 | 3 | 江苏 | 2013 | 1.0 | 良好 | 台阶石材 | |
| 8 | 和灰机 | HJ150 | 4 | 兰州 | 2013 | 2.0 | 良好 | 砂浆搅拌 | |

续表

| 序号 | 设备名称 | 型号规格 | 数量 | 国别/产地 | 制造年份 | 额定功率（千瓦） | 生产能力 | 用于施工部位 | 备注 |
|---|---|---|---|---|---|---|---|---|---|
| 9 | 空气压缩机 | Y112S-2 | 4 | 河南 | 2014 | 7.5 | 良好 | 木结构修缮 | |
| 10 | 圆盘锯 | ML105 | 10 | 牡丹江 | 2013 | 5.5 | 良好 | 木结构修缮 | |
| 11 | 平刨 | MDJ103 | 5 | 山东 | 2014 | 3 | 良好 | 木结构修缮 | |
| 12 | 木工压刨 | MB106H | 5 | 山东 | 2015 | 3 | 良好 | 木结构修缮 | |
| 13 | 手提锯 | MOD82185 | 8 | 江苏 | 2013 | 1.0 | 良好 | 木结构修缮 | |
| 14 | 手提刨 | MAB-AQ | 8 | 江苏 | 2012 | 1.0 | 良好 | 木结构修缮 | |
| 15 | 台锯 | 三相2.0kW | 4 | 德国 | 2014 | 1.2 | 良好 | 木结构修缮 | |
| 16 | 台刨 | 1.1kW | 4 | 日本 | 2014 | 1.8 | 良好 | 木结构修缮 | |
| 17 | 台钻 | 直径13 | 4 | 青岛 | 2014 | 1.2 | 良好 | 木结构修缮 | |
| 18 | 切割机 | 355型 | 6 | 北京 | 2013 | 1.5 | 良好 | 砖石切割 | |
| 19 | 吊车 | QY-12T | 1 | 徐州 | 2012 | 158 | 良好 | 木柱梁、石材安装 | |
| 20 | 货车 | 1041QC4D | 1 | 北京 | 2013 | 70 | 良好 | 材料运输 | |

附表2 拟配备的试验和检测仪器设备表

| 序号 | 仪器设备名称 | 型号规格 | 数量 | 国别/产地 | 制造年份 | 已使用台时数（台时） | 用途 | 备注 |
|---|---|---|---|---|---|---|---|---|
| 1 | 经纬仪 | J2 | 2 | 上海 | 2015 | 56 | 测量 | |
| 2 | 水准仪 | DS2 | 2 | 上海 | 2015 | 72 | 测量 | |
| 3 | 全站仪 | TOPOCW | 2 | 北京 | 2014 | 47 | 测量 | |
| 4 | 重型击实仪 | BKJ-III | 1 | 云南 | 2013 | 39 | 质检 | |
| 5 | CBR测定仪 | CBR-2 | 1 | 武汉 | 2014 | 81 | 质检 | |
| 6 | 数码摄像机 | XMX-H400 | 4 | 上海 | 2014 | 105 | 拍摄图片存档 | |
| 7 | 台式计算机 | 联想 | 4 | 北京 | 2014 | 485 | 办公 | |
| 8 | 标尺 | 5米 | 6 | 长沙 | 2015 | 52 | 测量、质检 | |
| 9 | 等电位测试仪 | K-3690 | 1 | 苏州 | 2014 | 32 | 防雷检测 | |
| 10 | 靠尺 | 2米 | 5 | 广州 | 2015 | 210 | 质检 | |
| 11 | 电子天平 | JD3003 | 1 | 成都 | 2014 | 150 | 试验 | |
| 12 | 含水量测定仪 | HKC-30 | 1 | 北京 | 2013 | 190 | 检测 | |

附表三 劳动力计划表

单位：人

| 工种 | 按工程施工阶段投入劳动力情况 | | | | | | | | |
|---|---|---|---|---|---|---|---|---|---|
| 测量工 | 文物构件测绘、架子搭设 | 文物残损构件拆卸 | 建筑木结构本体修缮复原 | 墙体修缮复原 | 屋面修缮复原 | 石活补配维修 | 木门窗、木装修修缮 | 油饰及防火涂料喷涂 | 地面修缮及室内外环境整治 |
| 木工 | 3 | 15 | 25 | | 12 | | 10 | | |
| 石工 | 1 | 5 | | 4 | | 9 | | | 8 |
| 泥工 | 1 | 8 | | 13 | 10 | 4 | | | 8 |
| 瓦工 | 1 | 8 | | | 16 | | | | |
| 测绘、记录资料人员 | 3 | 3 | 3 | 3 | 3 | 3 | 3 | 3 | 3 |
| 普工 | 2 | 9 | 15 | 12 | 10 | 4 | 6 | 7 | 8 |
| 机操工 | 3 | 3 | 3 | 3 | 3 | 3 | 3 | 3 | 3 |
| 刷油工 | 1 | 4 | 3 | | | | | 5 | 9 |
| 架子工 | 10 | 6 | 8 | 7 | 4 | | 3 | 2 | |
| 防水工 | | | 2 | | 5 | | | | |
| 电工 | 2 | 2 | 2 | 2 | 2 | 2 | 2 | 2 | 2 |
| 管理人员 | 8 | 8 | 8 | 8 | 8 | 8 | 8 | 8 | 8 |

附表四 计划开、竣工日期和施工进度网络图

| 项目 | 计划天数（360日历天） | | | | | | | | | | | | | | | | | | | |
|---|---|---|---|---|---|---|---|---|---|---|---|---|---|---|---|---|---|---|---|---|
| | 工日 | | | | | | | | | | | | | | | | | | | |
| | 18 | 36 | 54 | 72 | 90 | 108 | 126 | 144 | 162 | 180 | 198 | 216 | 234 | 252 | 270 | 288 | 306 | 324 | 342 | 360 |
| 施工准备临时设施搭建 | — | | | | | | | | | | | | | | | | | | | |
| 测量放线拍照测绘 | — | | | | | | | | | | | | | | | | | | | |
| 脚手架搭设 | — | — | — | — | — | — | — | — | — | — | — | — | — | — | — | — | — | | | |
| 不当加建及残损构件拆除、揭瓦 | — | — | | | | | | | | | | | | | | | | | | |

续表

| 项目 | 计划天数（360日历天） | | | | | | | | | | | | | | | | | | | |
|---|---|---|---|---|---|---|---|---|---|---|---|---|---|---|---|---|---|---|---|---|
| | 工日 | | | | | | | | | | | | | | | | | | | |
| | 18 | 36 | 54 | 72 | 90 | 108 | 126 | 144 | 162 | 180 | 198 | 216 | 234 | 252 | 270 | 288 | 306 | 324 | 342 | 360 |
| 木构件修缮复原 | | — | — | — | — | — | — | — | — | | | | | | | | | | | |
| 墙体、修缮复原 | | | | | | | — | — | — | — | | | | | | | | | | |
| 屋面盖瓦修缮 | | | | | | | | | | — | — | — | | | | | | | | |
| 木装修修缮 | | | | | | | | | | | | — | — | — | | | | | | |
| 抹灰油饰修缮 | | | | | | | | | | | | | — | — | — | — | | | | |
| 石作地面修缮 | | | | | | | | | | | | | | | — | — | — | | | |
| 院落整治疏通排水 | | | | | | | | | | | | | | | | | | — | — | — |
| 竣工收尾 | | | | | | | | | | | | | | | | | | | | — |

本工程拟计划开工日期为2017年4月上旬，竣工日期为2018年4月上旬，总工期为360日历天，具体开工日期以甲方发出的开工令为准。

施工准备，临时设施搭建拟于开工后5天内完成，测量放线拍照测绘拟于开工后18天内完成，脚手架搭设拟于开工后342天内完成，不当加建及残损构件拆除、揭瓦拟于开工后54天内完成，木构件修缮复原拟于开工后162天内完成，墙体、修缮复原拟于开工后180天内完成，屋面盖瓦修缮拟于开工后216天内完成，木装修修缮拟于开工后234天内完成，抹灰油饰修缮拟于开工后288天内完成，石作地面修缮拟于开工后306天内完成，院落整治疏通排水拟于开工后360天内完成，竣工收尾拟于开工后360天内完成。

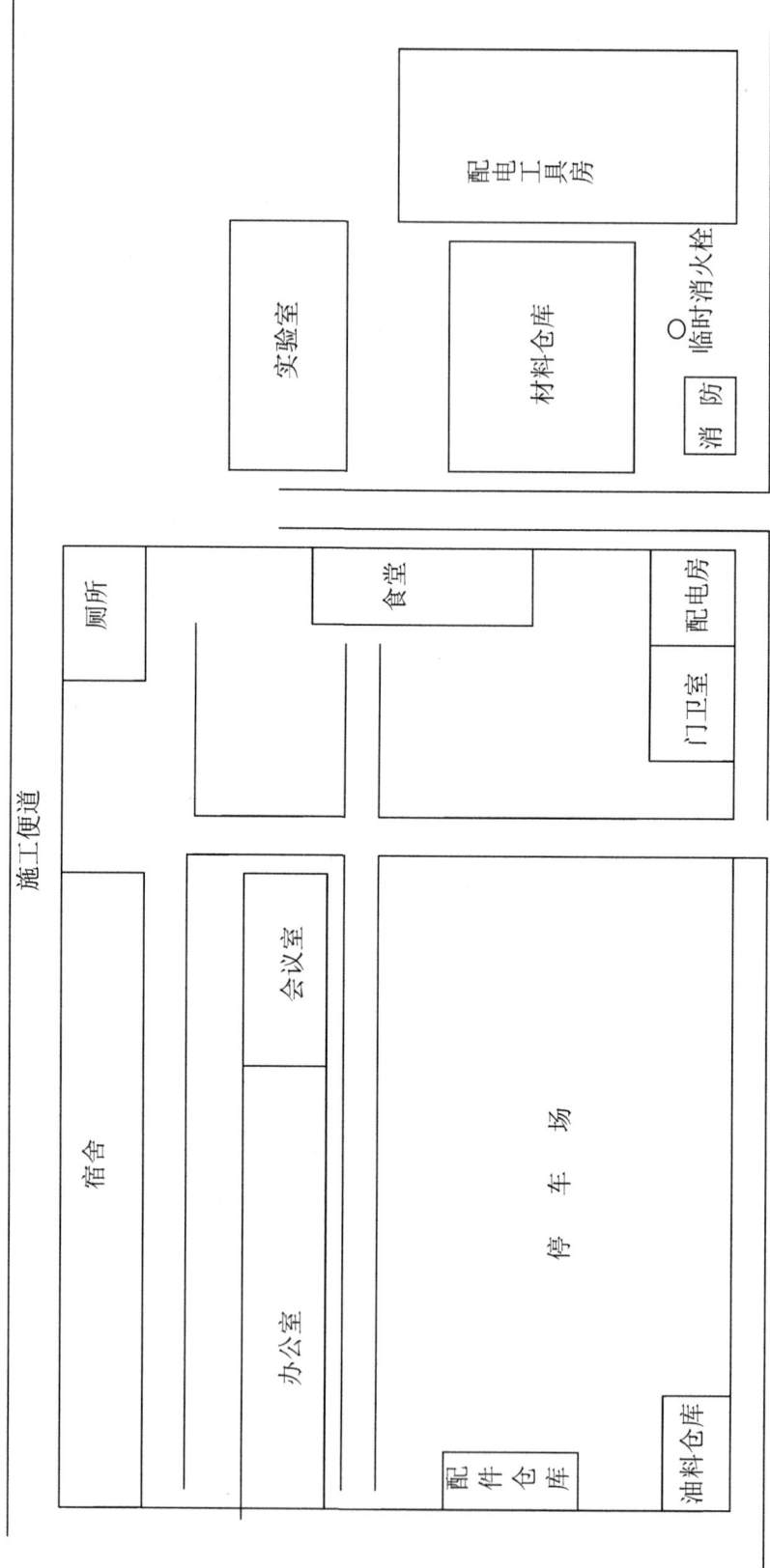

临时设施布置图

说明：
1. 项目经理部与医院旧址项目部为同一项目，设置在同一处，设置的项目经理部距离二施工工地不应太远。
2. 军部旧址设置一个作业施工区，在庭院内设置一个，施工场地内设置临时围挡，实行围蔽管理，进入施工场地大门设置一个，在主入口公路处设置；施工场地内的用水、用电依据现场实际情况就近接入。
3. 施工场地内的临时设施依据现场灵活布置；生活区拟设置在何氏祠周边空地或临时租借，内配食堂、宿舍、浴厕、职工活动等设施。

**施工总平面布置图**
**红二十五军军部何氏祠施工总平面布置图**

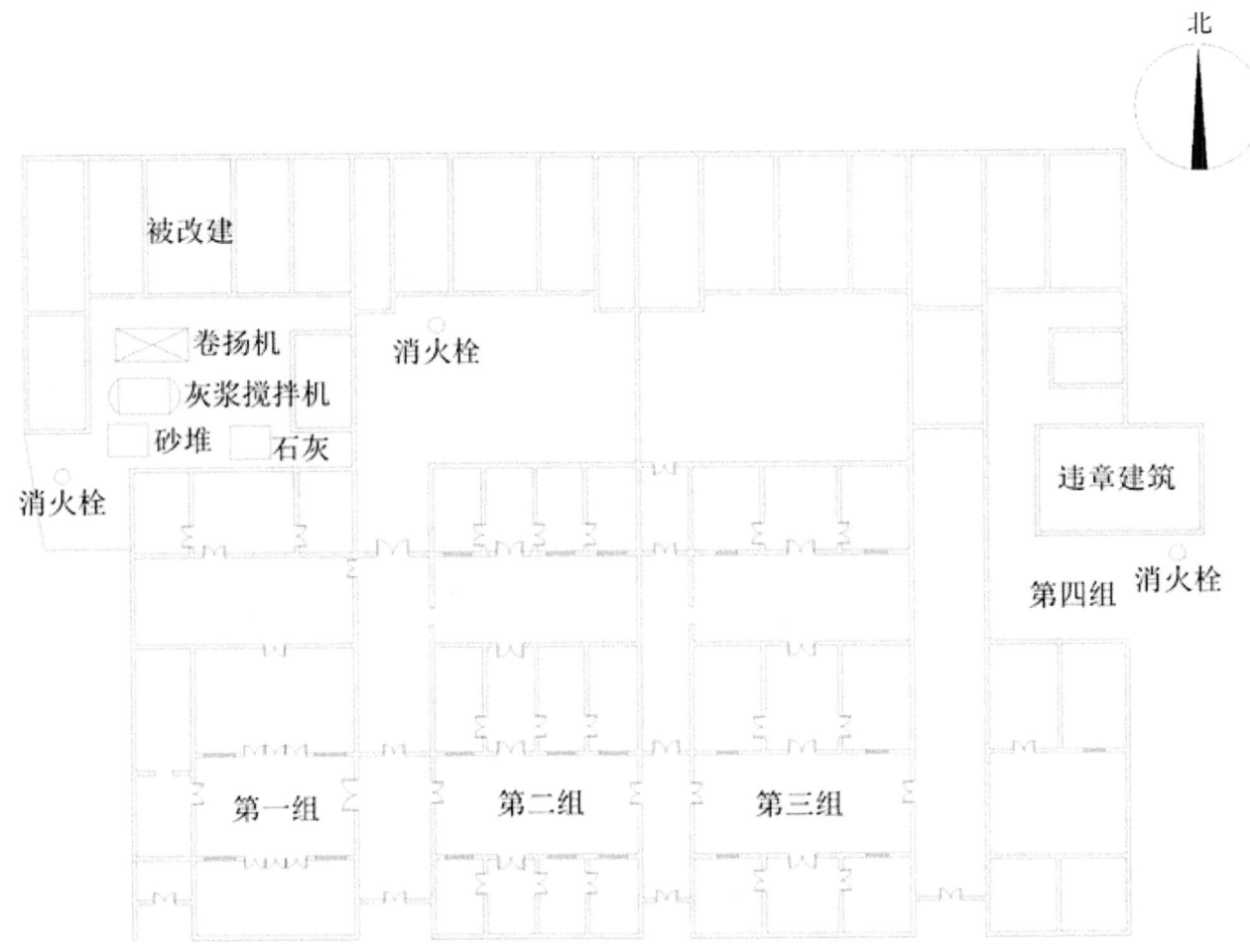

说明：
1. 项目经理部设置在张冲村医院旧址室外周边空地处，具体位置由甲方决定或在周边临时租借，占地面积约 200 平方米。
2. 医院旧址设置四个作业施工区，在第一、二、三、四组建筑庭院处各设置一个，施工场地内设置临时围挡，实行围蔽管理，进入施工场地大门设置一个，在次入口处设置；施工地场地内的用水、用电依据现场实际情况就近接入。
3. 施工场地内的临时设施依据现场灵活布置；生活区拟设置在何氏祠周边空地或临时租借，内配食堂、宿舍、浴厕、职工活动等设施。

**红二十五军医院旧址施工总平面布置图**

附表五　临时用地表

| 用　　途 | 面积（平方米） | 位　　置 | 需用时间 |
|---|---|---|---|
| 门卫室 | 12 | 拟修缮建筑周边空地处 | 360 天 |
| 办公室 | 75 | 何家冲周边空地处或临时租借 | 360 天 |
| 会议室 | 60 | 何家冲周边空地处或临时租借 | 360 天 |
| 文物材料临时仓库 | 80 | 何家冲周边空地处或临时租借 | 360 天 |
| 木工制作棚 | 40 | 拟修缮建筑周边空地处 | 360 天 |
| 残损构件修复加工棚 | 40 | 拟修缮建筑周边空地处 | 360 天 |
| 其他构件制作加工棚 | 40 | 拟修缮建筑周边空地处 | 360 天 |
| 消防水池 | 20 | 拟修缮建筑周边空地处 | 360 天 |
| 配电工具房 | 18 | 何家冲周边空地处或临时租借 | 360 天 |
| 砂堆 | 8 | 拟修缮建筑周边空地处 | 360 天 |
| 石灰 | 10 | 拟修缮建筑周边空地处 | 360 天 |
| 麻刀 | 4 | 拟修缮建筑周边空地处 | 360 天 |
| 物料提升卷扬机 | 6 | 拟修缮建筑周边空地处 | 360 天 |
| 食堂 | 50 | 何家冲周边空地处或临时租借 | 360 天 |
| 宿舍 | 180 | 何家冲周边空地处或临时租借 | 360 天 |
| 浴室 | 15 | 何家冲周边空地处或临时租借 | 360 天 |
| 厕所 | 12 | 何家冲周边空地处或临时租借 | 360 天 |

# 第三章　工程监理管理

## 一、工程概况和历史沿革

中国工农红军第二十五军长征出发地——何家冲，位于河南省罗山县铁卜乡何家冲村境内，北距罗山县城62千米，为中国工农红军长征四大出发地之一。整个出发地旧址由四部分组成：一是红二十五军军部旧址；二是红二十五军医院旧址；三是银杏树；四是红军碾。红二十五军长征出发地记录了红二十五军长征出发前在何家冲的活动历史，大银杏树是红二十五军开始长征的历史见证和标志，同时分别代表了同时期极具地方特点的祠堂建筑和民居，具有重要的历史研究价值和艺术价值。何家冲红二十五军长征出发地旧址于1986年被罗山县人民政府公布为县级文物保护单位，1996年被国务院公布为第四批全国重点文物保护单位。

红二十五军军部旧址，设在何氏祠堂，东西宽19.66米，南北长28.86米，由倒座、正房和东西厢房组成一个四合院，现存房屋16间，砖木结构，清水砖墙均为空斗砌法，抬梁式与穿斗式相结合的梁架结构形式，南方合瓦（蝴蝶瓦）屋面风格。建筑风格吸收了南方宗祠建筑的特点，砖雕、彩绘、木雕、燕尾、防火山墙，建筑艺术种类丰富，在大别山地区宗祠建筑中独具特色。"文革"期间何氏祠的墙壁、屋顶、门窗遭到一定程度的破坏。

红二十五军医院旧址，位于军部旧址东约300米处的何大湾内。建于明代，为何姓人所建，属民居，为群组建筑，具宗族色彩。该旧址总占地面积约2700平方米，现存房屋25座（含围廊）。四组建筑的结构、风格、规模基本相同，为砖木结构，清水砖墙多为空斗砌法，屋面均为南方合瓦（蝴蝶瓦）屋面风格，建筑正脊用灰瓦叠落，并叠出脊饰，中部渐低，渐向两方翘起，造型别致轻巧，体现了大别山区独特的建筑艺术特点。1934年被国民党"清剿"部队放火焚烧，仅残存房屋30余间。新中国成立后，仍为民居，并时有修缮，但四组建筑均出现不同程度的坍塌、改制和拆除。

考虑到冬季施工的天气影响，本次工程划分为两个阶段对红二十五军长征出发地旧址进行全面修缮。

第一阶段主要对红二十五军军部旧址——何氏祠及红二十五军医院旧址第一组、第二组两处建筑群进行维修保护。军部旧址建筑群现存主要病害为：屋面漏雨、木基层糟朽、墙体酥碱及涂料抹面、油饰脱落、院内排水不畅等，影响了建筑群的结构安全和整体风貌。红军医院旧址现存主要病害与军部旧址类似，因仍作为民居使用，人为改建情况相较军部更为突出。

第二阶段工程是第一阶段工作的延续，主要对医院旧址第三组、第四组建筑本体进行修缮，对医院旧址前环境及银杏树周边环境进行整治。红军医院旧址前环境现存主要病害为：①绿化带紧邻文物本体，造成文物建筑墙体根部酥碱严重；②建筑群前方柏油路面在多次铺装中逐渐抬升，不利于建筑群向外排水；③建筑群前方河岸边植被丛生杂乱，影响排水和整体风貌。银杏树周边环境现存主要问题为：银杏树根部树池过小、树下广场硬化过度，对树木生长产生了不利影响，致使古树出现营养不良、树冠稀疏的情况。

两个阶段工程内容主要为：何氏祠建筑群、红军医院四组建筑修缮，医院门前环境整治，包括：地面、散水及排水沟维修；墙体维修；石作维修；屋面维修；木作维修；医院门前环境整治；银杏树周围环境整治等。

## 二、监理工作范围

监理委托合同约定的监理工作范围。

## 三、监理工作内容

依据监理委托合同、施工合同、第二阶段施工补充协议、设计方案以及国家相关的法律、法规、技术规范、验收标准等，本次监理工作内容是对工程项目在施工准备阶段、施工阶段、验收阶段实施质量控制、安全控制、进度控制、投资控制，对该工程的施工合同进行有效的监督、管理，对施工过程中的各种工程信息资料进行收集整理并最终形成本工程的监理资料汇编。我们将努力协调各方之间的关系，推动工程顺利实现合同约定的目标。

**1. 施工准备阶段监理工作内容**

（1）成立项目监理机构

（2）在合同约定日期前进驻工地，进行实际查勘，收集设计图纸、批文、施工合同等资料

具体如下：

①工程批文。

②设计文件。

③施工合同。

④施工组织设计。

⑤开工备案表。

⑥图纸会审和设计交底记录。

⑦监理规划。

⑧第一次工地会议纪要、图纸会审纪要。

⑨准备阶段工作联系单、通知单等各单位之间的往来函件。

⑩施工单位施工组织设计报审表、开工报审表、开工报告等报审材料。

（3）与业主方、施工方建立正常工作程序和联系渠道

在业主方协助下确定工程参建各方主要负责人及联系方式，并制订工程工作通信录、建立工程工作群。

（4）审查施工合同、施工单位和施工项目部人员资质

①审查施工合同中有无违反国家法律法规、行业规范的内容，有无不利于公平的内容，并向业主方提出合理意见。

②审查施工单位资质和承接业务情况，判断是否满足本工程需要，并向业主方提出合理建议。

③审查施工项目部人员名单是否与投标内容相符，审查项目部人员资质，判断是否满足本工程需要，并向业主方提出合理建议。

④工程存在分包情况的，应审查分包单位资质。

专业分包条件：

施工单位可将需要采用现代技术实施的加固防护专项工程进行专业分包。可以分包的专项工程包括结构加固、地基基础加固、岩土工程、地质灾害防护、病虫害生物防治、科技保护等。分包工程必须符合施工合同。

专业分包要求：

分包单位必须具备相应施工资质和施工技术。

分包单位按照分包合同约定对施工单位负责；施工单位和分包单位就分包工程对业主单位承担连带责任。施工单位应填写《分包单位资格报审表》，报监理单位审核确认后，报业主单位同意。

（5）编写监理规划

（6）核对设计方案和图纸，参加业主单位组织的图纸会审和设计交底

①总监理工程师组织监理人员认真研究、熟悉设计方案和图纸，将发现的图纸问题汇总整理成书面文件，在参加业主单位组织的图纸会审时提交，与施工方、业主方意见汇总后形成正式图纸会审记录表，三方签字盖章。应形成正式图纸会审记录表4份。施工单位、监理单位、业主单位各持1份，业主单位递交设计单位1份。

②监理单位参加业主单位组织的设计交底会议，记录会议内容，形成设计交底会议纪要，抄送各方。

③敦促施工单位根据设计交底内容填写设计交底记录表，经各方核实无误后签字盖章，形成正式图纸设计交底记录表6份，业主单位、设计单位、施工单位、监理单位各持1份，另2份由业主单位报上级文物管理部门备案和自己留档备查。

④图纸会审和设计交底后，对于需要补充设计变更图纸的，监理单位应敦促业主单位，由业主单位联系设计单位一周内补齐正式设计图纸，以免妨碍工程正常施工。

（7）审查施工组织设计，签署审查意见

①监理单位应对施工单位、施工组织设计进行审查，审查依据《文物建筑保护工程施工组织设计编制要求》相关规定进行。施工组织设计的编制应具有针对性、可操作性，并在实施过程中进行动态调整。

②监理单位审批通过后，及时签署施工组织设计报审表。

③施工组织设计审查由总监理工程师统一组织，各专业监理工程师对相应专业的内容进行审查，汇总后由总监理工程师签署审查意见。

④对审查未通过的施工组织设计，敦促施工单位进行整改调整，施工组织设计审批通过前，不予签署开工报告。

⑤施工组织设计在实施过程中的调整及调整后的报审程序依据《文物建筑保护工程施工组织设计编制要求》相关规定进行。

（8）检验进场设备性能、主要材料、构配件质量

监理单位参照设计文件要求、验收规范、标准等对材料质量进行检查。

材料、构件应有出厂质量证明文件，材料质量证明文件包括产品合格证、质量合格证、检验报告、试验报告、产品生产许可证和质量保证书等。质量证明文件应反映工程材料的品种、规格、数量、性能等指标，并与实际进场材料相符。

材料的取样复试应符合现有规范规定，对需要复试的材料、构件按规定见证取样送检，复试取样时，监理人员填写《见证记录》。

检验及复试合格后，监理单位及时签署材料报审表，并要求施工单位将《材料、构件进场报验表》连同出厂合格证、质量检验报告、进场检验记录及复试资料等报监理单位，监理单位归档入监理资料。

第一次复试结果不合格，应对不合格项目进行第二次复试。第二次复试仍不合格的材料不准使用，并注明不合格材料、构件的去向。

修缮中选用的老旧材料、构件不适用上述检验、报验程序。老旧材料、构件需经勘察设计单位现场确认后，由监理单位监督使用。

修缮机具主要包括各类传统工具、保证安装运输的各种机械、用于检测分析的各类仪器等。施工单位应根据修缮工程需要，配备传统工具，确保在修缮施工中做到原工艺。

（9）审查开工条件，在满足开工要求时签署开工报审表和开工报告

监理单位对开工条件进行审查，开工应符合以下条件：

①设计文件与施工组织设计已经文物行政管理部门批准。

②现场应满足施工要求，工作场地及道路、水、电等准备就绪。

③影响文物建筑保护工程施工的违章建筑已拆除并清理；影响修缮工程的违章建筑已拆除、清理，现场满足修缮工程要求，可进行封闭管理。工作场地、围挡、临时道路、水、电、消防设施设备等准备就绪；现场文物得到妥善保护。

④施工的主要管理人员及工程技术人员已到位，机械设备及施工人员已进场；完

成上岗培训。

⑤施工组织设计和工程质量保证体系已获总监理工程师批准。

⑥确保文物安全的各种措施方案已经总监理工程师审核，主要安全防范措施已落实到位。

⑦现场的原始基准点、标高已确定并经监理工程师复核。

⑧开工所需的主要材料检验合格；修缮工程所需的主要材料指标以及材料、机具供应计划确定、到位。

⑨其他需要完备的手续和报验材料均已通过复核。

⑩完成施工技术设计文件复核、图纸设计交底，确认修缮工程的保护措施、工艺做法、工程量与施工技术设计文件相符。

⑪完成安全交底、施工技术交底、施工安全技术交底工作。

如涉及专业分包，分包单位已获得监理单位、业主单位审核同意，并履行相关审批程序。

完成修缮准备阶段的各类资料填报和归档，包括《工程开工报告表》《工程开工报审表》《施工组织设计报审表》《工程技术文件报审表》《工程进度计划报审表》《现场复核记录》《工程定位测量记录》《其他文物记录》《图纸会审记录》《设计交底记录》《主要材料类别、性能与质量要求》《材料样品审查封样记录》《主要材料供应数量与计划》《主要机具供应数量与计划》《安全交底记录》《施工技术交底记录》《施工安全技术交底记录》《分包单位资格报审表》等。

监理单位审查满足开工条件后，由总监理工程师及时签署开工报审表和开工报告。

（10）参加业主单位组织召开的第一次工地会议

第一次工地会议由业主单位主持，在正式开工前召开，监理单位、施工单位的项目负责人必须到会。各方应认真做好会议记录，由项目监理机构负责起草会议纪要，并经各方代表会签。

第一次工地会议应包括以下内容：业主、监理及施工单位分别介绍各自派驻现场的组织机构、人员及分工；业主负责人或授权代表应就其在整个工程实施期间组建的机构、职责范围及主要负责人名单提出书面文件，并宣布对工地代表的授权；监理单位负责人宣布该项目总监理工程师的任命及授权。由总监理工程师介绍总监理工程师代表和监理人员及授权范围、项目监理机构的组织框架、职责范围及全体监理人员名单，并提供有关证书的复印件报业主备案；施工单位负责人应书面提供工程工地代表（项目经理）的授权书及施工单位项目机构的主要人员名单、专业工种人员名单、职能机构框架、职责范围及有关人员的资质资料；业主介绍开工准备情况；施工单位介绍施工准备情况；总监理工程师介绍监理规划的主要内容；业主和总监理工程师根据施工准备情况提出意见和要求，并确定正式开工时间；确定各方在施工过程中参加工地例会的人员、召开例会周期、地点及主要议题。

（11）协助工程进行开工备案

监理单位协助施工单位、业主单位填写工程开工备案表。

监理单位将审核批准后的监理规划报业主单位。

由业主单位将开工备案表，监理规划，施工组织设计提交各级文物行政管理部门备案。

**2. 施工阶段监理工作内容**

（1）文物保护工程质量控制的内容

根据本次工程的特点，监理人员在实施具体质量控制工作中，主要根据设计技术文件、施工图纸的要求，着重做好以下内容的施工控制工作。

①工程材料的质量控制内容

监督施工单位根据修缮工程设计文件的要求采购工程所需材料，并提供合格证或质量检验报告等证明材料，监理人员将对施工单位进场的各项材料进行严格检查，以确保工程的施工质量。根据本工程的特点，本次工程所用材料主要为传统材料，设计文件中对材料也提出了具体明确的要求，我方监理工程师将严格按照设计文件的要求，依据自身丰富的检验传统材料质量的经验，对工程材料质量进行严格把关。

②施工工序的质量控制内容

在整个施工过程中，监理人员监督施工单位严格按照已批准的施工方案进行施工，各分部分项工程的施工程序要符合施工工艺的要求。监督施工单位对各工序做到先报验、后施工，未经监理人员检查认可，严禁进入下道工序施工。监理人员组织对每道工序进行检查验收，确保各工序的施工质量。

③施工工艺的质量控制内容

文物保护工程的施工对象是文物，不恰当的施工工艺，或者施工工艺质量不合格，均会对文物本体造成一定破坏，因此施工工艺对文物保护工程尤其重要。监理人员监督施工单位必须按照设计图纸的要求选用合适的施工工艺，并根据相应的技术标准、规范要求或者当地传统做法的要求对施工单位的工艺质量进行检查，确保文物保护工程的工艺质量。

（2）文物保护工程进度控制的内容

监理人员根据施工合同工期，审查施工单位编制的总进度计划的合理性，不符合要求时提出修改意见。监理人员应结合施工合同工期和总进度计划，审查施工单位的月进度计划，当实际进度与月进度计划出现偏差时，要分析产生的原因和对工程的影响程度，找出必要的调整措施，修改原计划，确保工程按期完工。

（3）文物保护工程安全控制的内容

文物保护工程安全控制有文物本体安全和施工人员安全两个方面。在文物本体安全控制方面，监理人员要日常检查周围或人为因素有无对文物本体产生安全隐患，从而确保文物本体安全；在施工人员安全控制方面，监理人员要检查施工单位项目部安全管理体系、安全管理制度、应急预案及各项安全设施，要求施工单位根据实际情况组织安全演练。监督施工单位定期组织施工人员学习有关安全生产的法律、法规及消防安全知识，促使施工人员提高对安全生产的认识。

（4）文物保护工程投资控制的内容

监理人员审查设计图纸工程量，实测现场工程量，当设计图与实测结果不一致时，应报建设单位，由建设单位根据设计合同要求设计单位对工程量进行变更，调整工程价款。监理人员对施工单位完成的工程量进行检查，确保与设计图纸内的工程量一致，对施工单位提出的工程签证内容进行仔细核实签认。总监理工程师依据施工合同的约定，对监理工程师审核后的工程进度款予以签证，并交由建设单位方审定后支付工程进度款。

（5）文物保护工程合同管理及信息管理的内容

①合同管理

监理人员根据该工程监理委托合同的内容，认真履行自己的责任和行使自己相应的权利。工程实施过程中，监理人员对各施工单位的施工合同执行情况进行分析，跟踪检查和管理。监理人员根据该工程各施工合同的内容，监督各施工单位按照各自合同约定的质量、进度、投资目标及文物安全管理的承诺严格实施，确保实现。

②信息管理

监理人员收集、整理工程相关文件，包括：文物主管部门对本工程的立项审批等文件；施工单位报送的所有进场材料的报验资料、试验检测资料、分部分项工程报验资料、阶段性验收资料和竣工预验收资料；监理工程师通知书及施工单位所相应做出的监理工程师通知书回复资料；每期工地例会纪要以及各类现场协调会议纪要资料；设计单位出具的各种设计变更资料；经三方认可的工程量签证单、各类照片、录像、图片等资料、本工程施工合同等文件。

（6）文物保护工程组织协调的内容

①与文物行政主管单位的关系

在文物行政主管单位的管理下开展监理业务，主动接受文物行政主管单位的监督和检查。

②与建设单位的关系

充分了解建设单位的意图和要求，尊重建设单位的意见，为建设单位提供专业性建议和必要的帮助。

③与施工单位的关系

严守职业道德，杜绝与施工单位产生利益关系，以平等、尊重的态度对待施工单位，坚持原则，实事求是，严格按规范、规程办事，科学进行管理。

④与设计单位的协调

严格按照工作程序进行与设计单位的沟通工作，充分尊重设计单位的意见，严格执行设计单位出具的设计方案要求。

**3. 验收阶段监理工作内容**

（1）监理工程师组织检查验收分项工程，符合要求时，予以签证认可。

（2）总监理工程师组织相关单位人员进行本工程项目分部工程的验收，符合要求时，总监理工程师签证验收报审表。

（3）总监理工程师组织监理工程师根据国家有关法律、法规、专业技术规范、专业验收标准、设计图纸、施工合同等，对施工单位报送的竣工验收资料进行审查，并组织有关单位人员对工程质量进行预验收（四方验评）。

（4）工程验收程序

①工程预验收（四方验评）

工程完工后，施工单位自检合格，向监理单位提出预验收（四方验评）申请，监理单位接到预验收（四方验评）申请后，审查施工程是否满足预验收（四方验评）

条件：

工程是否已完成设计图纸要求的全部施工内容。

完成的各分部分项工程是否经监理单位、建设单位、设计单位验收合格。

工程是否组织了阶段性验收，且验收合格。

工程资料是否完整、齐全、真实。

监理单位审查后，如满足预验收（四方验评）条件，及时报告业主单位组织工程四方进行预验收（四方验评）。监督施工单位对预验收（四方验评）提出的整改意见进行整改。

预验收（四方验评）合格后监理单位敦促施工单位编写预验收报告（四方验评报告），四方签字盖章。监理单位将四方签字盖章后的预验收报告（四方验评报告）及工程施工资料、监理资料报送业主单位，由业主单位向上级文物行政管理部门申请进行竣工初步验收。

监理单位组织进行监理报告的编写，并形成初稿。

②工程竣工初步验收

工程竣工初步验收的具体程序和要求应参照《全国重点文物保护单位文物保护工程竣工验收管理暂行办法》执行。

监理单位参加文物行政管理部门组织的竣工初步验收，作监理工作汇报，接受验收专家组质询。

监理单位监督施工单位按照竣工初步验收提出的意见进行整改，整改完毕后对施工单位的整改报验表签署意见，直至整改合格。

监理单位对验收提出的对监理方的整改意见进行整改，形成监理报告终稿，并将监理资料汇编成册，将正式文件提交业主单位。

监理单位督促施工单位整理竣工资料，将监理资料一并提交业主单位后，由业主单位向上级文物行政管理部门申请竣工验收。

③工程竣工验收

工程竣工验收的具体程序和要求应参照《全国重点文物保护单位文物保护工程竣工验收管理暂行办法》执行。

竣工验收不合格的，应立即停止使用，并依照验收意见在期限内完成整改，重新履行工程竣工验收程序。

## 四、监理工作目标

项目监理部在制订本工程的监理规划时应明确监理工作的目标。监理工程师在本工程实施过程中将依据勘察报告、设计说明、施工图纸、工程变更工程文件和国家有关法律、法规对施工单位的工程质量、工程进度进行全方位的监控。监理工程师将和业主方一道严格控制该工程的投资。监理工程师对工程施工合同进行严格的管理,监督施工单位、业主方认真、严格履行各自在施工合同中约定的承诺。通过监理人员和业主方的努力、施工单位的配合,力争实现该工程的各项控制目标。

### 1. 文物保护工程质量控制目标

一次性验收达到合格标准。

### 2. 文物保护工程进度控制目标

监理人员督促施工单位确保在合同工期内完成施工任务。

### 3. 文物保护工程投资控制目标

监理人员将控制施工单位力争在施工中标金额内完成工程量清单的全部内容,对因变更等情况产生的工程量认真复核,确保真实。

### 4. 文物保护工程安全控制目标

监理人员将做好现场安全管理工作,监督施工单位做好各项安全措施,保证文物本体安全和保护施工人员人身、设备安全,做到无文物安全事故、无人身安全事故;施工现场规划合理,物料堆放整齐;道路通畅,环境整洁文明,宣传标识明显。

### 5. 文物保护工程信息管理、合同管理目标

监理人员将及时收集本工程的各项有关资料,并将收集的资料进行分类归档,保证监理资料的齐全、完整,对施工资料等进行检查监督,保证工程资料完善、翔实。

监督工程中各项合同的履行,确保合同合法履约,顺利完成。

### 6. 文物保护工程各方关系协调目标

以平等、尊重、真诚的态度,积极协调工程相关方之间的关系,确保工程顺利完工。

## 五、监理工作依据

监理人员将严格依据国家法律法规、文物保护相关规范及标准、工程相关合同等文件等开展监理工作,相关依据包括但不限于下列文件:

1. 《中华人民共和国文物保护法》
2. 《中华人民共和国文物保护法实施条例》
3. 《文物保护工程管理办法》
4. 《中国文物古迹保护准则》
5. 《建设工程安全生产管理条例》(国务院令第393号)
6. 《古建筑保护工程施工监理规范》
7. 《建设工程监理规范》(GB/T50319-2013)
8. 《古建筑木结构维护与加固技术标准》(GB/T50165-2020)
9. 《古建筑修建工程施工与质量验收规范(北方地区)》(JGJ159-2008)
10. 《全国重点文物保护单位文物保护工程竣工验收管理暂行办法》(2016)
11. 《全国重点文物保护单位文物保护工程检查管理办法(试行)》(2016)
12. 《文物建筑保护工程施工组织设计编制要求》(2016)
13. 文物行政抓管单位关于本项目设计方案批复的函件
14. 工程监理委托合同
15. 本工程施工招标文件、施工单位投标文件、《施工组织设计》
16. 本工程实施过程中设计单位出具的有关设计补充说明及变更文件
17. 国家颁布的其他适用于本工程的管理办法

## 六、项目监理机构的组织形式

项目监理组织是工程监理的重要职能机构,是工程实施过程中有效地开展监理工作,实现监理工作目标的前提条件。根据工程的规模、特点、工程发包模式、业主方的委托任务以及项目情况需要,成立了项目监理部,作为该项目的监理组织,用于全面指导本工程的监理工作。

## 七、项目监理组织机构人员配备

根据监理委托合同的任务要求,结合本修复工程的特点以及实际工作的需要,组建了该工程的监理项目部,形成了直线式的项目部管理机构,配备了能适应现场各种工作要求的监理工程师,负责圆满完成本工程的监理工作。

项目监理部人员名单

| 姓名 | 性别(岁) | 年龄(岁) | 职称、职务 | 监理岗位 | 备注 |
|---|---|---|---|---|---|
| 牛宁 | 男 | 65 | 研究馆员 | 总监理工程师 | 第一阶段 |
| 张增辉 | 男 | 27 | 古建工程师 | 总监理工程师代表 | |
| 郭育才 | 男 | 65 | 古建工程师 | 监理工程师 | |
| 王明明 | 女 | 26 | 古建工程师 | 监理工程师 | 第二阶段 |
| 李恒 | 男 | 23 | 古建工程师 | 监理工程师 | |

## 八、项目监理组织机构人员职责

### 1. 总监理工程师职责

(1)全面负责本工程项目监理机构的日常工作,对监理工作有最后的决定权,是履行本工程项目监理委托合同的全权负责人。

(2)负责组建本工程项目部监理机构,并确定监理人员的分工和岗位职责。

(3)负责与建设单位、设计单位和各施工单位负责人联系,确定监理工作中的相互配合事宜及各单位需要提供的各种资料。

(4)审查施工单位及分包单位的资质,并提出审查意见。

(5)检查和监督监理人员的工作,根据本工程项目的进展情况及需要,进行人员调配,对不称职的监理人员应调换其工作。

(6)主持监理工作会议,签发本项目监理机构的文件及指令。

(7)审定承包单位提交的开工报告、施工组织设计、技术方案、进度计划。

(8)主持编写本工程项目监理规划、审批项目监理实施细则,根据规划组织、指导和检查本项目监理工作,保证监理目标顺利完成。

(9)组织设计单位、施工单位及业主方参加各单项工程、隐蔽工程、工程项目重要阶段、分期完成的单体工程的现场验收，并签署相应的质量检验报告。

（10）组织编写并签发本工程监理月报、监理工作阶段性报告、专题报告和项目监理工作总结。

（11）审查和处理工程变更。

（12）主持或参与工程质量、安全事故的调查。

（13）调解施工单位与业主方的合同争议、处理索赔、审批工程延期。

（14）定期或不定期向业主方提供本工程监理工作实施情况报告。

（15）在施工过程中，因有新的文物发现，或设计与文物建筑本体有较大差异；或施工出现严重的质量、安全问题；或发生不可抗拒的突然因素使文物安全受到严重威胁时，可立即发出停工指令，及时如实向业主报告，并负责组织处理。待上述情况消除后，下发复工指令。

（16）组织监理工程师审核各施工单位的月进度款支付申请、工程竣工结算，并确认其最终价值。

（17）审核并签认各分部工程、单位工程的质量检验评定资料、审查施工承包单位的竣工申请，组织监理人员对待验收的工程项目进行质量检查。

（18）安排专人整理本工程项目的各种合同文件和技术档案资料，主持编写项目监理工作报告，参加业主方组织的工程项目竣工验收。

**2. 监理工程师职责**

（1）在总监理工程师的领导下，行使所授予的职权，具体履行本工程项目监理委托合同中约定的监理目标。

（2）在本工程项目监理规划的指导下，负责编写监理实施细则。

（3）负责本工程项目监理工作的具体实施。

（4）负责组织、指导、检查和监督本专业监理人员的工作，当人员需要调整时，及时汇报并向总监理工程师提出建议。

（5）参与审查各施工单位报送的施工组织设计、技术方案、申请、工程变更，并向总监理工程师提出审查报告。

（6）参与本工程项目分项工程及隐蔽工程的检查验收，对检查结果签署意见，并监督各施工单位对验收意见的落实整改工作。

（7）审查各施工单位进场材料、机械设备、构配件的原始凭证、检测报告等质量证明文件及其质量情况，根据实际情况，认为有必要时，对其进行平行检查，合格时，予以签认。

（8）审核各施工单位报送的工程量签证单、工作月报、月进度款支付申请，签署审查意见，并报总监理工程师审定。

（9）检查各施工单位的施工工序、施工工艺是否符合要求，防火、防盗措施是否落实到位。

（10）督促各施工单位按照国家有关规定做好文物安全工作，检查各施工单位现场对文物保护所采取的措施和设施是否落实到位。

（11）督促各施工单位按照国家有关规定做好施工现场的安全工作，检查各施工单位现场的人身安全防护措施和设施是否落实到位。

（12）监督和检查各施工单位对施工合同内容的履行情况。

（13）审核施工单位的工程量现场测量的原始凭证和工程计量的数据。

（14）审查施工单位的分包单位资料。

（15）定期或不定期向总监理工程师或总监理工程师代表提交本专业监理工作的原始凭证。

（16）在本工程项目实施过程中，对重大问题及时向总监理工程师汇报和请示。

（17）负责监理资料的收集、汇总及整理，参与监理月报的编写。

（18）总监理工程师或总监理工程师代表交办的其他监理工作。

# 九、监理工作的方法和措施

为圆满完成本次工程的监理工作，监理项目部将组织监理人员根据现场实际情况采用巡视、旁站的方式，采取观察、测量、抽查检验、检查产品合格证或检测证明等多种手段，综合采用技术、经济、组织、合同等措施进行工程的监理工作，保证工程的顺利完工。具体工作方法和措施如下。

### 1. 工程质量控制的方法和措施

（1）工程质量控制的方法

1）工程材料控制的方法

①从生产厂家采购的原材料，应有产品出厂合格证及技术说明书。监理人员要对

材料相关证件进行检查核对，并按照设计方案及相关标准对材料进行抽检，达到质量要求后签认进场报验单，允许进场使用。

②凡是无产品出厂合格证明的传统材料或当地特色材料，监理人员要根据设计方案及相关标准对材料质量进行检查，并根据经验判断是否满足使用需求，必要时应当要求施工单位补充相关检测，确认质量合格后签认进场报验单，允许进场使用。

③进场后的材料，监理人员要监督施工单位根据材料的特点、特性以及对防潮、防晒、防腐蚀、通风、隔热以及温度、湿度等方面的不同要求，安排适宜的存放场地以保证其存放质量，并对存放及保管措施进行检查，发现问题时应当及时要求施工单位整改。

④需要现场进行配比加工的材料，监理人员要监督并检查施工单位按照设计方案要求进行配比，不合格者不得使用，检查夯土的含水率是否在设计方案要求的范围内。

2）地面、散水及排水沟的维修质量控制的方法

①监督施工单位对散水部位进行清理，监理人员检查清理的效果，确保清理干净，地面基本平整。

②检查施工单位采购的素土土质，确保素土质量，监督施工单位进行素土夯实，监理人员检查夯实效果，检查排水坡度，确保符合设计要求。

③散水施工时，检查施工单位采购的青砖尺寸、材质，符合设计要求，检查沙子的粒径大小，测量三七土、中沙的铺设厚度，检查铺设是否牢固、平整，检查砖缝是否为十字缝，监督施工单位是否严格按照设计图纸的要求进行散水的施工，监理人员检查每步工序的施工质量，确保合格。

④现场监理人员检查对排水沟进行的清理，确保清理干净，检查排水沟的深度、坡度，两侧挡墙的完整度，确保水能顺利排出。

3）墙体维修质量控制的方法

墙体维修是本次工程的监理工作重点之一，监理单位将采用以下方法对墙体维修质量进行控制：

①危险墙体和外观损坏十分严重的墙体，监督施工方进行拆除，拆除的过程中要注意对其他墙体的保护和对整个房间的结构安全，检查青砖的尺寸、材质和完整度，重新砌筑时，参照各建筑墙体原有的施工工艺重砌，检查新旧砌体的咬合与拉结程度、灰缝平直度、灰浆饱满度、外观是否保持一致，确保满足设计要求。

②监督施工方对墙上的裂缝进行加固处理，检查铁扒锔的相关合格证明材料，加固前对材料表面的粉尘进行清理，根据图纸检查加固区域是否准确，测量铁扒锔嵌入深度和范围，检查白灰灌缝是否饱和与灰缝宽度、平整度，监督施工单位是否严格按照设计图纸的要求进行加固的施工，监理人员检查每步工序的施工质量，确保合格。

③监督施工方对酥碱深度小于等于 20 毫米的墙体进行清理，监理人员检查清理的效果，确保清理干净、基本平整。

④监督施工方对酥碱深度大于 20 毫米的墙体进行对酥碱部位分剔，监理人员检查分剔效果，检查要镶嵌青砖的位置、尺寸与原形是否一致，监督施工方制作石灰砂浆，配比务必要满足设计要求。

⑤监督施工方对内墙面脱落或残损的墙面进行清理，确保清理干净、彻底，监督施工方材料的配比，务必与旧墙面一致，检查擀压坚实平整度，确保与原面层的厚度、层次、材料比例、表面色泽一致。

4）石作维修质量控制的方法

①监督施工方对灰缝进行清理，监理人员检查清理效果，确保植物根系、土壤、水泥砂浆缝清理干净彻底，检查石灰砂浆的配比，勾缝后，现场监理人员检查缝的宽度、平整度，确保合格。

②现场监理人员检查新补配的石构件品种、质感、色泽，确保和原件相近，检查构件的尺寸、表面剁斧、磨光、打道等均应与原件相同，确保满足设计要求。

③对断裂的石构件维修，现场监理人员检查环氧树脂相关合格证明材料，并且检查施工方对石构件缝的清理情况，确保清理干净，监督施工方对断裂石件进行粘结，严禁野蛮施工对石件造成二次伤害。

④现场监理人员监督施工方对歪闪、位移的石件，参考原物的综合情况，进行合理拨正，确保与石件原样保持一致。监督施工方对坍塌石件的重砌，检查对石件的清洗情况，清洗干净后，方可砌筑，砌筑务必按照原样进行重砌，确保石件的外形、大小、位置与原物一致，满足设计要求。

⑤现场监理人员检查防风化处理材料的相关合格证明材料，检查施工方进行大量的试验数据，分析、论证和总结，确保合理有效，方可使用。

5）屋面维修质量控制的方法

①监督施工单位对屋面植物进行清理，检查施工单位用于清理植物的除草剂等产品的

合格证或质量证明文件，监督施工单位小心施工，避免强行施工破坏保存较好的瓦件。

②监督施工单位对屋面瓦件进行小心拆除，监督施工单位做好拆除前的拍照登记工作，监督施工单位小心谨慎施工，避免野蛮施工破坏文物建筑本体，监督施工单位对拆卸下来的瓦件进行清理、分类堆码。监理人员检查施工单位的拆卸构件登记表，最大限度保护原有瓦件。监督施工单位拆除屋面后加盖毛毡。

③检查施工单位用于屋面维修的新购瓦件的质量，确保新瓦件同原形制、原规格保持一致。

④监督施工单位在铺瓦时要严格按照原屋面铺瓦方式重铺瓦面，检查底瓦、盖瓦的压露情况，检查瓦垄间距，检查瓦与瓦之间是否存在缝隙、喝风和不合蔓等现象，确保符合设计要求和规范要求。

⑤监督施工单位对屋面原梁、椽子等屋盖部分的木构件进行检查，监理人员旁站确定哪些需要维修或更换，监督施工单位进行拍照记录，并登记造册，监督施工单位按照设计要求，采用相应的木材进行维修或更换，监理人员着重检查木材材质、含水率、虫眼等基本指标，保证材料质量，检查施工单位加工制作的梁、椽子的尺寸规格，确保同原形制保持一致。

6）木作维修、加固质量控制的方法

①现场监理人员监督施工方对柱根进行剔补，检查剔补区域清理是否彻底，严禁野蛮施工对构件造成二次伤害；监督施工方对柱加箍处理，要求施工方提供箍的相关证明材料，测量箍的尺寸务必满足设计要求。墙包柱使用青石礅，同甲方、设计方检查青石礅的尺寸，确保合格。

②监督施工方对柱、梁枋缝进行清理，监理人员检查清理的效果是否干净，测量镶嵌木条和铁箍的尺寸，确定加箍范围，检查箍的松紧程度，务必满足设计要求。

③现场监理人员检查榫头的清理情况，确保清除干净，检查榫头的尺寸、材质，确保大小与原物一致。

④检查施工单位采购的防腐产品的合格证或其他质量证明材料，监督施工单位对新木构进行防腐处理，检查每遍的处理是否到位，保证防腐处理的施工质量。

⑤检查施工单位采购的桐油产品的合格证或其他质量证明材料，监督施工单位对新木构进行刷桐油处理，检查桐油刷的遍数、间隔时间以及每遍的处理是否到位，保证桐油处理的施工质量。

7）医院门前环境整治质量控制的方法

①监督施工方对破坏文物主体的花坛进行拆除，并确保在施工过程中不存在野蛮施工的情况，避免因拆除而造成对文物主体的二次破坏；施工方拆除完毕后，监理人员检查清理效果，要求施工方进行场地平整，为下步工序创造有利条件，同时要求施工方对现场标高进行复测，确保标高测量控制范围符合设计规范要求。

②检查施工单位采购的片石、条石、水泥、沙子、青砖等建筑材料的合格证或其他质量证明材料，检查石灰砂浆的配比，严禁施工方使用残损、开裂等质量有瑕疵的片石、条石、青砖等材料。

③现场监理人员严格检查路面的平整度、散水坡度、隐蔽工程隐蔽部位施工，填写隐蔽工程检查记录，确保施工质量。

④现场监理人员采用旁站监督的方式，监督施工方对现场施工，确保工人安全施工和现场的消防管道及电缆的安全。

8）银杏树周围环境整治质量控制的方法

①检查施工单位采购的木材，严格要求施工方提交木材检疫检测合格证，并且重点检查木材含水率，有无裂缝、虫眼、木节等缺陷，必须符合质量与设计规范要求。

②现场监理人员严格监督施工方对银杏树区域的广场砖的拆除，严禁野蛮施工，确保对银杏树不造成二次伤害，严格要求施工方对银杏树进行养护，达到保护银杏树的目标。

③检查条石路面的铺设方式，严禁采用水泥等封闭性强的建筑材料，确保银杏树的生长环境，不因修缮而破坏。同时检查路面的平整度，保证工程质量。

④检查施工单位采购的油漆产品的合格证或其他质量证明材料，监督施工单位对木栅栏进行油漆处理，检查油漆刷的遍数、间隔时间以及每遍的处理是否到位，保证油漆工程的施工质量。

（2）工程质量控制的措施

1）技术措施

①监理人员要求施工单位在对各重要工序部位施工前，要编制详细的、具体的、有针对性的施工方案，并报请监理、业主方审核确认。

②监理人员监督施工方按照已批准的施工方案进行施工。

③各工序部位的施工工艺、操作流程在施工中不得随意更改，如果因现场实际情况

需要或该工序的操作流程影响或危及文物建筑安全而确实需要变更时，施工方必须提前提出施工方案变更申请，经设计、监理、业主三方共同研究确认后，方可实施变更。

④在工程项目施工过程中，监理人员对施工方、业主方提出的工程变更要认真研究，认真审查工程变更的内容是否存在潜在的质量隐患或危及文物建筑的保护和安全。

2）组织措施

①监理人员定期或不定期检查施工单位组织机构的建设情况。

②工程项目开工前，监理人员检查施工单位内制订的质量保证体系和质量保证措施是否健全，各项质量检查制度是否落实到人、到位。

③工程项目实施过程中，监理人员定期或不定期检查各施工单位内的质量保证体系是否发挥作用，质量保证措施是否落实到位。

④工程项目施工过程中，监理人员通过组织召开监理例会及协调会，分析当前各施工单位组织机构的建设情况，以便于施工单位及时纠正管理上存在的偏差，不断完善和提高各自的管理机制；提出施工中存在的质量缺陷，及时地进行整改，消除一切质量隐患，彻底解决施工中遇到的技术问题。

3）经济措施

①对于施工方违背原材料进场报验程序或报验检查不合格的，监理人员不予签认该种报验材料，不予签认该种材料所用工序部位的施工质量及工程计量，不予进行工程进度款支付。

②对于施工方违背工序部位质量检查、验收程序或报验检查不合格的，监理人员不予签证该工序部位的质量报验单，不予签证该工序部位的工程计量单，不予签认工程进度款支付凭证。

4）合同措施

①监理人员认真审核施工单位的合同条款，补充有利于质量控制的款项。

②监理人员认真做好现场监理记录，注意收集现场有关质量问题的原始记录、各种有关质量问题的会议记录以及各种设计补充说明、设计变更、工程变更等文件资料，以便于调查和正确处理发生的质量事故及索赔事宜。

**2. 工程安全控制的方法和措施**

（1）安全控制的方法

①工程正式开始施工前，监理人员要求施工单位组织所有参加施工人员学习《文

物保护法》《建设工程安全生产管理条例》，提高文物安全、自身安全的保护意识。要求施工单位对工人进行消防安全知识的培训，使施工现场的每一名工人都能够使用消防器材。监理人员要求施工单位制定消防预案。

②监理人员严格审查施工单位项目部建立的安全管理体系，成立的安全领导小组及人员配备情况；监理人员严格审查施工单位项目部制定的安全管理制度、安全管理措施，要求落实到人，并在实施过程中进行完善和补充。

③监理人员严格检查各施工单位现场所配置的安全保证设施，对于达不到要求的，及时通知施工单位更换。

④监理人员每天对施工现场进行巡视检查，发现安全问题，及时要求施工方整改。对监理人员提出的安全问题不积极整改或整改不彻底的，监理人员可通过下发监理工程师通知书，责令施工方必须及时整改，彻底消除安全隐患，避免安全事故的发生。

⑤监理人员在每次的监理例会上对施工单位近段时间的安全情况进行总结，指出施工单位现场存在的安全问题。

⑥监理人员定期检查施工单位内部所做的安全检查记录、施工日志，督促其严格落实执行内部安全检查制度。

⑦监理人员严格检查施工单位的特殊作业人员的上岗证，严禁无证上岗作业。

⑧当监理人员检查发现施工单位现场存在重大的安全隐患或潜在重大安全隐患时，而且对施工人员、周围居民或文物建筑造成严重安全威胁时，总监理工程师可及时下发工程暂停指令，要求施工方停工整改，消除安全隐患。

（2）安全管理的措施

1）技术措施

①监理人员严格审查施工单位编制的施工组织设计中所制订的安全保证措施是否存在漏洞，是否具有针对性、可操作性，并提出合理化建议。

②监理人员要求施工单位在不断学习文物保护法、安全生产知识的同时，也要不断地学习、丰富和提高自己的安全知识，以便于更好地监督、管理施工单位现场的安全工作。

③监理人员利用自身丰富的安全知识、安全管理经验以及对现场安全问题敏锐的观察力，帮助、指导施工单位及时解决、消除安全隐患。

④监理人员对施工方或业主方提出的各类工程变更、对施工单位提出的施工方案进行认真审查，分析工程变更的内容是否存在潜在的安全隐患。

2）组织措施

①总监理工程师指定由专人负责现场安全管理工作，并参加安全领导小组的工作，对施工现场的安全进行直接监督。

②监理工程师定期检查各施工单位项目部的安全管理体系、安全领导小组的建设情况。

③制订现场安全检查的时间表，定期组织大检查，督促施工单位时刻敲响安全警钟。

3）合同措施

①监理人员审查施工单位的合同条款，制订有利于安全管理的款项。

②监理人员注意收集、整理现场有关的一切原始资料，为准确处理可能发生的安全事故提供依据，参与安全事故的调查和处理。

4）经济措施

①监理人员协助业主方制定现场安全检查处罚制度，并监督施工单位落实执行。

②监理人员将安全管理目标层层分解，分阶段定期进行各个安全管理目标完成情况的分析和对比，要善于总结经验，吸取好的安全管理经验，以期达到安全管理的目标。

### 3. 工程进度控制的方法和措施

（1）工程进度控制的方法

①监理人员应当对施工单位的工期安排和进度计划进行审核，保证其适应气候条件，监督施工单位按照审核通过的计划进行施工。

②督促施工单位对材料、设备与机具及时按计划供应。

③当施工进度出现滞后时，要求施工单位对进度偏差进行分析，研究对策，提出纠偏措施，必要时对后期进度计划做出适当的调整。

④定期组织召开工程例会，不定期召开各种工程协调会。

⑤谨慎审批暂时停工申请。

⑥随时整理进度资料，做好工程记录，定期向建设单位提供工程进度报告表。

（2）工程进度控制的措施

1）技术措施

①监理人员要求施工方将进度计划层层分解，编制出总进度计划、月进度计划，

并报请监理、业主方审查确认。

②监理人员监督施工方按照已批准的进度计划实施。

③监理人员对施工方、业主方提出的各类工程变更认真研究，分析、判断有无影响工期的因素，严格按照工程变更的程序报批。

④监理人员对施工单位提交的施工进度计划、施工进度倒排计划进行审核。

2）组织措施

监理人员通过组织召开监理例会和协调会，督促、检查施工单位及时对工程进度偏移的目标进行纠正和调整，要求施工单位建立及完善实现工期目标的预警机制。

3）合同措施

监理人员审查施工单位的合同条款，制订能够有利于控制进度目标的款项，并约定工期延误的处罚金额。

4）经济措施

①监理人员认真核查施工单位的月进度计划，拒绝签认未完成工序部位的工程量，不予签署进度款支付凭证。

②监理人员严格按照施工单位合同约定的工期延误处罚制度对施工单位的工期延误做出处罚。

### 4. 工程投资控制的方法和措施

（1）工程投资控制的方法

①各工序部位的施工完成后，施工方按照已签认的工程量原始记录或实测单编制工程量签证单，监理人员审核已完成工序部位的工程量，确定无误后，由专业监理工程师签证。

②对施工单位将报验不合格的材料或没有报验的材料进场使用，或工序部位质量报验不合格或没有报验的情况，监理人员拒绝签证该工序部位的工程量，不予进行工程进度款支付。

③文物建筑修缮的特点决定了文物修缮工程在实施工程中，尤其在拆解构件后会发现与设计方案不相符合的地方，工程变更在所难免，这是文物建筑修缮工程投资控制的难点。监理单位在监理过程中，要求施工单位发现实际情况同设计图纸不一致时，及时停工上报，我方会在对事实调查清楚的基础上，结合文物修缮保护的原则和基本理念，结合自身丰富的文物保护经验，就是否进行变更给出合理的建议，供业主方和

设计方参考,严格控制工程变更和签证,从而控制工程投资。

④对于必须进行设计变更的,我方会敦促设计方尽快出具设计变更手续,并在监理过程中严格审核施工单位实际工程量是否同设计变更的工程量相符。

⑤监理单位将按照国家有关法律法规、工程施工合同对工程产生的各项费用纠纷进行公平、公正处理。

(2)工程投资控制的措施

1)技术措施

①对施工单位提出的各类施工方案申请报告,监理人员都要认真审查和进行技术、经济分析,检查是否涉及额外的工程量增加,如果出现,则要及时通知业主方。

②监理工程师不断熟悉招标文件和施工合同等资料,确保能够准确地把握和计算工程变更的增项和增量。

2)组织措施

①总监理工程师指派专职监理人员负责投资控制,全面负责对工程款进行审核、控制。

②制定工程量计量和进度款支付的监理工作程序,严格要求施工单位按照工作程序进行工程进度款的申报。

3)合同措施

①监理人员认真审核施工单位的合同条款,增加有利于工程投资控制的款项。

②监理人员收集、整理一切现场原始记录、设计变更文件、工程变更文件、会议记录等资料,为正确处理可能发生的索赔提供依据,参与处理索赔事宜。

4)经济措施

①监理人员认真审核施工单位每月工程项目实际完成量和计划量,并进行分析和对比。

②对各施工单位已完成的工序部位严格检查,对不符合要求的工序部位不予进行计量。

**5. 工程合同管理的方法和措施**

(1)项目监理部进驻现场后,及时收集与工程相关的合同,并与业主联系,掌握工程项目的合同结构(分包商数量、分包专业项目、项目合同标段的划分等),编制合同管理台账。

(2)总监理工程师组织工作人员熟悉和研究合同内容,充分理解合同内条款,对合同中有明显违背国家和地方有关法律法规、规范标准的内容及明显不合理之处，书面向合同签订双方予以指出，提醒注意修改。

（3）根据合同内容检查项目监理部的工作制度，重点关注与合同内容联系较为密切的工程变更处理、现场签证、工程计量、工程款支付、索赔处理、合同争议等工作制度。

（4）在工程进行过程中，监理工程师应定期检查合同履行状况。

（5）根据合同进行工程管理，处理合同争议和索赔事项，按照合同规定审核工程变更、现场签证、计量、工程支付事项。

（6）在工程竣工验收后，对合同文件及时进行收集、整理、存档。

（7）合同争议的处理按照《古建筑保护工程施工监理规范》第10.4条的规定执行。

## 6. 工程信息管理的方法和措施

监理人员在整个施工监理过程中应详尽收集整理有关资料，最终形成完整的工程监理档案。工程监理资料包括以下内容：

（1）文物行政管理部门对工程的批文。

（2）监理委托合同。

（3）勘察设计文件。

（4）施工合同文件。

（5）监理规划及实施细则。

（6）施工组织设计（方案）及报审表。

（7）设计交底及图纸会审纪要。

（8）工程开工、复工报审及工程暂停令。

（9）现场核验资料。

（10）工程所用材料的质量证明文件。

（11）检查试验资料。

（12）工程变更资料。

（13）隐蔽工程验收资料。

（14）监理工程师通知单。

（15）旁站记录。

（16）会议纪要。

（17）与工程有关的函件。

（18）监理日志。

（19）监理月报。

（20）工程款支付证书。

（21）质量缺陷及事故处理文件。

（22）竣工结算审核意见。

（23）监理工作总结报告。

**7. 工程协调的方法和措施**

监理单位与工程相关方建立良好的工作沟通模式，监理单位按照国家的法律法规、管理办法、监理规范等公平公正地处理工程中出现的问题和纠纷，协调有关事项，尽力确保工程的顺利进行。对于协调不成功的问题和纠纷，监理单位建议相关方寻求法律途径解决，监理方积极配合调查、提供证据。

## 十、监理工作制度

为了更好地完成修缮工程的监理工作，为了更好地为业主方提供服务，使业主方了解并熟悉监理人员在整个工程中的工作制度。项目监理部制定并遵守下面的工作制度，以便顺利地完成维修保护监理工作，主要工作制度如下。

**1. 图纸会审制度**

施工单位在施工合同签订后、设计技术交底前，监理单位组织施工单位相关专业人员、监理人员、业主方技术负责人员对施工图纸进行熟悉、研究，找出图纸中存在的疑问或设计缺陷，并整理形成图纸会审纪要，以便在设计技术交底时由设计方给予答复。

**2. 设计技术交底制度**

在工程正式开工前，按照施工合同约定的时间，业主方组织设计单位进行设计技术交底。由设计方向建设单位、监理单位、施工单位进行设计技术交底，并解答图纸存在的疑问，最终形成正式的设计技术交底纪要，各参加单位及人员签字盖章，其内容作为施工、监理的基本依据。

**3. 施工组织设计报审制度**

在建设业主方组织的设计技术交底后，各施工单位要按照施工合同约定的时间向监理项目部报送施工方案。总监理工程师组织监理工程师对各施工单位编制的施工方案进行审查，对存在的问题提出合理化建议，施工单位及时进行完善和补充，使施工方案的内容详细、具体、有针对性、具有可操作性，能够指导各施工单位实际日常工作。监理工程师和总监理工程师对各施工单位所编制的施工方案签署审查意见，并监督各施工单位按照已批准的施工方案实施。施工中各施工单位不得随意更改施工组织设计的内容，如确实需要变更，各施工单位必须提前提出书面申请，经总监理工程师、业主代表同意后方可实施。

### 4.工程开工报审制度

各个标段施工前的准备工作完成后，具备开工条件时，各施工单位必须按照要求填写工程开工报审表、工程开工报告以及一些必备的文件资料报送监理项目部接受审查。总监理工程师组织监理工程师对各施工单位的报送资料进行审查，并现场检查各施工单位的开工准备情况及各种手续的办理情况，确实具备开工条件时，总监理工程师签署工程开工指令。

### 5.工程材料、构配件、设备报审制度

施工单位项目部对本工程所使用的各种材料、构配件、设备采购进场使用前，必须按要求填写材料、构配件、设备报审表并附其数量清单、质量证明资料。对于重要的材料，施工单位在进场前要进行申报，在必要的情况下，监理人员将和业主方人员、设计人员对工程材料进行考察，在得到允许的情况下，施工单位才能够将材料、构配件、设备采购进场。监理工程师现场核查材料、构配件、设备的质量、规格是否符合设计要求，数量是否与实际进场的相符，其质量证明资料是否齐全。符合要求时，监理工程师予以签认，允许进场使用。

### 6.施工工序质量报审制度

各施工单位对每道工序施工完成后，内部技术人员、质检人员在自检合格的基础上，填写分部分项工程报验申请表，并附对该工序部位的质量检查评定表，监理工程师认真审查报验资料并现场对该工序进行质量检查，确实符合设计要求及验收标准时，予以签认，允许进行下道工序的施工。

### 7.隐蔽工程验收制度

各施工单位对隐蔽工序施工完成后，内部技术人员、质检人员在自检合格的基础上，填写分部分项工程报验申请表并附对该隐蔽工序的隐蔽检查记录，总监理工程师

组织监理工程师、业主方代表、施工方技术负责人、设计人员等相关人员对该隐蔽工序部位进行检查验收，符合设计要求及验收标准时，总监理工程师对该隐蔽工序报验予以签认，允许进行下道工序施工。

**8. 第一次工地会议制度**

在工程开工前，监理人员参加由业主方主持召开的第一次工地会议。业主方、施工方、监理方分别介绍各自驻现场的组织机构人员及分工情况，业主方根据工程监理委托合同宣布对总监理工程师的授权。业主方介绍该标段开工准备情况，施工方介绍施工准备情况，总监理工程师介绍监理规划的主要内容。同时在会议上确定各方在施工过程中参加监理例会的主要人员，监理例会召开的时间、地点及主要议题。第一次工地会议纪要由监理项目部负责起草，并经与会单位代表会签。

**9. 工地例会制度**

工地例会是施工过程中参加建设项目的各方沟通情况、解决分歧、达成共识、做出决定的主要场所，也是监理工程师进行现场质量控制的重要场所。在各施工单位施工期间，由总监理工程师或总监理工程师代表主持在规定的时间、地点并由各单位必须派人参加的会议制度。在会议上，监理人员对各施工单位在现场的施工情况进行分析，指出施工中存在的质量、进度、投资、安全、资料等方面的问题，要求各施工单位对各自存在的问题积极地整改，使之符合要求，同时解决各施工单位提出的有关工程问题，以及协调、解决各单位之间的矛盾冲突、利益争端，以便于积极推动工程顺利进展。

**10. 监理月报制度**

项目监理部每月在规定的时间内向业主方提供本月监理工作实施情况报告。监理月报是由各监理工程师组织、收集、整理素材，总监理工程师主持编制并签发的文件资料。监理月报的主要内容包括本月工程的进度完成情况、本月工程情况评述、本月工程签证情况、本月监理工作小结、下月监理工作打算等。通过监理月报的编制，以便于项目监理部能够准确地把握施工单位现场施工的实际情况，及时地总结经验，完善、弥补管理上的不足，做好下一步的工作打算。同时，也有利于业主方及时、准确地了解和掌握施工现场情况，便于工程质量的控制。

**11. 工程变更制度**

在本工程实施过程中，各施工单位或业主方提出某工序部位的变更，必须按照合同约定的时间提前写出书面资料，报经监理、设计以及上级文物主管部门批准同意，严格执行工程变更程序，并最终经各方审查签认后形成正式文件资料，各施工单位项目部方可按照已批准的变更文件的内容实施。

### 12. 工程阶段性验收制度

按照各施工单位施工合同约定的阶段性验收的部位，总监理工程师组织监理工程师、业主方代表、设计人员及上级文物主管部门人员对验收部位进行检查验收。对验收人员指出的质量缺陷，监理人员监督施工单位项目部及时地返工整改，符合要求后，由参加验收的各方代表签字盖章，总监理工程师主持编制阶段性验收工作总结。

### 13. 工程竣工验收制度

各个标段施工完成，并经总监理工程师组织监理工程师对各施工单位报送的竣工资料进行审查、对工程质量进行竣工预验收后，项目监理机构参加由业主方组织的正式竣工验收。项目监理部提供相关监理资料，对验收中专家组提出的整改问题，监督各施工单位积极整改。工程质量符合要求后，由总监理工程师会同参加验收的各位专家签署竣工验收报告。

### 14. 项目监理部规章制度

（1）监理人员要热爱文物监理事业，要有极大的工作热情和极高的工作责任心。

（2）监理人员要认真学习文物保护法及相关法律、规范，熟悉监理业务，认真熟悉、研究图纸，领会设计意图。

（3）监理人员要认真收集、整理有关本工程的一切原始记录、资料，保守本工程秘密。

（4）监理人员要勤恳工作、认真负责，严禁向被监理单位和个人索取报酬，严禁在行使监理职权时吃、拿、卡、要。

（5）监理人员要坚持原则，不谋私利，严格履行本工程监理委托合同，公开、公正地维护各方的合法权益。

（6）监理人员对工程中出现的质量、安全事故要及时上报，不得拖延和隐瞒。

（7）监理人员应严格履行监理工作制度和各种监理工作程序。

（8）监理人员进入现场必须举止大方，言谈文明，创造良好的工作环境，树立公司良好形象。

（9）监理人员应遵守"公平、诚信、独立、科学"的监理工作原则。

# 第四章 工程实录

## 一、第一阶段工程实录

### （一）前期至 2017 年 5 月

**2017 年 3 月 23 日　星期四　天气：晴**

召开第一次工地会议，建设方、设计方、监理方、施工方等相关负责人参加会议。受建设方委托，会议由监理方总监理工程师牛宁代为主持。

会议各方首先对施工现场进行了实地勘察，了解了文物建筑的保存现状，就图纸中的疑问进行了现场沟通。会议其次明确了各方的主要负责人员，对工程提出了具体的要求，并对设计图纸进行了会审。

具体内容详见会议纪要。

**罗山县红二十五军长征出发地旧址修缮工程**
**第一次工地会议暨图纸会审会议纪要**

时间：2017 年 3 月 23 日
地点：罗山县红二十五军长征出发地旧址修缮工程施工现场
参会人员：
建设单位：罗山县文物管理局
　　　　　黄先浩　田大刚　邱岩
施工单位：江西九丰园林古建筑工程有限公司
　　　　　刘晓文　王葱法　吕树园　王玉全
设计单位：南阳市古代建筑保护研究所
　　　　　王昌辉

监理单位：河南安远文物保护工程有限公司

  牛宁  张增辉  王好堂

会议纪要：

2017年3月23日，罗山县红二十五军长征出发地旧址修缮工程，建设单位罗山县文物管理局组织召开第一次工地会议，设计单位南阳市古代建筑保护研究所，施工单位江西九丰园林古建筑工程有限公司，监理单位河南安远文物保护工程有限公司相关负责人参加会议。受建设方委托，会议由监理方总监理工程师牛宁代为主持。

会议各方首先对施工现场进行了实地勘察，了解了文物建筑的保存现状，就图纸中的疑问进行了现场沟通。其次明确了各方的主要负责人员，对工程提出了具体的要求，并对设计图纸进行了会审，现将会议内容纪要如下。

（1）会议各方首先介绍了本项目各方的负责人

建设单位代表：邱岩

施工单位项目经理：刘晓文

监理单位总监理工程师：牛宁

总监理工程师代表：张增辉

驻地监理工程师：王好堂

（2）监理单位总监理工程师牛宁提出了对工程的具体要求

总监理工程师首先强调了本工程的特殊性，并指出，红二十五军长征出发地旧址是全国重点文物保护单位，是红色旅游的精品路线，是进行爱国主义教育的基地，本次工程受到了社会各界的广泛关注，因此要求施工单位遵循"不改变文物原状"和"最小干预"等文物保护修缮的原则和理念，认真施工，保证工程质量。

总监理工程师针对本次工程的特点提出了具体的要求：

1）修缮工作要依据文物建筑保存的实际情况，如与设计图纸存在差异，应经现场各方勘察后，由设计方做出设计变更。

2）合理利用工程经费，做好工程签证工作。要将工程经费用到实处，首先要将文物本体修好，恢复其原貌；其次工程签单要及时正规，一定要按照规范程序如实签证，做到签证有理有据，便于工程最终审计决算。

3）按照相关规定、规范要求完善工程的各项手续，建设方尽快完善开工备案手续，施工方尽快提交开工报告和施工组织设计报监理单位审批。施工组织设计的编制应严格按照国家文物局颁布的《文物建筑保护工程施工组织设计编制要求》进行，要具有针对性和可操作性，注意在施工过程中对施工组织设计实施动态管理，对存在的问题做及时调整。

4）施工单位要按照规范要求进行各项报验。材料进场要提供相关合格证明和检测报告，各分项工程施工前要先报施工方案，经监理单位审批后再进行施工；隐蔽工程要及时通知建设单位、监理单位验收后方可进行下一步的施工；各分部分项工程完成后，要及时报建设单位、监理单位进行检查验收。

5）工程安全至关重要。施工单位一定要严格按照《建筑施工扣件式钢管脚手架安全技术规范》搭建脚手架。与此同时，施工单位一定要做好施工人员的安全培训和交底；高空作业时，一定要按照规定佩戴好安全带和安全帽；施工时，要小心谨慎，避免野蛮施工破坏文物本体；严禁酒后施工；严禁在施工现场抽烟。

6）按照《全国重点文物保护单位文物保护工程竣工验收管理暂行办法》的规定，做好工程资料的收集和整理。尤其要注重工地会议纪要、图纸会审记录、施工日志、监理日志等资料的记录，保证工程资料的真实、完整。

总监理工程师最后表示，希望各方共同努力、精诚合作，顺利完成本次修缮任务，争创优质工程、精品工程。

（3）建设单位提出了对工程的总体要求

建设单位田大刚局长受黄先浩局长委托出席本次会议，田大刚局长要求工程各单位引起重视，本着对子孙后代负责的态度，本着对文物建筑负责的态度，严格按照国家局、省局的指导意见，充分发挥各自的优势和丰富经验，合理利用经费，从实际情况着手进行修缮，恢复文物建筑原状，保证工程质量，保证工程安全，尽最大努力把本次工程做好，保证工程的顺利完工。

建设单位表示将全力支持和配合施工单位、监理单位的工作，对于需要建设单位协调的事宜，将积极予以落实，为工程的顺利进行创造良好的外部环境。

（4）会议各方对图纸进行了会审，经建设方、设计方、监理方沟通，确定了本次修缮的几条基本原则：

1）修缮工作要依据文物建筑保存的实际情况，如与设计图纸存在差异，应经现场各方勘察后，由设计方做出设计变更。

2）椽子、檩条、柱子等木构件，根据实际残损情况，确定具体的维修措施，对于承重达不到要求的构件，应适当加大断面，保证结构安全。

3）屋面维修要拆除后加油毡层。

4）凡是采用水泥的部位，清除水泥，恢复原状。

5）根据设计方案，清除原油漆起甲、翘皮的部分，构件清理完毕后，再根据工程经费的使用情况，确定是否重做油漆，新配构件暂做防腐断白处理。

（5）具体图纸会审内容由设计方整理形成图纸会审记录，各方签字、盖章确认。

2017年3月24日—5月2日

施工方搜集建筑材料，为进场施工做准备。

2017年5月3日　天气：阴

上午举行祭祀，下午施工方搜集当地青砖、青瓦建筑材料。

督促施工方提交开工资料。

2017年5月4日　天气：阴

施工方收集青砖、青瓦等建筑材料。

2017年5月5日　天气：雨转多云

施工方收集青砖、青瓦，脚手架进场，放置卸车。

拆卸图

**2017年5月6日　天气：晴**

施工方搭设军部钢管架，督促施工方做好场地清理工作。

**2017年5月7日　天气：晴**

施工方搭设军部门楼钢管架，督促施工方钢管架搭设牢固，增加斜撑。

原貌图

拆卸图

**2017 年 5 月 8 日　星期一　天气：晴**

和建设方、施工方一同对工地进行视察，了解文物现状，确定维修部位及维修内容。

**2017 年 5 月 9 日　星期二　天气：晴**

施工情况：12 人搭设军部钢管架。

监理情况：要求搭设的脚手架必须符合规范要求，对施工方提交的钢管架搭设方案进行签认。

原貌图

拆卸图

**2017 年 5 月 10 日　星期三　天气：晴**

建设方、监理方、施工方召开监理例会，总监理工程师牛宁对水泥包裹墙面的清理工作进行现场指导。

具体内容详见会议纪要。

## 工地例会纪要（一）

时间：2017年5月10日

地点：罗山县红二十五军长征出发地旧址修缮工程项目部

参会人员：

建设单位：罗山县文物管理局

邱岩

监理单位：河南安远文物保护工程有限公司

牛宁　郭育才

施工单位：江西九丰园林古建筑工程有限公司

刘晓文　王葱法　吕树园　王玉全

会议纪要：

2017年5月10日，罗山县红二十五军长征出发地旧址维修工程召开第一次工地例会，建设单位、监理单位、施工单位相关负责人参加本次会议，会议由监理方郭育才主持。

会议开始之前，各方共同对施工现场进行了检查，施工方对工程进度进行汇报：目前主要工作为搭设军部钢管架，现已搭设完毕，下一步将外挂安全网及警示牌等。

会议对工程近期出现的问题进行了沟通，监理方提出建议如下：

（1）军部屋面应依据当地传统做法，恢复望瓦。

（2）对墙体表面现代做法的痕迹，均应进行修缮，恢复其原状。

（3）红军医院墙体水泥勾缝为后人增加，应全部清除，并采用当地做法——白灰加草木灰重新勾缝。

（4）红军医院排水沟为后人增加的水泥排水沟，应恢复为石材。

（5）军部墙体采用水泥粉刷，应在全部清理后，采用防风化材料进行防护。

（6）军部金柱残损严重，待现场仔细勘察后，再确定处理措施。

（7）军部和红军医院使用水泥砖和红砖补砌的，均应拆除后，用相应规格的青砖补砌。

对于以上意见，建议建设方通知设计单位，由设计单位根据意见确定具体修缮措施，补充完善设计变更手续。

最后，建设方指出，罗山县红二十五军长征出发地旧址是国家级重点文物保护单位，是红色教育基地，本次修复工程至关重要，各方要共同努力，做好安全、文明施工，保证工程质量，顺利完成修复工作。

原貌图

拆卸图 1

拆卸图 2

2017 年 5 月 11 日　星期四　天气：晴

项目名称：文明施工工程

位置：军部

进度：已完成

项目内容：军部正门文明施工广告布安装，警示标志悬挂，广告布25米×6米，安装安全网25米×2米，安全警示牌5米×0.3米。

工作量：201.5平方米

原貌图

修复图

**2017年5月12日　星期五　天气：晴**

项目名称：搭建脚手架工程

位置：军部

进度：已完成

项目内容：搭建侧墙脚手架 35.6 米 ×9.1 米。

工作量：323.96 平方米

搭建脚手架工程

**2017 年 5 月 13 日　星期六　天气：晴**

项目名称：安全防护工程

位置：军部

进度：已完成

项目内容：安装安全防护网 35.6 米 ×9.1 米。

工作量：323.96 平方米

施工情况：1. 清理正房后墙面外裹水泥；2. 钢管外挂架防护网。

监理现场检查，清理效果不佳，要求施工方调换工具。

安装安全防护网

项目名称：文物转移

位置：军部

进度：已完成

项目内容：椅子、太师椅，会议桌上古盆等布置。

工作量：30 件

室内文物

室内文物

项目名称：警示线

位置：军部

进度：已完成

项目内容：安装警示线。

工作量：86 米

安装警示线

**5月14日　星期日　天气：晴**

项目名称：脚手架工程

位置：军部

进度：已完成

项目内容：搭建后墙脚手架25.8米×9米；（东侧）院内安全防护架11.8米×9米；（西侧）院内安全防护架11.8米×9米；（北侧）院内安全防护架11米×9米；（南侧）院内安全防护架11米×9米。

工作量：642.6平方米

监理情况：检查外墙面清理情况，效果不好，建议暂停清理，先购买合适的工具后再施工，检查室内脚手架搭设情况，要求工人注意文物安全。与业主方商议转移室内展品。

脚手架

脚手架

安全防护架

项目名称：后墙安全网安装

位置：军部

进度：已完成

项目内容：后墙安全网安装 25.8 米 ×6 米。

工作量：154.8 平方米

修复图

**5月15日　星期一　天气：多云**

施工情况：1.继续清理外墙面；2.室内搭设钢管架。

现场管理2人，共12人施工。

监理情况：检查外墙面清理情况，与施工方协商清理方法，要求室内架子搭设牢固。

项目名称：文物保护工程

位置：军部

进度：已完成

项目内容：现场不便移动之文物，现场保护第一层竹排19.7米×10米；第二层安全网19.7米×10米；第三层防尘土网19.7米×10米；第四层安全防护架19.7米×10米。

工作量：788平方米

现场保护第一层竹排

安全网

**5月16日　星期二　天气：晴**

项目名称：屋面脚手架工程

位置：军部

进度：已完成

项目内容：屋面防水搭建 26 米 ×9.5 米；彩条布铺设 26 米 ×9.5 米。

工作量：494 平方米

拆卸图

修复图

**5月17日　星期三　天气：晴**

项目名称：拆除（清理）工程

位置：军部

进度：30%

项目内容：军部正厅捡瓦（前面）12.6米×6.25米；军部正厅捡瓦（后面）12.6米×6.25米。

工作量：157.5平方米

施工情况：1.暂停外墙面清理；2.正房屋面卸瓦，搭设防雨布。

监理情况：要求防雨布搭设到位，保证两边山墙不漏雨，要求施工方提供工程资料。

军部正厅卸瓦

**5月18日　星期四　天气：晴**

项目名称：拆除（清理）工程

位置：军部

进度：30%

项目内容：军部正厅捡瓦（前面）12.6米×6.25米；军部正厅捡瓦（后面）12.6米×6.25米。

工作量：157.5平方米

施工情况：正厅屋面卸瓦，清理屋面垃圾、油毛毡。

监理情况：检查檩条、椽子的糟朽情况，提醒工人注意安全，要求施工方提前订购木构件、防腐剂、桐油等施工材料。

军部正厅卸瓦

**5月19日　星期五　天气：晴**

项目名称：拆除（清理）工程

位置：军部正厅

进度：已完成

项目内容：清理屋面（前面）12.6米×6.25米；清理屋面（后面）12.6米×6.25米

工作量：157.5平方米。

施工情况：清理屋面油毛毡，清理院内建筑垃圾。

监理情况：检查屋面木构件糟朽情况。

清理屋面油毛毡

**5月20日　星期六　天气：晴**

项目名称：拆除（清理）工程

位置：军部正厅

进度：已完成

项目内容：拆除油毛毡12.6米×6米；拆除橡子（前面）12.6米×6.25米；拆除橡子（后面）12.6米×6.25米。

工作量：233.1平方米

监理情况：军部大院正房屋面橡子全部拆除，拆除部分檩条。橡子腐烂严重，需要更换。檩条部分更换，前檐廊柱、檐柱需更换，后檐下金柱需更换一根，墩接一根。明间东七步梁腐朽严重，需更换，经进一步检查部分额、枋是否需更换。

拆卸图

项目名称：拆除（清理）工程

位置：军部

进度：已完成

项目内容：清理建筑垃圾25.9米×22.6米。

工作量：585.34平方米

原貌图

拆卸图

项目名称：拆除（清理）工程

位置：军部

进度：已完成

项目内容：垃圾转运，转运至垃圾中转站，转运距离20千米。

工作量：16车

垃圾转运

项目名称：拆除（清理）工程

位置：军部

进度：已完成

项目内容：墙面水泥层清理3平方米；墙面白灰层清理3平方米；现场勘察木构件被白蚁损坏程度为11.8米×9.76米。

工作量：6平方米；115.16平方米

墙面水泥层清理

墙面白灰层清理

现场勘察木构件被白蚁损坏程度

项目名称：拆除（清理）工程

位置：军部

进度：已完成

项目内容：拆除台基上原水泥，门楼踏步清理面积3.8米×3.2米，清理正厅台基面积11.8米×0.75米，现场勘察木构件被白蚁损坏的程度。

工作量：21.01平方米

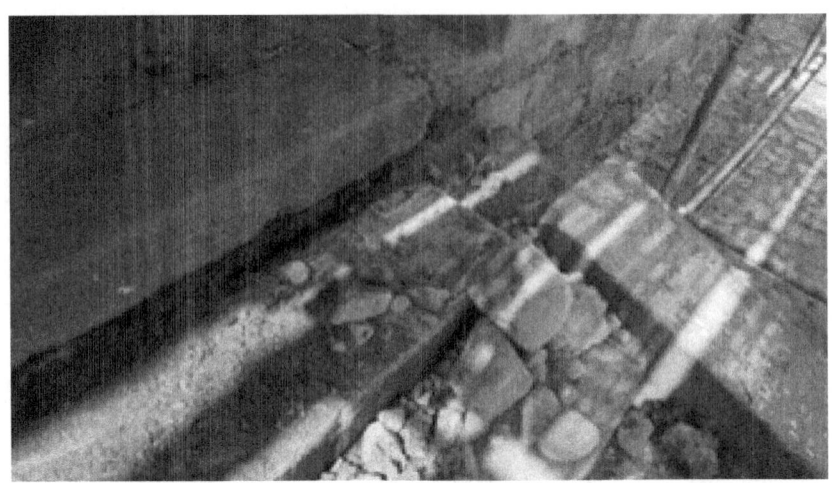

拆除台基上原水泥

清理正厅台基

现场勘察木构件被白蚁损坏程度

项目名称：勘察拆除工程

位置：军部

进度：已完成

项目内容：勘察木构件被白蚁损坏的程度，拆卸严重损坏的檩条3.7米×3.365米，勘察面积11.8米×17.8米。

工作量：12.45平方米；210.04平方米

勘察木构件被白蚁损坏程度

勘察木构件被白蚁损坏程度

拆卸严重损坏的檩条

**5月21日 星期日 天气：晴**

项目名称：拆除（清理）工程

位置：军部

进度：已完成

项目内容：垃圾转运，转运至垃圾中转站，转运距离为20千米。

工作量：6车

原貌图

拆卸图

项目名称：拆除（清理）工程

位置：军部

进度：已完成

项目内容：窗台原水泥台面清理 7.7 米 ×0.15 米。

工作量：1.155 平方米

窗台水泥台面清理前

窗台水泥台面清理后

项目名称：拆除（清理）工程

位置：军部

进度：已完成

项目内容：清理墙面水泥层 3.8 米 ×1.6 米；清理墙面白灰层 3.8 米 ×1.6 米。

工作量：12.16 平方米

原貌图

拆卸图

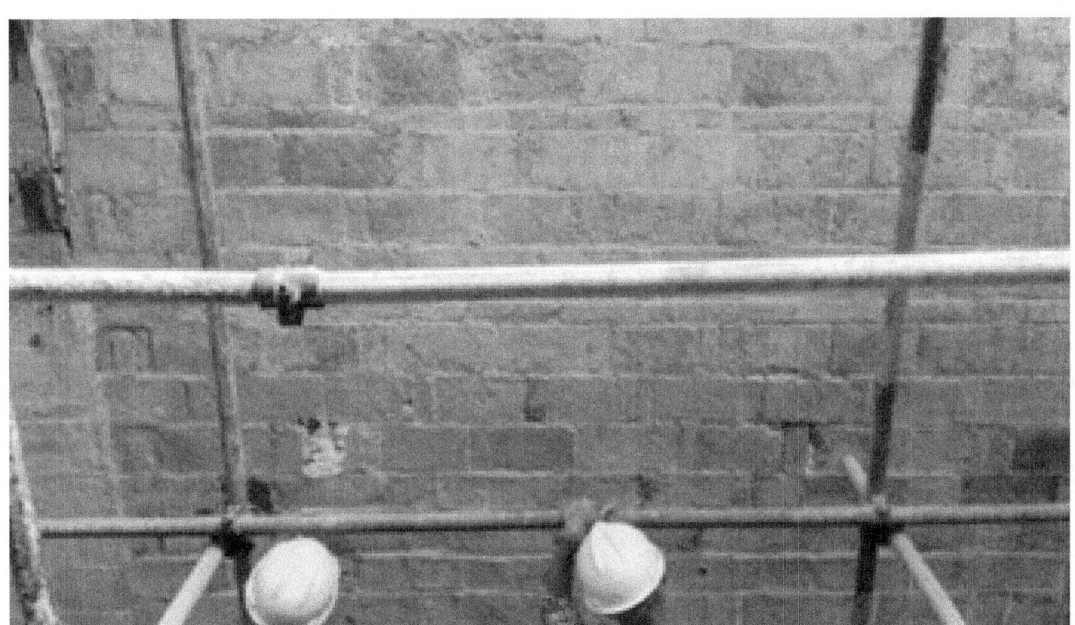

修复图

原貌图

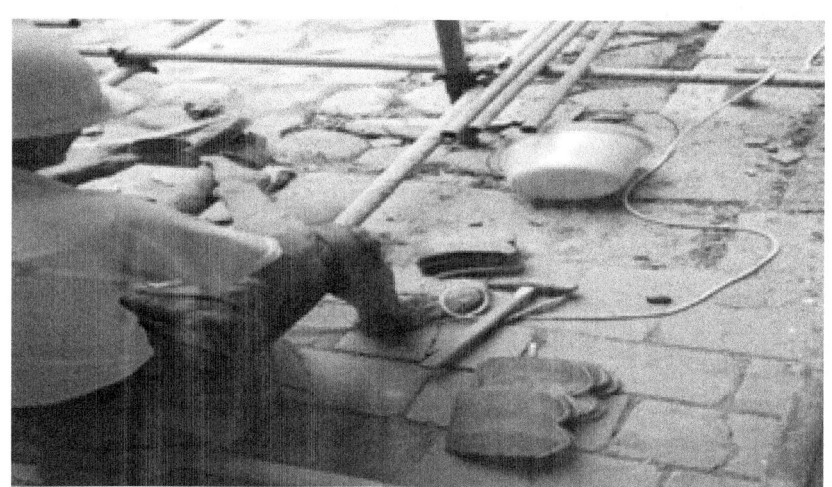
拆卸图

修复图

**5月22日　星期一　天气：晴**

项目名称：青瓦制作

位置：军部

进度：已完成

项目内容：制作青瓦170块。

工作量：170块

监理情况：设计方对工程所用材料问题未作答复，施工方继续清理外墙面。

拆卸图

项目名称：拆除（清理）工程

位置：军部

进度：已完成

项目内容：墙面水泥层清理4.9米×1.5米；墙面白灰层清理4.9米×1.5米。

工作量：14.7平方米

原貌图

拆卸图

5月23日　星期二　天气：雨

监理情况：因雨停工，督促施工方做好防雨措施。

5月24日　星期三　天气：晴

项目名称：拆除（清理）工程

位置：军部

进度：已完成

项目内容：墙面水泥层清理4.3米×1.5米；墙面白灰层清理4.3米×1.5米。

工作量：12.9平方米

监理情况：业主方邱局长到现场，三方一起查看木构件糟朽情况，认为应该对糟朽严重的木构件进行更换。

原貌图

项目名称：拆除（清理）工程

位置：军部

进度：已完成

项目内容：勘察现场木构件的损坏程度

工作量：100平方米

原貌图

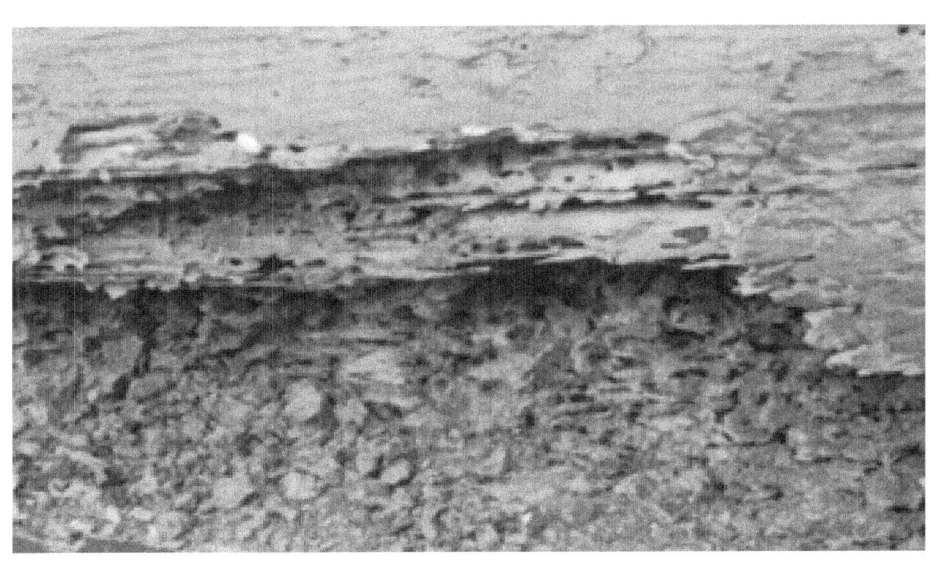

原貌图

拆卸图

## 工地例会纪要（二）

时间：2017年5月24日

地点：罗山县红二十五军长征出发地旧址修缮工程项目部

参会人员：

建设单位：罗山县文物管理局

　　　　　邱岩

监理单位：河南安远文物保护工程有限公司

　　　　　郭育才

施工单位：江西九丰园林古建筑工程有限公司

　　　　　刘晓文　王葱法　吕树园　王玉全

会议纪要：

2017年5月24日，罗山县红二十五军长征出发地旧址修缮工程召开工地例会，建设单位、监理单位、施工单位相关负责人参加本次会议，会议由监理方郭育才主持。

会议上，施工方对工程进度和存在的问题进行了汇报：

（1）目前主要工作为清理军部墙体外裹水泥，部分已清理完毕。

（2）在军部正厅屋面拆除后，检查发现部分梁、檩条、柱糟朽严重，无法再用，与设计图纸不符。

经过建设单位、监理单位、施工单位现场确认，决定：

（1）军部正厅屋面拆除后，检查发现部分梁、檩、柱、枋糟朽严重，这些木构件无法再用，需要更换。

（2）更换木料的材质应尽量为本地木料，如果本地木料不能满足要求，可到外地购买。

（3）木材采用落叶松。

（4）以上意见由建设方通知设计方，以设计方意见为准。

建设方、监理方对已完成的外墙面修缮效果比较认可。

最后，建设方表示，施工过程中如遇到与设计图纸不符的地方应尽快和建设方、监理方进行沟通，确定好后，进行现场签证，完善好手续资料。

**5月25日　星期四　天气：晴**

项目名称：拆除（清理）工程

位置：军部

进度：80%

项目内容：拆除檩条和房梁 12.6 米 × 6.25 米；拆除檩条和房梁 12.6 米 × 6.25 米；修改搭建脚手架 12.6 米 × 9.6 米。

工作量：126 平方米；96.768 平方米

监理情况：三方协商购买材料问题。

原貌图

拆卸图

修复图

项目名称：拆除（清理）工程

位置：军部

进度：已完成

项目内容：檩条、房梁、梁墩转运。购买吊葫芦、油锯、耙钉。

工作量：37件；7件

檩条

修复图

**5月26日　星期五　天气：晴**

项目名称：拆除（清理）工程

位置：军部

进度：60%

项目内容：拆解房梁、柱子、窗梁、梁斗、门、门枋等木构件，军部正方由于构件腐烂、白蚁啃食，需要更换梁架，完成拆除 11.8 米 × 9.96 米 × 6.46 米。

工作量：455.538 立方米

原貌图

原貌图

拆卸图

项目名称：拆除（清理）工程

位置：军部

进度：已完成

项目内容：拆除原竹排防护11.8米×9.96米；修改内满堂架、安全防护11.8米×9.96米×8.2米。

工作量：117.53平方米；963.73立方米

原貌图

拆卸图

修复图

项目名称：拆除（清理）工程

位置：军部

进度：已完成

项目内容：墙面水泥层清理 4.3 米 ×1.6 米；墙面白灰层清理 4.3 米 ×1.6 米。

工作量：13.76 平方米

原貌图

拆卸图

**5月27日　星期六　天气：晴**

项目名称：拆除（清理）工程

位置：军部

进度：40%

项目内容：拆解房梁、柱子、窗梁、梁斗、门、门枋等木构件，军部正方由于构材腐烂、白蚁啃食，需要更换梁架，完成拆除 11.8 米 × 9.96 米 × 6.46 米。

工作量：303.69 立方米

拆卸图

项目名称：拆除（清理）工程

位置：军部

进度：已完成

项目内容：转运木构件 4.52 米 × 3.26 米 × 4.18 米。

工作量：61.59 平方米

拆卸图

5 月 28 日　　星期日　　天气：晴

施工情况：正房明间东侧大木架构件落地，西侧大木架升起，柱子落地。

监理情况：督促施工方提交木构件拆卸一览表等资料。

项目名称：拆除（清理）工程

位置：军部

进度：已完成

项目内容：墙面水泥层清理 4.6 米 × 1.5 米；墙面白灰层清理 4.6 米 × 1.5 米。

工作量：13.8 平方米

原貌图

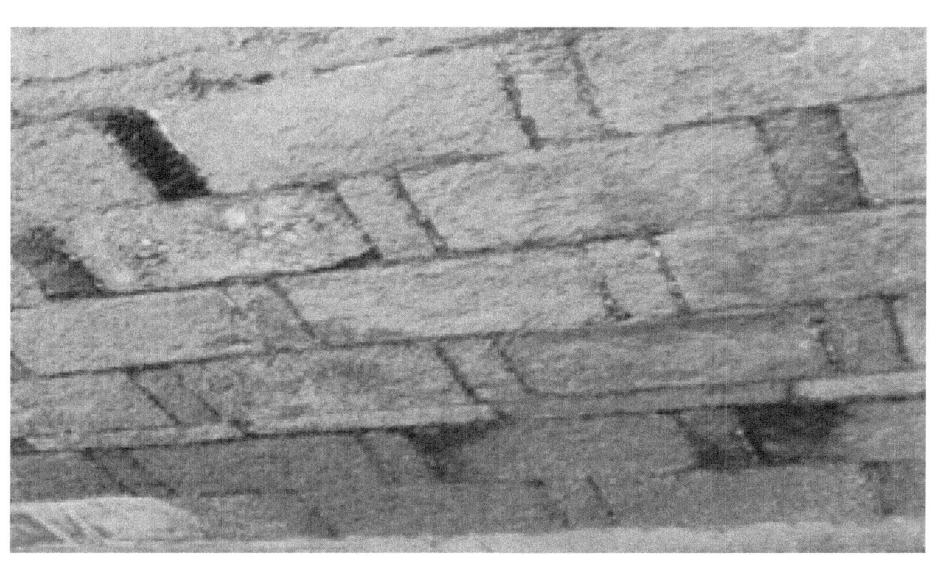

拆卸图

**5月29日　星期一　天气：阴**

项目名称：拆除（清理）工程

位置：军部

进度：已完成

项目内容：墙面水泥层清理3.8米×1.6米；墙面白灰层清理3.8米×1.6米。

工作量：12.16平方米

原貌图

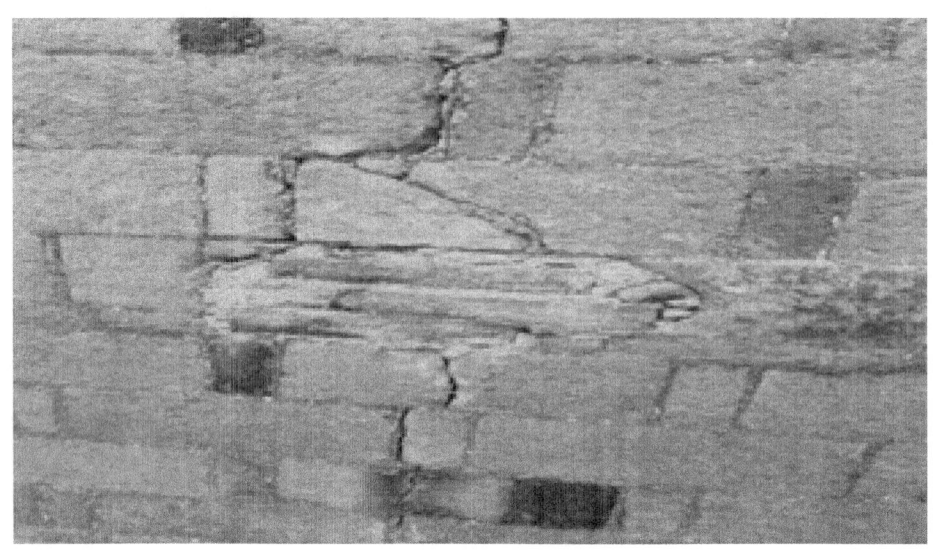

拆卸图

**5月30日　星期二　天气：晴**

项目名称：拆除（清理）工程

位置：军部

进度：已完成

项目内容：墙面水泥层清理 4.9 米 × 1.2 米；墙面白灰层清理 4.9 米 × 1.2 米。

工作量：11.76 平方米

原貌图

拆卸图

**5月31日　星期三　天气：晴**

项目名称：拆除（清理）工程

位置：军部

进度：已完成

项目内容：墙面水泥层清理 4.9 米 ×1.3 米；墙面白灰层清理 4.9 米 ×1.3 米。

工作量：12.74 平方米

原貌图

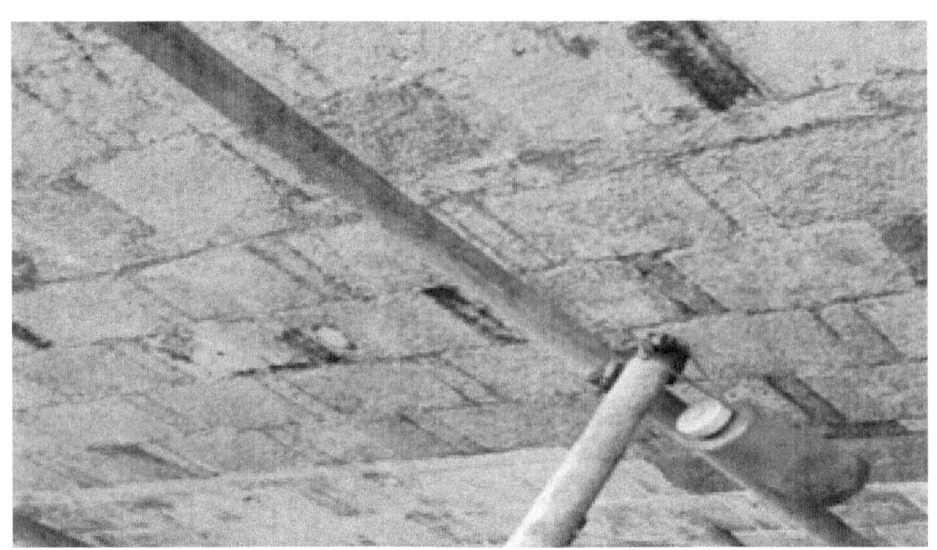

拆卸图

## 前期至 2017 年 5 月监理月报

### 1. 本期工程概况

受罗山县文物管理局委托，河南安远文物保护工程有限公司对罗山县红二十五军长征出发地旧址修缮工程进行监理，本工程设计单位为南阳市古代建筑保护研究所，施工单位为江西九丰园林古建筑工程有限公司。

本期工程时间为 2017 年 3 月 23 日—2017 年 5 月 31 日。

工程于 2017 年 3 月 23 日召开第一次工地会议，各单位介绍了本单位成员及驻工地联系人，会议决定了工地例会的召开时间，对图纸问题进行了研究解决，对工程提出了具体要求。

3 月 23 日—5 月 7 日施工方收集建筑材料，为进场施工做准备，5 月 8 日开始进场施工。

本期主要施工情况：

施工单位投入施工人员约 10 人，维修红二十五军长征出发地军部大院（何家祠）：

（1）军部大院内外搭设钢管脚手架。

（2）工方收集当地青砖、小青瓦、条石等建筑材料。

（3）搭设正房和东、西厢房防雨篷。

（4）军部正厅拆除瓦屋面，拆除木基层。

（5）军部正厅拆卸木构件，梁架落地，柱子落地，拆卸廊柱、抱头梁（额枋板）。

（6）清理军部大院倒座外墙面粉刷的水泥浆。

投入设备：机械平板刨、压刨机、圆盘锯、带锯机各一台，切割机、磨光机等工具。

主要进场材料：木材、白灰、青砖、小青瓦、条石、桐油等。

**2. 本期工程进度**

本期工程进度如下：

（1）军部大院脚手架搭设完成。

（2）军部正厅和东、西厢房防雨篷搭设完毕。

（3）军部正厅瓦屋面拆除完毕。

（4）军部正厅外墙面已清理90%。

本期工程进度缓慢，落后于计划进度，主要由以下几个原因造成：

（1）维修所用传统建筑材料（如300毫米×150毫米青砖规格特殊）不易收集。

（2）军部正厅屋面拆除后，发现梁架糟朽严重，需要进料，进行重新加工制作并安装。

（3）建筑外墙面水泥清理难度较大，施工速度慢。

为加快施工速度，经与业主方沟通，对施工方做出以下要求：

（1）尽快统计各个单体梁架、檩条、椽子糟朽情况，提前购买所需建筑材料。

（2）合理安排施工顺序，各个单体之间做好交叉施工作业。

（3）适当增派施工人员。

**3. 本期工程质量**

在本期施工中，我方通过以下几个方面进行质量控制：

（1）对于进场的材料，我方要求施工方进行报验，要求施工方提供相关质量证明资料。本期进场的材料主要有木材、小青瓦、青砖、桐油防蚁剂等，对于木材，要求施工方提交检疫证，并现场检查其规格大小和含水率是否符合设计规范要求；对于小青瓦、青砖等从当地收集的老建筑材料，根据专业知识和工作经验判断是否符合要求；对于桐油、防蚁剂，要求施工方提交合格证。

（2）本期进行的工程主要有脚手架搭建，正房屋面、梁架拆除、墙面清理，我方监理在施工过程中对工程质量进行严格把关，对屋面拆除、梁架拆除等重要工序进行旁站监督，填写旁站记录表一份，保证了每一项工序的施工质量。

（3）监理每日现场巡查，对于发现的质量问题，及时指出纠正，监理现场发现并要求整改的问题有：检查发现军部正厅后檐墙外裹水泥清理效果不佳，要求施工方调换工具，重新清理。

### 4. 本期工程安全

在我方的严格监督下，本期施工过程中，施工单位不存在威胁文物安全的施工行为，施工人员也不存在不文明的施工行为，不存在人员伤亡的情况，工程安全得到了切实保障。同时为了保证工程安全，我方提出以下要求：

（1）施工人员施工时，必须佩戴安全帽，高空作业必须系安全带。

（2）施工方在雨天做好防护措施，屋面湿滑时，严禁施工人员进行屋面作业。

（3）施工现场设置明显的安全警示标志，设置外围护结构，禁止非施工人员特别是外来游客进入施工场地。

（4）严禁木工在操作期间吸烟，配置消防器材，做好防火措施。

（5）脚手架按照规范要求搭设牢固。

### 5. 本期工程量审核

我方对施工单位完成的工程量进行仔细统计，按日审核，确保了本期完成工程量的准确，具体的工程量审核情况如下：

5月6日—5月10日军部搭设钢管架682平方米。

5月11日做形象工程，布置广告布、安全警示牌，钢管架覆盖安全网。

5月12日搭设军部脚手架324平方米。

5月13日钢管架覆盖安全网324平方米、室内文物转移30件、安全警示线86米。

5月14日搭设脚手架642平方米、覆盖安全网155平方米。

5月15日文物现场保护搭设防护架788平方米。

5月16日军部屋面搭设安全防护架494平方米。

5月17日—5月19日军部正厅拆除屋面158平方米。

5月19日—5月20日清理外运建筑垃圾16车，约35立方米，清理墙面水泥6平方米。

5月21日清理外运建筑垃圾6车，约12立方米；清理墙面水泥12平方米。

5月22日加工制作瓦件170块，清理墙面水泥15平方米。

5月24日清理墙面水泥13平方米，勘察木构件损坏程度。

5月25日拆除军部正厅梁架和檩条。

5月26日清理墙面水泥14平方米。

5月27日拆除军部正厅残损严重金柱。

5月28日—5月31日清理墙面水泥50平方米。

### 6. 本期监理工作小结

本期主要进行了如下工作：

（1）对施工方提交的开工申请表、施工组织报审表、设备报审表、工程量清单等资料进行核对并签字确认。

（2）对施工方提交的进场支付申请进行核查，开具支付证书一份，支付金额为总工程款的20%，80万元。

（3）对施工方进场的青砖、青瓦、白灰、木材等建筑材料进行检查，如符合质量要求，则同意施工方进场使用。

（4）积极组织召开工地例会2次，针对出现的问题进行解决；协调各项事宜。

（5）每日现场巡视，旁站监督，填写旁站记录表1份，对质量、安全等进行检查，发现问题及时解决，确保了工程质量和工程安全。

（6）督促施工方做好施工进度计划，加强现场管理力度，如发现问题，应及时沟通、协调处理，保证工程顺利进行。

（7）做好监理资料收集工作，在维修前、维修中，对文物单体进行拍照记录。

### 7. 下期监理工作打算

（1）对施工过程中重要的环节和部位做到旁站监督，如军部正厅木构架校正和屋面铺设苫背层、瓦瓦等。

（2）加大日常巡视工作，对施工中出现的不规范和不合格现象、安全隐患等做到及时发现、及时处理。

（3）督促施工方及时提交工程量完成一览表、单体报验等各项资料。

（4）积极召开监理例会，如存在问题，和建设方、施工方及时沟通解决。

（5）按照《全国重点文物保护单位文物保护工程竣工验收管理暂行办法》要求整理监理资料，对文物建筑的修复过程进行照片追踪。

### 8. 总监理工程师意见

（1）在本期施工过程中，监理人员积极组织召开工程例会2次，对工地出现的问题及时和建设方、施工方沟通；对施工方进场的木料、青砖、小青瓦进行检查；对施工过程中出现的不佩戴安全帽、脚手架搭设不规范等问题应及时要求施工方整改，从质量、安全、进度等方面对工程进行控制，保证了工程的正常进行。

（2）本期进度较为缓慢，监理方应敦促施工方加快施工进度，保证在工期范围内完成维修任务。

## （二）2017年6月

**6月1日　星期四　天气：晴**

项目名称：拆除（清理）工程

位置：军部

进度：已完成

项目内容：清理墙面水泥层3.8米×1.2米；清理墙面白灰层3.8米×1.2米。

工作量：9.12平方米

拆卸图

**6月2日　星期五　天气：晴**

项目名称：拆除（清理）工程

位置：军部

进度：已完成

项目内容：清理墙面水泥层3.7米×1.6米；清理墙面白灰层3.7米×1.6米。

工作量：11.84 平方米

拆卸图

**6月3日　星期六　天气：晴**

项目名称：拆除（清理）工程

位置：军部

进度：已完成

项目内容：清理墙面水泥层 4.8 米 × 1.5 米；清理墙面白灰层 4.8 米 × 1.5 米。

工作量：14.4 平方米

拆卸图

**6月4日　星期日　天气：阴**

项目名称：拆除（清理）工程

位置：军部

进度：已完成

项目内容：清理墙面水泥层 4.8 米 ×1.4 米；清理墙面白灰层 4.8 米 ×1.4 米。

工作量：13.44 平方米

拆卸图

**6月5日　星期一　天气：晴**

项目名称：拆除（清理）工程

位置：军部

进度：已完成

项目内容：清理墙面水泥层 4.5 米 ×1.6 米；清理墙面白灰层 4.5 米 ×1.6 米。

工作量：14.4 平方米

拆卸图

6月6日  星期二  天气：晴

项目名称：拆除（清理）工程

位置：军部

进度：已完成

项目内容：清理墙面水泥层4.6米×1.6米；清理墙面白灰层4.6米×1.6米。

工作量：14.72平方米

监理情况：今天，业主方、设计方、施工方、监理方到达现场，共同对拆卸下来的木结构材料进行检查，认定木构件已糟朽严重，应更换用落叶松或红松。

下午，牛总主持召开会议，对今后工作提出要求。

具体内容详见会议纪要。

## 工地例会纪要（三）

时间：2017年6月6日

地点：罗山县红二十五军长征出发地旧址修缮工程项目部

参会人员：

建设单位：罗山县文物管理局

　　　　　田大刚

设计单位：南阳市古代建筑保护研究所

　　　　　王昌辉

监理单位：河南安远文物保护工程有限公司

　　　　　牛宁　郭育才

施工单位：江西九丰园林古建筑工程有限公司

　　　　　刘晓文　王葱法　吕树园　王玉全

会议纪要：

2017年6月6日下午2点，罗山县红二十五军长征出发地旧址修缮工程召开工地例会，建设单位、设计单位、监理单位、施工单位相关负责人参加本次会议，本次会议的主要内容如下：

（1）施工方汇报工程进度及下一步工作计划

由于军部正厅更换木构件较多，而且规格较大，木材尚未到位，此阶段主要任务为清理墙体外裹水泥，待木料到场后，再对军部正厅进行修复。

（2）监理方牛老师、设计方王老师对工程提出具体要求

1）施工方要安全、文明施工，工地禁止吸烟，木工操作间设置消防器材，工人高空作业要系安全带，夏季注意防雷、防雨、防火、防盗，制定防暑措施，保证施工人员安全。

2）进场木材建议使用落叶松，要进行烘干、防腐、防虫处理。

3）拆卸阶段要制订拆卸方案，准备好拆卸设备，拆卸木构件要填写《构件拆卸登记一览表》，填写处理意见，工程结束时，确保资料齐全。

4）首先加快施工进度进行军部维修，军部完成后，再对红军医院进行维修。

5）医院院内排水沟石材尺寸不必一致，排水沟施工要找平，墙面、台阶先剔除水泥勾缝。

6）屋面不做防水，椽子上面直接铺望瓦，望瓦上面做灰背，再铺设阴阳瓦。

（3）建设方对工程提出具体要求

施工方要严格按照全国重点文物维修相关规范要求进行施工，禁止破坏文物；施工过程中遇见问题，及时和建设方、监理方沟通；一定要安全、文明施工，保证工程质量。

**6月7日　星期三　天气：晴**

项目名称：拆除（清理）工程

位置：军部

进度：已完成

项目内容：清理墙面水泥层 4.2 米 ×1.5 米；清理墙面白灰层 4.2 米 ×1.5 米。

工作量：12.6 平方米

拆卸图

**6月8日　星期四　天气：晴**

项目名称：拆除（清理）工程

位置：军部

进度：已完成

项目内容：清理墙面水泥层 4.3 米 ×1.5 米；清理墙面白灰层 4.3 米 ×1.5 米。

工作量：12.9 平方米

拆卸图

项目名称：材料进场

位置：军部

进度：已完成

项目内容：梁、柱、枋等坯料进场，大型装载机进场。

工作量：22.4 立方米

拆卸图

项目名称：烘干炉砌筑工程

位置：军部

进度：已完成

项目内容：搭建材料烘干棚 18.2 米 ×6 米 ×4.5 米；购买材料白灰 300 包、细沙 7.92 立方米、砖头 4200 块。

工作量：491.4 立方米；300 包；7.92 立方米；4200 块

拆卸图

修复图

项目名称：拆除（清理）工程

位置：军部

进度：已完成

项目内容：整理材料上炉 7 米 ×2.1 米 ×1.8 米；砌筑烘烤炉 7 米 ×2.1 米 ×1.6 米。

工作量：26.46 立方米；23.52 立方米

拆卸图

修复图

监理情况：1.监理方查看木料，有一根红松，用于七步梁，其余为落叶松，用于柱子，监理要求施工方做好防腐、防白蚁措施；2.新进白灰300袋，检查是否符合质量要求。

**6月9日　星期五　天气：阴转小雨**

项目名称：拆除（清理）工程

位置：军部

进度：已完成

项目内容：清理墙面水泥层3.6米×1.6米；清理墙面白灰层3.6米×1.6米；购

买锯末 200 包；安排一人夜间值班，不间断加料。

工作量：11.52 平方米；200 包

拆卸图

修复图

**6 月 10 日　星期六　天气：雨**

项目名称：木材处理工程

位置：军部

进度：已完成

项目内容：梁柱翻转烘烤 7 米 ×2.1 米 ×1.8 米；加入原可修缮木构件，烟熏烘干，杀虫、蚁。

工作量：26.46 立方米

监理情况：因雨停工，督促施工方做好防雨措施，注意用电安全。

拆卸图

修复图

项目名称：拆除（清理）工程

位置：军部

进度：已完成

项目内容：清理墙面水泥层 4.4 米 × 1.5 米；清理墙面白灰层 4.4 米 × 1.5 米。

工作量：13.2 平方米

拆卸图

修复图

**6月11日　星期日　天气：阴**

项目名称：脚手架工程

位置：军部东耳房

进度：已完成

项目内容：内满堂架8.7米×3.73米×4米；文物保护第一层竹排8.7米×3.73米；第二层安全网8.7米×3.73米；第三层防尘网8.7米×3.73米；第四层安全防护架8.7米×3.73米。

工作量：129.80立方米；129.80平方米

施工情况：施工方砌筑木材烘干槽。医院院内清理石筑台阶勾缝。

监理情况：巡视检查，施工正常。

拆卸图

**6月12日　星期一　天气：阴**

项目名称：拆除（清理）工程

位置：军部

进度：已完成

项目内容：清理墙面水泥层4.6米×1.3米；清理墙面白灰层4.6米×1.3米。

工作量：11.96平方米

拆卸图

项目名称：文物保护工程

位置：军部西耳房

进度：已完成

项目内容：内满堂架8.7米×3.73米×4米；文物保护第一层竹排8.7米×3.73米；第二层安全网8.7米×3.73米；第三层防尘网8.7米×3.73米；第四层安全防护架8.7米×3.73米。

工作量：129.80立方米；129.80平方米

拆卸图

施工情况：1.军部清理外墙面；2.医院清理内墙面；3.木材烘干。

监理情况：检查施工情况，要求木料烘干时，不得出现明火。

**6月13日　星期二　天气：阴**

项目名称：拆除（清理）工程

位置：军部

进度：已完成

项目内容：清理墙面水泥层4.4米×1.3米；清理墙面白灰层4.4米×1.3米

工作量：11.44平方米。

拆卸图

项目名称：脚手架工程

位置：军部东厢房

进度：已完成

项目内容：内满堂架8.4米×3.73米×4米；文物保护第一层竹排8.4米×3.73米；第二层安全网8.4米×3.73米；第三层防尘网8.4米×3.73米；第四层安全防护架8.4米×3.73米。

工作量：125.33立方米；125.33平方米

拆卸图

**6月14日　星期三　天气：晴**

项目名称：拆除（清理）工程

位置：军部

进度：已完成

项目内容：清理墙面水泥层4米×1.2米；清理墙面白灰层4米×1.2米。

工作量：9.6平方米

拆卸图

项目名称：文物保护工程

位置：军部西厢房

进度：已完成

项目内容：内满堂架8.4米×3.73米×4米；文物保护第一层竹排8.4米×3.73米；第二层安全网8.4米×3.73米；第三层防尘网8.4米×3.73米；第四层安全防护架8.4米×3.73米。

工作量：125.33立方米；125.33平方米

拆卸图

**6月15日　星期四　天气：晴**

项目名称：拆除（清理）工程

位置：军部

进度：已完成

项目内容：清理墙面水泥层4.8米×1.5米；清理墙面白灰层4.8米×1.5米。

工作量：14.4平方米。

拆卸图

项目名称：圆檩制安

位置：军部

进度：26%

项目内容：圆檩扒皮。

工作量：2.94 立方米

拆卸图

**6月16日　星期五　天气：晴**

项目名称：拆除（清理）工程

位置：军部

进度：已完成

项目内容：清理墙面水泥层 4.3 米 × 1.5 米；清理墙面白灰层 4.3 米 × 1.5 米。

工作量：12.9 平方米

拆卸图

项目名称：圆檩制安

位置：军部

进度：53%

项目内容：圆檩扒皮。

工作量：2.94 立方米

拆卸图

施工情况：1.军部清理外墙面；2.医院清理内墙面；3.木材烘干。

监理情况：邱局长上午到达现场，查看了施工情况，下午召开监理会议（内容见会议纪要）。

## 工地例会纪要（四）

时间：2017年6月16日

地点：罗山县红二十五军长征出发地旧址修缮工程项目部

参会人员：

建设单位：罗山县文物管理局

邱岩

监理单位：河南安远文物保护工程有限公司

郭育才

施工单位：江西九丰园林古建筑工程有限公司

刘晓文　王葱法　吕树园　王玉全　周辛骞　叶群

会议纪要：

2017年6月16日，罗山县红二十五军长征出发地旧址修缮工程召开工地例会，建设单位、监理单位、施工单位相关负责人参加本次会议，会议由监理方郭育才主持。

会议之前，几方共同对施工现场进行检查，施工方对工程进度进行汇报：目前主要工作为烘干用于军部正厅的木材，清理红军医院内墙面，会议中几方就以下问题进行商讨，并达成一致意见：

（1）木料烘干需要半个月，在此期间为了不耽误工期，可考虑拆除耳房、厢房屋面，检查梁、檩木构件，清查需更换的数量。

（2）施工方保证工程质量的前提下，应加快施工进度。

（3）根据实际情况，准备下一阶段用料。

（4）现场发现问题，及时沟通，建设方、监理方对施工方提出的问题要及时回复。

（5）做好防暑降温措施，更改施工时间，保证人员安全。

（6）展板、展柜、展品做好现场保护工作。

**6月17日　星期六　天气：晴**

项目名称：拆除（清理）工程

位置：军部

进度：已完成

项目内容：清理墙面水泥层 3.8 米 ×1.6 米；清理墙面白灰层 3.8 米 ×1.6 米。

工作量：12.16 平方米

拆卸图

项目名称：圆檩制安

位置：军部

进度：79%

项目内容：圆檩扒皮。

工作量：2.94 立方米

拆卸图

施工情况：1.军部正厅的耳房屋面卸瓦；2.清理医院内墙面。

监理情况：旁站监督医院墙面清理，符合质量要求。

## 6月18日　星期日　天气：多云

项目名称：拆除（清理）工程

位置：军部

进度：已完成

项目内容：清理墙面水泥层 4.7 米 ×1.5 米；清理墙面白灰层 4.7 米 ×1.5 米。

工作量：14.1 平方米

拆卸图

项目名称：圆檩制安

位置：军部

进度：已完成

项目内容：圆檩扒皮。

工作量：2.3 立方米

拆卸图

施工情况：1.拆除军部正厅、东耳房屋面椽子、檩条；2.转移室内展板、展品、展柜，做好安全防护措施。

监理情况：提醒工人注意安全。

## 6月19日　星期一　天气：多云

项目名称：拆除（清理）工程

位置：军部

进度：已完成

项目内容：清理墙面水泥层 4.6 米 ×1.6 米；清理墙面白灰层 4.6 米 ×1.6 米。

工作量：14.72 平方米

拆卸图

项目名称：圆檩制安

位置：军部

进度：21%

项目内容：圆檩精刨、开榫。

工作量：2.3 立方米

拆卸图

施工情况：1.拆除军部正厅西耳房屋面瓦，椽子、檩条；2.加工木结构构件；3.清理倒座外墙面。

监理情况：监理巡视检查施工情况，要求工人注意安全。

## 6月20日　星期二　天气：晴

项目名称：拆除（清理）工程

位置：军部

进度：已完成

项目内容：清理墙面水泥层5.7米×1.6米；清理墙面白灰层5.7米×1.6米。

工作量：18.24 平方米

拆卸图

项目名称：圆檩制安

位置：军部

进度：47%

项目内容：圆檩精刨、开榫等。

工作量：2.94 立方米

拆卸图

**6月21日　星期三　天气：阵雨**

项目名称：拆除（清理）工程

位置：军部

进度：已完成

项目内容：清理墙面水泥层 3.7 米 ×1.5 米；清理墙面白灰层 3.7 米 ×1.5 米。

工作量：11.1 平方米

拆卸图

项目名称：圆檩制安

位置：军部

进度：74%

项目内容：圆檩精刨、开榫等。

工作量：2.94 立方米

拆卸图

施工情况：1.军部东厢房屋面卸瓦；2.西厢房搭设脚手架；3.木工加工制作檩条。

监理情况：检查有无漏雨情况。

**6月22日　星期四　天气：多云**

项目名称：拆除（清理）工程

位置：军部

进度：已完成

项目内容：清理墙面水泥层 3.9 米 × 1.5 米；清理墙面白灰层 3.9 米 × 1.5 米。

工作量：11.7 平方米

拆卸图

项目名称：圆檩制安；梁柱制安

位置：军部

进度：已完成

项目内容：圆檩精刨、开榫等。

工作量：2.94 立方米

施工情况：1.清理军部院内西厢房外墙面；2.木工加工檩条；3.安装监控设备。

监理请款：巡视各处施工情况，符合要求。

**6月23日　星期五　天气：多云**

项目名称：拆除（清理）工程

位置：军部

进度：已完成

日期：6月23日

项目内容：清理墙面水泥层3.7米×1.5米；清理墙面白灰层3.7米×1.5米。

工作量：11.1平方米

拆卸图

项目名称：文物保护工程

位置：军部

进度：已完成

项目内容：东西厢房和侧房文物转移；垃圾转运20千米至垃圾站。

工作量：30件；20车

拆卸图

施工情况：1.清理军部院内西厢房外墙面；2.木工加工檩条；3.继续木料烘干；4.搭设西厢房屋面防雨棚。

监理情况：1.检查墙面清理情况，符合设计规范要求；2.旁站监督檩条加工情况，给出建设性意见。

**6月24日　星期六　天气：阴**

项目名称：拆除（清理）工程

位置：军部

进度：已完成

项目内容：清理墙面水泥层3.6米×1.6米；清理墙面白灰层3.6米×1.6米。

工作量：11.52平方米

拆卸图

项目名称：材料进场

位置：军部

进度：已完成

项目内容：椽子进场，大型装载机进场。

工作量：6立方米

拆卸图

施工情况：1.清理军部西厢房外墙面；2.木料烘干；3.木工加工檩条；4.购买一车椽子已运到。

监理情况：1.现场检查验收椽子，含水率不符合要求，要求施工方晾干或烘干后使用；2.下午牛总到工地视察现场施工情况，主持召开监理会议。

## 工地例会纪要（五）

时间：2017年6月24日

地点：罗山县红二十五军长征出发地旧址修缮工程项目部

参会人员：

建设单位：罗山县文物管理局

　　　　　田大刚

监理单位：河南安远文物保护工程有限公司

　　　　　牛宁　郭育才

施工单位：江西九丰园林古建筑工程有限公司

　　　　　刘晓文　王葱法　吕树园　王玉全　周辛骞　叶群

会议纪要：

2017年6月24日，罗山县红二十五军长征出发地旧址修缮工程召开工地例会，建设单位、监理单位、施工单位相关负责人参加本次会议，会议由监理方牛宁主持。

会议之前，几方共同对施工现场进行检查，施工方对工程进度进行汇报：目前主要工作为烘干军部正厅所用木材、拆除东西耳房屋面、清理东西厢房墙面。会议中，经过几方商讨决定：

（1）对糟朽不能使用的木构件要拍照留存，对拆卸下来的构件要记录在案。

（2）新制作的构件，先刷防腐剂，后刷桐油。

（3）主要部件的损害程度已超出原来预计，由业主方联系审计部门提前介入，跟踪审计，要求设计方到现场签认。

（4）医院房屋的水泥窗台剔除后，更换条石或者木板。

（5）排水沟使用石灰砂浆坐底，使用石灰加草木灰勾缝。

（6）恢复偏门。

（7）军部维修要加快施工进度，具体做法要与当地做法一致。

（8）医院工程不要大拆大干，资金不宜超出原定计划。

（9）施工资料要齐全完备，程序合法，要求三方签字。

**6月25日　星期日　天气：阴**

项目名称：拆除（清理）工程

位置：军部

进度：已完成

项目内容：清理墙面水泥层3.7米×1.6米；清理墙面白灰层3.7米×1.6米。

工作量：11.84平方米

拆卸图

项目名称：方椽制安

位置：军部

进度：50%

项目内容：方椽精加工、刨面、倒角等。

工作量：3立方米

拆卸图

施工情况：1.清理军部西厢房外墙面；2.清理外运垃圾；3.木工加工抱头梁；4.继续木料烘干。

监理情况：现场巡视，施工情况正常。

**6月26日　星期一　天气：多云**

项目名称：拆除（清理）工程

位置：军部

进度：已完成

项目内容：清理墙面水泥层3.8米×1.7米；清理墙面白灰层3.8米×1.7米。

工作量：12.92平方米

拆卸图

项目名称：方椽制安

位置：军部

进度：已完成

项目内容：方椽精加工、刨面、倒角等。

工作量：3 立方米

拆卸图

6月27日　星期二　天气：多云

项目名称：文物保护工程

位置：军部东侧房、西侧房

进度：已完成

项目内容：屋面防水工程；防水层架11米×5米+11米×5米（东、西两边侧房）；防水布11米×5米+11米×5米。

工作量：220 平方米

拆卸图

项目名称：梁、柱、枋制安

位置：军部

进度：已完成

项目内容：梁、柱、枋出炉22.4立方米；圆檩烘干15天；木构件加工3立方米。

工作量：22.4立方米；15天；3立方米

拆卸图

施工情况：1.清理军部西厢房外墙面；2.木工加工制作橡子。

监理情况：检查原有柱子，发现柱子内部严重糟朽，无法保留使用，和建设方沟通，确定更换。

### 6月28日　星期三　天气：晴

项目名称：拆除（清理）工程

位置：军部东耳房

进度：已完成

项目内容：拆卸屋面；捡瓦6.25米×3.9米×2边；清理白灰层6.25米×3.9米×2边；拆除橡子6.25米×3.9米×2边；拆除檩条6.25米×3.9米×2边。

工作量：195平方米

拆卸图

项目名称：梁、柱、枋制安

位置：军部

进度：13%

项目内容：木构件加工3立方米。

工作量：3立方米

拆卸图

施工情况：1.清理军部西厢房外墙面；2.木工加工檩条；3.檩条、椽子喷刷防腐剂。

监理情况：检查防腐剂喷刷情况，符合要求。

6月29日　星期四　天气：晴

项目名称：拆除（清理）工程

位置：军部西耳房

进度：已完成

项目内容：拆卸屋面；捡瓦6.25米×3.9米×2边；清理白灰层6.25米×3.9米×2边；拆除椽子6.25米×3.9米×2边；拆除檩条6.25米×3.9米×2边。

工作量：195平方米

拆卸图

项目名称：梁、柱、枋制安

位置：军部

进度：26%

项目内容：木构件加工2.9立方米。

工作量：2.9立方米

拆卸图

施工情况：1.清理军部西厢房外墙面；2.加工木构件；3.檩条刷桐油；4.购进红松一根。

监理情况：现场检查红松木料，直径符合要求，含水率较高，要求施工方烘干后使用。

**6月30日　星期五　天气：晴**

项目名称：屋面脚手架工程

位置：军部东厢房、西厢房

进度：已完成

项目内容：屋面防水工程；防水层架10米×6米+10米×6米（东、西两边厢房）；防水布10米×6米+10米×6米；外墙脚手架10米×6米。

工作量：240平方米；60平方米

拆卸图

项目名称：梁、柱、枋制安

位置：军部

进度：已完成

项目内容：木构件多件加工 3.1 立方米；垃圾转运 20 千米至垃圾站。

工作量：3.1 立方米；22 车

拆卸图

# 6 月监理月报

## 1. 本期工程概况

本期工程时间为 2017 年 6 月 1 日—2017 年 6 月 30 日。

本期主要施工情况：

施工单位投入施工人员约 12 人，维修红二十五军长征出发地军部大院（何家祠）：

（1）新进木材烘干处理。

（2）军部正厅、东西厢房、东西耳房室内展品、展柜做好安全防护措施。

（3）军部倒座、西厢房清理墙面外裹水泥。

（4）军部东西耳房、东西厢房拆除瓦屋面、木基层。

（5）木工加工制作军部正厅更换的梁架、抱头梁、檩条、椽子等木构件。

投入机械设备有：机械平板刨、压刨机、圆盘锯、带锯机各一台，切割机、磨光机等工具。

主要进场材料：木材、白灰、青砖、小青瓦、条石、桐油等。

## 2. 本期工程进度

本期工程进度如下：

（1）军部正厅梁架所需木材烘干完成，柱子所用木材继续烘干。

（2）军部倒座、西厢房外墙面清理完成90%。

（3）军部东西耳房瓦屋面、木基层拆除完毕。

（4）军部东西厢房瓦屋面、木基层拆除完毕。

（5）军部正厅更换梁架、檩条、椽子加工制作完成。

本期工程进度落后于计划进度，主要由以下几个原因造成：

（1）军部正厅梁架所用木材含水率较大，需要烘干处理。

（2）施工人员较少。

为加快施工速度，经与业主方沟通，对施工方做出以下要求：

（1）购买干木材，进场可直接加工制作木构件。

（2）增加施工人员。

### 3. 本期工程质量

在本期施工中，我监理方通过以下几个方面进行质量控制。

（1）对于进场的材料，我方要求施工方进行报验，要求提供相关质量证明资料。

（2）本期进行的工程主要有屋面拆除、加工制作木构件、墙面清理，我方监理在施工过程中对工程质量进行严格把关，对屋面拆除等重要工序进行旁站监督，填写旁站记录表2份，保证了每一工序的施工质量。

（3）监理每日现场巡查，对于发现的质量问题及时指出纠正，监理现场发现并要求整改的问题有：

①检查发现加工制作的椽子含水率过大，要求施工方晾干或者烘干后方可使用。

②检查发现军部正厅梁柱所用木材含水率较高，要求施工方烘干后再使用。

对于以上检查发现的质量问题，我方要求施工方现场整改，并对整改的效果进行复检，质量合格后，方可进行下一步施工，保证了工程质量。

### 4. 本期工程安全

本期我方继续加强监管，确保了工程安全：

（1）在东西厢房屋面拆除过程中，监理人员旁站，填写旁站记录表2份，现场检查安全措施落实情况，保证了文物建筑拆卸安全。

（2）在日常巡视中，监理方对发现的存在安全隐患的违规操作、不按规定戴安全帽、施工中抽烟等违反安全施工的行为予以制止，要求整改。

（3）发现游人进入施工场地时，及时制止，杜绝安全隐患。

（4）督促施工方做好雨天文物建筑和施工材料的防雨工作。

**5. 本期工程量审核**

我方对施工单位完成的工程量进行仔细统计，按日审核，确保了本期完成工程工程量的准确。具体的工程量审核情况如下：

6月1日—6月8日清理墙面水泥、白灰103平方米。

6月8日新进原木22.4立方米，白灰300包，砖4200块，砌筑木材烘干池。

6月9日清理墙面水泥、白灰12平方米。

6月10日清理墙面水泥、白灰13.2平方米，烘干梁柱所用木材。

6月11日军部东耳房室内文物做安全防护措施。

6月12日清理墙面水泥、白灰12平方米，军部西耳房室内文物做安全防护措施。

6月13日清理墙面水泥、白灰11.4平方米，军部东厢房室内做安全防护措施。

6月14日清理墙面水泥、白灰9.6平方米，军部西厢房室内做安全防护措施。

6月15日清理墙面水泥、白灰14.4平方米，檩条原木去皮。

6月16日—6月19日清理墙面水泥、白灰53.9平方米，檩条原木去皮。

6月20日—6月22日清理墙面水泥、白灰41平方米，檩条开榫。

6月23日清理墙面水泥、白灰11平方米，清理外运建筑垃圾20车，约42立方米。

6月24日清理墙面水泥、白灰11.5平方米，新进椽子6立方米。

6月25—6月26日清理墙面水泥、白灰24.7平方米，加工制作椽子。

6月27日梁、柱、枋所用木材烘干完成，加工制作木构件。

6月28日军部东耳房拆除屋面48.75平方米，加工制作梁架。

6月29日军部西耳房拆除屋面48.75平方米，加工制作梁架。

6月30日加工制作木构件，清理外运建筑垃圾22车，约45立方米。

**6. 本期监理工作小结**

本期我方主要进行了如下工作：

（1）对施工方提交的工程量清单、木构件拆卸登记一览表等资料进行核对，并签字确认。

（2）对施工方进场的木材等建筑材料进行检查，符合质量要求，方可进场，确保了工程材料质量。

（3）积极组织召开工地例会3次，针对出现的问题进行解决，协调各项工程事宜。

（4）每日现场巡视，旁站监督，对质量、安全等进行检查，发现问题，及时解决，确保了工程质量和工程安全。

（5）做好监理资料收集工作，维修前，对文物单体现状进行拍照记录。

**7. 下期监理工作打算**

（1）对施工过程中重要环节和部位做到旁站监督，如：军部正厅梁架安装，屋面铺设灰背层、瓦瓦等重要工序。

（2）加大日常巡视工作，对施工中可能出现的吸烟、不佩戴安全帽等不规范和不合格现象，做到及时发现并处理。

（3）督促施工方及时提交工程量清单等有关资料。

（4）积极召开监理例会，对施工中存在的问题，和建设方、施工方及时沟通解决。

（5）整理监理资料，对文物建筑的修复过程进行拍照记录。

**8. 总监理工程师意见**

（1）在本期施工过程中，监理人员积极召开工程例会3次，对工地出现的问题，及时和建设方、施工方沟通；对施工方进场的木料进行检查，含水率过大，要求施工方烘干处理；对施工过程中出现的吸烟、不佩戴安全帽等问题，及时要求施工方整改，从质量、安全、进度等方面对工程进行控制，保证了工程的正常进行。

（2）在下期施工过程中，要求我方监理人员加大日常巡视，及时发现问题，并对可能出现的问题进行预防，如军部正厅安装梁架时，要求施工方校正到位。

（3）鉴于目前施工进度缓慢，建议施工方合理安排施工顺序，提前购买木材、白灰等建筑材料。

## （三）2017年7月

**7月1日　星期六　天气：阴**

项目名称：拆除（清理）工程；梁、柱、枋制安

位置：军部东厢房

进度：49%

项目内容：屋面拆卸：捡小青瓦8.8米×4.4米×2边；清理白灰层8.8米×4.4米×2边；拆除椽子8.8米×4.4米×2边；拆除檩条8.8米×4.4米×2边；西厢房外墙脚手架17米×6米；木构件多件加工梁、柱2立方米；清理现场建筑垃圾。

工作量：309.76平方米；102平方米；2立方米

施工情况：1.木料烘干；2.清理军部大院外墙面；3.东西耳房上檩条，钉椽子；4.木工加工柱子。

监理情况：提醒工人注意安全、文明施工。

拆卸图

修复图

**7月2日　星期一　天气：晴**

项目名称：木构件制安；防腐、防虫处理；拆除（清理）工程

位置：军部东侧房

进度：50%；58%

项目内容：椽子做防腐、防虫、防白蚁、防霉处理涂刷、喷涂3遍（本工序刷2遍处理，制安时还需喷涂1次）(6.25米×3.9米+6.25米×3.9米)×2遍；木构件多件加工2立方米；墙体水泥层清理4.5米×1.3米；墙体白灰层清理4.5米×1.3米。

工作量：97.5平方米；2立方米；11.7平方米

施工情况：1.木工加工柱子；2.东西耳房钉椽子；3.清理军部大院外墙面；4.新

椽子喷刷防腐剂。

监理情况：要求施工方均匀喷刷防腐剂。

修复图

**7月3日　星期二　天气：晴**

项目名称：木构件防护处理工程；梁、柱、枋制安

位置：军部西侧房；正厅

进度：67%

项目内容：椽子做防腐、防虫、防白蚁、防霉处理涂刷、喷涂3遍（本工序刷2遍处理，制安时还需喷涂1次）；西侧房（6.25米×3.9米+6.25米×3.9米）×2遍，正厅（12.6米×6.25米+12.6米×6.25米）×2遍；木构件多件加工2立方米；墙体水泥层清理3.9米×1.7米；墙体白灰层清理3.9米×1.7米。

工作量：412.5平方米；2立方米；13.26平方米

施工情况：1.清理军部大院外墙面；2.檩条刷桐油；3.制作加工柱子。

监理情况：巡视检查，施工正常。

修复图

**7月4日　星期三　天气：晴**

项目名称：木构件防护处理工程；梁、柱、枋制安

位置：军部正厅

进度：36%；78%

项目内容：檩条防腐、防虫、防白蚁、防霉处理涂刷、喷涂3遍（本工序刷2遍处理，制安时还需喷涂1次）（12.6米×6.25米+12.6米×6.25米）×2遍；木构件多件加工2.4立方米；墙体水泥层清理4.4米×1.6；墙体白灰层清理4.4米×1.6米。

工作量：315平方米；2.4立方米；14.08平方米

施工情况：1.清理军部大院马头墙部位墙面；2.椽子刷桐油；3.木工加工制作军部柱子；4.木料烘干。

监理情况：巡视检查，施工正常。

修复图

**7月5日　星期四　天气：晴**

项目名称：梁、柱、枋制安

位置：军部东侧房；西侧房

进度：72%；已完成

项目内容：檩条防腐、防虫、防白蚁、防霉处理涂刷、喷涂3遍（本工序做2遍处理，制安时还需喷涂1次）；东侧房（6.25米×3.9米+6.25米×3.9米）×2遍；西侧房（6.25米×3.9米+6.25米×3.9米）×2遍；木构件多件加工2立方米；墙体水泥层清理4.8米×1.5米；墙体白灰层清理4.8米×1.5米。

工作量：195平方米；2立方米；14.4平方米

施工情况：1.清理军部大院马头墙部位墙面；2.木工制作加工柱子；3.椽子刷桐油；4.收旧瓦4车（拖拉机）。

监理情况：检查新进小青瓦质量，部分残损严重，要求施工方挑选后方可使用。

## 工地例会纪要（六）

时间：2017年7月5日

地点：罗山县红二十五军长征出发地旧址修缮工程项目部

参会人员：

建设单位：罗山县文物管理局

     邱岩

监理单位：河南安远文物保护工程有限公司

     郭育才

施工单位：江西九丰园林古建筑工程有限公司

     刘晓文 项卫兵 吕树园 王玉全 龚志学

会议纪要：

2017年7月5日，罗山县红二十五军长征出发地旧址修缮工程召开工地例会，建设单位、监理单位、施工单位相关负责人参加本次会议，会议由监理方郭育才主持。

会议之前，几方共同对施工现场进行检查，施工方对工程进度进行汇报：军部正厅更换梁、柱所需木材烘干完毕，正在加工制作梁架、柱子、抱头梁等木构件。本次会议对以下问题进行商讨：

（1）要求施工方加快施工进度，安排好施工顺序，做好工序衔接，避免停工待料现象。

（2）由于军部正厅更换木构件较多，现无法确定军部大院完工日期。

（3）正房马头墙面的彩绘、砖缝应在屋面瓦瓦前做好，避免踩坏瓦面。

（4）施工方及时上报施工资料，做好工程量签认。

（5）灭白蚁的方案，待业主方商议后，再确定。

（6）业主方联系审计部门提前介入。

修复图

**7月6日　星期五　天气：晴**

项目名称：做旧工程

位置：军部东西侧房

进度：已完成

项目内容：东侧房檩条刷桐油（6.25米×3.9米+6.25米×3.9米）×2遍；西侧房（6.25米×3.9米+6.25米×3.9米）×2遍；墙体水泥层清理3.8米×1.6米；墙体白灰层清理3.8米×1.6米。

工作量：195立方米；12.16平方米

修复图

**7月7日　星期六　天气：晴**

项目名称：做旧工程

位置：军部正厅

进度：已完成

项目内容：正厅檩条刷桐油（12.6米×6.25米+12.6米×6.25米）×2遍；梁柱10.02米×7.01米×2遍+10.02米×5.24米×2遍；正面12.6米×7.01米×2遍，东西面；墙体水泥层清理3.8米×1.6米；墙体白灰层清理3.8米×1.6米。

工作量：737.14平方米；12.16平方米

修复图

**7月8日　星期日　天气：晴**

项目名称：做旧工程

位置：军部正厅；东西侧房

进度：已完成

项目内容：正厅椽子刷桐油（12.6米×6.25米+12.6米×6.25米）×2遍；东侧房椽子（6.25米×3.9米+6.25米×3.9米）×2遍；西侧房椽子（6.25米×3.9米+6.25米×3.9米）×2遍；墙体水泥层清理3.9米×1.4米；墙体白灰层清理3.9米×1.4米。

工作量：510平方米；10.92平方米

修复图

7月10日　星期一　天气：晴

项目名称：大木作工程

位置：军部东西耳房

进度：已完成

项目内容：更换东西耳房檩条（0.16米×0.16米×4.1米）22根；东耳房椽子1立方米；西耳房方椽制安1立方米；墙体水泥层清理4.1米×1.4米；墙体白灰层清理4.1米×1.4米。

工作量：2.31立方米；2立方米；11.48平方米

修复图

7月11日　星期二　天气：晴

项目名称：大木作工程

位置：军部正厅及东西耳房

进度：已完成

项目内容：更换金柱、廊柱穿插枋、抱头梁、枋窗梁共计5立方米材料；东西耳房圆檩制安、方椽制安，更换檩条22根；墙体水泥层清理4.3米×1.5米；墙体白灰层清理4.3米×1.5米。

工作量：22根；5立方米；12.9平方米

施工情况：军部正厅安装柱子、穿插枋、抱头梁

监理情况：要求施工方木构件做好防腐处理。

修复图

**7月12日 星期三 天气：多云**

项目名称：大木作工程

位置：军部正厅

进度：已完成

项目内容：更换七架梁（6.7米×0.70米×0.35米）1根、梁整修5个、梁斗8个、檩条（0.16米×0.16米×4.1米）30根、随檩（0.12米×0.12米×4.1米）33根；墙体水泥层清理4.3米×1.6米；墙体白灰层清理4.3米×1.6米。

工作量：6.74立方米；13.76平方米

施工情况：军部大院正房安装檩条

监理情况：旁站监督檩条安装情况，发现部分檩条安装不到位，要求工人调整檩条位置，保证檩条水平度。

修复图

**7月13日　星期四　天气：晴**

项目名称：大木作工程

位置：军部正厅及东西侧房

进度：已完成

项目内容：枋椽制安1525根×1.1米=1677.5米、飞椽74米；墙体彩绘（8米×0.6米×4米+10.12米×0.6米×4米+3.78米×0.6米×4米+2.46米×0.6米×4米+5.5米×0.7米×2米）；墙体水泥层清理4.3米×1.5米；墙体白灰层清理4.3米×1.5米。

工作量：1677.5米；74米；48.35平方米；12.9平方米

施工情况：1.军部大院正房钉椽子；2.正房搭设防雨篷。

监理情况：1.旁站监理施工情况，发现檩条没有调整到位，要求施工方重新调整。2.椽子钉得不直，椽档不均匀，要求改正。3.遵照我方【2017】6号文件指示，同施工方进行场安全检查：①脚手架牢固可靠；②灭火器安置在安全范围内；③施工现场禁止吸烟；④电动工具及电器设备线路安全性能良好；⑤清理外运木屑；⑥要求施工人员注意防暑降温，加强施工人员自身防护意识。

修复图

**7月14日　星期五　天气：晴**

项目名称：拆除清理工程

位置：军部正厅

进度：已完成

项目内容：屋面上瓦6541块；墙体彩绘；墙体水泥层清理4.4米×1.3米；墙体白灰层清理4.4米×1.3米；砌筑正脊20米；调垂脊30米。

工作量：6541 块；11.44 平方米；20 米；30 米

修复图

**7月15日　星期六　天气：晴**

项目名称：防水；拆除清理工程

位置：军部正厅；东西耳房、东西厢房

进度：已完成

项目内容：大风损坏防水，重做防水；正厅两边彩条布铺设 26 米×9.5 米×2 遍；东西厢房防水布 10 米×6 米+10 米×6 米；东西侧房（11 米×5 米+11 米×5 米）2 遍；墙体彩绘；墙体水泥层清理 4.6 米×1.2 米；墙体白灰层清理 4.6 米×1.2 米。

工作量：834 平方米；11.04 平方米

工地例会纪要（七）

时间：2017 年 7 月 15 日

地点：罗山县红二十五军长征出发地旧址修缮工程项目部

参会人员：

建设单位：罗山县文物管理局

邱岩

监理单位：河南安远文物保护工程有限公司

郭育才

施工单位：江西九丰园林古建筑工程有限公司

刘晓文　项卫兵　龚志学　吕树园　王玉全

会议纪要：

2017 年 7 月 15 日，罗山县红二十五军长征出发地旧址修缮工程召开工地例会，建设单位、监理单位、施工单位相关负责人参加本次会议，会议由监理方郭育才主持。

会议开始之前，几方共同对施工现场进行检查，施工方对工程进度进行汇报：目前主要工作为军部正厅安装梁架、檩条、椽子，下一步计划军部正厅进行屋面瓦瓦。会议中几方就以下问题进行商讨，并达成一致意见：

（1）监理方通报了根据我方【2017】6号文件进行安全检查的情况，确定本月20日后建设方联系审计单位介入。

（2）施工方可以先做马头墙上的彩绘，后做墙面清理工作。

（3）施工方安排好施工程序，加快施工速度。

（4）施工方检查厢房、倒座屋面及梁架、檩条等残损情况，提前采购所需施工材料。

（5）要求军部大院工程在国庆节前完工。

（6）做好防暑、防雷、防火、防水各项工作，保证文物安全和施工人员人身安全。

修复图

**7月16日　星期日　天气：晴**

项目名称：拆除清理工程

位置：军部东西耳房

进度：已完成

项目内容：屋面上瓦6684块；墙体水泥层清理4.5米×1.3米；墙体白灰层清理4.5米×1.3米。

工作量：6684块；11.7平方米

修复图

**7月17日　星期一　天气：晴**

项目名称：砌筑工程；拆除清理工程

位置：军部正厅

进度：已完成

项目内容：砌筑正厅青瓦正脊，砌筑东西耳房正脊；墙体水泥层清理4.4米×1.3米；墙体白灰层清理4.4米×1.3米。

工作量：26米；11.44平方米

修复图

**7月18日　星期二　天气：晴**

项目名称：整改中

位置：军部

项目内容：整改中；材料分类标识；划分区域按指定区域堆放；打扫卫生。

上午省局、市局领导到现场检查工作，发现工地存在以下问题：

1. 施工现场各种材料堆放混乱。

2. 存在安全隐患。

3. 管理人员不在岗。

责令施工方停工整改。

修复图

**7月19日　星期三　天气：　晴**

项目名称：整改中

位置：军部

项目内容：搭建钢管彩钢瓦围挡；制作大门等设施；增加安全防护。

施工情况：1.搭设钢管围挡，木材分类整理堆放；2.军部正厅清理瓦件，马头墙清理表面水泥。

监理情况：1.督促施工方对昨天检查发现问题进行整改；2.和建设方、施工方一块到鸡公山老建筑进行考察学习；3.督促施工方做好防暑准备（适当调整施工时间、预备防暑药）。

**7月20日　星期四　天气：　晴**

项目名称：整改中

位置：军部

项目内容：铺挂标识标牌，增加安装灭火器、灭火沙池、水源。

**7月21日　星期五　天气：　晴**

施工情况：1.施工方继续整改军部现场（木材规整，绿网覆盖）；2.施工方资料员整理施工资料。

监理情况：1.整理会议纪要和监理日记，签发（施工方）会议纪要6份，下达通知单1份；2.和施工方对工地停工整改情况进行沟通，督促施工方加快整改进度。

**7月22日　星期六　天气：晴**

施工情况：1.军部正厅后侧清理建筑垃圾（破碎瓦件）；2.设置安全防护标志和消防专用沙坑、灭火器。

监理情况：1.施工方递交开工申请单1份，待领导检查确认后，再确定是否开工；2.检查工地整改情况，给出建设性意见。

**7月23日—7月31日**

停工整改。

## 工地现场会会议纪要（一）

时间：2017年7月24日下午2点

地点：罗山县红二十五军长征出发地旧址修缮工程项目部

参会人员：

建设单位：罗山县文物管理局

　　　　　田大刚　邱岩

施工单位：江西九丰园林古建筑工程有限公司

　　　　　刘晓文　项卫兵　吕树园　王玉全

设计单位：南阳市古代建筑保护研究所

　　　　　王昌辉

监理单位：河南安远文物保护工程有限公司

　　　　　牛宁　邰存

会议纪要：

2017年7月24日下午2点，罗山县红二十五军长征出发地旧址维修工程建设单位主持召开工地现场会，监理单位、设计单位及施工单位相关负责人参加会议，本次会议由建设方田大刚主持。

会前建设单位、设计单位、监理单位、施工单位共同对施工现场进行了检查，对7月18日省局领导视察时指出的材料堆放混乱、安全隐患、管理人员不在岗等问题的整改情况进行了重点检查，会议对整改情况进行了通报，对工程出现的问题进行了沟通，对下一步工作提出了具体的指导意见：

（1）监理单位总监理工程师牛宁提出如下意见

1）7月18日省局领导检查工地时指出的问题，我们要高度重视并深刻反思。针对问题施工方能够迅速整改：设置了单独的材料堆放区，材料分类、整齐地堆放在固定区域；按照消防规定设置了消防器材，脚手架按照规范要求设置了安全网，消除了安全隐患。整体来说，整改效果较好。

2）施工方在施工过程中发现的与图纸不符之处，设计方应根据实际情况作出答复，需要进行变更的，须及时补充设计变更文件。

3）施工方、监理方要按照国家的有关规定及时做好工程资料的收集、整理，保证资料的真实、齐全，防止后补材料，防止虚编乱造。

4）监理方严格要求自己，对工程质量、安全、进度、管理等各个方面进行严格把关，切实履行监理方的义务和职责。

（2）施工方提出施工中发现的新问题

1）古建筑墙体被现代建筑材料包裹。

2）木构架被白蚁蚕食严重。

3）部分马头墙彩绘脱落。

这些问题与设计图纸不符，应如何处理。

（3）设计方对施工方提出的问题做出答复

1）古建筑墙体被现建材料包裹应恢复其原有面貌。

2）被白蚁蚕食严重的木构件应更换。

3）马头墙彩绘脱落部分应恢复。

设计方对以上问题会做出具体设计变更文件。

（4）建设方意见

建设方指出，对于实际情况与设计图纸不符的地方，设计方要尽快做出设计变更；施工方尽快完善手续材料，提交整改报告单，待省、市局领导检查确认后恢复施工。

## 7月监理月报

### 1.本期工程概况

本期工程时间为2017年7月1日—2017年8月31日。

其中7月22日—8月11日因省局领导视察发现工地存在现场管理不当、安全措施未做好、手续资料不完善等问题而停工整改。

针对省局领导指出的问题，建设方、监理方、施工方迅速召开协调会，确定了整改要求：

（1）施工方项目经理、技术负责人等现场管理人员必须常驻工地，认真负责，管理到位。

（2）施工现场建筑材料、新旧木构件等必须分类标注、划分区域堆放。

（3）做好建筑外围护措施，钢管架覆盖建筑绿网，设置安全通道，施工现场增加消防器材。

（4）严格按照《全国重点文物保护单位文物保护工程竣工验收管理暂行办法》要求，整理和完善施工资料和监理资料。

整改完毕后，业主方、监理方、施工方共同对整改结果进行核查：项目管理人员到场，施工现场做好围挡，安全防护措施到位，各建筑材料与老构件分区域堆放，资料整理完整。业主方将整改结果向省局领导汇报，工程于8月12日复工。

本期主要施工情况：

施工单位投入施工人员约10人，维修红二十五军军部大院（何家祠）：

（1）军部正厅加工制作东侧金柱，安装梁架、檩条、椽子等木构件。

（2）军部正厅做正脊，铺设望瓦、灰背层、瓦瓦。

（3）军部正厅的东西耳房更换糟朽、变形严重檩条、椽子，重新铺设望瓦、灰背层、瓦瓦。

（4）军部东西厢房更换糟朽、变形严重檩条、椽子；重新铺设望瓦、灰背层、瓦瓦。

（5）倒座内外搭设脚手架。

（6）倒座搭设防雨篷，拆除屋面瓦、木基层。

（7）购买木料，加工制作各对应部位的木构件，并进行防腐、防虫处理。

投入设备：机械平板刨、压刨机、圆盘锯、带锯机各一台，切割机、磨光机等工具。

主要进场材料：木材、白灰、青砖、小青瓦、条石、桐油等。

**2. 本期工程进度**

本期工程进度如下：

（1）正房、东西耳房屋面完成。

（2）东西厢房屋面拆除，并重新铺设完成。

（3）倒座檩条安装完毕，屋面未做。

截至目前，军部大院正房、东西耳房、东西厢房维修工作已完成，与计划进度相符，但为了保证军部大院在10月1日之前能对外开放，要求施工方仍需加快施工进度，尽快完成军部倒座的维修工作。

### 3. 本期工程质量

在本期施工中，我监理方通过以下几个方面进行了质量控制：

（1）对于进场的材料，我方要求施工方进行报验，提供相关合格证明资料。本期进场的材料主要有木料、小青瓦，监理单位现场检查，符合质量要求，准许施工单位进场施工。

（2）本期进行的工程主要有安装梁架、钉椽，铺设望瓦、护板灰、瓦瓦，我方监理在施工过程中对工程质量进行严格把关，对梁架校正、护板灰铺设、屋面瓦瓦等重要工序进行旁站监督，填写旁站记录表7份，保证了每一道工序的施工质量。

（3）对军部正厅、东西厢房的屋面隐蔽部位护板灰施工质量进行检查，填写隐蔽工程现场检查表2份。

（4）监理每日现场巡查，对于发现的质量问题，及时指出纠正，监理现场发现并要求整改的问题有：

①检查发现新进木材（加工制作檩条）含水率过大，要求施工方晾干或者烘干后方可使用。

②新进小青瓦缺角过多，要求施工方挑选后，方可使用。

③检查发现军部正厅屋面瓦垄不直，要求施工方整改。

④检查发现屋面勾缝材料中掺有少量水泥，要求施工方整改，用传统材料稻草灰加白灰配制勾缝材料。

### 4. 本期工程安全

本期施工过程中存在以下安全问题：

（1）军部大院脚手架安全网覆盖不到位，部分脚手架缺少斜杆、横杆等。

（2）军部正厅、东西厢房室内展品安全防护不到位。

（3）施工现场缺少禁止吸烟、佩戴安全帽、饮酒禁止入内等安全警示标志。

（4）消防器材配备不齐全，缺少消防沙、消防铲等器材。

（5）施工现场未做外围挡及消防通道，游客可能进入施工现场，存在安全隐患。

针对以上问题，我方要求施工方进行整改，并对整改结果进行了检查确认：

（1）各个单体脚手架搭设符合规范要求，安全网覆盖到位。

（2）各个展品安全防护到位。

（3）施工现场设置各安全警示标志和外围挡。

（4）消防设施配置齐全。

梅雨季到来，我方要求施工方屋面搭设防雨篷，做好防雨措施，保证工程安全。

### 5. 本期工程量审核

我方对施工单位完成的工程量进行仔细统计，按日审核，确保了本期完成工程量的准确。具体的工程量审核情况如下：

7月1日军部东厢房拆除屋面77平方米，清理外运建筑垃圾2立方米。

7月2日—7月8日檩条、椽子做防腐和防虫处理，清理墙面水泥、白灰88.68平方米。

7月10日安装东西耳房檩条、钉椽，清理墙面水泥11.48平方米。

7月11日—7月12日安装军部正厅东侧金柱、梁架，清理墙面水泥、白灰26.7平方米。

7月13日安装军部正厅钉椽、飞椽，清理墙面水泥、白灰12.9平方米。

7月14日军部正厅上瓦6541块，墙体彩绘11.4平方米。

7月15日军部正厅、东西耳房、东西厢房搭设防雨布834平方米。

7月16日军部东西耳房上瓦6684块，清理墙面水泥、白灰11.7平方米。

7月17日军部正厅、东西耳房做正脊26米。

8月10日—8月12日军部正厅屋面瓦瓦157.5平方米，清理墙面水泥、白灰41平方米。

8月13日—8月16日军部东西耳房屋面瓦瓦93.2平方米，清理墙面水泥、白灰52平方米。

8月17日东西厢房拆除屋面153平方米，清理墙面水泥、白灰13平方米。

8月18日东西厢房拆除残损严重木构件，清理外运建筑垃圾22车。

8月19日—8月20日东西厢房更换残损严重檩条12根，清理墙面水泥、白灰27平方米。

8月21日东西厢房钉椽。

8月22日—8月24日东西厢房做正脊共36米，屋面瓦瓦153平方米。

8月25日—8月31日倒座搭设脚手架，拆除屋面305平方米。

### 6. 本期监理工作小结

本期主要进行了如下工作：

（1）对省局领导提出的现场问题及时改正，加大现场监督力度。

（2）检查施工方新进的各种建筑材料，符合质量要求，方可进场。

（3）旁站监督梁架校正、屋面瓦瓦等重要工序，对发现的问题，及时指出，要求施工方整改，保证了施工质量。

（4）督促施工方整理相关施工资料，提交单体分项、分部报验资料。

（5）积极组织召开工地例会3次，参加现场会1次，对施工过程中存在的问题及时沟通并解决。

（6）对施工方提交的进度款支付申请进行核查，开支付证书一份，支付金额为总工程款的30%，120万元。

（7）对施工单位提交的整改报告单、进场材料报审表、古建筑拆卸构件登记一览、构件更换登记一览表等资料进行核查，并签字确认。

**7. 下期监理工作打算**

（1）加强日常巡视力度，对工程中出现的不规范和不合格现象做到及时发现并处理。

（2）对施工过程中重要环节和部位，如军部倒座铺设灰背层、瓦瓦做到旁站监理，确保隐蔽部位的工程质量，并拍照留档。

（3）督促施工方做好工程量清单、木构件拆卸一览表等施工资料。

（4）督促施工方加快施工进度，确保军部大院整体维修在国庆节前完成。

（5）监理人员认真学习文物维修相关规范，提高自身业务能力。

**8. 总监理工程师意见**

（1）在本期施工过程，省局领导对工地进行检查，针对省局领导提出的安全、现场管理不到位、资料不齐全等问题，各方要认真整改，杜绝此类问题再次发生。

（2）考虑国庆节将至，军部旧址对外开放，施工方在下期施工过程中以安全和质量为前提，加快施工进度，重点完成军部倒座屋面铺设及整个军部旧址的油漆工程。

## （四）2017年8月

**8月1日—8月12日**

停工整改。

**8月13日　天气：晴**

施工情况：1. 军部东西耳房3人铺设望瓦、护板灰、瓦瓦，零工2人；2. 东厢房

5人拆除瓦屋面、木基层；3.现场管理1人。

监理情况：1.和建设方就工地情况进行沟通；2.督促施工方加快施工进度，提前进料，10月1日之前完成军部的维修工作。

修复图

**8月14日　天气：晴**

施工情况：1.军部西耳房3人铺设望瓦、护板灰、瓦瓦；2.零工2人；3.西厢房5人拆除瓦屋面、木基层；4.现场管理1人。

监理情况：督促施工方注意安全，文明施工。

**8月15日　天气：晴**

项目名称：小青瓦屋面工程

位置：军部西耳房

进度：已完成

项目内容：军部西耳房6.25米×3.73米+6.25米×3.73米；清理墙面水泥层5.1米×1.2米；清理墙面白灰层5.1米×1.2米；清理墙面水泥层4.5米×1.5米；清理墙面白灰层4.5米×1.5米。

工作量：46.625平方米；25.74平方米

施工情况：1.军部西厢房5人拆除椽子、檩条，清理外运建筑垃圾；2.倒座1人；西侧马头墙做彩绘；3.4人搭设安全架。

监理情况：1.督促施工方安全架搭设牢固；2.施工方新进松木（做檩条）20根，

裂缝过大的，要求施工方禁止使用；3.郭老师到达工地，对工地现场进行检查，要求施工方现场管理到位，迎接领导检查。

修复图

**8月16日　天气：晴**

施工情况：1.清理施工现场建筑垃圾；2.西厢房安装檩条；3.门楼搭设防雨篷；4.新做的檩条、椽子喷防腐剂、刷桐油。

监理情况：1.督促工人安全、文明施工；2.要求备用材料堆放整齐；3.要求施工方指导工人使用消防灭火器材。

**8月17日　天气：晴**

项目名称：屋面拆解；木构件拆解

位置：东厢房；西厢房

进度：已完成

项目内容：东厢房拆卸木构件（8.8米×3.9米×2坡+2米×2米×2坡）×2；东西厢房拆屋面（8.8米×3.9米×2坡+2米×2米×2坡）×2；清理墙面水泥层4.3米×1.5米；清理墙面白灰层4.3米×1.5米。

工作量：306.56平方米；12.9平方米

施工情况：1.清理施工现场；2.东厢房上檩条；3.西厢房钉椽子。

监理情况：1.检查施工现场情况，给出建设性意见；2.省局领导因临时有事而未到现场。

修复图

**8月18日　天气：晴**

项目名称：木构件拆解

位置：西厢房

进度：已完成

项目内容：东厢房拆卸木构件8.8米×3.9米×2坡+2米×2米×2坡；垃圾转运22车；清理墙面水泥层4.9米×1.4米；清理墙面白灰层4.9米×1.4米。

工作量：76.64平方米；13.72平方米

施工情况：1. 2人西耳房前坡铺设望瓦、护板灰、瓦瓦；2. 3人东厢房钉椽，1人加工老椽子；3. 5人倒座拆除瓦屋面。

监理情况：1. 检查发现军部东厢房与倒座交接部分的脊檩过短（施工方欲墩接处理），要求施工方更换处理；2. 督促施工方做好防暑准备，安全文明施工；3. 和郭家祠堂工地沟通，督促施工方做好资料。

**8月19日　天气：晴转雷阵雨**

项目名称：木构件制安

位置：东厢房；西厢房

进度：已完成

项目内容：涂刷木材防腐剂8.8米×3.9米×2坡+2米×2米×2坡；涂刷桐油（8.8米×3.9米×2坡+2米×2米×2坡）×2；东西厢房木构件制安，圆檩制安8.8米×3.9米×2坡+2米×2米×2坡；清理墙面水泥层4.9米×1.4米；清理墙面白灰层 4.9 米 ×1.4 米；清理墙面水泥层 3.8 米 ×1.7 米；清理墙面白灰层 3.8 米 ×1.7 米。

工作量：306.56 平方米；154.88 平方米；26.64 平方米

施工情况：1. 2 人东耳房前坡铺设忘瓦、护板灰、瓦瓦；2. 3 人东厢房更换南侧脊檩，钉椽；3. 5 人倒座拆除瓦屋面。

监理情况：1. 和建设方、施工方召开工地例会（详见会议纪要）；2. 督促施工方做好防雨措施。

<h3 style="text-align:center">工地例会纪要（八）</h3>

时间：2017 年 8 月 19 日

地点：罗山县红二十五军长征出发地旧址修缮工程项目部

参会人员：

建设单位：罗山县文物管理局

邱岩

监理单位：河南安远文物保护工程有限公司

邰存

施工单位：江西九丰园林古建筑工程有限公司

刘晓文　项卫兵　龚志学　吕树园　王玉全

会议纪要：

2017 年 8 月 19 日，罗山县红二十五军长征出发地旧址修缮工程召开工地例会，建设单位、监理单位、施工单位相关负责人参加本次会议，会议由监理方邰存主持。

（1）施工方汇报工程进度情况和工程中存在问题

1）目前军部正厅和东西耳房已经安装好梁架、檩条、钉椽，完成屋面瓦瓦工作；西厢房正在钉椽子，东厢房安装檩条，倒座正在搭设防雨篷；下一步将加快施工速度，完成军部东西厢房和倒座的修复工作。

2）工程中存在的问题

① 设计图纸中未对油漆工程做出具体方案，该如何处理；

② 由于现场技术负责人个人问题不能常驻施工现场，向建设方提出技术负责人变更申请。

（2）监理方对工程做出具体要求

1）施工方合理安排施工人员和施工顺序，在保证工程质量的前提下，尽快完成军部的修复工作，为红军医院的修复留下充裕时间。

2）施工方要安全、文明施工，做好安全防范措施。高空作业要系安全带，工地禁止吸烟，下雨天要做好防雨、防电工作。

3）设计图纸中存在变更地方，业主方应尽快联系设计方进行变更。

4）施工方完善施工资料，做到和施工进度同步。

（3）建设方对工程做出具体要求

1）对于军部倒座里面的展柜和展品，施工方做好防护措施。

2）施工方提出的技术人员变更问题，待建设方商议后再决定。

3）油漆工程待建设方与设计方、监理方沟通后再确定方案。

4）倒座因采光需要，屋面采用局部玻璃采光。

修复图

**8月20日　天气晴**

施工情况：1.2人东耳房前坡铺设忘瓦、护板灰、瓦瓦；2.3人西厢房做正脊；3.5人倒座后坡拆除瓦屋面。

监理情况：1.施工方新进木材（做檩条）20根，检查发现含水率过高，要求施工方处理后再使用；2.施工方提交工程款申请表1份，开支付证书1份；3.整理昨天会议纪要。

**8月21日　天气：晴**

项目名称：木构件制安

位置：东厢房；西厢房

进度：已完成

项目内容：枋橼制安（8.8米×3.9米×2坡+2米×2米×2坡）×2；清理墙面水泥层4.4米×1.5米；清理墙面白灰层4.4米×1.5米。

工作量：153.28平方米；13.2平方米

施工情况：1.3人西厢房铺设望瓦、护板灰、瓦瓦；2.3人东厢房做正脊；3.3人倒座室内搭设钢管架；4.2木工加工制作檩条、木构件。

监理情况：督促施工方及时清理建筑垃圾。

修复图

**8月22日至8月24日**

项目名称：小青瓦屋面工程

位置：东厢房；西厢房

进度：已完成

项目内容：砌正脊8.8米×2；调垂脊12.18米×2；军部东西厢房护板灰上瓦（8.8米×3.9米×2坡+2米×2米×2坡）×4；清理墙面水泥层4米×1.5米；清理墙面白灰层4米×1.5米；清理墙面水泥层4.8米×1.3米；清理墙面白灰层4.8米×1.3米；清理墙面水泥层4.5米×1.4米；清理墙面白灰层4.5米×1.4米。

工作量：17.6米；24.36米；306.56平方米；154.88平方米；37.08平方米

施工情况：1.3人东厢房铺设望瓦、护板灰、瓦瓦；2.3人倒座室内搭设钢管架；3.2木工加工制作木构件。

监理情况：1.督促施工方高空作业注意安全；2.检查屋面瓦铺设情况，符合质量要求。

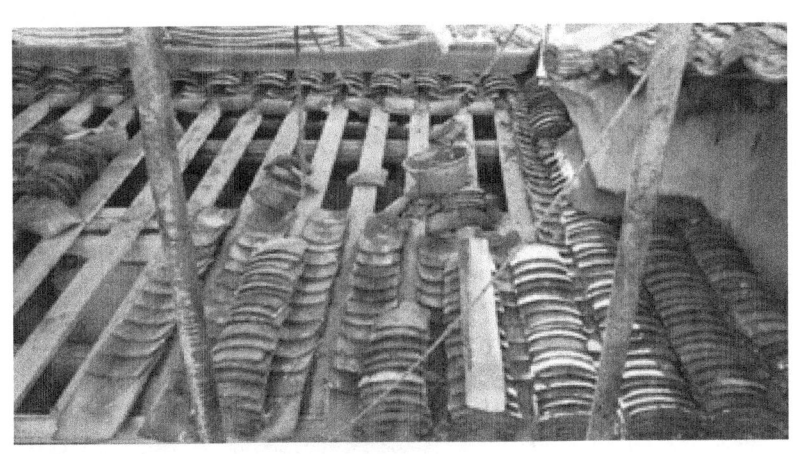

修复图

**8月25日　天气：晴**

项目名称：屋面拆解；木构件拆解

位置：门楼及东西倒座

进度：已完成

项目内容：门楼倒座后屋面拆解瓦面 20.06 米 × 7 米 × 2 米 +3.66 米 × 6.6 米；白灰油毛毡层 20.06 米 × 7 米 × 2 米 +3.66 米 × 6.6 米；拆除木构件 20.06 米 × 7 米 × 2 米 +3.66 米 × 6.6 米；拆除门楼东封山 1.6 米 × 6.6 米 × 0.4 米；清理墙面水泥层 4.6 米 × 1.5 米；清理墙面白灰层 4.6 米 × 1.5 米；清理墙面水泥层 4.8 米 × 1.4 米；清理墙面白灰层 4.8 米 × 1.4 米。

工作量：915 平方米；4.224 立方米；27.24 平方米

施工情况：1.1 木工加工制作飞椽；2.8 人拆除倒座屋面，木基层，堆码瓦件。

监理情况：督促施工方及时清理建筑垃圾。

拆卸图

修复图

**8月26日　天气：晴**

施工情况：1.2木工加工制作钎杆、檩条裂缝批灰；2.8人拆除倒座屋面、木基层，堆码瓦件、清理外运建筑垃圾。

监理情况：和施工方一块对军部倒座梁架进行检查，原有梁架可继续使用。

**8月27日　天气：晴**

施工情况：1.8人清理外运建筑垃圾；2.2木工加工制作木构件。

**8月28日　天气：阴**

施工情况：1.2人正房挖补墙体；2.8人倒座安装檩条。

监理情况：1.督促施工方完善军部正厅、东西厢房手续材料；2.和建设方、施工方一块对倒座门楼进行现场考察，门楼东侧封山向外歪闪8厘米左右，墙体与梁架交接处枕木局部糟朽严重，决定拆除并恢复。

**8月29日　天气：小雨**

施工情况：1.2人拆除倒座门楼东侧垂脊；2.5人清理外运建筑垃圾；3.1木工加工制作木构件。

监理情况：1.督促施工方做好防雨措施；2.新进椽子500根，含水率过高，要求施工方使用前必须处理；3.整理月报等监理资料；4.本日下午召开工地例会，因建设方有事儿，改到明天。

**8月30日　天气：小雨**

施工情况：1.4人做门楼东侧垂脊；2.3人清理外运建筑垃圾；3.1木工加工制作木构件。

监理情况：1.县文物局局长黄局、田局、邱局视察工地，指出：施工方要加快施工速度，十一之前完成军部的修缮工作；2.施工方提出的技术人员变更，建设方会尽快签字确认；3.和郭家祠堂工地电话沟通，了解施工情况：东厢房前檐墙砌筑完成，西耳房屋面拆除完毕，督促施工方施工注意安全。

**8月31日　天气：小雨**

施工情况：1.4人做门楼东侧垂脊；2.3人清理雨棚上积水；3.3木工加工制作椽子。

监理情况：1.检查门楼东侧垂脊砌筑情况，给出建设性意见；2.督促施工方尽快完善单体报验资料。

修复图

## （五）2017年9月

**9月1日　天气：小雨**

施工情况：1.4人做门楼东侧垂脊；2.3木工加工制作椽子；3.2人对湿椽子烘干处理。

监理情况：督促施工方烘干椽子，做好防火措施。

**9月2日　天气：中雨**

施工情况：4人加工制作椽子、湿椽子烘干处理。

**9月3日　天气：雨**

施工情况：烘干一炉椽子，已取出，继续烘干下一批

监理情况：检查椽子烘干情况，符合设计规范要求。

**9月4日　天气：阴**

施工情况：1.继续木料烘干；2.校正檩条位置；3.门楼钉椽子。

监理情况：检查椽子制作情况，符合要求。

9月5日　天气：阴

施工情况：1.倒座门楼钉椽子；2.继续木料烘干。

监理情况：1.检查施工情况，提醒工人注意安全；2.原定今日召开监理会议，因建设方临时有事，会议取消。

9月6日　天气：阴

施工情况：1.椽子烘干完成；2.门楼倒座钉椽子。

监理情况：要求施工方整理现场、打扫卫生，迎接省局检查。

9月7日　天气：晴

施工情况：工人向屋面转运瓦片。

监理情况：省市县领导视察工地，督促施工方安全文明施工，加快施工进度，保证工程质量。

9月8日　天气：晴

施工情况：军部门楼做正脊。

监理情况：1.检查施工情况，符合设计规范要求；2.要求施工方管理人员为工人提供防尘用品。

9月9日　天气：晴

施工情况：1.军部门楼屋面后坡瓦瓦；2.东厢房屋面与倒座屋面接合部瓦瓦。

监理情况：旁站监理瓦瓦情况，瓦瓦泥不够，要求施工方整改。

9月10日　天气：雨

施工情况：军部大院倒座屋面做正脊。

监理情况：雨天湿滑，要求工人注意安全。

9月11日　天气：阴

施工情况：1.军部大院倒座屋面南坡瓦瓦；2.东厢房屋面与倒座屋面接合部瓦瓦。

监理情况：旁站监督倒座屋面瓦瓦情况，符合质量要求。

9月12日　天气：晴

施工情况：1.军部大院倒座屋面南坡瓦瓦；2.北坡东厢房接合部瓦瓦，做天沟，装玻璃瓦。

监理情况：下午召开监理例会，详见会议纪要。

# 工地例会纪要（九）

时间：2017 年 9 月 12 日

地点：罗山县红二十五军长征出发地旧址修缮工程项目部

参会人员：

建设单位：罗山县文物管理局

　　　　　邱岩

监理单位：河南安远文物保护工程有限公司

　　　　　郭育才

施工单位：江西九丰园林古建筑工程有限公司

　　　　　吕树园　王玉全　刘晓文　项卫兵　龚志学

会议纪要：

2017 年 9 月 12 日，罗山县红二十五军长征出发地旧址修缮工程召开工地例会，建设单位、监理单位、施工单位相关负责人参加本次会议，会议由监理方郭育才主持。

会议之前，几方共同对施工现场进行检查，施工方对工程进度进行汇报：军部东西厢房屋面瓦瓦已完成，倒座屋面正在瓦瓦，下一步将加快施工速度，注意细节处理，争取在国庆之前完成军部的全部维修工作。

会议中经过几方商讨决定：

（1）根据上次会议对于设计图纸变更的问题，业主方尽快联系设计单位进行变更；

（2）军部正厅室内油漆按原样进行，颜色不要鲜艳；

（3）施工方提出的技术人员变更问题，业主方已答复，同意变更；

（4）监理方要求施工方技术人员到现场；

（5）要求施工方加快施工进度，注意施工安全。

### 9 月 13 日　天气：晴

施工情况：1.军部大院倒座叠脊；2.屋面转运瓦片；3.倒座与东厢房接合部做天沟；4.倒座南坡瓦瓦。

监理情况：1.检查天沟施工情况；2.文物局黄局长陪同财政局领导检查工地。

### 9 月 14 日　天气：晴

施工情况：1.军部正厅东侧窗下坎墙外侧修砌完成；2.倒座屋面北坡瓦瓦；3.拆除局部脚手架。

监理情况：1.旁站监督屋面瓦瓦情况，符合设计规范要求；2.旁站监督槛墙修砌，原材料及砌筑符合要求。

9月15日　天气：晴

施工情况：1.军部大院倒座屋面北坡瓦瓦，西厢房与倒座屋面接合部瓦瓦做天沟；2.正房西窗槛墙修砌完成。

监理情况：旁站监理天沟制作和槛墙修砌情况，符合设计规范要求。

9月16日　天气：晴

施工情况：1.军部大院倒座屋面瓦瓦完成；2.墙面破损砖挖补，修补砖缝；3.拆除东厢房室内脚手架，清理外运室内建筑垃圾。

监理情况：1.检查屋面瓦瓦符合要求；2.要求墙面挖补黏结牢固，勾缝饱满整齐。

9月17日　天气：晴

施工情况：1.东厢房前檐口刷油漆，正房屋顶檩条、椽子刷油漆；2.倒座外墙面挖补，勾缝。

监理情况：检查木构件刷漆情况（是否均匀，有无遗漏），符合质量要求。

9月18日　天气：晴

施工情况：1.军部正厅屋顶木构件、房门柱、西厢房前檐门、倒座廊檐部位刷油漆；2.外墙面修补墙洞，清除表面石灰；3.拆除部分钢管脚手架。

现场管理人1人，共13人施工。

监理情况：要求刷漆前做好打磨工作。

9月19日　天气：小雨

施工情况：1.军部大院正厅明间油漆完成，西厢房门窗油漆完成；2.外墙面清除石灰抹面。

现场管理人1人，共13人施工。

监理情况：监理要求旧漆面起皮必须清理干净后，方可重新刷漆。

9月20日　天气：阴

施工情况：1.军部大院倒座廊柱、门、窗刷漆；2.外墙面清除石灰抹面；3.拆除院内脚手架。

现场管理人1人，共13人施工。

监理情况：清理外墙面不得损害墙体，拆除脚手架注意文物安全。

**9月21日　天气：晴**

施工情况：1.军部大院正厅室内外及院内脚手架已拆除；2.西耳房檩条、橡子油漆完成，倒座窗户进行油漆；3.清理外墙面，墙脚石基础勾缝。

现场管理人1人，共13人施工。

监理情况：要求对木构件表面不平的地方进行处理。

**9月22日　天气：多云**

施工情况：1.军部大院正房东耳房油漆完成；2.台明石砌体勾缝；3.东厢房门窗、倒座门窗油漆；4.拆除外墙东侧脚手架。

现场管理人1人，共13人施工。

监理情况：检查油漆施工情况，符合要求。

**9月23月　天气：阴转小雨**

施工情况：1.倒座室内油漆；2.拆除外墙东侧脚手架；3.清除西侧外墙面石灰。

现场管理人1人，共13人施工。

监理情况：整理近期监理资料。

**9月24日　天气：雨**

施工情况：因雨，室外施工停止。

军部大院正厅室内第二遍喷漆。

监理情况：检查油漆和外墙面施工情况，施工正常。

**9月25日　天气：雨**

因雨停工。

**9月26日　天气：阴转小雨**

施工情况：1.军部大院清理外墙面；2.打扫室内外卫生，清除垃圾；3.拆除院内脚手架。

监理情况：检查墙面清理情况，符合要求。

**9月27日　天气：雨**

因雨停工。

**9月28日　天气：阴**

施工情况：1.军部大院清理外墙面；2.院内修补地面砖。

现场管理人1人，共11人施工。

监理情况：联系业主方召开监理例会。

**9月29日　天气：阴转雨**

施工情况：1.军部大院清理西侧外墙面；2.拆除脚手架；3.清扫室内卫生。

现场管理人1人，共11人施工。

监理情况：1.对各部位进行检查，有漏雨渗水部位，要求返工；2.县文物局周局长、黄局长一行四人到工地视察，周局长要求保证质量，加快进度，完善施工资料。

**9月30日　天气：阴**

施工情况：1.军部大院各房间打扫室内卫生，各房间文物归位；2.拆除倒座外脚手架。

监理情况：上午召开监理例会（详情见会议纪要）

## 工地例会纪要（十）

时间：2017年9月30日

地点：罗山县红二十五军长征出发地旧址修缮工程项目部

参会人员：

建设单位：罗山县文物管理局

　　　　　邱岩

监理单位：河南安远文物保护工程有限公司

　　　　　郭育才

施工单位：江西九丰园林古建筑工程有限公司

　　　　　刘晓文　项卫兵　龚志学　吕树园　王玉全

会议纪要：

2017年9月30日，罗山县红二十五军长征出发地旧址修缮工程召开工地例会，建设单位、监理单位、施工单位相关负责人参加本次会议，会议由监理方郭育才主持。

会议之前，几方共同对施工现场进行检查，施工方对工程进度进行汇报：军部倒座屋面瓦瓦完成，军部大院油漆工程已完成；正在拆除钢管架，转运木材和加工设备；下一步将进行红军医院的维修工作。

会议中几方对以下问题进行商讨决定。

（1）军部大院基本维修完毕，由业主方联系设计方进行预验收。

（2）施工方做好下期工作安排，制订好施工方案。

（3）完善前期施工资料，提交单体分项分部报验资料。

（4）邱局长对工程做出具体要求：

1）国庆节期间军部做好安全保卫工作。

2）医院施工不宜大动，联系设计方制订方案，先做墙体水泥剔除和排水沟铺设工作。

3）军部大院油漆工程需要细加工处理，电路可临时拉线。

4）施工方提交资金申请表，资金争取在假期后得到解决。

## 9月监理月报

### 1. 本期工程概况

本期工程时间为2017年9月1日—2017年9月30日。

本期主要施工情况：

施工单位投入施工人员约15人，维修红二十五军长征出发地军部大院（何家祠）：

（1）加工制作倒座檩条、椽子，校正檩条位置，钉椽。

（2）椽子含水率过大，烘干处理。

（3）拆除倒座门楼东侧山墙并重砌。

（4）倒座屋面重新铺设望瓦、护板灰、瓦瓦。

（5）军部大院所有木构件刷漆做旧处理。

（6）拆除军部大院所有脚手架，清理外运建筑垃圾。

（7）军部大院室内所有展品按原有位置归置。

投入设备：机械平板刨、压刨机、圆盘锯、带锯机各一台，切割机、磨光机等工具。

主要进场材料：木材、白灰、青砖、小青瓦、条石、桐油等。

### 2. 本期工程进度

本期工程进度如下：

（1）倒座变形严重的檩条、椽子更换完成。

（2）倒座屋面瓦瓦完成。

（3）军部大院木构件刷漆做旧工程完成。

（4）军部大院脚手架拆除完毕，清理施工现场。

（5）室内原有展品、展柜归置完成。

截至目前，军部大院所有单体的维修工作已完成，与计划进度相符，下一步将重点完成红军医院的单体维修工作。

### 3. 本期工程质量

对于进场的材料，我方要求施工方进行报验，对进场的材料进行进场复查，要求提供相关合格证明资料。本期进场的材料主要为青砖、青瓦、木料、桐油、防白蚁药剂等，监理单位验收合格，准许施工单位进场施工。

本期进行的工程主要有檩条、椽子更换，墙体重砌，屋面瓦瓦，钢管架拆除，我方监理在施工过程中对工程质量进行了严格把关，保证了每一项、每一道工序的施工质量。

同时，监理每日现场巡查，对于发现的问题，现场及时指出纠正，监理现场发现并要求整改的问题有：

（1）检查发现倒座东侧山墙向外歪闪，且山墙与檩条交接处方木糟朽严重，要求施工方拆除东侧山墙、更换方木，按原有样式进行恢复。

（2）雨后检查，发现东耳房、倒座出现局部漏雨现象，要求施工方返工维修。

（3）检查发现倒座椽子含水率过大，要求施工方烘干处理。

（4）木构件喷漆做旧处理时，检查发现正厅局部喷漆不均匀，要求施工方整改。

### 4. 本期工程安全

本期我方继续加强监管，确保了工程安全：

（1）在倒座大门东侧山墙拆除过程中，要求施工方对屋面檩条做好支撑，并且用小型工具对墙体进行拆卸，避免野蛮施工对文物本体造成危害。

（2）在日常巡视中，监理方对发现的存在安全隐患的违规操作、不按规定戴安全帽、施工中抽烟等违反安全施工的行为予以制止，要求整改。

（3）督促施工方下雨天对倒座屋面做好防雨措施，注意用电安全，关闭配电箱开关。

（4）在椽子烘干过程中，要有施工方安排值班人员，避免出现火灾。

### 5. 本期工程量审核

我方对施工单位完成的工程量进行仔细统计，按日审核，确保了本期完成工程量的准确。具体的工程量审核情况如下：

9月1日—9月4日，拆除倒座木构件，烘干椽子7立方米。

9月5日—9月6日，加工制作檩条38根，清理墙面水泥26平方米。

9月7日—9月8日，加工制作倒座门槛，檩条、椽子做防腐、防虫处理，清理墙面水泥、白灰25平方米。

9月9日—9月10日，安装檩条、钉椽，清理墙面水泥、白灰26平方米。

9月11日—9月12日，军部倒座上瓦、做正脊20米，清理墙面水泥、白灰23.4平方米。

9月13日—9月16日，军部倒座屋面瓦瓦305平方米，清理墙面水泥、白灰23.4平方米。

9月17日军部正厅台阶勾缝。

9月18日—9月19日，军部正厅砌筑槛墙3.7立方米，清理墙面水泥、白灰26.7平方米。

9月20日军部正厅安装走马板37.76平方米，墙体彩绘34平方米。

9月21日—9月22日，军部正厅、东西厢房、倒座挖补酥碱墙体54.75平方米。

9月23日—9月28日，军部正厅、东西耳房、东西厢房、倒座刷漆做旧处理。

9月29日—9月30日，军部部分地面重新青砖铺墁62平方米。

### 6. 本期监理工作小结

本期主要进行了如下工作：

（1）对施工方进场的建筑材料：木材、青砖、小青瓦、白灰、油漆等进行现场检查，符合质量要求方可进场，倒座椽子含水率过大，要求施工方烘干处理。

（2）积极组织召开工地例会2次，和建设方、施工方沟通油漆工程方案，要求施工方做好色调样品，经几方确认后，方可施工。

（3）每日现场巡视，对发现的质量、安全等问题，及时提出整改要求。

（4）对施工方提交的工程量清单进行认真核对。

（5）认真整理监理资料，对文物单体现状及修复过程进行拍照记录。

### 7. 下期监理工作打算

（1）督促施工方对军部旧址做好分部、分项报验及工程预算等资料，完善手续材料。

（2）加大日常巡视工作，对施工中可能出现的吸烟、不佩戴安全帽等不规范和不合格现象做到及时发现并处理。

（3）积极召开监理例会，施工中存在问题，和建设方、施工方及时沟通解决。

（4）督促施工方红军医院脚手架搭设符合规范要求。

**8. 总监理工程师意见**

在本期施工过程中，施工方能够合理安排施工步骤，及时增派施工人员，监理方有效发挥了督促作用，保证了国庆节之前军部旧址的维修工作顺利完成。同时，工程材料、工程各单体、分部、分项质量经工程三方检查验收，质量合格，符合设计和规范要求。

对下阶段工作提出如下要求：

（1）施工单位尽快完善军部旧址各单体的分项、分部报验资料。

（2）尽快编制军部维修工程结算，报业主方审计，为下一步医院维修工作提供依据。

## （六）2017年10月

**2017年10月1日　星期日　天气：**

项目名称：拆除砌筑工程，墙体清理工程，排水沟修复工程，勾缝工程

位置：军部门楼正房

进度：已完成

项目内容：拆除门楼原水泥及残缺踏步，剔除原门楼踏步水泥修补，踏步拆装修3.4米×2米×1.2米；规格2.6米×0.40米×0.35米，军部正厅修复后檐排水沟，22米；阶条石、台明、踏步勾缝11.8米×0.25米+11.8米×0.35米+20.06米×0.80米+8.7米×0.75米+踏步3.26米×2米；墙体水泥层清理4.5米×1.3米；墙体白灰层清理4.5米×1.3米；墙体水泥层清理4.6米×1.5米；墙体白灰层清理4.6米×1.5米。

工作量：8.16立方米；22米；36.17平方米；25.5平方米

原貌图

维修中

修复图

**2017 年 10 月 2 日**

项目名称：墙体勾缝清理工程

位置：红军医院

进度：已完成

项目内容：2组三进正房东侧房前墙水泥勾缝清理3米×6米，东院墙清理7米×4米。

工作量：46平方米

原貌图

维修中

**2017 年 10 月 3 日**

项目名称：脚手架工程，安全防护工程，墙体勾缝清理工程

位置：红军医院

进度：已完成

项目内容：门楼脚手架工程侧墙 30 米 ×8 米，前门 32 米 ×8 米；搭建屋面防护 640 平方米；1 组正房院墙水泥勾缝剔除 5.1 米 ×3 米 ×2 面；2 组二进正房二过门 6.3 米 ×4.5 米 +2 米 ×3 米 + 过门及正房前墙 16.5 米 ×4.5 米 + 后墙 13.5 米 ×4.5 米；阶条石、台明、踏步水泥勾缝清理 16.5 米 ×0.5 米 +16.5 米 ×0.35 米。

工作量：496 平方米；30.6 平方米；183.38 平方米

原貌图

维修中

**2017 年 10 月 4 日**

项目名称：墙体清理工程

位置：军部门楼

进度：已完成

项目内容：墙体水泥层清理 3.8 米 ×1.4 米；墙体白灰层清理 3.8 米 ×1.4 米；墙体水泥层清理 5 米 ×1.2 米；墙体白灰层清理 5 米 ×1.2 米；墙体水泥层清理 5 米 ×1.2 米；墙体白灰层清理 5 米 ×1.2 米；墙体水泥层清理 5 米 ×1.3 米；墙体白灰层清理 5 米 ×1.3 米。

工作量：47.64 平方米

原貌图

维修中

2017 年 10 月 7 日

项目名称：脚手架工程；安全防护工程勾缝清理工程

位置：红军医院

进度：已完成

项目内容：1 组倒座一进过厅 38.3 米 ×6 米口字形外墙脚手架搭建；1 组倒座内防护搭建 10 米 ×5.5 米；1 组门楼过厅院子内雕像保护 45 平方米；1 组过厅防护 107.04 平方米；1 组门楼倒座内满堂架搭建 80 平方米；1 组过厅内满堂架 107.04 平方米。

工作量：229.8 平方米；55 平方米；45 平方米；107.04 平方米；80 平方米；107.04 平方米

原貌图

维修中

**2017年10月8日**

项目名称：墙体勾缝清理工程

位置：红军医院

进度：已完成

项目内容：2组二进正房阶条石制安19.5米×0.35米×0.4米+2.5米×0.35米×0.4米；1组2组门楼倒座内满堂架前后脚手架屋面脚手架12.7米×3.55米+16米×3.55米。

工作量：3.08立方米；101.8平方米

原貌图

维修中

**2017 年 10 月 9 日**

项目名称：墙体清理工程

位置：军部门楼

进度：已完成

项目内容：墙体水泥层清理 5.5 米 ×1.2 米；墙体白灰层清理 5.5 米 ×1.2 米；墙体水泥层清理 4.2 米 ×1.6 米；墙体白灰层清理 4.2 米 ×1.6 米；墙体水泥层清理 4.3 米 ×1.5 米；墙体白灰层清理 4.3 米 ×1.5 米；1 组 2 组前后脚手架内满堂架并防护现场文物；29.5 米 ×6 米 ×2 边。

工作量：39.54 平方米；354 平方米

原貌图

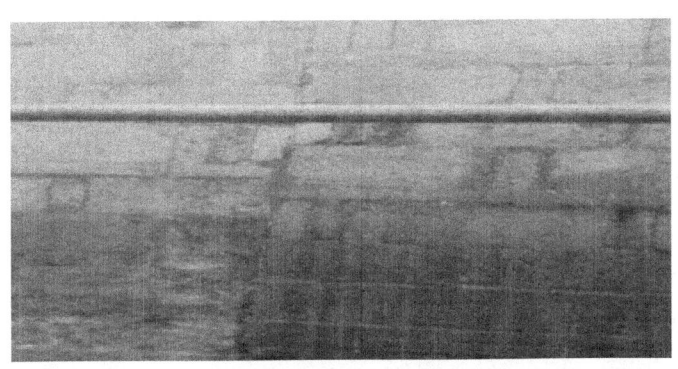

维修中

**2017 年 10 月 10 日**

项目名称：砌筑排水沟工程

位置：红军医院

进度：已完成

项目内容：1 组 2 组排水沟拆除，111.42 米；1 组 2 组排水沟清理，111.42 米；1 组 2 组排水沟石条重砌，111.42 米；1 组过厅阶条石拆装修 10 米 ×0.3 米 ×0.4 米。

工作量：111.42 米；111.42 米；111.42 米；1.2 立方米

原貌图

维修中

修复图

2017 年 10 月 10 日

项目名称：墙体清理工程

位置：军部门楼

进度：已完成

项目内容：墙体水泥层清理 4.3 米 ×1.5 米；墙体白灰层清理 4.3 米 ×1.5 米；墙体水泥层清理 4.2 米 ×1.5 米；墙体白灰层清理 4.2 米 ×1.5 米；墙体水泥层清理 4.4 米 ×1.3 米；墙体白灰层清理 4.4 米 ×1.3 米；墙体水泥层清理 1.5 米 ×3.53 米；墙体白灰层清理 1.5 米 ×3.53 米；墙体水泥层清理 1.5 米 ×3.53 米；墙体白灰层清理 1.5 米 ×3.53 米。

工作量：58.12 平方米

原貌图

维修中

**2017 年 10 月 11 日**

项目名称：墙体勾缝清理工程

位置：红军医院

进度：已完成

项目内容：2 组二进过厅门楼正面剔除水泥勾缝一过门立面 3.48 米 ×4.5 米 + 一过门立侧面（1.5 米 +1.5 米）×4.5 米 + 院墙 7.1 米 ×3.5 米；阶条石、台明、踏步水泥勾缝清理 16.5 米 ×0.5 米 +16.5 米 ×0.35 米 +4.1 米 ×0.5 米 ×2 边 +4.1 米 ×0.35 米 ×2 边。

工作量：75.05 平方米

原貌图

维修中

2017年10月12日　天气：小雨转阴

项目名称：文物保护工程

位置：红军医院

进度：已完成

项目内容：1组第一个院雕像防护44.4平方米；2组第一个院雕像防护，40平方米；2组第二个院雕像防护40平方米；2组第三个院雕像防护40平方米。

工作量：164.4平方米

监理情况：1.督促施工方高空作业注意安全；2.和建设方邱局就工地情况进行沟通。

原貌图

维修中

修复图

2017年10月12日

项目名称：油漆工程

位置：军部

进度：已完成

项目内容：军部文物遗址标示牌，清除原风化层；填补崩缺边角，打磨刷漆12.4平方米。

工作量：12.4平方米

原貌图

维修中

**2017 年 10 月 13 日　天气：阴**

监理情况：1.6 人军部拆除木工操作间、外维护结构，院内打扫卫生；2.4 人红军医院搭设木工操作间。

监理情况：县文物局周局长、邱局长视察工地，要求做好准备，迎接 16 日领导视察。

**2017 年 10 月 14 日　天气：阴转小雨**

施工情况：1.3 人军部清扫卫生；2.4 人红军医院搭设木工操作间。

监理情况：督促施工方报验军部单体分项分验资料。

**2017 年 10 月 15 日　天气：雨**

因雨停工，和建设方、施工方一起对军部进行检查，做好准备，迎接领导明天检查。

**2017 年 10 月 16 日**

项目名称：水泥勾缝修补清理工程

位置：红军医院

进度：已完成

项目内容：1 组阶条石踏步制安调整 10.28 米 ×0.35 米 ×0.25 米 +0.69 米 × 0.35 米 ×0.25 米；2 组过厅阶条石踏步制安调整 16 米 ×0.35 米 ×0.4 米；一组正房阶条石调整制安 13.38 米 ×0.35 米 ×0.4 米。

工作量：0.96 立方米；2.24 立方米；1.87 立方米

原貌图

维修中

修复图

**2017年10月18日　天气：小雨**

因雨停工。

**2017年10月19日　天气：晴**

项目名称：台基水泥勾缝修补剔除工程

位置：红军医院

进度：已完成

项目内容：2组三进正房台明踏步清理16.5米×0.9米+16.5米×0.35米；2组二进过厅前院口字形台基踏步清理共计18.84平方米；1组门楼倒座勾缝清理窗槛墙6米×1.5米+门楼后院墙11米×4米×2面+正立面3.2米×4.5米×3面；1组正房台明踏步清理13米×0.65米+13.38米×0.35米。

工作量：20.63 平方米；18.84 平方米；140.2 平方米；13 平方米

施工情况：医院二号院三进院内 6 人清理水泥下水沟，铺设青石。

监理情况：和施工方一块对红军医院屋面进行查看，部分屋面残损严重。

原貌图

维修中

修复图

**2017 年 10 月 20 日　天气：晴**

施工情况：1. 医院二号院一进院内 3 人清理水泥下水沟、铺设青石；2. 3 人做过道青砖铺墁。

监理情况：和建设方就工地情况进行沟通，屋面和墙体水泥缝暂时不施工，待建设方、设计方、监理方、施工方商议确定好方案后再施工。

**2017 年 10 月 21 日　天气：晴**

施工情况：1. 二号院 4 人拆除围墙墙帽（有现代水泥砖）；2. 一号院 2 人拆除围墙墙帽。

监理情况：要求施工人员佩戴安全帽，安全文明施工。

**2017 年 10 月 22 日　天气：晴**

施工情况：1. 一号院、二号院 4 人对院内塑像做结构维护；2. 3 人清理外运建筑垃圾。

监理情况：督促施工方做好工程量清单和现场签证单。

**2017 年 10 月 23 日　天气：晴**

施工情况：一号院、二号院 7 人搭设倒座钢管架。

监理情况：督促施工方注意安全，钢管架搭设牢固。

**2017 年 10 月 24 日　天气：晴**

施工情况：一号院、二号院 7 人搭设倒座钢管架。

监理情况：联系建设方邱局明天召开例会。

**2017 年 10 月 25 日　天气：晴**

项目名称：拆除清理工程

位置：红军医院

进度：已完成

项目内容：拆除 1 组、2 组二号院东西水泥砖檐墙檐帽青砖补砌，共计 20 米；2 组门楼倒座剔除墙体水泥勾缝（门楼后院墙）11.11 米 ×4 米 + 正面立面 3.48 米 ×4.5 米 ×2 边；1 组过厅西侧房酥碱砖挖补 6 米 ×2 米 ×0.35 米 + 门前挖补红砖及酥碱砖 2 米 ×3 米 ×0.35 米。

工作量：20 米；75.76 平方米；6.3 立方米

工地例会纪要（十一）

时间：2017 年 10 月 25 日

地点：罗山县红二十五军长征出发地旧址修缮工程项目部

参会人员：

建设单位：罗山县文物管理局

     邱岩

监理单位：河南安远文物保护工程有限公司

     邰存

施工单位：江西九丰园林古建筑工程有限公司

     刘晓文 项卫兵 龚志学 吕树园 王玉全

会议纪要：

2017年10月25日，罗山县红二十五军长征出发地旧址修缮工程召开工地例会，建设单位、监理单位、施工单位相关负责人参加本次会议，会议由监理方邰存主持。

会议开始之前，几方共同对施工现场进行检查，施工方对工程进度进行汇报：红军医院1组、2组院内所有排水沟已完成青石铺设工作，倒座正在搭设钢管架。

会议中，几方对以下问题进行商讨决定：

（1）施工方一定要安全、文明施工，施工人员佩戴安全帽，钢管架搭设牢固、增加斜撑，钢管架要外挂安全网和警示标志，工地禁止吸烟。

（2）考虑到资金有限，红军医院不宜大修，先把排水沟和墙面清理工作做好，屋面工程待建设方、设计方、监理方、施工方一块商讨后，再确定维修方案。

（3）对红军医院门窗进行一一排查，确定白蚁蚕食情况，根据损坏程度进行更换。

（4）监理方和施工方资料及时整理，齐全完善，与施工进度同步。

原貌图

维修中

**10月26日至10月31日**

项目名称：屋面脚手架工程拆除清理工程

位置：红军医院

进度：已完成

项目内容：1组、2组门楼倒座防屋面脚手架，411.6平方米；2组三号院东墙帽10米砌体墙9米×0.55米×0.35米；1组二过厅阶条石、台明、踏步水泥勾缝清理9.64米×0.4米+4.1米×0.4米×2边。

工作量：411.6平方米；10米；1.73立方米；7.136平方米

原貌图

维修中

修复图

## 10月监理月报

### 1. 本期工程概况

本期工程时间为2017年10月1日—2017年10月31日。

本期主要施工情况：

施工单位投入施工人员约10人，维修红二十五军长征出发地军部大院（何家祠）及红军医院：

（1）军部更换残损台阶石，清理墙面水泥。

（2）军部旧址拆除木工操作间、外围护结构，清理外运建筑垃圾。

（3）军部大院增加临时用电。

（4）红军医院一号院、二号院搭设倒座钢管架、防雨篷。

（5）红军医院排水沟重新用青石铺设。

（6）红军医院一号院、二号院挖补酥碱青砖。

（7）红军医院一号院、二号院清理墙体水泥缝。

2. 本期工程进度完成情况

（1）军部木工操作间、外围护结构拆除完毕。

（2）军部临时用电铺设完成。

（3）红军医院倒座钢管架搭设完成。

（4）红军医院排水沟重新铺设完成。

（5）红军医院酥碱砖正在挖补。

截至目前，红军医院已完成全部条石铺设工作，与计划进度相符。

3. 本期工程质量

对于进场的材料，我方要求施工方进行报验，对进场的材料进行进场复查，要求提供相关合格证明资料。本期进场的材料主要为青砖、白灰等，监理单位验收合格，准许施工单位进场施工。

本期进行的工程主要有檩条、椽子更换，墙体重砌，屋面瓦瓦，钢管架拆除，我方监理在施工过程中对工程质量进行了严格把关，保证了每一项、每一道工序的施工质量。

同时，监理每日现场巡查，对于发现的问题，在现场及时指出纠正，监理在现场发现并要求整改的问题有：

（1）检查发现军部倒座门轴局部开裂，要求施工方整改。

（2）检查发现二号院门楼过道酥碱砖未挖补到位（砖过小，缝隙过大），局部水泥未清理，要求施工方整改。

4. 本期工程安全

本期我方继续加强监管，确保了工程安全：

（1）在红军医院倒座钢管架搭设过程中，监理人员旁站监督，要求钢管架搭设牢固，增加斜撑、横杆。检查发现一号院倒座脚手架上栈板稀疏，存在安全隐患，要求施工方整改。

（2）日常巡视中，检查发现施工现场施工人员存在不佩戴安全帽现象，要求施工方整改。

（3）在施工过程中，发现游人及村民进入施工场地，进行了及时制止，杜绝安全隐患。

（4）要求施工方对红军医院室内外展品进行保护，防止施工过程中对其造成损害。

**5. 本期工程量审核**

我方对施工单位完成的工程量进行仔细统计，按日审核，确保了本期完成工程工程量的准确。具体的工程量审核情况如下：

10月1日—10月2日，更换军部倒座残损台阶石，清理墙面水泥、白灰25.5平方米，红军医院清理墙体水泥缝49.3平方米。

10月3日—10月6日，军部清理墙面水泥、白灰47.6平方米，红军医院倒座搭设脚手架。

10月7日—10月9日，军部门楼清理墙面水泥、白灰39.5平方米，红军医院倒座搭设脚手架，二号院三进正房台阶条石、台明、踏步清理水泥缝14平方米。

10月10日—10月15日，军部门楼清理墙面水泥58、白灰平方米，红军医院1组、2组排水沟拆除并重新铺设223米。

10月16日—10月18日，红军医院1组、2组清理排水沟水泥缝79米，阶条石制作并铺设3.1立方米。

10月19日—10月21日，红军医院2组三进正房、四进正房清理台基水泥勾缝44平方米，1组三进正房清理台基水泥勾缝14平方米。

10月22日—10月25日，拆除红军医院1组二进院东西围墙水泥檐砖12米，2组倒座清理墙面水泥缝89平方米。

10月26日—10月31日，红军医院1组二进过厅清理墙面水泥缝33平方米、台基水泥缝10平方米，1组、2组倒座屋面搭设防雨篷。

**6. 本期监理工作小结**

本期我方主要进行了以下工作：

（1）对施工方搭设的脚手架进行检查，保证安全，对工程中发现的质量问题，要求施工方进行整改，从安全、质量等方面对工程进行控制。

（2）积极组织召开工地例会，针对出现的问题，与建设方、施工方进行沟通。

（3）对施工方提交的工程量清单进行认真核对。

（4）做好监理资料收集工作，维修前对文物单体现状进行拍照记录。

### 7. 下期监理工作打算

（1）对施工过程中的重要环节和工序做到旁站监理，如红军医院屋面瓦瓦。

（2）对施工中出现的不规范和不合格现象做到及时发现、及时处理。

（3）督促施工方及时提交各项有关资料。

（4）整理监理资料，对文物建筑的修复过程进行照片追踪。

### 8. 总监理工程师意见

（1）在本期施工过程中，监理人员积极组织召开工程例会，对工地出现的问题及时和建设方、施工方沟通；对施工方进场的材料进行现场检查；对施工过程中出现的吸烟、不佩戴安全帽等问题，及时要求施工方整改，从质量、安全、进度等方面对工程进行控制，保证了工程质量、安全和进度。

（2）在下期施工过程中，重点对红军医院屋面瓦瓦等工作进行质量控制，保证屋面瓦瓦质量。

## （七）2017年11月

**2017年11月1日　天气：晴**

项目名称：拆除清理工程

位置：红军医院

进度：已完成

项目内容：砌筑白灰池2米×3米×1米；拆除2组门楼倒座小青瓦，屋面油毛毡工程17米×5米（南坡）。

工作量：6立方米；85平方米

施工情况：1.二号院倒座7人拆除瓦屋面、堆积瓦件；2.现场管理1人。

监理情况：1.新进小青瓦2车，检查符合质量要求；2.建设方周局、田局、邱局，设计方王主任，监理方宋老师、张工，施工方召开现场会。

会议开始之前，几方一起对军部旧址和红军医院进行现场考察，发现已维修好的军部旧址存在以下问题：1.局部墙体勾缝过于粗糙，勾缝材料不符合规范要求；2.油漆过于粗糙（柱子未打磨就油漆），施工方表示对于发现的问题一定及时整改。

会议之中建设方从工程质量、工程进度、施工安全、资金控制等方面做出了具体的要求。

监理方对工程质量（屋面瓦瓦、油毛毡问题、墙体勾缝）、资金控制、安全、进度等问题做出了指导。

最终会议决定：1.建设方、监理方、施工方对红军医院各个单体一一排查，屋面漏雨比较严重的单体先拆除屋面，重新恢复（去掉油毛毡层），漏雨不太严重的，后修复（根据剩余资金做出安排），争取做到"必须修的一定要修，可修可不修的尽量不大动"，保证资金充裕。

2.施工方尽快对军部旧址的维修做出预算，确定出剩余资金，为医院维修提供依据。

具体内容详见会议纪要。

## 工地现场会会议纪要（二）

时间：2017年11月1日下午2点

地点：罗山县红二十五军长征出发地旧址修缮工程项目部

参会人员：

建设单位：罗山县文物管理局

　　　　　周明刚　田新刚　邱岩

施工单位：江西九丰园林古建筑工程有限公司

　　　　　刘晓文　项卫兵　吕树园　王玉全

设计单位：南阳市古代建筑保护研究所

　　　　　王昌辉

监理单位：河南安远文物保护工程有限公司

　　　　　宋仁义　张增辉　邰存

会议纪要：

2017年11月1日下午2点，罗山县红二十五军长征出发地旧址修缮工程建设单位罗山县文物管理局组织召开工地现场会，设计单位、施工单位、监理单位相关负责人参加会议。

会前建设单位、设计单位、监理单位、施工单位共同对施工现场进行了检查，发现已经维修好的军部存在以下问题：局部石头勾缝过于粗糙，勾缝材料不符合规范要求；墙体抹灰新旧接合部位不协调；油漆工程过于粗糙。

针对出现的问题，会议提出以下整改意见：

（1）石头勾缝剔除后，重新勾缝，保证采用符合当地传统的做法、符合规范要求的灰浆，保证勾缝工艺质量，确保良好的观感效果。

（2）墙体抹灰要处理细致，新旧接合部位要协调一致。

（3）油漆打磨后，重新油漆，避免出现流坠、裂缝、不光滑等质量问题。

建设方从工程质量、安全、进度等方面对下一步的工程维修做出要求，并提出了由于军部维修变更较大导致工程资金不充裕的情况。最后，各方在充分沟通的基础上，对医院下一步维修工作达成一致意见：

（1）施工方尽快编制军部维修全部工程预算，经审计后，确定工程剩余资金，为下一步医院维修工作提供依据。

（2）为避免工期拖延，建设方、施工方、监理方在现场先行确定医院维修的重点单体进行维修。

（3）待预算审计完成后，各方再召开专门协调会，确定医院维修的最终范围和内容。

原貌图

维修中

**2017年11月2日　天气：晴**

项目名称：屋面小青瓦；拆除清理工程；文物保护工程

位置：红军医院

进度：已完成

项目内容：拆除2组门楼倒座小青瓦，屋面油毛毡17米×5米（北坡）；1组门楼倒座阶条石、台明踏步水泥勾缝清理9.6米×0.5米+9.6米×0.3米；搭建正房文物防护，55.28平方米；1组、2组二进过厅外墙脚手架（13米+16.5米）×6米×2边。

工作量：85平方米；7.68平方米；55.28平方米；354平方米。

监理情况：1.倒座屋面瓦瓦时旁站督促；2.整理监理资料。

维修中

2017年11月3日　天气：晴

项目名称：拆除清理工程

位置：红军医院

进度：已完成

项目内容：更换2组门楼倒座屋面檩条20根×4.1米×0.16米×0.16米，椽子526根×1.1米；2组门楼棚檩，木楼板5.5米×3.3米；1组门楼棚檩，木楼板5.5米×3.3米；清理建筑垃圾26车；2组门楼台明、踏步石、阶条石勾缝清理13.02米×0.5米+13.02米×0.3米。

工作量：2.1立方米；578.6米；36.3平方米；26车；10.416平方米

监理情况：1.上午和建设方邱局沟通工地情况，传达牛老师对工程的维修意见；2.和施工方一块对医院单体逐个检查，统计门窗糟朽、屋面漏雨情况；3.检查发现二号院门楼一根檩条因雨水侵蚀糟朽严重，倒座前廊西侧穿插枋中部变形严重，要求施工方更换。

维修中

2017年11月4日　天气：晴

项目名称：小青瓦屋面工程；拆除清理工程

位置：红军医院

进度：已完成

项目内容：2组门楼倒座小青瓦屋面，17米×5米×2坡；调正脊16.9米；调垂脊15.54米；1组东西过门一坡房油毛毡拆除4.1米×1.8米×2坡；2组东西过门一坡房油毛毡拆除4.1米×1.8米×2坡。

工作量：170平方米；16.9米；15.54米；14.76平方米；14.76平方米

监理情况：1.整理监理资料；2.检查军部屋面、墙体（瓦垄不直、墙面清理质量差），向施工方提出整改意见；3.二号院倒座屋面瓦瓦旁站监督。

原貌图

维修中

2017年11月5日　天气：晴

项目名称：小青瓦屋面工程；拆除清理工程

位置：红军医院

进度：已完成

项目内容：1组东西过门一坡房圆檩制安4.1米×1.8米×2坡；2组东西过门一坡房圆檩制安4.1米×1.8米×2坡；2组东西过门穿拉枋制安；1组东西过门一坡房枋椽制安4.1米×1.8米×2坡；2组东西过门一坡房枋椽制安4.1米×1.8米×2坡；1组、2组东西过门封檐板4.1米×4个；1组二进过厅西面外墙水泥勾缝清理6米×4米，二过厅墙体水泥勾缝清理窗槛墙6.04米×1.5米。

工作量：14.76平方米；14.76平方米；14.76平方米；14.76平方米；16.4米；33.06平方米

监理情况：1.整理监理资料；2.一号院倒座屋面瓦瓦旁站监督。

原貌图

维修中

**2017年11月6日　天气：晴**

项目名称：拆除清理工程；小青瓦屋面工程

位置：红军医院

进度：已完成

项目内容：1组门楼倒座拆除屋面（南坡）13.8米×5米；实木门框2樘；清理建筑垃圾28车；2组二进正房前后脚手架16.5米×6米×2边，内满堂架16.5米×5米。

工作量：69平方米；2樘；28车；280.5平方米

监理情况：1.新进小青瓦4车，检查符合质量要求；2.屋面瓦瓦旁站监督；石头勾抹色泽不一、工艺较差，要求施工方整改。

维修中

2017年11月7日　天气：晴

项目名称：小青瓦屋面工程；拆除清理工程；勾缝

位置：红军医院

进度：已完成

项目内容：1组门楼倒座拆除屋面（北坡）13.8米×5米；1组、2组东西一坡房小青瓦屋面4.1米×1.8米×4坡；实木门板3扇。

工作量：69平方米；29.52平方米；3扇

监理情况：1.督促施工方展品做好安全防护工作；2.旁站指导施工方制作麻刀白灰。

原貌图

维修中

2017年11月8日　天气：晴

项目名称：拆除清理工程；文物保护工程

位置：红军医院

进度：已完成

项目内容：1组门楼倒座圆檩制安13.8米×5米（北坡）；2组三进正房前墙东院墙勾缝16.5米×0.9米+16.5米×0.35米；东侧房前墙3米×6米，东院墙7米×4米，实木门板5扇；1组倒座过厅窗踏板制安12.2米。

工作量：69平方米；66.62平方米；5扇；12.2米

监理情况：1.新进麻5把，约3斤；碎煤粉1袋；2.检查发现施工人员现场吸烟，责令掐灭，并告知施工方采取措施；3.检查发现二号院过厅西向脊檩原件较细，变形约5厘米，待与建设方沟通采取措施处理；4.对军部墙体清理及医院石槛墙的处理意见和公司沟通。

维修中

2017年11月9日　天气：晴

项目名称：拆除清理工程；小青瓦屋面工程

位置：红军医院

进度：已完成

项目内容：1组门楼倒座圆檩枋椽制安13.8米×5米（南坡）；墩接实木门板4扇；方转子6个；2组东倒座门楼清理木构件油饰起甲108.7平方米；1组门楼倒座小青瓦

屋面13.8米×5米（北坡）。

工作量：69平方米；4扇；6个；108.7平方米；69平方米

监理情况：1.新进小青瓦2车，约6000块，抽样检查，不合格瓦较多，和施工方负责人沟通，瓦瓦前必须挑选；2.旁站监督整修二号院西间脊檩中间下垂，符合规范要求，迭脊符合要求。

原貌图

维修中

**2017年11月10日　天气：晴**

施工情况：1.6人一号、二号院过厅屋面瓦瓦；2.2人搭设钢管架 3.2人零工 4.1木工修补门窗。

监理情况：1.对后坡屋面堆放瓦的做法提出要求，通知项目负责人尽快疏散堆积在屋面瓦，避免因局部承重过大而导致椽子断裂等危险事故发生。2.牛老师亲临现场指导工作，对军部进行检查，总体情况基本满意，现场提出：（1）墙体整修基本满意，屋面工程合格，个别地方提出整改意见；（2）大门口第一台阶石需整改，建议有条件更换石条，规格大小依照现场实物；（3）医院整修需加快工程进度。

内容详见会议纪要。

## 工地现场会会议纪要（三）

时间：2017年11月10日上午11点

地点：罗山县红二十五军长征出发地旧址修缮工程项目部

参会人员：

建设单位：罗山县文物管理局

　　　　　周明刚　田大刚　邱岩

施工单位：江西九丰园林古建工程有限公司

　　　　　刘晓文　项卫兵　吕树园　王玉金

监理单位：河南安远文物保护工程有限公司

　　　　　牛宁　宋仁义　邰存

会议纪要：

上午11点，监理方河南安远文物保护工程有限公司总经理牛宁，在建设方罗山县文物管理局局长周明刚、副局长田大刚、副局长邱岩，施工单位江西九丰园林古建工程有限公司项目经理刘晓文等相关人员的陪同下，对即将验收的红二十五军长征出发地旧址军部维修工程及正在施工的医院维修工程进行检查。

各方在检查后召开现场会议，业主方、监理方对已完成的军部墙体、屋面工程表示基本满意。对于检查发现的问题和下步工作，监理方提出意见如下：

（1）医院重病房前檐石砌基础外露的红砖及水泥应清除干净，局部较大裂缝应用石材填补，对医院重病房前歪闪的柱子给予校正。

（2）轻伤病房后檐墙边的水泥砌体应拆除。

（3）一号院倒座前檐窗台应按照西侧高度恢复踢板。

（4）要求施工方采取措施、加快施工进度，确保在12月15日前完工。

（5）要求施工方加强现场安全管理，对钢管架子、踩板、梯子等逐项检查，防患于未然，确保人员安全、文物安全。

（6）完善施工竣工资料，增加的工程量应有设计方签字盖章，每个单体的资料详细具体。

（7）建议建设单位尽快与审计、财政单位相关负责人对接，邀请有关人员到现场核实工程量，以便工程款顺利拨付。

建设单位要求施工单位按照监理单位的意见，加强现场管理，加快施工进度，将各项要求落实到位，确保顺利完工。建设方表示将尽快与审计和财政方面进行对接。

最后，施工单位表示按照建设单位、监理单位提出的意见进行施工，做好资料收集工作，力求一次性通过验收。

**2017年11月11日　天气：阴转小雨**

施工情况：1.6人一号院、二号院过厅后坡瓦瓦；2.2人搭设轻伤病房前后破钢管架；3.2人零工；4.2人现场管理人。

一号院过厅后坡尚有一间面积未完成，施工人员用旧瓦暂时性处理，避免因漏雨损害木构件。下午因雨停工。

监理情况：1.整理昨天会议纪要；2.现场与施工方沟通要求按照会议纪要要求做好窗下踢板；3.巡视检查防雨情况较满意。

**2017年11月12日　天气：阴**

项目名称：小青瓦屋面工程

位置：红军医院

进度：已完成

项目内容：1组门楼倒座小青瓦屋面13.8米×5米南坡；调正脊13.98米垂脊16.98米正脊附件一份；清理建筑垃圾24车；1组门楼倒座木构件油饰起甲清理107.7平方米。

工作量：69平方米；13.98米；16.98米；24车；107.7平方米

监理情况：1.巡视制作榻板；2.督促施工方做好防雨措施；3.要求施工方分类挑选青瓦，保证工程质量。

原貌图

维修中

**2017年11月13日　天气：晴**

施工情况：1.7人一号院、二号院三进房屋面瓦瓦；2.2人搭设二号院最后一排钢管架；3.1人零工，共10人施工。

监理情况：1.旁站监督搭设钢管架人员整改垂直钢管（原钢管立在台阶上，且长度不足，用红砖垫底，责令施工方更换长钢管且在台阶东侧），符合安全要求；2.三进院后坡东段发现金檩下一根椽子变形严重，要求施工方更换；3.二号院门楼过道局部油毛毡未清理干净、勾瓦存在裂缝，要求施工方整改。

**2017 年 11 月 14 日　天气：阴转小雨**

项目名称：拆除清理工程

位置：红军医院

进度：已完成

项目内容：2 组二进过厅附属房及过门屋面油毛毡拆除，17 米 ×6 米 ×2 坡；更换圆檩 4.1 米 ×0.16 米 ×0.16 米 ×6 根，枋椽制安 735 米 ×1.1 米；1 组 2 组三进正房东西厢房清理木构件油饰起甲 168.8 平方米。

工作量：204 平方米；0.63 立方米；808.5 米；168.8 平方米

监理情况：旁站监督三进院后坡屋面瓦整改、檐口瓦整改情况，符合质量要求。

原貌图

维修中

**11月15日至11月16日**

项目名称：拆除清理工程；小青瓦屋面工程

位置：红军医院

进度：已完成

项目内容：拆除1组二进过厅及西侧房屋面油毛毡13.38米×6米×2坡；圆檩制安4.1米×0.16米×0.16米×7根；枋椽制安1.1米×426根；2组二进过门过厅东西厢房小青瓦屋面17米×6米×2坡；调正脊16.92米调垂脊20.78米；2组过厅过门东西厢房木构件油饰起甲清理86.5平方米；2组三进正房及东西侧房木构件油饰起甲清理87.7平方米；1组二进过厅及西侧房屋面小青瓦13.38米×6米（北坡）。

工作量：160.56平方米；0.73立方米；468.6米；204平方米；86.5平方米；87.7平方米；80.28平方米

监理情况：旁站指导筑墙帽用砖制作质量。

维修中

**2017年11月17日　天气：阴、小雨**

施工情况：1.5人清理整修地面垃圾；2.2人砌筑二进院西端的墙帽，拆除水泥砖，更换有雕刻的蓝砖。

监理情况：1.巡视室内防护措施的安全及清理程度，对有隐患的钢管头，要求施工方做好标志；2.下午4点，罗山县文物管理局田局陪同市文物局刘局对军部进行检查，提出用电应符合相关规范，对屋面、墙体的维修比较满意。

2017年11月18日　天气：多云转晴

项目名称：小青瓦屋面工程；拆除清理工程

位置：红军医院

进度：已完成

项目内容：2组二进正房，屋面油毛毡拆除前坡17米×6米+后坡17米×5.5米；1组二进过厅及西侧房屋面小青瓦13.38米×6米（南坡）；1组2组二进过厅木构架油饰起甲清理177平方米；砌筑1组一号二号院东西帽砌筑24米。

工作量：195.5平方米；80.28平方米；177平方米；24米

监理情况：1.上午现场巡视，对局部隐患提出整改意见（室内感应器两个已脱落，要求施工方原物保护，待甲方处理）；2.和建设方邱局一块对下一步工作进行商讨，排水系统应按原有走向畅通，大门外屋檐下应做散水排水；3.按照本月10日会议纪要要求落实施工内容；4.要求施工方抓紧时间整理完善竣工资料。

## 工地例会纪要（十二）

时间：2017年11月18日

地点：罗山县红二十五军长征出发地旧址修缮工程项目部

参会人员：

建设单位：罗山县文物管理局

　　　　　邱岩

监理单位：河南安远文物保护工程有限公司

　　　　　邵　存

施工单位：江西九丰园林古建筑工程有限公司

　　　　　刘晓文　项卫兵　龚志学　吕树园　王玉全

会议纪要：

2017年11月18日，罗山县红二十五军长征出发地旧址修缮工程召开工地例会，建设单位、监理单位、施工单位相关负责人参加了本次会议，会议由监理方邵存主持。

会议之前，几方共同对施工现场进行检查，施工方对工程进度进行汇报：红军医院1组、2组的倒座，一进正房，二进正房已完成屋面修复工作，下一步将加快施工进度完成整个医院的屋面修复工作。

会议中几方对以下问题进行商讨并要求：

（1）施工方一定要安全、文明施工，施工人员佩戴安全帽，钢管架搭设牢固、增加斜撑，工地禁止吸烟，下雨天做好防范措施，注意安全用电。

（2）施工方严格落实本月10日现场会中要求的施工内容。

（3）施工方在屋面瓦瓦之前，要对收集的小青瓦进行挑选，屋面瓦垄要顺畅。

（4）施工方要进行自检，检查屋面瓦瓦后小青瓦是否出现裂缝，雨天后是否漏雨，及时整改。

原貌图

维修中

**11月19日至11月20日**

项目名称：小青瓦屋面工程；拆除清理工程

位置：红军医院

进度：已完成

项目内容：2组过门及二进正房，小青瓦屋面前坡17米×6米+后坡17米×5.5米；圆檩制安4.1米×0.16米×0.16米×5根；枋椽制安1.1米×419根；调正脊20.22米；调垂脊16米；1组正房屋面油毛毡拆除13.38米×6米+后坡13.38米×5.5米；枋椽制安×1.1米×103根；1组门楼倒座木构件泥子嵌缝打磨107.7平方米。

工作量：195.5平方米；0.52立方米；460.9米；20.22米；16米；153.87平方米；113.3米；107.7平方米

原貌图

维修中

2017年11月22日　天气：晴

项目名称：小青瓦屋面工程；拆除清理工程

位置：红军医院

进度：已完成

项目内容：1组正房小青瓦屋面13.38米×6米+后坡13.38米×5.5米；调正脊13.38米；调垂脊17.34米；2组三进正房屋面油毛毡拆除16.5米×8米；1组2组二进过厅木构架泥子嵌缝打磨177平方米。

工作量：153.87平方米；13.38米；17.34米；132平方米；177平方米

监理情况：和施工方电话沟通，了解工地施工情况：砌筑二号院三进正房后排水沟，拆除钢管架，清理外运建筑垃圾，继续清理墙体水泥勾缝。督促施工方完善施工资料。

原貌图

维修中

2017 年 11 月 23 日　　天气：晴

项目名称：小青瓦屋面工程；拆除清理工程

位置：红军医院

进度：已完成

项目内容：2 组三进正房屋面油毛毡拆除 16.5 米 ×5.6 米；清理建筑垃圾 28 车；2 组三进正房及东西侧房木构件泥子嵌缝打磨 107.7 平方米；2 组三进正房西侧房挖补酥碱砖后墙 3 米 ×2 米 ×0.5 米；2 组三进正房西侧房开裂拆除补砌 5 米 ×3 米 ×0.4 米；2 组东倒座门楼清理木构件泥子嵌缝打磨 108.7 平方米

工作量：92.4 平方米；28 车；107.7 平方米；3 立方米；6 立方米；108.7 平方米

监理情况：整理近期监理资料。

原貌图

维修中

**2017年11月24日　天气：晴**

项目名称：小青瓦屋面工程；油漆工程

位置：红军医院

进度：已完成

项目内容：2组三进正房小青瓦屋面16.5米×8米+16.5米×5.6米；调正脊16.92米；调垂脊25.52米；清理建筑垃圾42车；1组2组三进正房东西厢房清理木构件泥子嵌缝打磨；1组倒座过厅窗踏板制安12米；2组二进正房油漆门窗枋柱屋面（1.03米×2.09米×3米+1.3米×2.09米+0.95米×1.2米×2米+1.56米×3米+16.5米×5.5米）×2遍；1组门楼倒座油漆13.38米×4米+13.38米×4.5米×2遍；2组门楼倒座油漆工程16.5米×4米+1.56米×2.88米+1.03米×2.09米。

工作量：224.4平方米；16.92米；25.52米；42车；12米；197.63平方米；173.94平方米；72.645平方米

监理情况：督促施工方做油漆工程前木构件打磨光滑。

原貌图

维修中

2017年11月25日　天气：晴

项目名称：油漆工程

位置：红军医院

进度：已完成

项目内容：2组二进正房勾缝前墙13.5米×4.5米×2前后墙+台明13.5米×0.5米+13.5米×0.35米；1组二进过厅木构架油漆工程13.38米×4米+梁柱7.37米×5米+一坡房4米×1.8米×2坡；2组过门过厅木构架油漆工程；柱枋16.5米×4米+17米×6米×（2坡）米+两廊1.8米×4.1米×（2坡）；1组正房油漆门窗梁柱屋面（6.36米×5米+1米×2米+1.03米×2.09米×3米+1.3米×2.09米+0.95米×1.2米×2米+13.38米×5.5米）×2遍。

工作量：132.97平方米；104.8平方米；284.76平方米；192.4平方米

监理情况：旁站监督墙体水泥砖缝清理情况，符合质量要求。

原貌图

维修中

**2017年11月26日　天气：阴**

施工情况：1.一号院二进过厅木构件做旧、防腐处理；2.二号院三进过厅后墙清理水泥砖缝；3.2人现场管理，共计8人施工。

监理情况：旁站监督木构件防腐处理，给出建设性意见。

**2017年11月27日　天气：阴**

项目名称：油漆工程；勾缝工程

位置：红军医院

进度：已完成

项目内容：2组二进正房及过门油漆门窗枋（门）1.03米×2.09米×4面+0.95米×1.2米×2面+1.56米×3米×2面+二进正房前立面油漆13米×4米+屋面16.5米×5.5米×2面；1组台基踏步草木灰+白灰勾缝7.68平方米；1组门楼倒座西墙体挖补酥碱砖3米×3.5米×0.35米。

工作量：253.75平方米；7.68平方米；3.67立方米

监理情况：整理监理资料，督促施工方做好资料工作。

原貌图

维修中

修复图

**2017 年 11 月 28 日　天气：阴**

项目名称：油漆工程；勾缝工程

位置：红军医院

进度：已完成

项目内容：2 组三进正房及东西侧房木构件油漆工程门窗屋面 16.5 米 ×8 米 +16.5 米 ×5.6 米 +8.5 米 ×5 米；2 组二过厅过门勾缝正面 3.48 米 ×4.5 米 + 后面 3.48 米 ×3 米 +（1.5 米 +1.5 米）×4.5 米 + 后院 7.1 米 ×3.5 米；草木灰台明、台基、踏步勾缝 16.5 米 ×0.5 米 +16.5 米 ×0.35 米 +4.1 米 ×0.5 米 ×2 边 +4.1 米 ×0.35 米 ×2 边；实木门 2 樘、门转 4 块、门枋 1 套；拆除脚手架。

工作量：266.9 平方米；64.45 平方米；21 平方米

监理情况：整理监理月报。

原貌图

维修中

**2017 年 11 月 29 日　天气：阴**

项目名称：油漆工程；勾缝工程

位置：红军医院

进度：已完成

项目内容：1 组二过厅墙体勾缝窗槛墙 6.04 米 ×1.5 米 + 院墙 6 米 ×4 米；1 组二过厅阶条石、台明、踏步勾缝 9.64 米 ×0.4 米 +4.1 米 ×0.4 米 ×2 边；2 组门楼墙体勾缝（门楼后院墙）11.11 米 ×4 米 + 正面立面背面立面 3.48 米 ×4.5 米 ×2 边。

工作量：33.06 平方米；7.136 平方米；75.76 平方米

监理情况：旁站监督墙体勾缝情况，要求施工方勾缝均匀、光滑、线条顺畅。

原貌图

维修中

修复图

**2017年11月30日　天气：阴**

项目名称：油漆工程；勾缝工程

位置：红军医院

进度：已完成

项目内容：1组门楼倒座勾缝窗槛墙6米×1.5米+门楼后院墙11米×4米×2面+正立面3.2米×4.5米×3面；1组门楼倒座阶条石、台明踏步水泥勾缝清理9.6米×0.5米+9.6米×0.3米。

工作量：140.2平方米；7.68平方米

监理情况：旁站监督墙体勾缝情况，符合要求。

原貌图

维修中

## （八）2017年12月

2017年12月1日　天气：阴

项目名称：砌筑工程；勾缝；墙体挖补；地面铺装

位置：红军医院1组；2组

进度：已完成

项目内容：砌筑医院1组门前散水13米；1组门楼倒座地面铺装门楼3米×10米+倒座10米×5.5米；垃圾转运20车；2组倒座门口侧面水泥勾缝清理（1.5米+1.5米）×4.5米；1组正房后墙西侧墙挖补酥碱砖5.5米×1.8米×0.12米。

工作量：13米；85平方米；20车；13.5平方米；1.19立方米

监理情况：旁站监督散水铺设，给出建设性意见。

施工中

施工中

**2017年12月2日　天气：晴**

项目名称：勾缝；砌筑散水；地面铺装；

位置：红军医院一组；二组

进度：已完成

项目内容：1组门楼西外墙勾缝10米×2米；2组门楼倒座及附属房细墁散水13.2米×5.5米+6.25米×3.3米。

工作量：20平方米；93.22平方米

监理情况：旁站监督地面铺装情况，符合设计规范要求。

施工中

**2017年12月3日　天气：晴**

项目名称：砌筑散水；屋面小青瓦；地面铺装；勾缝

位置：红军医院二组；一组

进度：已完成

项目内容：3组检修小青瓦屋面85平方米；2组散水17米；1组过厅西侧房细墁散水13.26米×7.1米；垃圾转运24车；2组二过厅含过门挖补酥碱砖8米×4.2米×0.05米；2组门楼挖补酥碱砖2米×3米×0.06米+3.1米×3.4米×0.06米+2米×4米×0.06米+2米×3米×0.06米；2组倒座门口侧面勾缝（1.5米+1.5米）×4.5米；台明、踏步、石阶条石13.02米×0.5米+13.02米×0.3米。

工作量：85平方米；17米；94.15平方米；24车；1.68立方米；1.83立方米；23.916平方米

监理情况：1.旁站监督散水铺设情况，符合质量要求；2.督促施工方完善施工资料。

施工中

施工中

**2017年12月4日　天气：晴**

项目名称：砌筑散水；屋面小青瓦；勾缝

位置：红军医院四组；三组；一组

进度：已完成

项目内容：3组散水砌筑16米；4组散水砌筑14米；1组正房及附属房勾缝5.1

米×3米×2面+13.38米×0.65立面+13.38米×0.35平面；2组二过门二进过厅及附属房细墁散水13.3米×7米+3.2米×8米。

工作量：16米；14米；43.98平方米；118.7平方米

监理情况：检查发现部分青砖铺墁不合要求（平整度、砖缝），要求施工方整改。

施工中

施工中

**2017年12月5日　天气：晴**

项目名称：勾缝；地面铺装

位置：红军医院一组；二组

进度：已完成

项目内容：2组三号院东墙勾缝4米×8.7米；1组正房及附属房细墁散水13.38米×6.3米。

工作量：34.8平方米；84.29平方米

监理情况：检查地面青砖铺墁情况，符合设计规范要求。

工地例会纪要（十三）

时间：2017年12月5日

地点：罗山县红二十五军长征出发地旧址修缮工程项目部

参会人员：

建设单位：罗山县文物管理局

　　　　　邱岩

监理单位：河南安远文物保护工程有限公司

　　　　　邰存

施工单位：江西九丰园林古建筑工程有限公司

　　　　　刘晓文　项卫兵　龚志学　吕树园　王玉全

会议纪要：

2017年12月5日，罗山县红二十五军长征出发地旧址修缮工程召开工地例会，建设单位、监理单位、施工单位相关负责人参加本次会议，会议由监理方邰存主持。

会议之前，几方共同对施工现场进行检查，施工方对工程进度进行汇报：红军医院1组、2组的屋面修复工作已经完成，倒座前墙散水铺设完成，下一步将进行细节部位处理。

会议中几方对以下问题进行商讨，并提出具体要求：

（1）工程接近尾声，施工方要注意细节处理，打造精品工程，墙体勾缝禁止出现瞎缝，地面局部铺装不平整者要整改。

（2）监理方和施工方要按照《全国重点文物保护单位文物保护工程竣工验收管理暂行办法》要求进行资料整理。

（3）建设方确定时间，组织设计方、监理方、施工方一起对工程进行四方验评。

施工中

施工中

**12月6日—12月8日**

项目名称：勾缝；细墁散水

位置：红军医院二组

进度：已完成

项目内容：2组三进正房东侧房前墙勾缝3米×6米，东院墙7米×4米；1组正房东院墙墙体勾缝13.38米×0.65立面+13.38米×0.35，平面院墙5.1米×3米×2面；2组二进正房及过门细墁散水16.5米×6.3米；2组三进正房东西侧房细墁散水16.5米×9.05米；垃圾转运26车；2组三过门草木灰墙体勾缝6.3米×4.5米+2米

×3台明、台基、踏步勾缝3米×0.5立面+3米×0.35米。

工作量：46平方米；43.98平方米；103.95平方米；149.33平方米；26车；36.9平方米

监理情况：整理监理资料。

2017年12月6日—12月26日，按照国家文物标准，汇编监理资料和施工资料。

施工中

施工中

施工中

**2017年12月27日　天气：晴**

按照《全国重点文物保护单位文物保护工程竣工验收管理暂行办法》要求，罗山县文物管理局组织设计单位南阳市古代建筑保护研究所、监理单位河南安远文物保护工程有限公司、施工单位江西九丰园林古建筑工程有限公司，对罗山县红二十五军长征出发地旧址二次工程进行四方验评。本次会议由建设单位周明刚局长主持。

会议开始之前，四方对军部和红军医院进行现场检查，对监理资料和施工资料进行检查，最终形成以下主要意见：

该工程严格按照文物管理部门审批的设计方案进行施工，根据文物本体的实际情况，经过勘察，对部分工程量进行了变更，相关签证手续齐全，符合要求；施工中做到了最小干预和坚持"四原"原则，保持了文物建筑的真实性；整个工程符合文物保护原则，工程视觉效果良好，各施工材料质量合格、资料完整，四方一致认为本工程可以向上级领导提出验收申请。

另外，对于检查发现的问题提出以下整改意见：

1. 军部内院东南部位地势低，存在积水、潮湿现象，需要整改。

2. 红军医院局部水泥未清理干净、部分墙体勾缝存在瞎缝现象，需细加工处理。

3. 各方按照《全国重点文物保护单位文物保护工程竣工验收管理暂行办法》要求，完善相应工程资料。

### 11月—12月监理月报

#### 1. 本期工程概况

本期工程时间为2017年11月1日—2017年12月27日。

其中12月6日—12月26日施工方停工，按照《全国重点文物保护单位文物保护工程竣工验收管理暂行办法》要求，整编施工资料。

12月27日，建设方组织设计方、监理方、施工方对工程进行四方验评，最终形成以下验评意见：该工程严格按照文物管理部门审批的设计方案进行施工，根据文物本体的实际情况，经过勘察，对部分工程量进行了变更，相关签证手续齐全、符合要求；施工中做到了最小干预和坚持"四原"原则，保持了文物建筑的真实性；整个工程符合文物保护原则，工程视觉效果良好，各施工材料质量合格、资料完整，四方一致认为本工程可以向上级主管部门提出验收申请。

本期主要施工情况：

施工单位投入施工人员约11人，维修红军医院：

（1）搭设红军一号院、二号院二排建筑、三排建筑、后排建筑钢管架。

（2）红军医院一号院单体屋面揭瓦、拆除油毛毡，重新瓦瓦。

（3）红军医院二号院单体屋面揭瓦、拆除油毛毡，重新瓦瓦。

（4）红军医院一号院墙体清理水泥缝。

（5）红军医院二号院墙体清理水泥缝。

（6）红军医院一号院、二号院更换的木构件做旧、防腐处理。

（7）一号院、二号院倒座铺设散水。

（8）对红军医院院内酥碱蓝砖和红砖砌筑部分作挖补处理。

（9）拆除钢管架，清理外运建筑垃圾。

投入设备：机械平板刨、压刨机、圆盘锯、带锯机各一台，切割机、磨光机等工具。

主要进场材料：木材、白灰、青砖、小青瓦、条石、桐油等。

#### 2. 本期工程进度

本期工程进度如下：

（1）红军医院一号院、二号院钢管架搭设、拆除完成。

(2)红军医院一号院、二号院屋面瓦瓦完成。

(3)红军医院一号院、二号院墙体水泥缝清理基本完成。

(4)红军医院一号院、二号院木构件做旧、防腐处理完成。

(5)倒座前侧散水铺设完成。

(6)墙体酥碱和红砖砌筑部分挖补处理完成。

截至目前,红军长征出发地军部旧址和红军医院的维修工作全部完成,下一步由业主方向上级部门提出初验申请。

### 3. 本期工程质量

在本期施工中,我方通过以下几个方面进行质量控制:

(1)对于进场的材料,我方要求施工方进行报验,要求提供相关合格证明资料。本期进场的材料主要有木料、白灰、青砖、小青瓦,监理单位现场检查,符合质量要求,准许施工单位进场施工。

(2)本期进行的工程主要有屋面拆除、更换变形严重檩条、椽子和屋面瓦瓦,我方在施工过程中对工程质量进行严格把关,对屋面瓦瓦等重要工序进行旁站监督,保证了每一工序的施工质量。

(3)监理每日现场巡查,对于发现的质量问题,及时指出纠正,监理现场发现并要求整改的问题有:

(1)检查发现二号院门楼一根檩条因雨水侵蚀糟朽严重,倒座前廊西侧拉结枋中部变形严重,要求施工方根据设计文件要求进行更换。

(2)检查发现二号院三进院墙石头勾抹色泽不一、工艺较差,要求施工方整改。

(3)检查发现二号院过厅西侧脊檩原件较细,变形约5厘米,要求施工方根据设计文件要求进行更换。

(4)新进小青瓦抽样检查,不合格的瓦较多,要求施工方瓦瓦前必须挑选。

(5)检查发现二号院三进正房后坡东侧金檩下一根椽子变形严重,要求施工方根据设计文件要求进行更换。

(6)检查发现二号院门楼局部油毛毡未清理干净、勾瓦存在裂缝,要求施工方整改。

(7)检查发现一号院门楼前坡瓦垄不直,要求施工方整改。

### 4. 本期工程安全

在我方监理工程师的严格监督下,本期施工过程中,施工单位不存在威胁文物安全的施工行为，施工人员也不存在不文明的施工行为，不存在人员伤亡的情况，工程安全得到了切实保障。

同时为了保证工程安全，我方特作出以下要求：

（1）施工人员施工时必须佩戴安全帽。

（2）施工现场设置明显安全警示标志，禁止非施工人员特别是外来游客进入施工场地。

（3）严禁木工在操作期间吸烟。

### 5. 本期工程量审核

我方对施工单位完成的工程量进行仔细统计，按日审核，确保了本期完成工程量的准确。具体的工程量审核情况如下：

11月1日，砌筑白灰池6立方米，拆除2组倒座屋面85平方米。

11月2日，搭设1组、2组二进过厅脚手架。

11月3日，更换2组倒座残损檩条20根，钉椽，清理外运建筑垃圾26车，约55立方米。

11月4日—11月5日，2组倒座做正脊，屋面瓦瓦85平方米，1组、2组东西过门拆除单坡屋面29平方米。

11月6日—11月7日，1组倒座拆除屋面138平方米，清理外运建筑垃圾28车，约56立方米，2组三进正房搭设外脚手架。

11月8日—11月9日，更换1组倒座残损檩条5根，2组三进正房清理墙面水泥缝25立方米。

11月10日—11月12日，1组倒座屋面做正脊13.8米，屋面瓦瓦138平方米。

11月13日—11月14日，2组二进过厅拆除屋面218平方米。

### 6. 本期监理工作小结

本期主要进行了如下工作：

（1）对施工方进场的建筑材料木材、小青瓦等进行检查，符合设计规范要求，方可进场。

（2）积极组织召开工地例会2次，参加现场协调会2次，针对出现的问题，及时和建设方、施工方沟通。

（3）加大日常巡视力度，及时发现问题，对存在的安全、质量等问题，及时提出整改要求。

（4）对施工方提交的工程量清单进行认真核对。

### 7. 下期监理工作打算

（1）督促施工方对四方验评中提出的问题尽快整改。

（2）整理、编写监理资料。

（3）对施工方提交的工程竣工资料进行签字确认。

### 8. 总监理工程师意见

（1）工程已基本完工，在本次监理过程中，我监理方对于工程的质量、进度、安全等方面进行了较好的控制，出色地完成了本工程的监理工作。

（2）要求监理工程师尽快收集工程资料，做好监理资料的汇编工作。

（3）督促施工方对四方验评中提出的问题尽快整改。

（4）建议建设方按照程序向上级主管部门进行汇报，申请尽快对工程进行初验。

## 第一阶段监理工作总结报告

### 1. 工程概况

（1）工程概况

工程名称：罗山县红二十五军长征出发地旧址修缮工程

工程地点：河南省罗山县铁卜乡何家冲村

工程投资：400万元

开工日期：2017年3月23日

竣工日期：2018年1月22日

工期：306天

建设单位：罗山县文物管理局

设计单位：南阳市古代建筑保护研究所

施工单位：江西九丰园林古建筑工程有限公司

监理单位：河南安远文物保护工程有限公司

（2）历史沿革

中国工农红军第二十五军长征出发地——何家冲，位于河南省罗山县铁卜乡何家冲村境内，北距罗山县城62千米，为中国工农红军长征四大出发地之一。

何家冲是一块红色的土壤。1926年，中国共产党在此建立了农民协会。1929年，何家冲建立了赤卫队。1930年，罗山县苏维埃政府成立。1932年，红四方面军从此西撤离开大别山后，何家冲一带又是红二十五军的根据地和游击区。同年11月16日，红二十五军由何家冲出发长征。红二十五军长征后，红二十八军又在何家冲一带坚持了三年的游击战争。抗日战争和解放战争时期，何家冲属于罗礼应抗日根据地，是鄂豫边区抗日根据地的重要组成部分。新四军第五师、中原解放军都在这里成长战斗过。

1）红二十五军军部旧址——何氏祠，建于明代，为何姓祠堂。1934年11月，红二十五军长征出发前夕，军部机关设在这里。新中国成立后，何氏祠为何家冲小学所在地，"文革"期间，何氏祠的墙壁、屋顶、门窗遭到一定的破坏。1991年10月，何家冲小学迁出。1992年，罗山县文物部门对何氏祠进行了小范围的维修。

2）红二十五军医院旧址，属民居，建于明代，为何姓人所建。1934年，红二十五军医院设在这里，红二十五军长征出发后，医院随之迁移，同年冬，房屋被国民党"清剿"部队放火焚烧，仅残存房屋30余间。新中国成立后，仍为民居，并时有修缮。

1986年红二十五军长征出发地被罗山县人民政府公布为县级文物保护单位，1996年被国务院公布为第四批全国重点文物保护单位。

（3）建筑形式及结构

1）红二十五军军部旧址——何氏祠

何氏祠建于明末清初，坐北朝南，背靠大山，面前为一带冲田，冲田南边为小溪流，冲田与溪流之间为公路，溪流南岸即为大山，东西两面均为冲田。

该宗祠平面呈长方形，东西宽19.66米，南北长28.86米，以大门中心线为中轴线，东西对称，由倒座、正房和东西厢房组成一个四合院，共有房屋16间。砖木结构，清水砖墙均为空斗砌法，抬梁式与穿斗式相结合的梁架结构形式，南方合瓦（蝴蝶瓦）屋面风格。建筑风格吸收了南方宗祠建筑的特点，如它的燕尾、防火山墙建筑风格，是大别山地区其他宗祠建筑所没有的。倒座面阔5间，大门居中，在明间的两道梁架上砌两道马头形风火山墙，高出两边屋面一定距离，墙上彩绘花草图案。大门上方有石雕二龙戏珠并施彩绘，石雕上方为墨书"何氏祠"三字。

2）红二十五军医院旧址

红二十五军医院旧址位于军部旧址东约300米处的何大湾内。1934年11月，红二十五军由光山花山寨西移至罗山县何家冲，红军医院随之迁到何大湾内。医院旧址为群组建筑，砖木结构，为明代建筑，具宗族色彩，原为何氏老太营建，后因财力不足，只建成前排四个门楼。因这个群组建筑有四个门楼，当地群众称其为"四门楼"。医院旧址总占地面积约 2700 平方米，现存房屋 25 座（含围廊）。四组建筑的结构规模基本相同。

（4）残损情况、维修内容和时间节点

本次工程第一阶段主要对红二十五军军部旧址——何氏祠，红二十五军医院旧址前两组建筑群进行维修保护。

1）残损情况

①军部旧址：在自然及人为的双重作用下，残损较为严重。所有单体清水墙面包裹水泥；屋面铺设近现代建筑材料油毛毡，且大部分屋面漏雨；木构架被白蚁蚕食严重；院内地坪及排水系统被破坏，排水不畅。

②红二十五军医院旧址：在自然及人为的双重作用下，旧址主要残损的是墙面包裹水泥；屋面铺设近现代建筑材料油毛毡，局部屋面漏雨；排水系统及室内外地面被破坏。

2）具体维修内容和时间节点：

①军部旧址——何氏祠单体：

a. 军部正厅

军部正厅于 2017 年 5 月 6 日开始搭设脚手架对其进行修复，5 月 13 日开始清理后檐墙、东西山墙及马头墙墙面水泥，5 月 18 日开始拆除屋面小青瓦、灰背层及油毛毡层，5 月 20 日残损椽子及檩条、梁架拆除完毕，7 月 11 日开始安装柱子、梁架、檩条、钉椽，8 月 12 日屋面开始铺设望瓦、灰背层、瓦瓦。

在此期间，拆开屋面后，发现椽子糟朽严重，全部需要更换，檩条更换 10 根；明间东榀梁架三架梁、五架梁、七架梁被白蚁蚕食严重，全部需要更换；后檐两根柱子一根糟朽严重更换，一根底部糟朽采用墩接处理，前檐两根金柱和两根檐柱糟朽严重，需要更换，正门门槛被白蚁蚕食严重，需要更换。另外，马头墙彩绘和木装修油漆出现起甲、脱落情况，需要重新维护；前檐槛墙为水泥砌筑需拆除后用青砖重新砌筑，踏步石断裂处用水泥砂浆黏结需剔除水泥，台明勾缝脱落 60%，需要用传统草料白灰加稻草灰重新勾缝。

b. 军部东厢房

军部东厢房于 2017 年 5 月 7 日开始搭设脚手架，对其进行修复，5 月 13 日开始清理后檐墙墙面水泥，8月13日开始拆除屋面小青瓦、灰背层及油毛毡层，8月17日开始更换残损严重的檩条、钉椽，其中椽子残损严重，全部更换，檩条更换9根，8月22日屋面开始铺设望瓦、灰背层、瓦瓦。另外前檐下碱墙局部青砖残损严重，需挖补处理，木装修出现起甲、脱落情况，需要重新维护。

c. 军部西厢房

军部西厢房于2017年5月9日开始搭设脚手架，对其进行修复，5月13日开始清理后檐墙墙面水泥，8月14日开始拆除屋面小青瓦、灰背层及油毛毡层，8月16日开始更换残损严重的檩条、钉椽，其中椽子残损严重，更换数量占屋面的2/3，檩条更换12根，8月21日屋面开始铺设望瓦、灰背层、瓦瓦。另外前檐下碱墙局部青砖残损严重需挖补处理，木装修出现起甲、脱落情况需要重新维护。

d. 军部大门及倒座

军部大门及倒座于2017年5月6日开始搭设脚手架，对其进行修复，5月13日开始清理前檐墙、东西山墙及马头墙墙面水泥，8月26日开始拆除屋面小青瓦、灰背层及油毛毡层，9月5日开始更换变形严重的檩条、椽子，其中椽子残损严重，需全部更换，檩条更换13根；9月8日开始屋面做正脊，铺设望瓦、灰背层、瓦瓦。

其中，大门屋面拆开后，发现东山墙向外歪闪严重，需拆除后重新砌筑，山墙与檩条交接部位的方木糟朽严重，需更换；门前一个踏步石失佚，需恢复原貌；木装修局部出现起甲、脱落，需重新维护。

② 红二十五军医院旧址两组建筑群

红二十五军医院旧址两组建筑群每个单体的残损程度和残损情况基本相同，维修内容大致一样，从2017年10月19日开始对其进行维修。屋面存在油毛毡层，局部小青瓦脱落、破碎，需拆除后重新屋面瓦瓦；墙体砖缝为水泥勾缝，剔除后，用传统材料白灰加草木灰重新勾缝；柱子及装修上的油饰起甲、脱落，需重新维护；室外排水沟为水泥砂浆铺设，拆除后，恢复原条石铺设。

**2. 监理组织机构、人员及投入设施**

根据业主方和我方签订的监理委托合同的任务要求，结合本修复工程的特点以及实际工作的需要，我方组建了该工程的监理项目部，形成了直线式的项目部管理机构，配备了能适应现场各种工作要求的监理人员。

罗山县红二十五军长征出发地旧址修缮工程项目监理部设总监理工程师一名、总监理工程师代表一名、驻地监理人员两名，并根据实际情况，及时调整、增派了监理人员，负责完成本工程的监理工作。在本次工程实施过程中，监理方派驻到现场监理部履行监理职责的人员名单如下：

**项目监理部人员名单**

| 姓名 | 性别 | 年龄 | 职称、职务 | 监理岗位 |
| --- | --- | --- | --- | --- |
| 牛宁 | 男 | 65 | 研究员 | 总监理工程师 |
| 张增辉 | 男 | 28 | 古建工程师 | 总监理工程师代表 |
| 王明明 | 女 | 27 | 古建工程师 | 专业监理工程师 |
| 郭育才 | 男 | 65 | 古建工程师 | 专业监理工程师 |
| 宋仁义 | 男 | 71 | 古建工程师 | 专业监理工程师 |
| 王好堂 | 男 | 48 | 监理员 | 驻地监理 |
| 邰存 | 男 | 24 | 监理员 | 驻地监理 |
| 李恒 | 男 | 24 | 监理员 | 驻地监理 |

本次工程实施过程中，监理部配备的设备如下：

**项目监理部设备**

| 设备名称 | 设备用途 | 设备数量 | 备注 |
| --- | --- | --- | --- |
| 笔记本电脑 | 工程资料 | 两台 | |
| 照相机 | 留取工程的照片资料 | 两部 | |
| 卷尺 | 工程测量 | 三把 | 5米 |
| 手机 | 工地通信联络 | 三部 | |

**3. 监理合同履行情况**

（1）项目监理部的建设

根据与业主方签订的委托监理合同约定，于2017年3月23日正式成立了以牛宁为总监理工程师的罗山县红二十五军长征出发地旧址修缮工程项目监理部，配备了充足的监理人员，确保了项目监理部岗位设置完整、合理。在工程施工过程中，公司根据情况，在红军医院墙体勾缝时，我公司增派专业工程师宋仁义到现场，对勾缝材料如何配比、如何制作进行指导，对具体勾缝技术进行指导，保证了施工质量，也进一步完善了监理部的建设。

（2）监理规划的编制

在接到业主方提供的设计方案和图纸后，总监理工程师牛宁迅速组织各监理工程师对工程立项报告、勘察报告、设计说明、设计图纸、投资概算等相关的工程资料进行详细查看和商讨，并结合红二十五军长征出发地军部旧址、医院旧址的实地考察情况，编制出了对具体监理控制有依据且针对性极强的监理规划。

本监理规划就施工准备阶段、施工阶段、验收阶段的监理内容进行详细的阐明，并且对军部旧址的墙体水泥面清理和裂缝处理、屋面维修、木作维修和加固、地面铺装、油漆等重要工序、工程的控制方法进行详述，从工程安全、工程质量、工程进度、资金控制、信息管理、合同管理、协调关系七大方面对工程进行监督和控制，督促施工方在施工中做到"最小干预"，坚持"四原"原则，保持文物建筑的真实性。

在第一次工地会议前，监理方按约定将监理规划报送业主方；在监理过程中，根据图纸会审、工程洽商等内容，监理方又对监理规划实施了动态调整，及时修改了监理规划中不切合工程实际、对设计变更针对性不强的内容。

（3）向业主方提供相应的咨询意见或建议

根据委托监理合同的约定，我公司监理项目部监理工程师在工作过程中，多次向业主方提供了合理的建议。

①关于屋面维修方面的建议

监理方在现场勘察时发现军部大院和红军医院所有屋面都铺设油毛毡，油毛毡一方面为现代材料，与建筑原有风貌不符；另一方面不利于室内水分挥发，极易造成檩条、椽子等木构件糟朽，危害极大。有鉴于此，监理方在图纸会审中建议拆除后加的油毛毡，具体基层做法参照设计图纸，结合当地地方做法确定。该建议得到建设方的认可。

②关于木作修缮方面的建议

监理方对现场木构件情况进行实际勘察，发现存在如下问题：军部旧址屋面檩条、椽子损坏程度、数量相比设计图纸中的勘察结果较大、较多。针对以上问题，我方在图纸会审及时向建设单位提出了建议，根据现场实际情况对木作进行维修。该建议得到建设方的认可，保证了木作维修的质量。

③关于墙面清理、排水沟铺设方面的建议

经现场勘察，发现军部大院所有清水墙面被水泥包裹，红军医院墙体砖缝用水泥勾缝，排水沟用水泥砂浆铺设。水泥作为现代材料，禁止使用在古建修复中。针对以上问题，我方在图纸会审及时提出了建议，建议墙面剔除水泥，勾缝用传统材料稻草灰加白灰，排水沟重新用条石铺设。该建议得到建设方的认可。

④关于油漆工程方面的建议

由于设计图纸对油漆工程的做法描述不详细，为了整体观感效果及资金控制，建议施工方做油漆之前编写油漆方案，并且进行小面积油漆试验，观看油漆效果。该建议得到了建设方的认可，保证了油漆工程的顺利进行。

⑤关于资金控制方面的建议

由于总资金有限，军部旧址维修过程更换了大量的木构件，涉及的工程量较大，剩余修复红军医院的资金有限。在第二次现场协调会中，建议施工单位对军部维修做工程预算，由建设单位组织相关部门进行审计，剩余的资金对红军医院秉着"必须修的要修，可修可不修的要小修"的原则进行修复。该建议得到了建设方的认可，最终在资金控制的范围内顺利地完成了军部旧址和红军医院的修复工作。

（4）向业主汇报监理工作实施情况

在工程整个实施过程中，我方召开第一次工地会议暨图纸会审会议1次、监理例会13次，参加现场协调会4次、四方验评会议1次，编写监理月报6期，并根据工程实际情况多次向建设单位进行口头汇报，保证建设单位对工程进展情况及监理工作情况有十分清晰的了解，也保证了工程中出现的问题能够得到及时解决，出色地履行了合同中约定的监理人的义务。

（5）"四控制、两管理、一协调"履行情况

根据委托监理合同的约定，监理方对本工程进行"四控制、两管理、一协调"，即质量控制、安全控制、进度控制、投资控制、合同管理、信息管理和各方关系的协调。

质量控制：要求施工单位对拟用于维修施工的建筑材料，如木材、白灰、青砖、青瓦、桐油等进行报验，对报验的建筑材料质量及相关证件等进行检查，符合设计规范要求和质量要求的，方可进场。重点检查木材含水率，发现军部正厅梁架、柱子、倒座椽子所用木材含水率较大，要求施工方烘干处理。

要求施工单位及时按照要求进行分部/分项工程报验，每个单体的重要工序完成后，必须向我方提出报验申请，我们组织各方进行现场检查验收，尤其强调对隐蔽部位的检查和验收，各方检查合格后，方可下一步施工。

同时，加大日常巡视和旁站监理力度，对日常检查发现的问题及时指出，要求施工单位整改，并对整改结果进行检查。

安全控制：我方监理工程师对于工程安全严格监督，一方面监督施工单位施工时小心谨慎，做到最小干预，避免破坏文物本体；另一方面监督施工人员佩戴安全帽、安全带，做好安全防护措施，禁止现场抽烟，注意用电安全等，保证了施工人员的人身安全。

进度控制：我方监理工程师监控施工进度落实情况，当施工人数过少、进度较慢、落后于计划进度时，我方监理及时提醒施工单位，要求其增加施工人员，合理安排施工时间，对进度进行纠偏。

投资控制：我方监理工程师对于工程投资进行严格控制，一方面监督施工单位严格按照图纸要求完成图纸内应完成的工程量；另一方面坚持"最小干预"的原则，最大限度地使用原构件，维持文物建筑原貌，严格控制工程签证，从而保证了工程投资控制在计划投资之内。

合同、信息管理：我方监理工程师致力于对合同、工程资料等信息进行管理，在工程进行过程中随时收集工程资料，整理归档，并在工程竣工后形成了监理资料汇编，保证了监理资料的齐全；与此同时，我方监理对施工单位竣工资料的整理收集情况进行检查，以确保工程资料的齐全。

（6）项目监理部规章制度的履行情况

根据合同约定，我方制定了本工程项目监理部的各项规章制度，在本工程实施过程中，我方监理工程师以身作则，严格遵守项目监理部制定的各项规章制度，严格约束自己的行为，坚守职业道德，不"吃、拿、卡、要"，不接受本工程项目承包单位的任何报酬和经济利益，坚持"公平、独立、诚信、科学"的监理工作原则，公平、合理地维护各方的合法权益，树立了公司良好的形象，也为本工程的顺利进行做出了应有的贡献。

### 4. 监理工作成效

（1）工程质量控制成效

在本项目实施过程中，我方监理凭借自身的专业知识和经验，综合采用多种手段，确保了对工程质量的控制。

1）进场材料质量控制成效

本次维修工程进场的建筑材料主要有木材、白灰、青砖、小青瓦、条石、稻草灰、桐油、油漆等。首先，对于所有进场材料按照设计规范要求，坚持报审制度，未经我方审核的材料禁止使用。

其次，对于进场的木材，要求施工方提交检疫证，并且重点检查含水率，有无裂缝、虫眼、木节等缺陷，符合质量与设计规范要求，方可进场使用。在军部旧址正房维修过程中，检查发现更换梁、柱所用木材的含水率较大，要求施工单位对其进行烘干处理，并拍照留档。

对于白灰、油漆建筑材料，要求施工方提交合格证。

对于青砖、小青瓦、条石、稻草灰等建筑材料，由于是从周围群众中搜集而来，无法提供合格证明，经过建设方、监理方、施工方协商，决定此类材料必须经过几方现场检查，和原材料进行对比，满足要求后，方可进场使用。在红军医院倒座屋面修复工程中，检查发现一车小青瓦中的残缺、裂缝瓦较多，且烧结程度不够，要求施工方禁止使用。

最终，经过我方监理项目部监理人员的严格把关，用于施工的材料均满足设计和规范要求，保证了工程材料的质量。据统计，我方监理项目部合计审查材料报审表13份。

2）屋面维修质量控制成效

红二十五军长征出发地军部旧址和红军医院屋面均为南方合瓦屋面，其维修方式、方法与北方常见的做灰背、泥背的屋面维修存在一定差异，因此我方监理将屋面维修作为本次工程监理工作的重点之一。原有屋面铺设油毛毡层，造成室内水分外散不出，对檩条、椽子等木构件都起到了严重危害作用，经建设方、设计方、监理方、施工方协商，决定军部旧址和红军医院屋面全部揭顶，按照原做法重筑，具体做法为：椽子（规格及间距见设计图）→望瓦→10毫米～15毫米厚护板灰→合瓦屋面（底瓦压七露三）→吻、兽、脊饰，同时应和当地做法相结合。

我方监理工程师主要通过以下几个方面控制屋面质量：

①对屋面原有瓦件和新进小青瓦进行分类挑选，不合格瓦件禁止使用，确保了屋面所有瓦件基本合格。

②在瓦瓦过程中，监督施工方按照设计规范要求程序进行分中、号垄、排瓦当等。对施工方放线进行监督，对齐头线、檐口线等进行测量，确保了放线的准确度。

③对于每一垄瓦，均坚持在施工后及时对瓦垄曲线采用尺子量和目测结合的方式进行检测，确保了所有瓦垄曲线一致。

④瓦瓦结束后，监督施工单位对瓦面进行清扫，确保整体观感效果。

⑤对屋面灰背层做好检查记录，符合规范要求，方可进行下一步施工。

⑥雨天后，检查屋面是否出现漏雨现象，若出现漏雨，要求施工方及时整改。

我方监理工程师通过以上几个方面的严格控制，使军部旧址和红军医院的屋面质量得到控制，达到：正脊两端翘起，中部渐低，造型别致轻巧；屋面小青瓦无明显缺角、裂缝现象；瓦垄间距基本一致，瓦垄顺畅；底瓦和盖瓦垄做法符合设计规范要求；屋面清洁，整体观感良好；下雨、雪天屋面不漏雨。

3）木作修缮质量控制成效

木作修缮是古建筑维修的重点之一。在本次维修过程中，监理方依照设计方案，根据实际情况，参照古建筑木结构维护与加固技术规范，对各单体木结构修缮进行监理，取得了较好的控制成效。

①柱子

柱子作为整个建筑的承重构件，其作用至关重要，是木作修缮质量控制的重点。根据设计方案要求，监理方、施工方共同对军部旧址和红军医院柱子进行勘察，对于柱根糟朽不超过柱高的1/4者，采用墩接的方法；柱中空糟朽且足以满足受力要求者，灌浆加固；全糟或下半部糟朽高度超过1/4以上、不适于墩接的，应进行更换。

在具体维修过程中，检查柱子内部是否空洞，满足承重要求。例如：拆除军部正厅屋面后，监理方对柱子进行勘察，发现前檐两根金柱、两根檐柱被白蚁蚕食严重，柱子中间出现空洞、达不到承重要求，要求施工方进行更换；后檐1根柱子底部糟朽严重，要求施工方墩接处理。监理人员重点检查了更换柱子的材质、含水率及尺寸大小，要求用落叶松，检查发现更换柱子所用木材含水率较大，要求施工方进行烘干处理。

对于红军医院糟朽不严重，能够予以墩接处理的柱子，我方监督施工单位按照木结构加固规范中墩接的要求对柱子进行了墩接。监理人员对墩接部位的尺寸、黏结情况、铁箍设置情况进行了检查，均符合规范要求。

另外，监理方要求施工方对更换的柱子进行详细统计，并签署木构件拆卸一览表，军部5份，红军医院7份。旁站监督军部正厅柱子更换和墩接的全过程，对柱子墩接进行全面指导，使柱子的质量得到控制。

②梁架及檩条

根据设计方案要求，监理方、施工方共同对军部旧址和红军医院的梁架进行勘察，糟朽严重，无法满足受力的，必须更换，有裂缝但不影响受力的，要求施工单位用木条依原样修补整齐，并用环氧树脂补严粘牢。

在军部正厅拆除屋面后，监理发现东侧梁架及部分檩条被白蚁蚕食严重，不满足设计规范要求，要求施工方进行更换，我方监理工程师监督施工单位更换的全过程，要求施工单位对更换的梁架、檩条进行校正，并检查了校正后的垂直度、水平度，检查檩条是否搭接牢固，确保了梁架及檩条更换的施工质量。

③木基层

屋面拆开后，监理方与施工方对木基层（椽子、飞椽、前檐望板）损坏程度进行勘察，发现军部旧址屋面木基层残损严重，绝大部分不能够继续使用，要求施工单位按照设计规范要求进行更换。

在具体实施过程中，我方监理工程师一方面监督施工单位拆除木基层时做到小心谨慎，对于保存较好的木构件小心拆除，并分类堆放，经加工处理后，重新用于建筑本体；另一方面对于糟朽无法使用的木构件，监督施工单位按照原材料、原形制、原尺寸加工制作，原位更换，监理人员对重新制作的飞椽、连檐等木构件进行尺量，将其规格同原有形制和设计要求进行对比，确保了符合设计要求、符合建筑原貌。

另外，监理方要求施工方对更换的椽子、飞椽数目进行详细统计，并签署木构件拆卸一览表5份。旁站监督军部正厅木基层（椽子、飞椽、望板）制作与安装的全过程，检查发现2根椽子不满足设计规格大小，3根椽子出现长裂缝，要求施工方进行更换，确保了木基层的工程质量。

④木构件的防腐、防虫

依据设计方案，监理方与施工方共同对现场木构件残损情况进行了实地勘察，发现本次维修木作残损的另一主要原因是白蚁，许多椽子、柱子被白蚁蛀蚀而糟朽，因此木构件防腐、防虫处理效果对木作维修质量起着至关重要的作用，监理方也据此将木构件的防腐、防虫处理作为监理工作的重点。

在具体实施过程中，监理方一是建议业主方聘请专业白蚁防治单位对整个建筑群进行统一治理，二是监督施工方按照设计要求对木构件进行防腐处理，监理方重点控制防腐材料质量和具体施工工艺及处理措施的质量。

由于客观原因，白蚁整体防治未进行，但是监理方对木构件防腐处理进行了严格控制，合计检验并签署材料质量报验表5份，对所有椽子的喷涂进行了检查，旁站监督了倒座、西配房前檐柱的注射处理，最终工程补配椽子190根，全部处理到位；檩条68根，处理到位；柱子5根，处理到位；确保了防腐防虫治理。

4）墙体修缮质量控制成效

对于墙面清理，要求施工方用小型工具对水泥进行剔除，禁止用磨光机等大型工具，防止野蛮施工对原有青砖造成损坏，并且施工方施工之前，进行小面积剔除试验，观看清理效果。勾缝材料要求施工方采用传统材料稻草灰加白灰。

对于用红砖砌筑的部分墙体，监理人员监督施工单位小心拆除。监督施工单位按照原遗存墙体的砌筑方式进行砌筑，检查施工单位的砌筑方式，检查灰缝大小、水平、垂直度，检查灰浆饱满度，检查新砌墙体与原有墙体的接茬是否吻合，保证了新砌墙体的施工质量。

对于酥碱青砖剔补，我方监督施工单位严格按照设计要求，小心施工。我方对施工单位剔补隐蔽部位的灰浆饱满度、新砖与老墙体的接茬情况进行检查，对剔补完成后的表面平整度、整洁度、勾缝质量进行了检查，均符合设计要求，与墙体原状相符。

对于墙体裂缝，监督施工单位根据设计要求进行黏结，对较大裂缝进行拆除重砌。监理人员检查黏结材料配比，确保符合设计要求，检查重砌时的施工工艺，检查灰缝大小、水平、垂直度，检查灰浆饱满度，检查新砌墙体与原有墙体的接茬是否吻合，确保符合原状。

5）地面、散水、排水沟控制成效

根据设计方案要求，监理方和施工方共同对军部旧址和红军医院的地面、散水、排水沟进行勘察，室内地面佚失或残损的青砖需补配，补配佚失散水，补配和修补排水沟，疏通院内排水系统。

在具体实施过程中，监督施工单位按照：青砖（规格和原有一致）→黄沙扫缝—25毫米厚中砂垫层→150毫米厚三七灰土→素土夯实的工序进行地面铺装，并对每道工序的材料质量、施工质量进行检查验收，检查素土夯实程度，检查了三七灰土的配比，测量三七灰土的厚度，对铺设完成的地面平整度进行了检查测量，对灰缝大小进行检查，对地面铺设完成后的整体观感效果进行检查，确保了地面修缮质量。例如，军部旧址天井院内排水不畅，东侧出现积水现象，旁站监督施工方按照设计规范要求进行施工，检查发现素土夯实不到位，要求施工方进行整改，使院内排水系统的质量得到了有效的控制。

6）油漆工程的控制成效

根据设计方案要求，原构件油饰均原状保留，仅作清理、维护；新配构件均暂不再做油饰，仅做断白处理，即刷生桐油三道进行防腐处理。由于原构件油漆起甲、脱落严重，新构件更换量较大，考虑整体观感效果和对木构件的保护，在经过建设方、设计方、监理方和施工方商议后决定按照原有油漆方法对油漆工程进行维护。

在具体实施过程中，要求施工方提交油漆方案，并对调制好的油漆色块进行小面积木构件试验，观看油漆效果，经过建设方、设计方、监理方认可后，方可进行大面积施工，并对军部大院木构件油漆进行旁站监督，发现军部倒座檐柱油漆之前未对柱子进行打磨，造成油漆效果不佳，要求施工方进行整改，保证油漆工程质量得到有效的控制。

（2）工程进度控制成效

在本次维修施工过程中，我方监理项目部对于施工方提交的施工进度表进行审查。除此之外，在每周的监理工作中，我方监理员经常与施工方负责人进行沟通，及时了解工程进展情况，随时与业主方保持联系，使整体工期基本按照预期目标完工。

其中军部维修时的实际进度比计划进度慢，主要由以下几个原因形成：

①军部维修工程量变更较大。军部所有单体外墙面被水泥包裹，需要清除；军部正厅拆除屋面后，检查发现梁架等木构件被白蚁蚕食严重，需更换。

②施工方购买的木材含水率较大，不能直接加工使用。

③施工方未能合理安排施工顺序，建筑材料购买不齐全。

④省局领导对维修工程进行检查，针对工程中存在的问题，要求施工方停工整改，停工时间为7月18日—8月11日。

针对工程进度缓慢，我方监理部和建设方、施工方进行沟通，要求施工方增派施工人员，合理安排施工步骤，缩短红军医院维修工期，最终在规定时间内顺利完成了整个工程的维修工作。

（3）工程安全管理控制成效

工程安全是文物维修工作中的重中之重。在工地例会、现场协调会以及平时的监理工作中，监理部多次强调安全的重要性，要求施工方将安全工作放在第一位。在本次维修过程中，监理部主要对以下几个方面进行安全控制：

1）文物本体的安全控制

监理方采取各种方法，监督施工单位在施工过程中做好对文物本体的安全保护工作，如：要求施工单位对工人进行安全教育；检查施工单位的安全设施；在脚手架搭设过程中，要求在靠近文物本体的部位做好防护，避免对文物表面造成磕碰损坏；在文物建筑腐朽构件的拆除过程中，监督施工单位谨慎施工、小心拿放；在雨雪等恶劣天气，监督施工单位对尚未完成屋面瓦瓦的建筑及时进行遮盖，避免雨雪对木构件的侵蚀；等等。

2）现场人员的安全控制

对施工现场安全文明生产情况进行检查，检查施工人员安全措施的配备情况（佩戴安全帽，高空作业要系安全带），检查施工用电安全情况，检查消防设备（灭火器、消防沙）的性能和配备情况，对发现的不安全因素，督促施工单位立刻整改，确保施工人员的安全。

3）现场游客的安全控制

由于红军长征的出发地是旅游景点，要求施工方检查现场围挡防护设置，防止村民及游客进入施工区域，并要求各方对靠近施工区域的村民及游客及时劝离，确保村民及游客的人身安全。

其中7月18日省局领导对工地进行检查，提出施工现场消防设施不齐全、存在安全隐患。针对省局领导提出的问题，监理部进行深刻反思，加大对工程的安全控制力度，要求施工方：1.脚手架搭设牢固，增加斜撑、横杆，脚手架外挂安全网；2.施工现场悬挂禁止吸烟、佩戴安全帽等安全警示标志；3.消防器材组合配置齐全；4.施工现场做外围挡及安全通道，禁止游客等非工作人员进入施工现场。经过我方的严格监督和管理、施工方的配合，以及业主方的重视，整改效果得到了领导的认可，并且在本次维修过程中，实现了文物保护维修工程安全的零事故。

（4）工程信息资料管理工作成效

根据我方与业主方签订的委托监理合同的约定，我方监理项目部监理工程师在工作过程中对工程信息资料进行了有效的管理工作。主要工作内容如下：

1）监理日志：每天记录监理日志，并通过互联网向总部汇报。

2）监理月报：对每月的监理工作进行总结，编写监理月报6份。

3）监理工程师通知：为加强工程管理力度，我们就重要问题向施工单位签发监理工程师通知单3份。

4）工地会议及纪要：为了及时沟通参建各方意见，解决工地中出现的问题，我们积极组织并参加多次工地会议，主要有：第一次工地会议暨图纸会审会议1次，工程现场协调会 3 次，监理例会 13 次；并对会议内容及决议认真记录，形成会议纪要 17 份。

5）旁站记录：对工程重要节点进行全程旁站监理，形成旁站记录 12 份。

6）工程管理文件：对施工单位提交的开工申请、施工组织设计方案、用电专项方案、脚手架专项方案、雨季施工专项方案、冬季施工专项方案、安全事故应急救援方案等方案报审进行审查，签发开工报告 1 份、方案报审表 6 份。

7）报验及检验文件：对施工方提交的单体分部／分项工程报验资料进行审查，检查合格后，签发质量认可文件。

8）影像资料：在各单体工程进展中，监理人员现场监督、记录施工过程，注重对影像资料的收集。

我方在工作中不仅做好了监理工作的信息资料管理，而且对施工单位的信息资料管理也进行了严格的要求和耐心的指导，帮助施工单位完善了自己的工程信息资料。

**5. 施工中出现的问题及其处理情况**

在本次维修施工过程中，主要存在以下几个问题：

（1）现场勘察发现军部旧址清水砖墙面被水泥包裹，红军医院砖缝用水泥勾缝。水泥作为现代材料，不允许出现在古建中，针对此问题，在图纸会审会议上，监理部建议军部旧址剔除水泥墙面，红军医院砖缝用传统材料白灰加草木灰勾缝。

（2）现场勘察发现军部旧址和红军医院所有屋面都铺设油毛毡，油毛毡一方面作为现代材料不允许出现在古建修复中；另一方面对室内水分散佚极其不利、危害极大，针对此问题，在图纸会审会议上建议屋面去掉油毛毡层。

（3）军部正厅拆除屋面后，发现梁架和柱子被白蚁蚕食严重，达不到受力要求，监理发现后，将此情况反映给建设方，由建设方联系设计方进行设计变更，更换糟朽严重的梁架及柱子。

（4）军部倒座屋面拆除后，发现倒座东山墙向外歪闪严重，且与檩条交接的方木糟朽严重，监理发现后，现场拍照，并与建设方、施工方沟通，最终确定拆除，并重砌东山墙，更换糟朽严重的方木。

（5）在军部正厅水泥墙面剔除过程中，施工方用铲子铲除，发现剔除效果不明显，且整体观感不好，监理部建议用小锤轻敲，进行小面积试验，最终效果得到建设方、施工方的认可。

（6）在红军医院维修时，施工方必须在较短的时间内完成所有单体的屋面修复工作，监理部建议施工方将屋面拆除的小青瓦直接用在附近的屋面瓦瓦，有效地节约了施工时间。

**6. 对工程的综合评价**

罗山县红二十五军长征出发地旧址修缮工程自 2017 年 3 月 23 日开工以来，于 2018 年 1 月 22 日顺利完工。在此期间，施工单位江西九丰园林古建筑工程有限公司能够合理运用自身的知识、技能和经验组织施工，对监理方提出的问题能够积极接受、认真整改。监理单位能够遵循"公平、独立、诚信、科学"的原则开展工作，按照设计图纸及相关规范的要求，对施工质量、进度、安全、投资进行控制，对合同和信息进行管理，对各方关系进行协调，取得了良好的控制效果。本工程得到了建设方和当地居民的认可。

2017 年 12 月 27 日，工程组织进行了四方验评，形成验评意见如下：该工程严格按照文物管理部门审批的设计方案进行施工，根据文物本体的实际情况，经过勘察，对部分工程量进行了变更，相关签证手续齐全、符合要求；施工中做到了最小干预和坚持"四原"原则，保持了文物建筑的真实性；整个工程符合文物保护原则，工程视觉效果良好，各施工材料质量合格、资料完整，达到了设计的目的和目标。

当然，本次工程仍存有不足：2017 年 7 月 18 日，省文物局对本工程进行了检查，指出了工程存在的现场材料堆放混乱、消防设施不齐全、施工管理人员不在岗、工程资料不完善等问题，并提出了具体的整改意见和要求。通过这次检查，监理方深刻认识到自身在现场管理方面的不足，立即组织工程各方按照省文物局提出的整改意见和要求落实整改措施，最终整改效果得到了省文物局的认可。这次检查充分暴露了目前文物保护工程管理存在的诸多问题，监理方将吸取此次经验和教训，不断学习和提高，加强工程管理水平，争取做出更多优质工程。

综合评价，该工程完成了设计方案要求的修缮内容，修缮过程遵循了文物保护的各项原则，工程质量符合相关验收规范要求，达到了合格工程的标准。

**7. 建议**

（1）本阶段工程因条件限制，对军部、红军医院旧址一、二组建筑本体进行了修缮，建议尽快开展第二阶段工程，对红军医院三、四组建筑群进行修缮。

（2）建议业主方采取措施，对红军医院门前道路及排水问题予以有效解决。

（3）建议业主方做好军部旧址及红军医院一、二组建筑修复后的日常保养维护和合理利用。

## 二、第二阶段工程实录

### （一）2018年7月

**2018年7月4日　星期三　天气：晴**

项目名称：脚手架；设备进场

位置：红军医院旧址

进度：已完成

项目内容：1.脚手架进场；2.设备进场。

监理情况：督促施工方进行材料报验手续。

施工中

**2018年7月5日　星期四　天气：晴**

项目名称：脚手架工程；安全文明施工组建

位置：3组；4组；门前

进度：已完成

项目内容：1.3组、4组门前方搭建脚手架30米长×6米高；2.安全文明施工。

工作量：180平方米

监理情况：

1.督促施工方高空作业人员注意安全；2.检查安全文明施工等硬性设施时，发现部分设施设置不到位，要求施工方进行补充完善。

施工中

**2018年7月6日　星期五　天气：晴**

项目名称：脚手架工程

位置：3组；4组；过厅及门楼倒座北面

进度：已完成

项目内容：1.3组门楼倒座北面脚手架16米×6米过厅，3组二过门过厅南北边脚手架工程16米×6米×2边，4组门楼倒座北面脚手架13米×6米，4组过厅南北面9米×6米×2边；2.3组倒座室内满堂及安全防护架12米×3.8米，过厅内满堂架及安全防护12米×3.8米，4组倒座室内满堂架8米×3.8米，二进过厅室内满堂架8米×3.8米。

工作量：474平方米；152平方米

监理情况：检查脚手架搭设时，发现脚手架的步距、跨距过宽，安全防护设置不到位，当场要求施工方进行整改。

**2018年7月7日　星期六　天气：晴**

项目名称：脚手架工程

位置：3组三进正房；4组甬路

进度：已完成

项目内容：1.3组二进正房16米×6米×2边南北墙；2.内满堂防护脚手架，12米×7米。

工作量：192平方米；84平方米

监理情况：1.督促施工方高空作业人员注意安全；2.天气炎热高温，要求施工方对高温下的作业人员进行防暑措施。

施工中

**2018年7月8日　星期日　天气：晴**

项目名称：功能区域工程；脚手架工程

位置：3组三进正房，4组二进过厅后墙

进度：已完成

项目内容：1.加工棚脚手架搭建，材料棚搭建16米×6米×2边+9米×6米×2边；2.3组三号院东厢房脚手架5米×6米，4组二进过厅南北面墙9米×6米+10米×6米。

工作量：444平方米

监理情况：督促施工方作业人员注意安全，严禁施工人员在木材加工棚、材料棚抽烟。

施工中

施工中

**2018年7月9日　星期一　天气：晴**

项目名称：材料进场；设备进场；消防设施进场

位置：材料棚；4组一号院

进度：已完成

项目内容：1.椽子6立方米、檩条7立方米、方木2立方米、原木进场。2.消防水桶、消防沙、灭火器等设施进场。

工作量：15立方米

监理情况：1.督促施工进行材料报验手续，要求提供木材检疫检测合格证；2.检查消防安全设施是否到位，加强施工安全教育，提高工人文明施工意识。

施工中

施工中

施工中

**2018年7月10日　星期二　天气：晴**

项目名称：脚手架工程

位置：4组倒座后院；3组三号院东边

进度：已完成

项目内容：1.4组倒座后院东墙脚手架搭建16米×6米；2.3组三进正房东厢房脚手架6.6米×6米。

工作量：135.6平方米

监理情况：督促施工方高空作业人员注意安全。

施工中

施工中

**2018年7月11日　星期三　天气：晴**

项目名称：脚手架工程

位置：3组4组一号院

进度：已完成

项目内容：1. 一坡房脚手架搭建3组一号院东西一坡房4米×4米×2边，4组一号院东西一坡房4米×4米×2边；2. 现场配套设施完善；3. 业主监理现场勘察指导施工意见。

工作量：64平方米

监理情况：甲方、监理方至施工现场勘察，消防设施完善，具备开工条件。

施工中

## 第一次工地会议纪要

时间：2018年7月11日

地点：红二十五军长征出发地旧址修缮工程项目部

参会人员（签名后附）：

专家：信阳市文物局　刘开国

建设单位：罗山县文物管理局　周明刚　张春燕　邱岩

设计单位：南阳市古代建筑保护研究所　王昌辉

施工单位：江西九丰园林古建筑工程有限公司　朱峰　吕树园　王玉全

监理单位：河南安远文物保护工程有限公司　牛宁　王明明

会议内容：

2018年7月11日，罗山县红二十五军长征出发地旧址修缮工程第二阶段建设单位组织并主持召开第一次工地会议，信阳市文物局专家、施工单位及监理单位主要人员参加会议。

（1）会议确定了各单位本项目负责人员：

建设单位负责人：邱岩

设计单位负责人：王昌辉

施工单位负责人：王玉全

监理单位负责人：王明明

（2）会议听取了施工单位开工前的准备情况：施工单位已进场，施工人员及机械设备已经到位，施工用电、用水、道路及场地情况已满足开工要求。

（3）查看现场后，会议针对本工程提出以下要求：

1）现场环境不利于文物本体保护，环境整治问题是一个重点，医院外墙处花坛造成墙面长期潮湿、生长青苔，第一阶段维修过的第一组、第二组建筑外墙已有酥碱迹象，危害文物本体，要抓紧拆除，同时尽快做好协调工作，按照设计方案及图纸会审意见，尽快开展环境治理工作。

2）房屋维修参照第一阶段医院旧址第一组、第二组建筑维修方式进行，重点检查木构件情况，是否有白蚁虫蛀；进入雨季，房屋维修时，要逐个单体进行，上一间完成后，再进入下一间的维修，做好防雨措施。

3）监理单位将协助联系林业专家到现场实地了解古银杏树的情况，古树周边地面铺装等具体方案，待专家给出意见后，再行确定。

4）做好现场安全管理工作，保证工程安全，包括人员安全及文物安全。施工区域位于村庄居民区内，又有往来游客，必须及时采取有效的安全措施，坚决杜绝任何安全事故发生。

5）严格按照标准组织施工，严格按照规范进行监理，保证工程质量。

6）在保证安全、质量的前提下，加快施工进度，保证工程在今年国庆节前完工。

7）尽快完善工程手续，工程资料随施工进度及时跟进，确保资料真实、齐全、完善。

## 图纸会审会议纪要

时间：2018年7月11日

地点：红二十五军长征出发地旧址修缮工程项目部

参会人员：

专家：信阳市文物局 刘开国

建设单位：罗山县文物管理局

    周明刚  张春燕  邱岩

设计单位：南阳市古代建筑保护研究所

　　　　　王昌辉

施工单位：江西九丰园林古建筑工程有限公司

　　　　　朱峰　吕树园　王玉全

监理单位：河南安远文物保护工程有限公司

　　　　　牛宁　王明明

会议内容：

各方参会人员认真查看现场情况，详细研究图纸后，召开图纸会审会议，现场提出如下问题：

（1）医院旧址外墙散水材质设计为条砖，建议调整为与院内散水相同的石条，使整体风貌更为协调一致。

（2）医院旧址外墙至水塘地坪仅在现状布局上做表面材质整修，水塘沿岸仍为黄土地面，不利于后期维护，建议将水塘沿岸树木做树池围护，其余地面全部硬化，雨水由建筑群自然排入水塘内，有助于后期环境维护，且利于排水。

（3）医院旧址4组建筑前环境整治未包含在设计范围内，现状较为杂乱，有损整体风貌，建议将此处一并包含在此次环境整治之中，有利于整体美观。

（4）医院旧址4组建筑前地面下有消防管道与地下电缆，方案中无明确处理方式，按照现方案降低地面高度后，可能会对消防管道与地下电缆造成一定影响，建议明确此处的具体处理方式。

（5）现方案中古银杏树周围地坪材质及树池设施是否有利于古树的生存、生长有待商榷，建议请林业专家给出专业性意见后，再由设计单位确定具体的维修方案。

设计单位针对以上问题给出如下答复：

（1）医院旧址外墙至水塘地坪调整为：条石散水—青砖散水—条石或片石路面—片石。条石散水使用与院内一致的旧条石、路面材质进行试验后，在条石或片石内选取效果更好、更为经济的材料，水塘沿岸铺设片石硬化。具体施工按调整后的图纸实施。

（2）增加医院旧址4组建筑前的环境整治内容，与整体环境整治措施保持一致，并将此处作为路面材料试验区域。

（3）施工过程中对消防管道及地下电缆做好保护，根据实际情况，必要时再做处理。

（4）古银杏树周边根据林业专家意见调整方案。

**2018年7月12日　星期四　天气：晴**

施工情况：1.医院旧址3组二进过门和二进正房北坡屋面修缮工程，施工人员3人；2.椽子制作，施工人员1人。

监理情况：1.督促施工方高空作业人员注意安全；2.要求施工方对椽子等木构件进行防腐、防火、防虫处理。

**2018年7月13日　星期五　天气：晴**

施工情况：1.医院旧址3组二进过门和二进正房北坡屋面修缮工程，施工人员3人；2.椽子制作，施工人员1人。

监理情况：1.因天气炎热，督促施工方做好防暑降温措施；2.检查现场施工情况，符合施工标准。

**2018年7月14日　星期六　天气：晴**

项目名称：拆除屋面工程

位置：医院旧址3组三进正房三进过门

进度：已完成

项目内容：3组三进过门和二进正房北坡，拆除屋面，拆除油毛毡、拆除不符合使用要求的椽子檩条，拆除面积为16米×8.2米。

工作量：131.2平方米

监理情况：检查现场施工情况，符合施工标准。

施工中

施工中

**2018年7月15日　星期日　天气：晴**

项目名称：拆除屋面工程

位置：医院旧址3组三进正房三进过门

进度：已完成

项目内容：3组三进过门二进正房南坡，拆除屋面、拆除油毛毡、拆除不符合使用要求的部分椽子檩条。拆除面积为16米×6.1米。

工作量：97.6平方米

监理情况：检查医院旧址3组二进过门二进正房南坡屋面修缮工程时，发现部分瓦垄不顺直，当场要求施工方进行整改，填写《旁站记录表》一份。

原貌图

施工中

施工中

**2018年7月16日　星期一　天气：晴**

项目名称：圆檩制安；枋椽制安

位置：红军医院旧址3组三进正房三进过门

进度：已完成

项目内容：3组三进过门和二进正房北坡含北一坡房圆檩制安、枋椽制安，16米×8.2米。

工作量：131.2平方米

监理情况：1.检查现场施工情况，符合施工标准；2.填写《旁站记录表》2份。

施工中

施工中

**2018年7月17日　星期二　天气：晴**

项目名称：实木门制安；小青瓦屋面；调正脊

位置：红军医院旧址3组三进正房三进过门

进度：已完成

项目内容：1.3组二进正房南坡圆檩制安、枋椽制安，16米×6.1米；2.4组二进过厅更换实木门；3.3组三进过门及二进正房小青瓦屋面16米×8.2米（北坡）；

4. 3组二进正房东西侧房门2樘；5. 调正脊16米。

工作量：97.6平方米；1樘；131.2平方米；2樘；16米

监理情况：1. 督促施工方高空作业人员注意安全；2. 天气炎热高温，要求施工方对高温下的作业人员进行防暑措施。

维修中

维修中

维修中

**2018年7月18日　星期三　天气：晴**

项目名称：小青瓦屋面

位置：红军医院旧址3组三进过门及正房

进度：已完成

项目内容：1. 3组三进过门及正房南坡小青瓦屋面16米×6.1米；2. 木构件防腐、防虫桐油断白16米×8.2米+16米×6.1米。

工作量：97.6平方米；228.8平方米

监理情况：检查医院旧址3组三进过门及正房南坡屋面修缮工程时，发现部分瓦垄不顺直，当场要求施工方进行整改，填写《旁站记录表》1份。

施工中

**2018年7月19日　星期四　天气：晴**

项目名称：封檐板制安；木构架防腐断白

位置：红军医院旧址3组三进过门及正房

进度：已完成

项目内容：1.3组三进过门及二进正房封檐板制安32米；2.木构件防腐防虫16米×8.2米+16米×6.1米。

工作量：32米；228.8平方米

监理情况：1.检查现场施工情况，符合施工标准；2.填写《旁站记录表》1份。

施工中

**2018年7月20日　星期五　天气：晴**

项目名称：拆除屋面工程

位置：红军医院旧址3组二进过门

进度：已完成

项目内容：1.枋橼、圆檩制作；2.3组二进过门南坡屋面拆除3米×6米；3.拆除不符合使用要求木构件。

工作量：18平方米

监理情况：1.督促施工方高空作业人员注意安全；2.填写《旁站记录表》1份。

施工中

**2018年7月21日　星期六　天气：晴**

项目名称：拆除屋面工程

位置：红军医院旧址3组二进过门

进度：已完成

项目内容：1.3组二进过门北坡屋面拆除3米×6米；2.圆檩制安、枋椽制安、封檐板制安3米×6米；3.南坡小青瓦屋面3米×6米；调正脊3.5米。

工作量：18平方米；18平方米；18平方米；3.5米

监理情况：检查医院旧址3组二进过门北坡屋面修缮工程时，发现部分瓦垄不顺直，当场要求施工方进行整改。

施工中

2018年7月22日　星期日　天气：晴

项目名称：小青瓦屋面

位置：红军医院旧址3组二进过门

进度：已完成

项目内容：1.3组二过门北坡小青瓦屋面3米×6米；2.门转更换一块，规格详见构件拆卸一览表。

工作量：18平方米

监理情况：1.天气炎热高温，督促施工方对高温下的作业人员进行防暑措施；2.督促施工方高空作业人员注意安全。

施工中

2018年7月23日　星期一　天气：晴

项目名称：木作

位置：加工区域

进度：已完成

项目内容：1.圆檩、枋椽、木构件制作；2.防腐、防虫处理。

工作量：13立方米

监理情况：检查圆檩、枋椽、封檐板等木构件制作，防腐、防虫处理时，发现部分木构件边角没有处理到位，当场要求施工方对没有处理到位的木构件，重新进行防腐、防虫处理。

施工中

**2018年7月24日　星期二　天气：晴**

项目名称：建筑垃圾清运

位置：医院；旧址；3组

进度：已完成

项目内容：1.3组清理建筑垃圾24车×1.5立方米，运距16千米；2.门窗修补、调整。

工作量：24车

监理情况：

1.和施工方进行沟通：

同施工方一起确认图纸，确定工程维修内容。

检查工地现场，确保工地安全施工。

督促施工方尽快提交施工组织设计。

督促施工方环境整治项目尽快施工。

2.督促施工方进行材料报验程序，重要的材料需经施工方、监理方、甲方三方同意签字后，方允许进场。

3.和甲方邱局长沟通，要求给监理方提供此次维修工程设计方案纸质图纸一份。

4.同施工方沟通材料使用原则：凡是木构件受损的，必须换掉，禁止使用糟朽、腐烂的木料。

施工中

**2018年7月25日　星期三　天气：晴**

项目名称：建筑垃圾清运

位置：3组；4组

进度：已完成

项目内容：3组、4组建筑垃圾清运17车×1.5立方米，运距16千米。

工作量：17车

监理情况：1.检查工地现场时，发现脚手架搭设不规范、安全防护设置不到位，当场要求施工方进行整改；2.检查屋面修缮工程时，要求施工方对原有屋面拆除后还完好的瓦件，进行适当的成品保护，避免瓦件受损；3.和施工方沟通构件更换程序，要求施工方对需要更换的构件进行配合统计，登记《构件更换、维修、加固登记一览表》。

**2018年7月26日　星期四　天气：晴**

项目名称：现场清理

位置：3组；4组

进度：已完成

项目内容：现场清理45.5米×27.7米×0.07米，运距16千米。

工作量：88立方米

监理情况：1.和施工方沟通，明天将对医院旧址周围环境进行整治，提高观感质量效果；2.监督施工方对不合格的椽子进行更换，并拍照留存。

**2018年7月27日　星期五　天气：多云转中雨**

项目名称：渣土外运

位置：红军医院旧址1组门前

进度：已完成

项目内容：1.1组门前花坛拆除13米×3米；2.渣土出土共计13米×3米×0.5米，运距164米。

工作量：39平方米；19.5立方米

监理情况：1.因近期有雨和施工方沟通，青砖散水暂时保留，以便下雨排水，先进行花坛场地平整项目，待花坛场地平整完毕后，再进行青砖散水拆除；2.督促施工方做好防雨措施，并趁着下雨期间检查施工方已修缮好的屋面工程排水情况，目前还未发现漏雨的地方。

施工中

**2018年7月28日　星期六　天气：中雨转小雨**

施工情况：

今天因雨暂停施工。

监理情况：1.督促施工方尽快提交施工组织设计等施工必要资料；2.整理监理资料。

**2018年7月29日　星期日　天气：晴**

项目名称：渣土外运

位置：红军医院旧址3组三进正房及三进过门2组门前

进度：已完成

项目内容：1.3组三进过门及正房脚手架拆除；2.2组门前花坛拆除17米×3米；3.渣土出土共计17米×3米×0.5米，运距16千米。

工作量：51平方米；25.5立方米

监理情况：1.检查医院旧址3组二进正房屋面修缮工程时，发现有两根檩条已经变形，影响观感质量效果，同施工方沟通后，对这两根檩条进行更换处理；2.督促施工方高空作业人员要注意安全。

**2018年7月30日　星期一　天气：晴转小雨**

施工情况：1.医院旧址3组二进正房屋面修缮工程，施工人员4人；2.医院旧址3组院内卫生环境治理，施工人员1人。总计施工人员5人。

监理情况：1.旁站监督更换变形的檩条；2.召开第一次监理例会，建设方、监理方、施工方一同参加了会议，对近期工地上出现的问题进行了沟通，内容详见《第一次监理会议纪要》。

### 第一次监理会议纪要

时间：2018年7月30日

地点：罗山县红二十五军长征出发地旧址修缮工程项目部

参会人员：

建设单位：罗山县文物管理局

　　　　　邱岩

监理单位：河南安远文物保护工程有限公司

　　　　　李恒

施工单位：江西九丰园林古建筑工程有限公司

　　　　　吕树园　王玉全　刘晓文　项卫兵　龚志学

内容：

第一次会议于2018年7月30日上午11点在现场项目部举行。会议全程由李恒主持。会议期间，建设方、施工方、监理方先后发言。会议概括起来有以下内容：

（1）施工进度和下期目标

施工方在会议上汇报了近期的施工情况：

1）医院旧址各个单体建筑目前主要是屋面修缮工程，已完成7间。

2）外部环境治理主要是场地平整。

下期目标：加快屋面修缮工程进度，自上而下进行其他工程的施工。

（2）监理部的要求：

1）要求业主方尽快提供纸质设计图纸一份。

2）对原有屋面拆除后还完好的瓦件，要求施工方进行适当的成品保护，避免瓦件受损。

3）进场材料的合格证等报验资料，要求施工方尽快提供，对于无法检测的材料（当地收集的小青瓦）需要业主方、监理方、施工方三方一起验收、签字通过后，方可进场使用。

4）木构件的维修、加固必须严格统计，按规定登记、正确填写《木构件维修、加固登记一览表》，并按规定做好木构件的防虫、防腐（刷桐油）、防火处理。

5）天气炎热，施工方要做好防暑措施，高空作业人员要注意安全。

6）银杏树环境治理方案，待林业专家看过之后，再进行施工。

（3）建设方要求：

由于目前工程情况比较复杂，外部环境治理部分土地上还有村民种的果蔬，关系复杂还需要甲方和村里、乡里协调，工作重点暂时以单体建筑维修工程为主。本次修复工程至关重要，各方要共同努力，做好安全、文明施工，保证工程质量，顺利完成其修复工作。

**2018年7月31日　星期二　天气：晴转中雨**

施工情况：1.医院旧址3组二进正房屋面修缮工程，施工人员4人；2.医院旧址3组院内卫生环境治理，施工人员1人。总计施工人员5人。

下午因雨暂停施工。

监理情况：1.检查屋面修缮工程时，发现部分瓦垄不顺直，当场要求施工方进行整改；2.上午罗山县文物管理局邱局长带领相关工作人员来项目部复查图纸，并要求施工方一定要保质保量地完成工程项目。

## 7月监理月报

### 1. 本期工程概况

受罗山县文物管理局委托，河南安远文物保护工程有限公司对罗山县红二十五军长征出发地旧址修缮工程进行监理，本工程设计单位为南阳市古代建筑保护研究所，施工单位为江西九丰园林古建筑工程有限公司。

本期工程时间为2018年7月4日—2018年9月30日。

工程于2018年7月11日召开第一次工地会议，各单位介绍了本单位成员及驻工地联系人，会议决定了工地例会的召开时间，对图纸问题进行了研究解决，对工程提出了具体要求。

7月4日—7月11日，施工方搭设脚手架、设置警示标志，为进场施工做准备，7月11日开始进场施工。

7月30日在现场项目部召开了第一次监理会议，会议期间，建设方、施工方、监理方先后发言，具体内容详见《第一次监理会议纪要》。

本期主要施工情况：

施工单位投入施工人员约6人，维修红二十五军长征出发地医院旧址。

4日，医院旧址：1.设备进场；2.脚手架进场。

5日，医院旧址：1.3组、4组前方搭设脚手架；2.安全文明施工，做形象工程，布置广告布、安全警示牌，脚手架覆盖安全网。

6日，医院旧址：

3组：1.门楼及倒座北面搭设脚手架，过厅南北边搭设双排脚手架，倒座室内满堂架，过厅内满堂架。

4组：1.门楼北面搭设脚手架，过厅南北边搭设双排脚手架，倒座室内满堂架，二进过厅室内满堂架。

7日，医院旧址，1.3组二进过门及正房南北墙搭设双排脚手架；2.正房室内满堂架。

8日，医院旧址，1.加工棚、材料棚脚手架搭建；2.3组三号院东边房脚手架搭设；4组二进过厅南面墙搭设脚手架。

9日，医院旧址，1.椽子6立方米，檩条7立方米，方木2立方米进场；2.消防水桶、消防沙、灭火器等消防安全设施进场。

10日，医院旧址，1.3组四进正房东墙搭设脚手架；2.4组倒座后院搭设脚手架。

11日，医院旧址，1.3组一号院东西一坡房搭设脚手架；2.4组一号院东西一坡房搭设脚手架；3.现场配套设施完善；4.甲方、监理方、施工方勘察施工现场。

12日—16日，医院旧址，1.3组二进过门和二进正房北坡拆除油毛毡，拆除不符合使用要求的椽子、檩条；2.3组二进过门二进正房南坡拆除油毛毡，拆除不符合使用要求的椽子、檩条；3.3组三进过门和二进正房北坡含北一坡房圆檩制安、枋椽制安。

17日，医院旧址，1.3组二进正房南坡圆檩制安、枋椽制安；2.4组二进过厅更换实木门；3.3组二进过门及二进正房北坡修缮小青瓦屋面；4.更换3组三进正房东西侧房门；5.调3组二进过门及二进正房正脊。

18日—20日，医院旧址，1.3组三进过门及正房南坡修缮小青瓦屋面；2.木构件防腐处理，防虫处理，刷桐油断白；3.3组三进过门及二进正房封檐板制安；4.拆除3组二进过门南坡屋面。

21日—23日，医院旧址，1.3组二进过门北坡屋面拆除；2.圆檩、枋椽制安；3.封檐板制安；4.3组二进过门北坡修缮小青瓦屋面；5.圆檩、枋椽、木构件制作；防腐、防虫处理。

24日—31日，医院旧址，1.3组、4组建筑垃圾清运，运距16千米；2.3组、4组现场清理。医院旧址门前环境整治：1.1组、2组门前花坛拆除；2.花坛渣清运，运距16千米。

投入设备：机械平板刨、切割机、磨光机等工具。

主要进场材料：木材、白灰、小青瓦、桐油等。

**2. 本期工程进度**

本期工程进度如下：

4日，医院旧址，1.设备进场；2.脚手架进场，完成。

5日，医院旧址，1.3组、4组前方搭设脚手架完成；2.安全文明施工，做形象工程，布置广告布、安全警示牌，脚手架覆盖安全网。

6日，医院旧址。

3组：1.门楼及倒座北面搭设脚手架，过厅南北边搭设双排脚手架，倒座室内满堂架，过厅内满堂架完成。

4组：1.门楼北面搭设脚手架，过厅南北边搭设双排脚手架，倒座室内满堂架，二进过厅室内满堂架。

7日，医院旧址，1.3组二进过门及正房南北墙搭设双排脚手架完成；2.正房室内满堂架。

8日，医院旧址，1.加工棚、材料棚脚手架搭建完成；2.3组三号院东边房脚手架搭设；4组二进过厅南面墙搭设脚手架。

9日，医院旧址，1.椽子6立方米，檩条7立方米，方木2立方米进场完成；2.消防水桶、消防沙、灭火器等消防安全设施进场。

10日，医院旧址，1.3组四进正房东墙搭设脚手架完成；2.4组倒座后院搭设脚手架。

11日，医院旧址，1.3组一号院东西一坡房搭设脚手架完成；2.4组一号院东西一坡房搭设脚手架；3.现场配套设施完善；4.甲方、监理方、施工方勘察施工现场。

12日—16日，医院旧址，1.3组二进过门和二进正房北坡拆除油毛毡，拆除不符合使用要求的椽子、檩条，拆除面积完成；2.3组二进过门二进正房南坡拆除油毛毡，拆除不符合使用要求的椽子、檩条，拆除面积；3.3组三进过门和二进正房北坡含北一坡房圆檩制安、枋椽制安。

17日，医院旧址，1.3组二进正房南坡圆檩制安、枋椽制安完成；2.4组二进过厅更换实木门；3.3组二进过门及二进正房北坡修缮小青瓦屋面；4.更换3组三进正房东西侧房门；5.调3组二进过门及二进正房正脊。

18日—20日，医院旧址，1.3组三进过门及正房南坡修缮小青瓦屋面完成；2.木构件防腐、防虫处理，刷桐油断白；3.3组三进过门及二进正房封檐板制安；4.拆除3组二进过门南坡屋面。

21日—23日，医院旧址，1.3组二进过门北坡屋面拆除完成；2.圆檩、枋椽制安；3.封檐板制安；4.3组二进过门北坡修缮小青瓦屋面；5.圆檩、枋椽、木构件制作；防腐、防虫处理。

24日—31日，医院旧址，1.3组、4组建筑垃圾清运，运距16千米；2.3组、4组现场清理。医院旧址门前环境整治：1.第一组、第二组门前花坛拆除；2.花坛渣清运，运距16千米。

本期工程进度缓慢，落后于计划进度，主要由以下几个原因造成：

（1）天气炎热高温，为保证安全，施工人员施工时间大幅度减少。

（2）对屋面拆除后，发现有部分檩条、椽子糟朽严重，需要加工制作并安装。

为加快施工速度，经与业主方沟通，对施工方做出以下要求：

（1）尽快统计各个单体檩条、椽子糟朽情况，提前购买所需木料。

（2）适当增派施工人员。

### 3.本期工程质量

在本期施工中，我方通过以下几个方面进行质量控制：

（1）对于进场的材料，我方要求施工方进行报验，要求施工方提供相关质量证明资料。本期进场的材料主要有木材、小青瓦、青砖、桐油等，对于木材要求施工方提交检疫证，并现场检查其规格大小和含水率是否符合设计规范要求；对于小青瓦等从当地收集的老建筑材料，要求业主方、监理方、施工方三方一起验收、签字通过后，方可进场使用；对于桐油、防蚁剂，要求施工方提交合格证。

（2）本期进行的工程主要有脚手架搭建，屋面修缮、椽子拆除、门前环境场地平整，我方监理在施工过程中对工程质量进行严格把关，对屋面修缮、椽子拆除等重要工序进行旁站监督，要求施工方木构件的维修、加固必须严格统计，按规定登记、正确填写《木构件维修、加固登记一览表》，并按规定做好木构件的防虫、防腐（刷桐油）、防火，保证了每一项工序的施工质量。

（3）监理每日现场巡查，对于发现的质量问题，及时指出纠正，监理现场发现并要求整改的问题有：（1）检查发现部分屋面修缮后瓦垄不顺直，当场要求施工方进行整改，填写《旁站记录表》6份。

### 4. 本期工程安全

在我方的严格监督下，本期施工过程中，施工单位不存在威胁文物安全的施工行为，施工人员也不存在不文明的施工行为，不存在人员伤亡的情况，工程安全得到了切实保障。同时为了保证工程安全，我方提出以下要求：

（1）施工人员施工时必须佩戴安全帽，高空作业必须系安全带。

（2）施工方在雨天做好防护措施，屋面湿滑时，严禁施工人员进行屋面作业。

（3）施工现场设置明显的安全警示标志，设置外围护结构，禁止非施工人员进入施工场地。

（4）严禁木工在操作期间吸烟，配置消防器材，做好防火措施。

（5）脚手架按照规范要求搭设牢固。

### 5. 本期工程量审核

我方对施工单位完成的工程量进行仔细统计，按日审核，确保了本期完成工程工程量的准确，具体的工程量审核情况如下：

4日，医院旧址，1.设备进场；2.脚手架进场完成。

5日，医院旧址，1.3组、4组前方搭设脚手架，180平方米完成；2.安全文明施工，做形象工程，布置广告布、安全警示牌，脚手架覆盖安全网。

6日，医院旧址。

3组：1.门楼及倒座北面搭设脚手架，过厅南北边搭设双排脚手架，倒座室内满堂架，过厅内满堂架474平方米完成；

4组：1.门楼北面搭设脚手架，过厅南北边搭设双排脚手架，倒座室内满堂架，二进过厅室内满堂架152平方米。

7日，医院旧址，1.3组二进过门及正房南北墙搭设双排脚手架，192平方米完成；2.正房室内满堂架84平方米。

8日，医院旧址，1.加工棚、材料棚脚手架搭建300平方米完成；2.3组三号院东边房脚手架搭设；4组二进过厅南面墙搭设脚手架144平方米。

9日，医院旧址，1.椽子6立方米，檩条7立方米，方木2立方米进场，15立方米完成；2.消防水桶、消防沙、灭火器等消防安全设施进场。

10日，医院旧址，1.3组四进正房东墙搭设脚手架40平方米完成；2.4组倒座后院搭设脚手架196平方米。

11日，医院旧址，1.3组一号院东西一坡房搭设脚手架32平方米完成；2.4组一号院东西一坡房搭设脚手架32平方米；3.现场配套设施完善；4.甲方、监理方、施工方勘察施工现场。

12日—16日，医院旧址，1.3组二进过门和二进正房北坡拆除油毛毡，拆除不符合使用要求的椽子、檩条，拆除面积131.2平方米完成；2.3组二进过门二进正房南坡拆除油毛毡，拆除不符合使用要求的椽子、檩条，拆除面积97.6平方米；3.3组三进过门和二进正房北坡含北一坡房圆檩制安、枋椽制安131.2平方米。

17日，医院旧址，1.3组二进正房南坡圆檩制安、枋椽制安97.6平方米完成；2.4组二进过厅更换实木门，1樘；3.3组二进过门及二进正房北坡修缮小青瓦屋面131.2平方米；4.更换3组三进正房东西侧房门2樘；5.调3组二进过门及二进正房正脊16米。

18日—20日，医院旧址，1.3组三进过门及正房南坡修缮小青瓦屋面97.6平方米完成；2.木构件防腐、防虫处理，刷桐油断白457.6平方米；3.3组三进过门及二进正房封檐板制安32米；4.拆除3组二进过门南坡屋面18平方米。

21日—23日，医院旧址，1.3组二进过门北坡屋面拆除18平方米完成；2.圆檩、枋椽制安18平方米；3.封檐板制安18平方米；4.3组二进过门北坡修缮小青瓦屋面18平方米；5.圆檩、枋椽、木构件制作；防腐防虫处理13立方米。

24日—31日，医院旧址，1.3组、4组建筑垃圾清运，运距16千米，61.5立方米完成；2.3组、4组现场清理88立方米。

医院旧址门前环境整治,1.第一组、第二组门前花坛拆除,90平方米;2.花坛渣土清运,运距16千米,45立方米完成。

**6. 本期监理工作小结**

本期主要进行了如下工作:

(1)对施工方提交的开工申请表、施工组织报审表、设备报审表、工程量清单等资料进行核对并签字确认,另对施工方提交的施工组织设计提出修改意见。

(2)对施工方进场的青瓦、白灰、木材等建筑材料进行检查,符合质量要求,同意施工方进场使用。

(3)积极组织召开监理例会1次,针对出现的问题进行解决;协调各项事宜。

(4)每日现场巡视,旁站监督,对质量、安全等进行检查,发现问题,及时解决,确保了工程质量和工程安全。

(5)督促施工方做好施工进度计划,加强现场管理力度,发现问题,及时沟通、协调处理,保证工程顺利进行。

(6)做好监理资料收集工作,维修前、维修中对文物单体进行拍照记录。

**7. 下期监理工作打算**

(1)对施工过程中重要环节和部位做到旁站监督,如屋面修缮更换檩条、椽子等。

(2)加大日常巡视工作,对施工中出现的不规范和不合格现象、安全隐患等做到及时发现、及时处理。

(3)督促施工方及时提交工程量完成一览表、材料报验等各项资料。

(4)积极召开监理例会,存在问题,和建设方、施工方及时沟通解决。

(5)按照《全国重点文物保护单位文物保护工程竣工验收管理暂行办法》要求整理监理资料,对文物建筑的修复过程进行拍照追踪。

**8. 总监理工程师意见**

本期现场监理工作较为深入、扎实,理顺了工程前期的各项工作,为后续工作的开展打好了基础。因进度要求紧,下期工作要着重注意在保障质量与安全的基础上,督促施工单位增派施工人员、加快施工进度。

## （二）2018年8月

**2018年8月1日　星期三　天气：晴**

施工情况：1.医院旧址3组门楼屋面修缮工程，施工人员3人；2.医院旧址3组二进正房拆除脚手架，施工人员1人；3.医院旧址3组院内卫生环境治理，施工人员1人。总计施工人员5人。

监理情况：1.督促施工方高空作业人员注意安全；2.检查现场其他施工情况，符合施工标准。

**2018年8月2日　星期四　天气：晴**

项目名称：拆除屋面工程

位置：医院旧址3组门楼

进度：已完成

项目内容：1.拆除3组门楼南北坡屋面小青瓦及油毛毡4米×3米×2边；2.拆除正脊3米；3.拆除不符合使用要求的檩条、椽子3组门楼南北坡4米×3米×2边。

工作量：24平方米；3米；24平方米

监理情况：1.检查医院旧址3组二进正房时发现次间屋面部分瓦盖得不严、有露光现象，当场要求施工方进行整改，对已完成的屋面进行第二阶段检查；2.检查门楼屋面修缮工程时，发现部分瓦垄不顺直，当场要求施工方进行整改。

施工中

**2018年8月3日　星期五　天气：晴**

项目名称：圆檩制安；枋橼制安；小青瓦屋面；调正脊垂脊

位置：医院旧址3组门楼

进度：已完成

项目内容：1.3组门楼圆檩制安、枋橼制安各4米×3米×2（边）；2.小青瓦屋面4米×3米×2（边）；3.调正脊3米；4.调垂脊12米。

工作量：24平方米；24平方米；3米；12米

监理情况：1.督促施工方外部环境场地平整干净并进行后期维护；2.检查医院旧址4组过厅屋面修缮工程时，发现部分瓦垄不顺直，当场要求施工方进行整改，填写《旁站记录表》2份。

施工中

**2018年8月4日　星期六　天气：小雨**

施工情况：

因下雨暂停施工。

监理情况：1.督促施工方做好防雨措施；2.整理监理月报。

**2018年8月5日　星期日　天气：多云转小雨**

项目名称：拆除屋面工程；圆檩、枋橼制安

位置：医院旧址4组二进过厅

进度：已完成

项目内容：1.拆除4组过厅及侧房屋面小青瓦拆除油毛毡9米×6米（北坡）；

2.拆除不符合使用要求的椽子檩条9米×6米（北坡）；3.圆檩制安、枋椽制安9米×6米（北坡）；4.拆除正脊9米。

工作量：54平方米；54平方米；54平方米；9米

监理情况：1.督促施工方下班前做好防雨措施；2.检查现场施工情况，符合施工标准。

施工中

施工中

**2018年8月6日　星期一　天气：多云转小雨**

项目名称：封檐板制安；小青瓦屋面

位置：医院旧址4组二进过厅

进度：已完成

项目内容：1. 拆除4组过厅及侧房屋面小青瓦，拆除油毛毡9米×6米（南坡）；2. 拆除不符合使用要求的椽子、檩条9米×6米（南坡）；3. 圆檩制安、枋椽制安9米×6米（南坡）；4. 调正脊9米。

工作量：54平方米；54平方米；54平方米；9米

监理情况：1. 旁站监督更换椽子；2. 督促施工方高空作业人员注意安全；3. 整理监理月报。

施工中

**2018年8月7日　星期二　天气：晴**

项目名称：小青瓦屋面；调正脊；拆除屋面；小青瓦屋面

位置：医院旧址4组二进过厅

进度：已完成

项目内容：1. 4组过厅及侧房小青瓦屋面9米×6米×2边（南北坡）；2. 4组一号院东西一坡房拆除屋面4.1米×1.1米×2边；3. 拆除不符合使用要求的椽子、檩条4.1米×1.1米×2边，封檐板4.1米×2边；4. 圆檩枋椽制安4.1米×1.1米×2边，封檐板4.1米×2边；5. 小青瓦屋面4.1米×1.1米×2边。

工作量：108平方米；9平方米；9平方米；8.2米；9平方米；8.2米；9平方米

监理情况：1. 罗山县文物管理局周局长、张局长、邱局长和相关工作人员到达现场视察工程进度，要求施工方工程质量坚决不能马虎，做好安全措施，消除安全隐患，天气炎热高空作业人员要注意安全；2. 填写《旁站记录表》2份。

**2018年8月8日　星期三　天气：晴**

项目名称：拆除脚手架工程；拆修墙帽；拆除屋面；小青瓦屋面

位置：医院旧址4组二进过厅

进度：已完成

项目内容：1.拆除4组过厅及侧房南北面脚手架。2.拆修4组围墙墙帽8米；3.拆除甬路青砖细墁16米×3米，修复暗排水30米；4.3组一号院东西一坡房拆除屋面4.1米×1.1米×2边；5.拆除不符合使用要求椽子檩条4.1米×1.1米×2边，封檐板4.1米×2边；6.圆檩枋椽制安4.1米×1.1米×2边，封檐板4.1米×2边；7.小青瓦屋面4.1米×1.1米×2边。

工作量：8米；48平方米；30米；9平方米；9平方米；8.2米；9平方米；8.2米；9平方米

监理情况：1.检查现场施工情况，符合施工标准；2.根据文物建筑保护工程施工组织设计编制要求，审查施工方提交的施工组织设计文件；3.和施工方沟通，经甲方同意，确定医院旧址门前路面材质为自然面条石，散水石条参照院内规格；4.填写《旁站记录表》2份。

施工中

**2018年8月9日　星期四　天气：晴**

项目名称：拆除屋面工程；檩条、枋椽制安

位置：医院旧址4组倒座及侧房

进度：已完成

项目内容：1.拆除4组倒座及侧房屋面小青瓦及油毛毡9米×4米（南坡）；2.拆除正脊9米；3.拆除不符合使用要求的椽子、檩条9米×4米；4.檩条、枋椽制安9米×4米；5.1组至4组门前水管道沉降60米。

工作量：36平方米；9米；36平方米；36平方米；60米

监理情况：1.检查屋面瓦瓦时，发现部分瓦垄不顺直，当场要求施工方整改；2.根据《文物建筑保护工程施工组织设计编制要求》，审查施工方提交的施工组织设计文件，编写《关于施工组织设计修改意见》一份，提交我方王明明老师进行修改指导。

施工中

**2018年8月10日　星期五　天气：晴**

项目名称：拆除屋面工程；小青瓦屋面

位置：医院旧址4组倒座及侧房

进度：已完成

项目内容：1.拆除4组倒座及侧房屋面小青瓦及油毛毡9米×5米（北坡）；2.调正脊9米；3.拆除不符合使用要求的椽子、檩条9米×5米；4.檩条、枋椽制安9米×5米；5.4组倒座及侧房北坡小青瓦屋面9米×5米。

工作量：45平方米；9米；45平方米；45平方米；45平方米

监理情况：1.检查现场施工情况，符合施工标准；2.填写《旁站记录表》2份。

施工中

**2018年8月11日　星期六　天气：晴**

项目名称：檩条、枋椽制安；小青瓦屋面；拆除佚失水泥排水沟；清理建筑垃圾

位置：医院旧址4组倒座及侧房3组二进过厅后墙

进度：已完成

项目内容：1.4组倒座南坡圆檩制安枋椽制安9米×4米；2.4组倒座南坡小青瓦屋面9米×4米；3.3组二进过厅后墙拆除佚失水泥排水沟用35厘米×25厘米石条修复16米；4.清理3组、4组建筑垃圾27车，运距16千米。

工作量：36平方米；36平方米；16米；27车

监理情况：要求施工方对拆下来的钢管、架板等脚手架构件，不要随意堆放，要摆放整齐。

施工中

施工中

**2018年8月12日　星期日　天气：晴**

项目名称：拆除屋面；檩条枋椽制安；小青瓦屋面；调正脊垂基

位置：4组门楼

进度：已完成

项目内容：1.4组门楼拆除屋面4米×3米×2坡（南北坡）；2.4组门楼拆除屋面檩条枋椽4米×3米×2坡（南北坡）；3.4组门楼圆檩枋椽制安4米×3米×2坡（南北坡）；4.4组门楼调正脊3米，调垂脊12米；5.门楼小青瓦屋面4米×3米×2坡（南北坡）。

工作量：24平方米；24平方米；24平方米；3米；12米；24平方米

监理情况：和施工方沟通劳动力减少的原因：村里基础工程建设需要大量的劳动力，目前村里劳动力严重不足，因而把本工程的施工人员暂时借调一下。

施工中

**2018年8月13日　星期一　天气：多云转中雨**

项目名称：拆除脚手架工程

位置：医院旧址4组院内

进度：已完成

项目内容：1.拆除脚手架12米×6米×2边，甬路16米×6米；2.4组门楼倒座排水沟修复13米；3.3组二进正房后檐排水沟用35厘米×25厘米石条修复16米。

工作量：240平方米；13米；16米

监理情况：1.督促施工方对现场做好防雨措施；2.检查现场施工情况，符合施工标准。

施工中

施工中

**2018年8月14日　星期二　天气：晴**

项目名称：拆除屋面工程；拆除椽子、檩条；拆除正脊；拆除门前花坛；渣土外运

位置：医院旧址3组倒座及侧房

进度：已完成

项目内容：1.3 组倒座及侧房北面屋面拆除，油毛毡拆除 12 米 ×5 米；2.3 组倒座及侧房北面拆除不符合使用要求枋椽、檩条 12 米 ×5 米；3. 拆除正脊 12 米；4. 拆除门前花坛 1 组门前花坛及路面 13 米 ×4 米 ×0.5 米，2 组门前花坛及路面 16.5 米 ×2.6 米 ×0.5 米；5. 出渣土 34 车运距 16 千米。

工作量：60 平方米；60 平方米；12 米；47.5 立方米；34 车

监理情况：检查医院旧址 3 组门楼倒座房屋面修缮工程时，发现部分瓦垄不顺直，当场要求施工方进行整改。

施工中

**2018 年 8 月 15 日　星期三　天气：多云**

项目名称：圆檩制安；枋椽制安；小青瓦屋面；调正脊

位置：医院旧址 3 组倒座及侧房

进度：已完成

项目内容：1.3 组倒座及侧房北面屋面圆檩制安、枋椽制安（北坡）12 米 ×5 米；2.3 组倒座及侧房北面小青瓦屋面 12 米 ×5 米；3. 调正脊 12 米。

工作量：60 平方米；60 平方米；12 米

监理情况：1. 上午罗山县文物管理局周局长和相关领导到医院旧址现场视察施工工作进度，要求施工方加紧材料准备，加大劳动力投入，加快施工建设进度；2. 下午信阳市文物局和相关领导来医院旧址视察工作；3. 就施工方提出的关于院内的老条石现场收集困难的问题，监理方和甲方、施工方进行沟通，沟通情况如下：现场尽量收集和院内一样的条石，老的条石收集不到的话，可以用新的，但必须是自然面的，力求材质与规格和院内一致。

施工中

**2018 年 8 月 16 日　星期四　天气：阴**

项目名称：拆除屋面工程；拆除椽子、檩条；渣土外运

位置：医院旧址 3 组倒座及侧房

进度：已完成

项目内容：1.3 组倒座及侧房南面屋面拆除油毛毡 12 米 ×4 米；2. 拆除不符合使用要求的枋椽圆檩 12 米 ×4 米；3.3 组建筑垃圾清理垃圾外运 15 车，运距 16 千米。

工作量：48 平方米；48 平方米；27 立方米

监理情况：1. 督促施工方做好防雨措施；2. 督促施工方高空作业人员注意安全；3. 填写《旁站记录表》2 份。

**2018 年 8 月 17 日　星期五　天气：阵雨**

项目名称：圆檩制安；枋椽制安；小青瓦屋面；拆除脚手架工程

位置：医院旧址 4 组倒座及侧房

进度：已完成

项目内容：1.3 组倒座及侧房南面屋面圆檩制安、枋椽制安（南坡）12 米 ×4 米；2.3 组倒座及侧房南面小青瓦屋面 12 米 ×4 米；3. 拆除 3 组 4 组门前及内满堂脚手架 30 米 ×6 米。

工作量：48平方米；48平方米；180平方米

监理情况：1.督促施工方做好防雨措施；2.督促施工方对拆下来的钢管、连接扣件、架板等脚手架构件按规定放到指定位置，摆放整齐。

施工中

**2018年8月18日　星期六　天气：阵雨**

项目名称：环境整治拆除工程；油漆工程

位置：医院旧址3组门楼倒座

进度：已完成

项目内容：1.3组4组拆除门前花坛及路面、出土30米×2.6米×0.5米，运距16千米共计33车；2.3组门楼窗棂、实木门、门槛木构件清理补灰4.5米×3米，木楼板3.5米×3米×2面；3.3组门楼屋面油漆工程椽子、檩条及鹤胫轩椽板5米×3米×2边。

工作量：39立方米；33车；34.5平方米；30平方米

监理情况：1.和施工方沟通施工组织设计修改意见；2.督促施工方履行材料报验手续，尽快提供相关工程量统计，整理监理资料；3.和建设方邱局长沟通第二阶段监理例会召开的时间：预计下周二召开第二阶段监理例会。

施工中

**2018年8月19日　星期日　天气：小雨转多云**

项目名称：环境整治拆除工程；油漆工程

位置：医院旧址3组门楼倒座

进度：已完成

项目内容：1.拆除门前池塘边花坛，出土30米×10米×0.5米；2.3组倒座木构架油饰起甲，清理后，补灰，北面柱、窗、门、枋11米×3.6米；3.倒座东西侧房门2.5米×1.2米×2面×2扇；4.倒座南坡枋椽圆檩油漆12米×3.3米，北坡枋椽圆檩油漆12米×4.1米。

工作量：150立方米；39.6平方米；12平方米；88.8平方米

监理情况：整理监理资料。

施工中

施工中

**2018年8月20日　星期一　天气：晴**

项目名称：环境整治拆除工程；油漆工程

位置：医院旧址3组过厅及过门、池塘边

进度：已完成

项目内容：1.3组二过门实木门一樘清理补灰3.8米×3米，过厅实木门、窗、柱、枋12米×3.8米；2.东西一坡房油漆工程4.1米×1.1米×2坡；3.3组二进过门屋面橡子、檩条油漆工程5.5米×3米+5.5米×3米。

工作量：57平方米；9.02平方米；33平方米

监理情况：检查现场施工情况，符合施工标准。

施工中

施工中

2018年8月21日 星期二 天气：晴

项目名称：油漆前处理工程

位置：医院旧址3组三过门二进正房

进度：已完成

项目内容：1.3组三过门、门枋、槛清理补灰3.5米×3.8米；2.3组二进正房门、枋、窗、柱12米×3.8米，内侧房门1.2米×3米×2檩。

工作量：13.3平方米；52.8平方米

监理情况：罗山县文物管理局周局长和各位领导亲临现场并指导工作，要求施工方加大劳动力投入，尽快投入大型机械设备，加快施工进度，确保工程如期完成。

施工中

**2018年8月22日　星期三　天气：晴**

项目名称：油漆工程；脚手架工程

位置：医院旧址3组二进正房

进度：已完成

项目内容：1. 3组二进正房屋面椽子、檩条油漆工程12米×6米（南坡）+12米×5米（北坡）；2. 3组三进正房南面脚手架15米×6米。

工作量：132平方米；90平方米

监理情况：由于前段时间村里进行给排水管道铺设工程对原地面进行了挖掘、埋设管道，因而为了恢复原状，施工方进行地面青砖修缮工程，监理方要求施工方严格按照"修旧如旧"的原则进行修缮工程、恢复原状。

施工中

**2018年8月23日　星期四　天气：晴**

项目名称：油漆工程

位置：医院旧址3组二进过门、二进正房北、坡房

进度：已完成

项目内容：1. 3组三进过门屋面油漆工程3.5米×6米（南坡）+5米×3.5米；2. 3组二进正房北一坡房柱、枋、门15米×2.8米，清理后补灰；3. 3组二进正房北一坡房屋面油漆工程椽子2.5米×15米，檩条2.5米×15米。

工作量：38.5平方米；42平方米；75平方米

监理情况：1. 检查医院旧址4组院内地面修缮工程时，要求施工方注意地面平整度；2. 检查医院旧址4组门楼油饰工程时，发现大门部分地方旧漆皮脱落，施工人员未清理干净就刷漆，当场要求施工方进行整改。

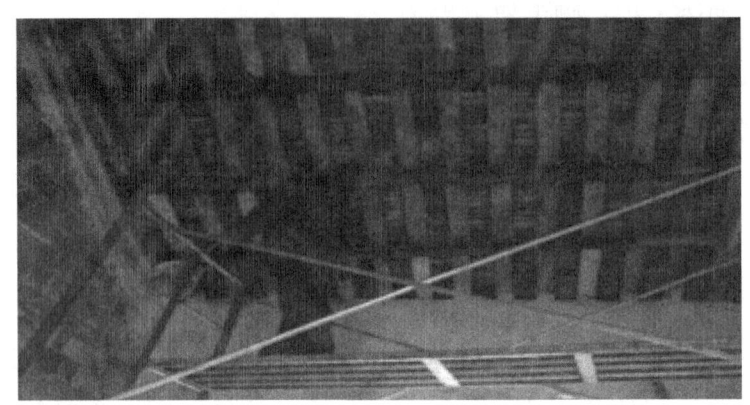

施工中

**2018 年 8 月 24 日　　星期五　　天气：晴**

项目名称：油漆前处理工程

位置：医院旧址 3 组三进正房 3 组三号院

进度：已完成

项目内容：1. 3 组三进正房清理批灰及侧房门、窗、柱、枋 15 米 ×5 米；2. 3 组三号院东厢房清理补灰油漆 6.6 米 ×4 米；3. 清除建筑垃圾，30 米 ×40 米 ×0.07 米，运距 8 千米。

工作量：75 平方米；26.4 平方米；84 立方米

监理情况：1. 召开第二阶段监理会议，建设单位、监理单位、施工单位相关负责人参加本次会议，内容详见《第二次监理会议纪要》；2. 甲方通知施工方，过几天，大别山干部学院要过来医院旧址参观、学习，因而今天和施工方沟通对医院旧址第一组、第二组进行细节修缮工程。

**第二次监理会议纪要**

时间：2018 年 8 月 24 日

地点：罗山县红二十五军长征出发地旧址修缮工程项目部

参会人员：

建设单位：罗山县文物管理局

　　　　　邱岩

监理单位：河南安远文物保护工程有限公司

　　　　　李恒

施工单位：江西九丰园林古建筑工程有限公司

    吕树园  王玉全  刘晓文  项卫兵  龚志学

内容：

第二次监理会议于2018年8月24日星期五上午8点30分在现场项目部召开。建设单位、监理单位、施工单位相关负责人参加本次会议，会议由监理方李恒主持。

会议上施工方对工程进度进行了说明，监理方对存在的问题进行了汇报：

（1）工程进度：

目前主要的工作屋面修缮工程已接近尾声，医院旧址3组、4组油漆涂饰工程昨天已正式开始进行。

（2）存在的问题：

A. 现场部分房子内存放有村民的杂物、柴火等，影响施工，还需要甲方进行协调，监理方会积极配合工作。

B. 新安装上的椽子与屋面上的老椽子新旧差别很大，整体不协调，建议施工方进行做旧处理。

C. 医院旧址门前花池有部分树木，上次市局领导来检查，有领导建议保留下来，图纸上未注明树木保留做法，如若保留下来，还需要甲方、设计方、监理方沟通做出具体方案。

D. 关于院内的老条石现场收集困难的问题，监理方汇报沟通意见如下：现场尽量收集和院内一样的条石，老的条石收集不到的话，可以用新的，但必须是自然面的，力求材质、规格与院内一致。

E. 军部旧址院内下雨排水不畅，是否做一个排水沟进行排水。

F. 路面使用和散水一样的自然面条石，附近村民反映，有部分上了年纪的老年人，走条石路面出行，可能不太方便，因为此次维修使用自然面条石主要是为了和周围整个建筑风格协调一致，监理方会在施工方铺设条石时，督促施工方注意路面平整度，力求自然平整，有需要监理方工作的话，监理方也会积极配合。

G. 关于医院旧址门前图纸标高 ±0.000 米下降至 -0.450 米的可能出现的情况：

①医院旧址里还有部分老人居住，标高下降至 -0.450 米后，老人出行极为不方便，相互关系协调困难。

②标高下降至 -0.450 米后，消防井、集水井将凸出地表约450毫米高，裸露在地

坪表面。

③医院旧址门前图纸标高 ±0.000 米下降至 -0.450 米后，周围两边的建筑标高 ±0.000 米并没有下降，未来下雨排水时，极有可能两边向中间排水。

监理方建议按照现场、原有标高进行施工。

H. 关于青砖散水的做法，是否还要外载砖牙子一道（散水条石—青砖散水—条石路面—片石）。

以上部分问题还需要建设方、设计方、监理方进行深层次沟通，提出具体方案。

最后，建设方表示，施工过程中遇到与设计图纸不符的地方，尽快和建设方、监理方进行沟通，确定好后，进行现场签证，完善好手续资料。

施工中

**2018 年 8 月 25 日　星期六　天气：晴**

项目名称：油漆前处理工程；油漆工程；周边环境治理

位置：医院旧址 4 组门楼

进度：已完成

项目内容：1. 4 组门楼窗棂、实木门、门槛木构件清理补灰 4.5 米 ×3 米，木楼板 5.5 米 ×3 米 ×2 面；2. 4 组门楼屋面油漆工程椽子、檩条及鹤胫轩椽板南 5 米 ×3 米 ×2 边；3. 医院旧址门前池塘边上绿化带东边 10.05 米 ×6.6 米 ×0.5 米，医院旧址 4 组东边坡上渣土清运 6 米 ×8 米 ×0.5 米。

工作量：46.5 平方米；30 平方米；57.17 立方米

监理情况：旁站监督钩机开挖情况，督促施工方开挖时要注意保护原有树木。

施工中

施工中

**2018年8月26日　星期日　天气：晴**

项目名称：油漆前处理工程；油漆工程

位置：医院旧址4组门楼

进度：已完成

项目内容：1.4组倒座及侧房屋面椽子、檩条油漆工程4米×9米+4米×9米（南北坡）；2.4组倒座及侧房门、窗、柱、枋等木构架批灰，过厅房门、窗、柱、枋等木构架批灰8米×3.6米，4组倒座及侧房实木门2.8米×1.2米×2面；3.4组门楼窗棂、实木门、门槛木构件油漆工程4.5米×3米，木楼板5.5米×3米×2面；4.4组门楼屋面油漆工程椽子、檩条及鹤胫轩椽板5米×3米×2边。

工作量：72平方米；35.5平方米；46.5平方米；30平方米

监理情况：1.旁站监督钩机开挖情况，督促施工方开挖时注意地下消防管道和高空电缆；2.填写《旁站记录表》1份。

施工中

施工中

施工中

**2018年8月27日　星期一　天气：晴**

项目名称：油漆工程；油漆前处理工程；周边环境治理

位置：医院旧址4组二进过厅过门

进度：已完成

项目内容：1.4组二进过厅屋面椽子、檩条油漆工程6米×8米（南坡）+6米×8米（北坡）；2.4组二过门，门、枋等木构件清理批灰实木门3米×1.6米×2面×3樘；3.拆除医院旧址东边池塘边上花坛8.5米×20米×0.5米，运距16千米共计62车。

工作量：96平方米；28.8平方米；85立方米

监理情况：检查现场施工情况，符合施工标准。

施工中

施工中

施工中

**2018 年 8 月 28 日　星期二　天气：多云**

项目名称：油漆工程；周边环境治理

位置：医院旧址 3 组门楼倒座

进度：已完成

项目内容：1.3 组门楼窗棂、实木门、门槛木构件油漆 4.5 米 ×3 米，木楼板 5.5 米 ×3 米 ×2 面；2.3 组倒座及附属房门、窗、柱、枋木构架油漆工程 12 米 ×3.8 米；3. 拆除医院旧址池塘边上花坛 8.5 米 ×22 米 ×0.5 米，运距 16 千米，共计 68 车。

工作量：46.5 平方米；45.6 平方米；93.5 立方米

监理情况：1. 和施工方沟通医院旧址门前环境整治部分标高问题，要求施工方进行工作联系单程序，完善资料手续；2. 旁站监督消防管道土方清理情况，督促施工方注意消防管道和地下电缆安全。

施工中

施工中

施工中

**2018年8月29日　星期三　天气：多云**

项目名称：油漆工程

位置：医院旧址3组二过门二过厅

进度：已完成

项目内容：1.3组二过门，门、枋、槛油漆工程3米×3.8米×4面；2.3组油漆工程二过厅门、窗、柱、枋12米×3.8米，附属房实木门1.1米×2.2米×2樘×2面；3.拆除医院旧址池塘边上花坛8.5米×26米×0.5米，运距16千米，共计79车。

工作量：45.6平方米；55.28平方米；110.5立方米

监理情况：1.检查医院旧址3组围墙屋面修缮工程时，发现檩条两端不水平，当场要求施工方进行校正；2.检查医院旧址4组围墙屋面修缮工程时，要求施工方注意瓦件保护，避免第二阶段损坏。

施工中

施工中

**2018年8月30日　星期四　天气：多云**

项目名称：油漆工程；周边环境治理

位置：医院旧址3组三过门

进度：已完成

项目内容：1.3组三过门及二进正房门、窗、柱、枋油漆工程16米×3.8米；2.拆除医院旧址池塘边上花坛7米×10.6米×0.5米，运距16千米，共计27车；3.大型机械设备进场。

工作量：60.8平方米；37.1立方米

监理情况：1.检查医院旧址4组围墙屋面修缮工程时，发现部分椽子长短不一，当场要求施工方进行整改；2.检查现场其他施工情况，符合施工标准。

施工中

**2018年8月31日　星期五　天气：阴**

项目名称：油漆工程

位置：医院旧址3组三过门

进度：已完成

项目内容：1.3组二进正房实木门1.1米×2.2米×2樘×2面；2.清理银杏树周边杂草，修补凹陷破损路面840平方米；3.大型机械设备进场。

工作量：9.68平方米；840平方米

监理情况：1.检查医院旧址3组西围墙屋面修缮时，发现檩条两端不水平，当场要求施工方进行校正；2.检查医院旧址3组倒座房门窗油漆涂饰工程时，发现门窗部分位置涂刷不均匀，当场要求施工方整改。

施工中

施工中

## 8月监理月报

### 1. 本期工程概况

本期工程时间为2018年8月1日—2018年8月31日。

本期主要施工情况：

施工单位投入施工人员约6人，维修红二十五军长征出发地医院旧址3组、4组单体建筑和门前环境整治：

1日—4日医院旧址3组门楼，1.拆除小清瓦屋面；2.拆除正脊；3.拆除不符合使用要求的檩条、椽子；4.檩条、枋椽制安；5.修缮小青瓦屋面；6.调正脊；7.调垂脊。

5日—9日，医院旧址4组过厅，1.拆除小青瓦屋面；2.拆除正脊；3.拆除不符合使用要求的檩条、椽子、封檐板；4.檩条、枋椽制安；5.封檐板制安；6.修缮小青瓦屋面；7.调正脊；8.拆修围墙墙帽。

10日—13日，医院旧址4组倒座及侧房，1.拆除小青瓦屋面；2.拆除正脊；3.拆除不符合使用要求的檩条、椽子；4.檩条、枋椽制安；5.修缮小青瓦屋面；6.调正脊。

医院旧址4组，1.拆除门楼小青瓦屋面；2.拆除正脊、垂脊；3.拆除不符合使用要求的檩条、椽子；4.门楼檩条、枋椽制安；5.修缮门楼小青瓦屋面；6.调门楼正脊；7.调门楼垂脊；8.清理建筑垃圾运距16千米；9.拆除院内脚手架。

14日—17日，医院旧址3组倒座及侧房，1.拆除小青瓦屋面；2.拆除正脊；3.拆除不符合使用要求的檩条、椽子；4.檩条、枋椽制安；5.修缮小青瓦屋面；6.调正脊；7.清理建筑垃圾，运距16千米；8.拆除医院旧址3组、4组门前及内满堂脚手架。环境整治拆除：1.拆除门前花坛；2.清理渣土，运距16千米。

18日—31日，油漆工程

3组门楼，1.门楼窗棂、实木门、门槛木构件清理补灰；2.门楼屋面椽子、檩条及鹤胫轩椽板油漆涂饰工程。

3组倒座，1.倒座柱、窗、门、枋木构件起甲清理补灰；2.屋面椽子、檩条油漆涂饰工程。

3组过厅及过门，1.过门、过厅实木门、窗、柱、枋清理补灰；2.东西一坡房油漆涂饰工程；3.过门屋面檩条、椽子油漆涂饰工程。

3组二进正房及过门，1.过门、枋、门槛清理补灰；2.正房门、枋、窗、柱油漆涂饰工程；3.过门屋面、正房屋面檩条、椽子油漆涂饰工程。

3组三进正房及三号院，1.正房及侧房门、窗、柱、枋清理批灰；2.三号院东厢房清理补灰。4组门楼，1.门楼窗棂、实木门、门槛木构件清理补灰；2.门楼屋面椽子、檩条及鹤胫轩椽板油漆涂饰工程。

4组倒座，1.倒座柱、窗、门、枋木构件起甲清理补灰；2.屋面椽子、檩条油漆涂饰工程。

4组过厅及过门，1.过门、过厅实木门、窗、柱、枋清理补灰；2.过门、过厅屋面檩条、椽子油漆涂饰工程。

周边环境整治工程，1.医院旧址门前花坛、路面及池塘边花坛拆除；2.清理渣土，运距16千米。

投入机械设备：机械平板刨、空气压缩机、60#钩机、农用三轮车等工具。

主要进场材料：木材、白灰、青砖、小青瓦、青砖、条石、桐油等。

**2.本期工程进度**

本期工程进度如下：

1日—4日，医院旧址3组门楼，1.拆除小清瓦屋面完成；2.拆除正脊；3.拆除不符合使用要求的檩条、椽子；4.檩条、枋椽制安；5.修缮小青瓦屋面；6.调正脊；7.调垂脊。

5日—9日，医院旧址4组过厅，1.拆除小青瓦屋面完成；2.拆除正脊；3.拆除不符合使用要求的檩条、椽子、封檐板；4.檩条、枋椽制安；5.封檐板制安；6.修缮小青瓦屋面；7.调正脊；8.拆修围墙墙帽。

10日—13日，医院旧址4组倒座及侧房，1.拆除小青瓦屋面完成；2.拆除正脊；3.拆除不符合使用要求的檩条、椽子；4.檩条、枋椽制安；5.修缮小青瓦屋面；6.调正脊。

医院旧址4组，1.拆除门楼小青瓦屋面；2.拆除正脊、垂脊；3.拆除不符合使用要求的檩条、椽子；4.门楼檩条、枋椽制安；5.修缮门楼小青瓦屋面；6.调门楼正脊；7.调门楼垂脊；8.清理建筑垃圾，运距16千米；9.拆除院内脚手架。

14日—17日，医院旧址3组倒座及侧房，1.拆除小青瓦屋面完成；2.拆除正脊；3.拆除不符合使用要求的檩条、椽子；4.檩条、枋椽制安；5.修缮小青瓦屋面；6.调正脊；7.清理建筑垃圾，运距16千米；8.拆除医院旧址。

3组、4组门前及内满堂脚手架，环境整治拆除，1.拆除门前花坛；2.清理渣土，运距16千米。

18日—31日，油漆工程。

3组门楼，1.门楼窗棂、实木门、门槛木构件清理补灰完成；2.门楼屋面椽子、檩条及鹤胫轩椽板油漆涂饰工程。

3组倒座，1.倒座柱、窗、门、枋木构件起甲清理补灰；2.屋面椽子、檩条油漆涂饰工程。

3组过厅及过门，1.过门、过厅实木门、窗、柱、枋清理补灰；2.东西一坡房油漆涂饰工程；3.过门屋面檩条、椽子油漆涂饰工程。

3组二进正房及过门，1.过门、枋、门槛清理补灰；2.正房门、枋、窗、柱油漆涂饰工程；3.过门屋面、正房屋面檩条、椽子油漆涂饰工程。

3组三进正房及三号院，1.正房及侧房门、窗、柱、枋清理批灰；2.三号院东厢房清理补灰。

4组门楼，1.门楼窗棂、实木门、门槛木构件清理补灰；2.门楼屋面椽子、檩条及鹤胫轩椽板油漆涂饰工程。

4组倒座，1.倒座柱、窗、门、枋木构件起甲清理补灰；2.屋面椽子、檩条油漆涂饰工程。

4组过厅及过门，1.过门、过厅实木门、窗、柱、枋清理补灰；2.过门、过厅屋面檩条、椽子油漆涂饰工程。

周边环境整治工程，1.医院旧址门前花坛、路面及池塘边花坛拆除；2.清理渣土，运距16千米。

本期工程进度落后于计划进度，主要由以下几个原因造成：

（1）天气异常，下雨导致无法施工。

（2）施工人员较少。

为加快施工速度，经与业主方沟通，对施工方做出以下要求：

（1）加大机械设备投入力度，加快进度。

（2）增加施工人员。

### 3. 本期工程质量

在本期施工中，我监理方通过以下几个方面进行质量控制。

（1）对于进场的材料，我方要求施工方进行报验，要求提供相关质量证明资料。

（2）本期进行的工程主要有屋面拆除、加工制作木构件、门窗油漆涂饰，我方监理在施工过程中对工程质量进行严格把关，对屋面拆除等重要工序进行旁站监督，填写旁站记录表12份，保证了每一工序的施工质量。

（3）监理每日现场巡查，对于发现的质量问题，及时指出纠正，监理现场发现并要求整改的问题有：

1）检查发现加工制作的椽子含水率过大，要求施工方晾干或者烘干后，方可进行防虫、防腐、防火刷漆处理。

2）检查发现医院旧址3组围墙墙帽屋面修缮更换檩条时，发现檩条两端不水平，当场要求施工方进行校正。

对于以上检查发现的质量问题，我方要求施工方现场整改，并对整改的效果进行复检，质量合格后，方可进行下一步施工，保证了工程质量。

### 4. 本期工程安全

本期我方继续加强监管，确保了工程安全：

（1）在3组4组屋面拆除过程中，监理人员旁站，填写旁站记录表4份，现场检查安全措施落实情况，保证了文物建筑拆卸安全。

（2）在日常巡视中，监理方对发现的存在安全隐患的违规操作、不按规定戴安全帽、施工中抽烟等违反安全施工的行为予以制止，要求整改。

（3）督促施工方做好雨天文物建筑和施工材料的防雨工作。

**5. 本期工程量审核**

我方对施工单位完成的工程量进行仔细统计，按日审核，确保了本期完成工程量的准确。具体的工程量审核情况如下：

1日—4日，医院旧址3组门楼，1.拆除小清瓦屋面，24平方米，完成；2.拆除正脊，3米；3.拆除不符合使用要求的檩条、椽子，24平方米；4.檩条、枋椽制安，24平方米；5.修缮小青瓦屋面，24平方米；6.调正脊，3米；7.调垂脊，12米。

5日—9日，医院旧址4组过厅，1.拆除小青瓦屋面，108平方米完成；2.拆除正脊，9米；3.拆除不符合使用要求的檩条、椽子、封檐板，108平方米；4.檩条、枋椽制安，108平方米；5.封檐板制安，32.8米；6.修缮小青瓦屋面，108平方米；7.调正脊，9米；8.拆修围墙墙帽，48平方米。

10日—13日，医院旧址4组倒座及侧房，1.拆除小青瓦屋面，81平方米完成；2.拆除正脊，9米；3.拆除不符合使用要求的檩条、椽子，81平方米；4.檩条、枋椽制安，81平方米；5.修缮小青瓦屋面，81平方米；6.调正脊，9米。

医院旧址4组，1.拆除门楼小青瓦屋面，24平方米；2.拆除正脊、垂脊，24平方米；3.拆除不符合使用要求的檩条、椽子，24平方米；4.门楼檩条、枋椽制安，24平方米；5.修缮门楼小青瓦屋面，24平方米；6.调门楼正脊，3米；7.调门楼垂脊，12米；8.清理建筑垃圾运距16千米，27车；9.拆除院内脚手架，240平方米。

14日—17日，医院旧址3组倒座及侧房，1.拆除小青瓦屋面，96平方米完成；2.拆除正脊，12米；3.拆除不符合使用要求的檩条、椽子，96平方米；4.檩条、枋椽制安，108平方米；5.修缮小青瓦屋面，96平方米；6.调正脊，12米；7.清理建筑垃圾，运距16千米，15车；8.拆除医院旧址3组、4组门前及内满堂脚手架，180平方米。

环境整治拆除，1.拆除门前花坛，47.5平方米；2.清理渣土，运距16千米，34车。

18日—31日，油漆工程。

3组门楼，1.门楼窗棂、实木门、门槛木构件清理补灰，34.5平方米完成；2.门楼屋面椽子、檩条及鹤胫椽轩板油漆涂饰工程，30平方米；3组倒座，1.倒座柱、窗、门、枋木构件起甲清理补灰，39.6平方米；2.屋面椽子、檩条油漆涂饰工程，108.8平方米。

3组过厅及过门，1.过门、过厅实木门、窗、柱、枋清理补灰，57平方米；2.东西一坡房油漆涂饰工程，9.02平方米；3.过门屋面檩条、椽子油漆涂饰工程，33平方米。

3组二进正房及过门，1.过门、枋、门槛清理补灰，13.3平方米；2.正房门、枋、窗、柱油漆涂饰工程，52.8平方米；3.过门屋面、正房屋面檩条、椽子油漆涂饰工程，287.5平方米。

3组三进正房及三号院，1.正房及侧房门、窗、柱、枋清理批灰，61平方米；2.三号院东厢房清理补灰，26.4平方米；4组门楼，1.门楼窗棂、实木门、门槛木构件清理补灰，46.5平方米；2.门楼屋面椽子、檩条及鹤胫椽轩板油漆涂饰工程，30平方米。

4组倒座，1.倒座柱、窗、门、枋木构件起甲清理补灰，35.5平方米；2.屋面椽子、檩条油漆涂饰工程，102平方米。

4组过厅及过门，1.过门、过厅实木门、窗、柱、枋清理补灰，28.8平方米；2.过门、过厅屋面檩条、椽子油漆涂饰工程，96平方米。

周边环境整治工程，1.医院旧址门前花坛、路面及池塘边花坛拆除，572.3平方米；2.清理渣土，运距16千米，274车。

### 6. 本期监理工作小结

本期我方主要进行了如下工作：

（1）对施工方提交的工程量清单、木构件拆卸登记一览表等资料进行核对并签字确认。

（2）对施工方进场的木材等建筑材料进行检查，符合质量要求，方可进场，确保了工程材料质量。

（3）积极组织召开工地例会1次，针对出现的问题进行解决，协调各项工程事宜。

（4）每日现场巡视，旁站监督，对质量、安全等进行检查，发现问题，及时解决，确保了工程质量和工程安全。

（5）做好监理资料收集工作，维修前对文物单体现状进行拍照记录。

### 7. 下期监理工作打算

（1）对施工过程中重要环节和部位做到旁站监督，如医院门前环境整治、路面路基垫层商砼浇筑、条石路面铺设、片石路面砌筑等工程隐蔽部位。

（2）加大日常巡视工作，对施工中可能出现的吸烟、不佩戴安全帽等不规范和不合格现象，做到及时发现并处理。

（3）督促施工方及时提交工程量清单等有关资料。

（4）积极协调各方关系，对施工中存在的问题，和建设方、施工方及时沟通解决。

（5）整理监理资料，对文物建筑的修复过程进行拍照记录。

8.总监理工程师意见

本期工作基本完成了上期工作计划，旁站监理工作、工程量审核较为细致。但工程进度仍较为滞后，要加强进度管理。两期月报均提出现场的安全问题，下期工作要重点督促施工单位加强对施工人员的安全教育，加强安全管理。

## （三）2018年9月

2018年9月1日　星期六　天气：阴转小雨

项目名称：油漆工程

位置：医院旧址3组三进正房

进度：已完成

项目内容：1.3组二进正房北面一坡房梁、柱、枋、门油漆工程16米×2.7米；2.3组三进正房门、窗、柱、枋、油漆工程16米×3.8米。

工作量：43.2平方米；60.8平方米

监理情况：1.检查医院旧址3组门楼油漆涂饰工程时，发现大门部分位置涂刷不均匀，当场要求施工方进行整改。2.接到业主方通知：由于大别山干部学院开班仪式马上要举行，为维护红色教育基地形象，响应村里号召，从明天起，暂停现场一切施工。

施工中

施工中

**2018年9月2日　星期日　天气：晴**

施工情况：现场暂停一切施工。

监理情况：1.预计停工时间为2018年9月2日至2018年9月6日，具体时间以甲方通知为准；2.整理近期监理资料。

**2018年9月3日　星期一　天气：晴**

施工情况：现场暂停一切施工。

监理情况：1.督促施工方尽快提交工程量审核、材料报验手续；2.整理近期监理资料。

**2018年9月4日　星期二　天气：晴**

施工情况：现场暂停一切施工。

监理情况：应甲方需求，协助其整理政府相关扶贫资料。

**2018年9月5日　星期三　天气：多云**

施工情况：现场暂停一切施工。

监理情况：应甲方需求，协助其整理政府相关扶贫资料。

**2018年9月6日　星期四　天气：小雨转多云**

施工情况：现场暂停一切施工。

监理情况：1.接甲方罗山县文物管理局周局长通知，省纪检委检查组检查时间调整为星期六，为迎接上级领导检查、维护爱国主义教育基地形象，暂停一切现场施工，直到星期六省纪检委检查组离开后再进行施工；2.整理近期监理资料。

**2018年9月7日　星期五　多云**

项目名称：油漆工程

位置：医院旧址3组三号院

进度：已完成

项目内容：1.3组三号院东厢房油漆工程6.6米×3.6米；2.4组倒座门、窗、枋、柱油漆工程8米×3.6米。

工作量：23.76平方米；28.8平方米

监理情况：1.检查现场施工情况，符合施工标准；2.和施工方沟通，星期日医院旧址门前施工计划。

施工中

**2018年9月8日　星期六　多云**

项目名称：油漆工程

位置：医院旧址4组二过厅倒座及侧房

进度：已完成

项目内容：1.4组二过厅门、窗、枋、柱油漆工程8米×3.6米；4组倒座及侧房实木门2.8米×1.2米×2面；4组过厅侧房实木门2.8米×1.2米×2面×2樘，4组二进过门实木门3米×1.6米×2面×3樘。

工作量：77.76平方米

监理情况：检查石料情况，发现部分石料的片面不够平整，已向甲方邱局长汇报，并和施工方沟通此问题。

施工中

施工中

**2018年9月9日　星期日　多云**

项目名称：油漆工程；材料进场

位置：医院旧址4组一号院；3组一号院

进度：已完成

项目内容：1.4组一号院东西一坡房油漆工程4.1米×1.1米×2坡，侧门2.2米×1.2米×2面；2.3组一号院东西侧门油漆工程2.2米×1.2米×2面；3.片石进场。

工作量：14.3平方米；5.28平方米

监理情况：1.检查医院旧址3组门楼与过门地坪标高修缮工程时，督促施工方注意标高，注意建筑物向外排水要求；2.检查医院旧址门前片石路面施工时，要求施工方注意消防管道安全施工。

施工中

施工中

施工中

**2018年9月10日　星期一　天气：晴**

项目名称：周边环境治理

位置：医院旧址门前

进度：已完成

项目内容：1. 拆除医院旧址门前柏油路面 6.25 米 ×30 米；2. 渣土转运 6.25 米 ×30 米 ×0.5 米，渣土转运 16 千米至建筑垃圾站。

工作量：187.5 平方米；93.75 立方米

监理情况：1. 检查进场水泥，要求施工方提供水泥合格证；2. 检查医院旧址 3 组二进正房内条石散水修缮工程时，督促施工方注意标高，注意建筑物向外排水要求；3. 组织施工方召开安全文明施工专项会议，加强现场安全教育，提高工人文明施工意识，要求施工方高标准、高要求、高质量来建设工程。

## 安全文明施工专项会议

时间：2018 年 9 月 10 日

会议地点：罗山县红二十五军长征出发地旧址修缮工程（二次）项目部

参会人员：

监理方：李恒

施工方：王玉全　刘晓文　项卫兵　吕树园　龚志学

会议主题：安全文明专项施工

会议内容：

（1）施工现场出现的问题，暴露出我们对安全文明施工管理这一块重视不够。大家只顾抢工期、抢进度，从而放松了安全文明施工管理，这个观点要改变，要把安全文明施工作为施工生产的一个部分，每天下班前要清理现场，做到工完料清，不能随处乱扔乱丢，拆下的材料要及时运走，并堆放整齐，做到文明施工。

（2）坚持"安全第一，预防为主"的方针和管生产必须管安全的原则。

（3）严格执行建筑安全技术规范及建筑施工安全检查标准。

（4）严格执行检查制度，确保安全施工。

（5）对于地下消防管道和电缆的开挖，一定要注意安全。

施工中

**2018年9月11日　星期二　天气：晴**

项目名称：拆除工程；周边环境治理

位置：医院旧址门前

进度：已完成

项目内容：1. 拆除医院旧址门前柏油路面 6.25 米 × 47 米；2. 渣土转运 6.25 米 × 47 米 × 0.5 米，渣土转运 16 千米；3. 浆砌石 2.8 米 × 3 米 × 0.55 米；4. 浆砌石条 11 米 × 0.3 米 × 0.55 米；5. 1 组暗石条排水沟修复 18 米。

工作量：293.75 平方米；146.88 立方米；4.62 立方米；1.81 立方米；18 米

监理情况：1. 检查片石路面砌筑时，要求施工方注意标高控制，注意散水坡度；2. 我方王明明老师和牛老师带领林业专家到达红二十五军长征出发地旧址，牛老师和林业专家实地勘察，现场召开了关于银杏树区域具体保护方案的会议，罗山县文物管理局周局长、邱局长和施工方相关负责人员参加了会议。此次会议确定了银杏树区域具体保护方案的内容，对接下来银杏树保护区域的工作提供了有力支持。

**银杏树保护措施专题研讨会会议纪要**

时间：2018年9月11日

地点：红二十五军长征出发地旧址修缮工程现场

参会人员：

林业专家：袁其站

建设单位：罗山县文物管理局

　　　　　周明刚　邱岩

设计单位：南阳市古代建筑保护研究所

王昌辉

施工单位：江西九丰园林古建筑工程有限公司

朱峰　吕树园　王玉全

监理单位：河南安远文物保护工程有限公司

牛宁　王明明　李恒

会议内容：

（1）林业专家现场查看银杏树生长状况，发现银杏树呈现明显亚健康状态，树叶细小，挂果稀疏，新枝萌发稀少，是营养不良所致，与树下地面过度硬化有关，建议后续保护措施应以恢复树木健康状态为原则。

（2）根据专家建议及实际情况，各方商议拟对原设计方案进行调整，拟采取如下措施进行银杏树保护：

①拆除树木四周现有石栏杆及地面铺装，翻松土地；

②以树根为圆心，向外扩半径8米的养护区，施用10厘米厚农家有机肥，其上用附近山上土壤敷设至与地面齐平，养护区内不再进行地面铺装；

③原设计方案中外围木栅栏移至养护区边缘，防止游人及附近禽畜进入养护区；

④养护区外沿用青砖设牙子砖一道，其外铺设与医院旧址前道路一致的石条；

⑤为扩大广场活动面积，移除银杏树前临近道路处的部分绿植，补种在其余位置有缺口处，根据现场实际情况确定移除范围。

（3）各方现场查看了军部旧址院内排水沟问题，方案中设计为排水明沟，前期维修时，根据文物原状铺设了排水暗沟，经大雨、大雪实践检验，暗沟排水效果良好，且与建筑整体风貌协调，各方商议后，决定保持现状，不再铺设排水明沟。

施工中

施工中

**2018年9月12日　星期三　天气：晴**

项目名称：片石铺砌；路基垫层

位置：医院旧址门前

进度：已完成

项目内容：1.浆砌石8.5米×2米×0.55米；2.医院旧址路面底沉压实70米×6.3米；3.C15混凝土浇筑70米×6.3米×0.17米；4.大型机械设备进场。

工作量：9.35立方米；441平方米；75立方米

监理情况：

1.检查医院旧址门前（条石路面）路基垫层商砼浇筑，强度等级为C15，厚度10厘米，振动设备一台，共计投入大约32立方米混凝土，经检查，符合施工要求，旁站监督浇筑商砼，旁站时间为15:45～16:30。

2.上午甲方邱局长至现场视察工作，指示施工应注意整体效果，条石路面、片石路面一定注意散水坡度。

3.下午在项目部召开现场协调会议，甲方、监理方、施工方等相关负责人参加了会议，会议主要内容为：1.统计并确定片石路面部分群众树木赔偿款发放金额问题；2.条石路面、片石路面具体勾缝做法（施工方建议片石路面缝隙用1:3干硬性水泥砂浆填充完整后，整体用黄沙或黄土进行自然处理）。详情见《现场协调会议纪要》

## 现场协调会议纪要

时间：2018年9月12日

地点：罗山县红二十五军长征出发地旧址修缮工程项目部

参会人员：

建设单位：罗山县文物管理局

　　　　　邱岩

监理单位：河南安远文物保护工程有限公司

　　　　　李恒

施工单位：江西九丰园林古建筑工程有限公司

　　　　　吕树园　王玉全　刘晓文　项卫兵　龚志学

内容：

现场协调会议于2018年9月12日下午2点30分在现场项目部举行。会议全程由李恒主持。会议期间，建设方、施工方、监理方先后发言。会议概括起来有以下内容（共两个方面）。

（1）条石路面、片石路面具体勾缝做法

施工方提议片石路面缝隙用1：3干硬性水泥砂浆填充完整后，整体用黄沙或黄土进行自然处理（监理方建议同军部旧址做法保持一致）。

（2）针对施工中片石路面部分群众树木赔偿金额问题的处理

经统计和确定，名单暂时如下：

| 姓名 | 树种 | 赔偿金额（元） |
| --- | --- | --- |
| 王传奇 | 门前红薯 | 200 |
| 何焕龙 | 菜园和板栗 | 600 |
| 何连龙 | 银杏树 | 600 |
| 王传伟 | 桃树3棵 | 600 |
| 王家春 | 杏子树1棵、梨树1棵 | 800 |
| 何国福 | 枣树 | 200 |

施工中

施工中

施工中

**2018年9月13日　星期四　小雨转阴**

项目名称：片石铺砌；片石底层清理

位置：医院旧址门前

进度：已完成

项目内容：1. 浆砌石 8.5 米 ×5 米 ×0.55 米；2. 东边由于线路管道，人工清理低层。

工作量：23.38 立方米

监理情况：检查现场施工情况，符合施工标准。

施工中

施工中

**2018年9月14日　星期五　天气：阴**

项目名称：片石铺砌

位置：医院旧址门前

进度：已完成

项目内容：1. 浆砌石 8.5 米 ×5 米 ×0.55 米。

工作量：23.38 立方米

监理情况：医院旧址门前片石路面，要求施工方注意散水坡度。

施工中

**2018年9月15日　星期六　天气：阴**

项目名称：片石铺砌

位置：医院旧址门前

进度：已完成

项目内容：1. 浆砌石 8.5 米 ×5.5 米 ×0.55 米；2. 3 组二进过门台明水泥勾缝清理 3 米 ×0.5 米；3. 3 组三进过门台明水泥勾缝清理 3 米 ×0.5 米。

工作量：25.71 立方米；1.5 平方米；1.5 平方米

监理情况：1. 检查自来水管道挖掘时，要求施工方注意管道安全；2. 下午 6 点在施工现场甲方邱局长召开协调会议，村里各代表和相关负责人、施工方、监理方参加了会议，会议主要内容为甲方与村组土地使用权及树木赔付事宜。

施工中

施工中

施工中

2018年9月16日　星期日　天气：阴

项目名称：片石铺砌

位置：医院旧址门前3组4组

进度：已完成

项目内容：1. 浆砌石8.5米×5.5米×0.55米；2. 3组二进正房台明水泥勾缝清理13米×0.5米；3. 3组二进过门台明勾缝3米×0.5米；4. 3组三进过门台明勾缝3米×0.5米；5. 4组甬路西墙墙体挖补12米×1米×0.2米。

工作量：25.71立方米；6.5平方米；1.5平方米；1.5平方米；2.4立方米

监理情况：检查医院旧址门前片石路面砌筑时，发现部分片石路面不够平整、散水坡度不统一，当场要求施工方进行整改。

施工中

施工中

施工中

**2018 年 9 月 17 日　星期一　小雨**

项目名称：片石铺砌；墙体挖补

位置：医院旧址门前

进度：已完成

项目内容：1. 浆砌石 8.5 米 ×5.5 米 ×0.55 米；2. 3 组二进正房台明勾缝 13 米 × 0.5 米；3. 4 组二进过厅北墙墙体挖补 9 米 ×1 米 ×0.2 米。

工作量：25.71 立方米；6.5 平方米；1.8 立方米

监理情况：1. 抽查医院旧址屋面排水时，发现医院旧址 3 组过厅围墙墙帽屋面有滴水的现象存在，影响了居住的村民，我方监理人员随即与施工方沟通，等天气好的时候，对屋面滴水的地方进行修缮；2. 整理近期监理资料。

施工中

施工中

2018年9月18日　星期二　天气：阴

项目名称：片石铺砌

位置：医院旧址门前

进度：已完成

项目内容：浆砌石8.5米×5.5米×0.55米。

工作量：25.71立方米

监理情况：1.检查现场施工情况，符合施工标准；2.整理监理资料。

施工中

**2018年9月19日　星期三　天气：阴**

项目名称：片石铺砌

位置：医院旧址门前

进度：已完成

项目内容：浆砌石8.5米×5.5米×0.55米。

工作量：25.71立方米

监理情况：1.检查自来水管道挖掘深埋时，督促施工方注意管道安全；2.检查片石路面砌筑时，要求施工方注意路面整体散水坡度。

施工中

**2018年9月20日　星期四　天气：小雨**

项目名称：片石铺砌

位置：医院旧址门前

进度：已完成

项目内容：浆砌石8.5米×5米×0.55米。

工作量：23.38立方米

监理情况：1.检查医院旧址门前片石路面砌筑时，发现部分片石路面不够平整、散水坡度不统一，当场要求施工方进行整改，填写《旁站记录表》1份；2.整理监理资料。

施工中

**2018年9月21日　星期五　天气：多云**

项目名称：片石铺砌

位置：医院旧址门前

进度：已完成

项目内容：1.浆砌石8.5米×5米×0.55米；2.条石进场。

工作量：23.38立方米

监理情况：检查现场施工情况，符合施工标准。

施工中

**2018年9月22日　星期六　天气：晴**

项目名称：片石铺砌

位置：医院旧址门前

进度：已完成

项目内容：浆砌石 8.5 米 × 5 米 × 0.55 米。

工作量：23.38 立方米

监理情况：1. 检查医院旧址门前片石路面砌筑时，要求施工人员注意消防管道和电缆安全，注意管道上方标高控制，注意路面整体散水坡度；2. 检查现场其他施工情况，符合施工标准。

**2018 年 9 月 23 日　星期日　天气：晴**

项目名称：片石铺砌

位置：医院旧址门前

进度：已完成

项目内容：浆砌石 8.5 米 × 5 米 × 0.55 米。

工作量：23.38 立方米

监理情况：检查现场施工情况，符合施工标准。

施工中

**2018 年 9 月 24 日　星期一　天气：晴**

项目名称：片石铺砌

位置：医院旧址门前

进度：已完成

项目内容：浆砌石 8.5 米 × 5 米 × 0.55 米。

工作量：23.38 立方米

监理情况：检查医院旧址门前片石路面砌筑时，发现部分片石路面不够平整、散水坡度不统一，当场要求施工方进行整改。

施工中

**2018 年 9 月 25 日　星期二　天气：小雨**

项目名称：片石铺砌

位置：医院旧址门前

进度：已完成

项目内容：1. 浆砌石 8.5 米 ×3.8 米 ×0.55 米；2. 通向厕所条石铺砌 15 米 ×1.2 米 ×0.55 米。

工作量：17.77 立方米；9.9 立方米

监理情况：检查现场施工情况，符合施工标准。

施工中

**2018年9月26日　星期三　天气：小雨转多云**

项目名称：片石铺砌

位置：医院旧址门前

进度：已完成

项目内容：浆砌石8.5米×5米×0.55米。

工作量：23.38立方米

监理情况：1.检查医院旧址门前片石路面砌筑时，要求施工方注意标高控制，注意整体散水坡度；2.整理监理资料。

施工中

**2018年9月27日　星期四　天气：晴**

项目名称：片石铺砌

位置：医院旧址门前

进度：已完成

项目内容：1.浆砌石8.5米×5米×0.55米；2.3组二进过门踏步制安1.2米×0.5米×0.75米。

工作量：23.38立方米；0.45立方米

监理情况：检查医院旧址门前条石散水铺设时，发现条石散水整体参差不齐、不水平，当场要求施工方进行整改，复核标高，并注意散水坡度的统一。

施工中

施工中

**2018年9月28日　星期五　天气：晴**

项目名称：片石铺砌

位置：医院旧址门前

进度：已完成

项目内容：浆砌石7.3米×5米×0.55米。

工作量：20.1立方米

监理情况：1.检查医院旧址门前条石路面铺设时，要求施工方注意路面平整度，路面中心不再向两边起拱，要与整体散水坡度相统一；2.收到施工方工程拨款申请表一份，并向我方王明明老师汇报，协助其完成支付手续。

施工中

**2018年9月29日　星期六　天气：晴**

项目名称：条石铺砌；片石铺砌

位置：医院旧址门前

进度：已完成

项目内容：1.路面浆砌石条6.5米×2米×0.55米；2.浆砌石5米×8米×0.55米。

工作量：7.15立方米；22立方米

监理情况：1.检查医院旧址门前条石路面铺设时，发现部分条石不平整、条石与条石之间缝隙过宽，当场要求施工方进行整改，并要求施工方禁止使用质量有缺陷的条石；2.文物局周局长、张局长来现场视察工作，检查了现场各项施工情况，并指示要加快施工进度，同时也要注重施工细节，保质保量地完成工程。

施工中

施工中

**2018年9月30日　星期日　天气：多云**

项目名称：条石铺砌

位置：医院旧址门前

进度：已完成

项目内容：1. 路面浆砌石条6.5米×3米×0.55米；2. 浆砌石8.8米×5.6米×0.55米。

工作量：10.73立方米；27.1立方米

监理情况：1. 检查现场施工情况，符合施工标准；2. 整理监理资料。

施工中

施工中

## 9月监理月报

### 1. 本期工程概况

本期工程时间为2018年9月1日—2018年9月30日。

其中9月2日—9月6日接甲方罗山县文物管理局周局长通知，省纪检委检查组将进行检查，为迎接上级领导检查、维护爱国主义教育基地形象，暂停一切现场施工，直到省纪检委检查组离开后再进行施工。

本期主要施工情况：

1日，医院旧址3组单体建筑，1.油漆涂饰工程；2.收集当地小青瓦、青砖。

2日—6日，现场暂停一切施工。

7日—10日，医院旧址3组、4组单体建筑及环境整治，1.油漆涂饰工程；2.片石、河沙、水泥进场；3.院内条石散水修缮工程；4.医院旧址门前柏油路面拆除、土方清运。

11日，医院旧址门前环境整治，1.医院旧址门前环境整治标高测量放线；2.片石路面砌筑工程；3.石料片面平整优化处理；4.条石路面场地平整。

12日，医院旧址3组、4组单体建筑及环境整治，1.油漆涂饰工程；2.医院旧址门前（条石路面）路基垫层商砼浇筑；3.石料片面平整优化处理。

13日，医院旧址4组单体建筑及环境整治，1.油漆涂饰工程；2.医院旧址门前片石路面砌筑；3.石料片面平整优化处理。

14日—26日，医院旧址门前环境整治，医院旧址门前片石路面砌筑。

27日，医院旧址门前环境整治，1.医院旧址门前片石路面砌筑；2.医院旧址门前铺设条石散水。

28日—30日，医院旧址门前环境整治，1.医院旧址门前铺设条石路面；2.片石路面洒水养护。

投入设备：切割机、磨光机、80号钩机、农用三轮车等工具。

主要进场材料：水泥、青砖、河沙、条石、片石、桐油等。

## 2. 本期工程进度

本期工程进度如下：

1日，医院旧址3组单体建筑，1.油漆涂饰工程；2.收集当地小青瓦、青砖，完成。

2日—6日，现场暂停一切施工。

7日—10日，医院旧址3组、4组单体建筑及环境整治，1.油漆涂饰工程；2.片石、河沙、水泥进场；3.院内条石散水修缮工程；4.医院旧址门前柏油路面拆除、土方清运完成。

11日，医院旧址门前环境整治，1.医院旧址门前环境整治标高测量放线；2.片石路面砌筑工程；3.石料片面平整优化处理；4.条石路面场地平整完成。

12日，医院旧址3组、4组单体建筑及环境整治，1.油漆涂饰工程；2.医院旧址门前（条石路面）路基垫层商砼浇筑；3.石料片面平整优化处理完成。

13日，医院旧址4组单体建筑及环境整治，1.油漆涂饰工程；2.医院旧址门前片石路面砌筑；3.石料片面平整优化处理完成。

14日—26日，医院旧址门前环境整治，医院旧址门前片石路面砌筑完成。

27日，医院旧址门前环境整治，1.医院旧址门前片石路面砌筑；2.医院旧址门前铺设条石散水完成。

28日—30日，医院旧址门前环境整治，1.医院旧址门前铺设条石路面；2.片石路面洒水养护完成。

## 3. 本期工程质量

在本期施工中，我监理方通过以下几个方面进行了质量控制。

（1）对于进场的材料，我方要求施工方进行报验，提供相关合格证明资料。本期进场的材料主要有片石、河沙、水泥，监理单位现场检查，符合质量要求，准许施工单位进场施工。

（2）本期进行的工程主要有片石路面砌筑、铺设条石散水、浇筑条石路面路基混凝土垫层，我方监理在施工过程中对工程质量进行严格把关，对浇筑条石路面路基混凝土垫层等重要工序进行旁站监督，填写旁站记录表3份，保证了工程隐蔽部位的施工质量。

（3）监理每日现场巡查，对于发现的质量问题，及时指出纠正，监理现场发现并要求整改的问题有：

1）检查医院旧址门前片石路面砌筑时，发现部分片石路面不够平整、散水坡度不统一，当场要求施工方进行整改。

2）要求施工人员注意消防管道和电缆安全，注意管道上方标高控制，注意路面整体散水坡度。

3）检查医院旧址门前条石散水铺设时，发现条石散水整体参差不齐、不水平，当场要求施工方进行整改，复核标高，并注意散水坡度的统一。

4）检查医院旧址门前条石路面铺设时，发现部分条石不平整、条石与条石之间缝隙过宽，当场要求施工方进行整改，并要求施工方禁止使用质量有缺陷的条石。

### 4. 本期工程安全

本期施工过程中存在以下安全问题：

（1）消防管道和电缆无安全警示标志，工人施工存在安全隐患。

（2）施工现场缺少禁止吸烟、佩戴安全帽、饮酒禁止入内等安全警示标志。

（3）消防器材配备不齐全，缺少消防桶、消防铲等器材。

（4）施工现场外围未做警示标志，游客可能进入施工现场，存在安全隐患。

针对以上问题，我方要求施工方进行整改，并对整改结果进行了检查确认：

（1）加强安全文明施工教育，要求施工人员注意消防管道和电缆安全。

（2）施工现场外围做警示标志，现场内设置各安全警示标志。

（3）消防设施配置齐全。

### 5. 本期工程量审核

我方对施工单位完成的工程量进行仔细统计，按日审核，确保了本期完成工程量的准确。具体的工程量审核情况如下：

1日—2日，医院旧址3组油漆工程，二进正房，北面一坡房梁、柱、枋、门油漆工程，43.2平方米完成。

三进正房，门、窗、柱、枋油漆工程，60.8平方米。

7日—9日，医院旧址3组、4组油漆工程。

3组油漆工程，1.一号院东西侧门油漆工程，5.28平方米完成；2.三号院东厢房油漆工程，23.76平方米。

4组油漆工程，1.倒座门、窗、枋、柱油漆工程，28.8平方米；2.过厅门、窗、枋、柱油漆工程；倒座及侧房实木门；过厅侧房实木门；二进过门实木门，77.76平方米；3.一号院东西一坡房油漆工程，14.3平方米。

10日—12日，医院旧址门前环境整治，1.片石进场，40平方米完成；2.拆除医院旧址门前柏油路面，481.25平方米；3.渣土转运，运距16千米，240.63平方米；4.医院旧址条石路面低沉压实，441平方米；5.C15混凝土路基垫层浇筑，66.15平方米；6.片石路面铺设，51平方米。

13日—28日，医院旧址门前环境整治，片石路面铺设，669.75平方米完成。

29日—30日，医院旧址门前环境整治，条石路面铺设，32.5平方米完成。

**6.本期监理工作小结**

本期主要进行了如下工作：

（1）检查施工方新进的各种建筑材料，符合质量要求，方可进场。

（2）旁站监督浇筑条石路面路基混凝土垫层等工程隐蔽部位，对发现的问题，及时指出，要求施工方整改，保证了施工质量。

（3）督促施工方整理相关施工资料，提交工程报验资料。

（4）积极组织召开现场协调会1次，安全专项会议1次，参加银杏树区域保护方案研讨会1次，对施工过程中存在的问题，及时沟通并解决。

（5）对施工方提交的进度款支付申请进行核查，开支付证书一份，支付金额为总工程款的32%，60万元。

（6）对施工单位提交的整改报告单、进场材料报审表、古建筑拆卸构件登记一览表、构件更换登记一览表等资料进行核查，并签字确认。

**7.下期监理工作打算**

（1）加强日常巡视力度，对工程中出现的不规范和不合格现象做到及时发现并处理。

（2）对施工过程中重要环节和部位，如条石路面铺设做到旁站监理，确保隐蔽部位的工程质量并拍照留档。

（3）督促施工方做好工程量清单、木构件拆卸一览表等施工资料。

（4）督促施工方加快施工进度，尽快完成条石路面铺设。

**8. 总监理工程师意见**

本期工程进度及现场安全管理有明显提升。环境整治工程是第二阶段工程的重点，要严格监督施工单位按照图纸会审和设计交底意见组织施工，确保文物周边环境能有明显改观，达到本次工程的目的。

## （四）2018年10月

**2018年10月1日　星期一　天气：晴**

项目名称：条石铺砌；砂灰勾缝

位置：医院旧址门前

进度：已完成

项目内容：1.条石铺砌6.5米×6米×0.55米；2.浆砌石砂灰勾缝8.5米×10米；3.3组门楼倒座水泥勾缝清理21米，含东西两廊21米×0.4米+21米×0.35米，二过厅台明13米×0.4米+13米×0.35米；4.3组门楼倒座勾缝21米，含东西两廊21米×0.4米+21米×0.35米，二过厅台明13米×0.4米+13米×0.35米。

工作量：21.45立方米；85平方米；25.5平方米；25.5平方米

监理情况：1.检查医院旧址门前条石路面时，发现部分条石平面不平整、散水坡度不统一，当场要求施工方进行整改；2.整理监理资料。

施工中

施工中

施工中

**2018年10月2日　星期二　天气：晴**

项目名称：条石铺砌；砂灰勾缝

位置：医院旧址门前

进度：已完成

项目内容：1.条石铺砌6.5米×5米×0.55米；2.浆砌石砂灰勾缝8.5米×10米；3.条石路面砂灰勾缝6.5米×10米。

工作量：17.88立方米；85平方米；65平方米

监理情况：1.检查医院旧址门前条石路面时，发现部分条石平面标高不统一，当场要求施工方进行整改；2.检查医院旧址门前片石路面黄沙勾缝自然处理时，要求施工方黄沙勾缝均匀、平整自然；3.填写《旁站记录表》一份。

施工中

施工中

施工中

2018年10月3日　星期三　天气：多云

项目名称：条石铺砌；砂灰勾缝

位置：医院旧址门前

进度：已完成

项目内容：1.条石铺砌6.5米×6米×0.55米；2.浆砌石砂灰勾缝8.5米×10米。

工作量：21.45立方米；85平方米

监理情况：1.检查医院旧址门前铺设条石路面时，发现部分条石平面不够平整，当场要求施工方进行整改。2.和施工方沟通我方关于银杏树区域条石机械面材质选择意见：关于银杏树区域条石机械面材质，选择錾道面，还是荔枝面，只要材质与周围环境、风格相协调，符合甲方使用要求，我方不做具体指定。

施工中

施工中

施工中

**2018年10月4日　星期四　天气：晴**

项目名称：条石铺砌；砂灰勾缝；石条散水

位置：医院旧址门前1组2组

进度：已完成

项目内容：1.条石铺砌6.5米×8米×0.55米；2.浆砌石砂灰勾缝8.5米×5米；3.条石路面砂灰勾缝6.5米×10米；4.红军医院1组2组砌筑石条散水30米×0.3米×0.35米。

工作量：28.6立方米；42.5平方米；65平方米；3.15立方米

监理情况：1.检查青砖挑选优化处理时，要求施工方禁止使用酥碱、质量不合格的青砖；2.检查医院旧址门前条石路面平面剔凿处理时，要求施工方注意整体散水坡度。

施工中

施工中

施工中

**2018年10月5日　星期五　天气：晴**

项目名称：条石铺砌；砂灰勾缝；石条散水

位置：医院旧址门前3组、4组

进度：已完成

项目内容：1.条石铺砌6.5米×5米×0.55米；2.浆砌石砂灰勾缝8.5米×11米；3.红军医院3组、4组砌筑石条散水28米×0.3米×0.35米；4.大型机械设备进场。

工作量：17.88立方米；93.5平方米；2.94立方米

监理情况：经甲方领导现象商定，银杏树周边铺设石材选用与银杏树对面亭子地面相同的石材。石材尺寸规格为50厘米（长）×30厘米（宽）×12厘米（厚）。

施工中

施工中

施工中

2018年10月6日　星期六　天气：晴

项目名称：条石铺砌；砂灰勾缝；青砖路面

位置：医院旧址门前

进度：已完成

项目内容：1. 条石铺砌6.5米×6米×0.55米；2. 浆砌石砂灰勾缝8.5米×11米；3. 条石路面砂灰勾缝6.5米×10米；4. 3组门前青砖路面525混凝土垫层16米×2.6米；5. 4组二进过厅青砖细墁9米×7.3米。

工作量：21.45立方米；93.5平方米；65平方米；41.6平方米；65.7平方米

监理情况：检查医院旧址门前铺设青砖散水时，要求施工方注意青砖散水坡度与整体路面散水坡度相统一。

施工中

施工中

施工中

**2018年10月7日　星期日　天气：晴**

项目名称：条石铺砌；砂灰勾缝；青砖路面

位置：医院旧址门前

进度：已完成

项目内容：1. 条石铺砌6.5米×6米×0.55米；2. 浆砌石勾缝砂灰勾缝8.5米×10米；3. 条石路面砂灰勾缝6.5米×10米；4. 4组青砖路面525混凝土垫层12米×2.6米；5. 4组二进过门拆除青砖地面7米×3米；6. 4组二进过门青砖细墁7米×3米。

工作量：21.45立方米；85平方米；65平方米；31.2平方米；21平方米；21平方米

监理情况：检查现场施工情况，符合施工标准。

施工中

施工中

施工中

**2018年10月8日　星期一　天气：晴**

项目名称：条石铺砌；砂灰勾缝；青砖路面

位置：医院旧址门前；4组

进度：已完成

项目内容：1. 条石铺砌6.5米×6米×0.55米；2. 浆砌石砂灰勾缝8.5米×11米；3. 条石路面砂灰勾缝6.5米×10米；4. 2组青砖路面525混凝土垫层16米×2.6米；5. 4组佚失排水沟拆除，用35厘米×25厘米石条修复13米；6. 4组过厅后檐佚失，排水沟修复13米。

工作量：21.45 立方米；93.5 平方米；65 平方米；41.6 平方米；13 米；13 米

监理情况：检查医院旧址门前铺设青砖散水时，发现部分青砖散水平面不够平整，当场要求施工方进行整改。

施工中

施工中

2018年10月9日　星期二　天气：晴

项目名称：条石铺砌；砂灰勾缝；浆砌河石树池

位置：医院旧址门前

进度：已完成

项目内容：1. 条石铺砌6.5米×5米×0.55米；2. 浆砌石砂灰勾缝8.5米×9.8米；3. 条石路面砂灰勾缝6.5米×8米；4. 浆砌河石树池（Φ1.15米）3.6米×0.25米×0.25米；5. 浆砌河石树池（Φ1.30米）4.08米×0.25米×0.25米；6.4组倒座阶条石修复8米×0.35米×0.4米，3组二过门三过门二进正房阶条石修复3米×0.35米×0.4米×2边（二过门三过门）+13米×0.35米×0.4米。

工作量：17.88立方米；83.3平方米；52平方米；0.225立方米；0.255立方米；1.12立方米；2.66立方米

监理情况：检查现场施工情况，符合施工标准。

施工中

施工中

**2018年10月10日　星期三　天气：晴**

项目名称：拆除工程；浆砌河石树池

位置：医院旧址门前

进度：已完成

项目内容：1. 银杏树下八字砖拆除，拆除面积430平方米；2. 浆砌河石树池（Φ1.44米）4.52米×0.25米×0.25米；3. 浆砌河石树池（Φ1.75米）5.5米×0.25米×0.25米；4. 浆砌河石树池（Φ1.35米）4.24米×0.25米×0.25米；5. 4组二进过厅阶条石修复东西含两廊4.1米×0.35米×0.4米+9米×0.35米×0.4米。

工作量：430平方米；0.28立方米；0.343立方米；0.27立方米；1.834立方米

监理情况：检查现场施工情况，符合施工标准。

施工中

施工中

施工中

**2018年10月11日　星期四　天气：晴**

项目名称：拆除工程；浆砌河石树池

位置：医院旧址3组及门前；银杏树下

进度：已完成

项目内容：1.银杏树下八字砖拆除，拆除面积425平方米；2.清除垫层沙石430平方米，厚20厘米；3.浆砌河石树池（Φ1.42米）4.46米×0.25米×0.25米；4.浆砌河石树池（Φ1.4米）4.39米×0.25米×0.25米；5.浆砌河石树池（Φ1.30米）4.08米×0.25米×0.25米；6.3组倒座拆除地面12米×5米，3组三进过门拆除地面3米×5米；7.3组倒座 铺青砖地面12米×5米，三进过门青砖地面3米×5米。

工作量：425平方米；430平方米；0.28立方米；0.27立方米；0.26立方米；75平方米；75平方米

监理情况：检查医院旧址门前条石路面平面剔凿处理时，要求施工方注意路面平整度。

施工中

施工中

施工中

2018年10月12日　星期五　天气：晴

项目名称：拆除工程；浆砌河石树池

位置：医院旧址门前；银杏树下

进度：已完成

项目内容：1. 清除垫层沙石430平方米，厚20厘米；2. 拆除银杏树下石栅栏及混凝土地基7米×1.2米×0.14米；3. 浆砌河石树池（Φ1.25米）3.9米×0.25米×0.25米；4. 浆砌河石树池（Φ1.65米）5.18米×0.25米×0.25米；5. 浆砌河石树池（Φ1.50米）4.7米×0.25米×0.25米。

工作量：430平方米；1.2平方米；0.24立方米；0.32立方米；0.29立方米

监理情况：1. 上午文物局周局长、张局长来现场视察，要求施工方在银杏树区域施工要注意保护树木，加快进度的同时也要注重施工质量；2. 检查医院旧址门前铺设条石路面时，督促施工方条石路面与原有路面接缝处要注意整体统一。

施工中

施工中

施工中

**2018年10月13日　星期六　天气：多云**

项目名称：拆除工程；回填土；浆砌河石树池

位置：医院旧址门前；银杏树下

进度：已完成

项目内容：1.拆除银杏树下石栅栏及混凝土地基7米×0.3米×0.4米；2.银杏树下泥土回填（Φ8.9）122平方米×0.3米（厚）；3.浆砌河石树池（Φ3.00米）9.42米×0.25米×0.25米；4.浆砌河石树池（Φ1.43米）4.49米×0.25米×0.25米；5.浆砌河石树池（Φ1.25米）3.92米×0.25米×0.25米；6.2组东院墙平面抹灰8米×6米。

工作量：0.84立方米；36.6立方米；0.588立方米；0.28立方米；0.25立方米；48平方米

监理情况：1.检查医院旧址门前铺设青砖散水时，要求施工方青砖散水坡度应与整体路面的散水坡度相统一；2.检查现场其他施工情况，符合施工标准；3.整理近期监理资料。

施工中

施工中

施工中

**2018年10月14日　星期日　天气：小雨**

项目名称：回填土工程；浆砌河石树池工程

位置：医院旧址门前；银杏树下

进度：已完成

项目内容：1.银杏树下泥土回填（Φ8.9）127平方米×0.3米（厚）；2.浆砌河石树池（Φ1.52米）4.77米×0.25米×0.25米；3.浆砌河石树池（Φ1.48米）4.64米×0.25米×0.25米；4.浆砌河石树池（Φ1.30米）4.08米×0.25米×0.25米；5.1组青砖路面525混凝土垫层14米×3米。

工作量：38.1立方米；0.3立方米；0.29立方米；0.26立方米；42平方米

监理情况：1.督促施工方对进场木栅栏防腐木做好防雨措施；2.整理监理月报。

施工中

施工中

**2018年10月15日　星期一　天气：小雨**

项目名称：拆除工程；浆砌河石树池；青砖地面工程

位置：医院旧址门前；银杏树下

进度：已完成

项目内容：1.红军医院3组二进过门拆除地面5.6米×3米；2.浆砌河石树池（Φ2.6米）8.16米×0.25米×0.25米；3.浆砌河石树池（Φ1.9米）5.96米×0.25米×0.25米；4.红军医院3组二进过门青砖地面5.6米×3米。

工作量：16.8平方米；0.51立方米；0.37立方米；16.8平方米

监理情况：1.检查现场施工情况，符合施工标准；2.对施工方提交的部分工程量详细清单进行审核。

施工中

施工中

施工中

**2018年10月16日　星期二　天气：多云**

项目名称：拆除工程；青砖地面工程；回填土工程

位置：医院旧址门前；银杏树下

进度：已完成

项目内容：1. 红军医院3组门楼地面拆除，5.5米×3米；2. 红军医院3组门楼青砖地面5.5米×3米；3. 银杏树下回填土9米×9米×3.14×0.4米；4. 拆除后砌茶锅1米×1.2米×1.5米。

工作量：16.5平方米；16.5平方米；102立方米；1.8立方米

监理情况：1.协助甲方和群众沟通协调银杏树区域保护方案；2.检查现场施工情况，符合施工标准。

施工中

施工中

**2018年10月17日　星期三　天气：多云**

项目名称：拆除工程；青砖细墁工程

位置：医院旧址3组；银杏树下

进度：已完成

项目内容：1.3组门楼甬路青砖细墁散水拆除4.1米×3米；2.3组门楼甬路青砖细墁散水铺砌4.1米×3米；3.修整银杏树下地坪200平方米。

工作量：12.3平方米；12.3平方米；200平方米

监理情况：1.检查医院旧址4组门前池塘边铺设条石路面时，要求施工方散水坡度应与整体路面坡度相统一。2.检查医院旧址3组门楼青砖地坪修缮工程时，要求施工方注意青砖地坪的平整度。

施工中

施工中

**2018年10月18日　星期四　天气：多云**

项目名称：拆除工程；青砖细墁工程

位置：医院旧址3组；银杏树下

进度：已完成

项目内容：1.3 组过门甬路青砖细墁散水拆除 4.1 米 ×3 米；2.3 组过门甬路青砖细墁散水铺砌 4.1 米 ×3 米；3.修整银杏树下地坪 300 平方米。

工作量：12.3 平方米；12.3 平方米；300 平方米

监理情况：1.检查银杏树区域拆除石围栏、混凝土地基时，要求施工方注意保护树木。2.罗山县文物管理局周局长来到现场视察工作，要求施工方按照协调后的方案，加快进度，做好银杏树区域保护工程。

施工中

施工中

**2018年10月19日　星期五　天气：多云**

项目名称：回填土工程；拆除工程；青砖细墁

位置：医院旧址3组二进正房；银杏树下

进度：已完成

项目内容：1.修整银杏树下地坪600平方米；2.绿化带周边及浮雕墙后回填土260平方米×0.3米；3.回填土混合农家肥180立方米；4.3组二进正房及附属房青砖地面拆除12米×6米；5.3组二进正房及附属房青砖地面铺砌12米×6米。

工作量：600平方米；78立方米；180立方米；72平方米；72平方米

监理情况：1.检查银杏树区域营养土掺拌时，要求施工方营养土比例掺拌均匀，区域内建筑垃圾清理干净；2.陪同甲方邱局长协调银杏树区域保护方案。

施工中

施工中

施工中

**2018年10月20日　星期六　天气：多云**

项目名称：石条铺砌工程；拆除工程

位置：银杏树下

进度：已完成

项目内容：1. 银杏树周边石条铺砌3.8米×15米×0.25米；2. 拆除原内部水泥小路1.5米×4米。

工作量：14.25立方米；6平方米

监理情况：1. 检查银杏树区域浮雕旁条石路面铺设时，发现部分条石不平整，当场要求施工方进行整改；2. 督促施工方银杏树保护区域内场地应清理干净，建筑垃圾及时清运。

施工中

施工中

**2018 年 10 月 21 日　星期日　天气：小雨**

项目名称：石条铺砌工程；拆除工程

位置：银杏树下

进度：已完成

项目内容：1.银杏树周边石条铺砌 3.8 米 ×16 米 ×0.25 米；2.拆除原路口内混凝土路面 8 米 ×4 米；3.清理建筑垃圾 12 立方米，运输距离 12 千米。

工作量：15.2 立方米；32 平方米；12 立方米

监理情况：检查现场施工情况，符合施工标准。

施工中

施工中

施工中

2018年10月22日　星期一　天气：多云

项目名称：石条铺砌工程；拆除工程

位置：银杏树下

进度：已完成

项目内容：1. 银杏树周边石条铺砌 3.8 米 ×18 米 ×0.25 米；2. 拆除花坛，扩大主入口 1.6 米 ×11.6 米。

工作量：17.1 立方米；18.56 平方米

监理情况：1. 检查银杏树区域条石路面铺设时，发现有部分条石路面不够平整，当场要求施工方进行整改；2. 陪同甲方邱局长现场协调银杏树区域保护方案。

施工中

施工中

施工中

2018年10月23日　星期二　天气：晴

项目名称：石条铺砌工程；拆除工程；青砖地面

位置：银杏树下；红军医院4组

进度：已完成

项目内容：1.银杏树周边石条铺砌3.8米×16米×0.25米；2.补砌浮雕墙脚大理石20.8米×0.5米；3.4组门楼青砖地面拆除5米×3米；4.4组门楼青砖地面铺装5米×3米。

工作量：15.2立方米；10.4平方米；15平方米；15平方米

监理情况：1.和施工方沟通条石材料供应情况，由于前段时间协调银杏树区域保护方案，条石厂家已暂停加工，目前施工方已通知条石厂家尽快加工发货；2.检查现场施工情况，符合施工标准。

施工中

施工中

施工中

**2018年10月24日　星期三　天气：晴**

项目名称：石条铺砌工程

位置：银杏树下

进度：已完成

项目内容：1.银杏树周边石条铺砌4.5米×11米×0.25米；2.防腐木栅栏材料进场12立方米。

工作量：12.38立方米；12立方米

监理情况：1.检查银杏树区域条石路面铺设时，发现部分条石平面不平整，当场要求施工方进行整改；2.督促施工方加工木栅栏木构件时，注意防火。

施工中

施工中

施工中

**2018年10月25日　星期四　天气：阴**

项目名称：石条铺砌工程；拆除工程；青砖细墁工程

位置：银杏树下红军医院4组

进度：已完成

项目内容：1. 银杏树周边石条铺砌5米×12米×0.25米；2. 4组倒座屋地面拆除4米×5米；3. 4组倒座屋青砖地面4米×5米。

工作量：15立方米；20平方米；20平方米

监理情况：督促施工方对部分不平整的条石平面，进行拆除重新铺设。

施工中

施工中

施工中

2018年10月26日　星期五　天气：晴

项目名称：石条铺砌工程；拆除工程；青砖细墁工程

位置：银杏树下红军医院4组

进度：已完成

项目内容：1.银杏树周边石条铺砌5米×8.1米×0.25米；2.4组倒座附属房屋地面拆除4米×5米；3.4组倒座附属房屋青砖细墁4米×5米。

工作量：10.13立方米；20平方米；20平方米

监理情况：检查现场施工情况，符合施工标准。

施工中

施工中

施工中

**2018年10月27日　星期六　天气：晴**

项目名称：石砌工程；挖补工程

位置：银杏树下红军医院3组

进度：已完成

项目内容：1.路缘石铺砌56.5米+9.6米+2米；2.制作防腐木栅栏下料；3.3组一号院西墙墙体挖补4米×1米×0.2米；4.4组东墙墙体挖补11米×1米×0.2米；5.3组二号院墙体挖补4米×1米×0.2米，二进过门2米×2米×0.2米。

工作量：68.1米；0.8立方米；2.2立方米；1.6立方米

监理情况：检查银杏树区域主入口条石路面铺设时，发现部分条石平面不平整，当场要求施工方拆除，然后重新铺设。

施工中

施工中

**2018 年 10 月 28 日　星期日　天气：晴**

项目名称：场地平整工程；回填土工程；粉刷工程；拆除工程

位置：银杏树下红军医院 3 组

进度：已完成

项目内容：1. 银杏树下回填土修整 350 平方米；2. 增加回填土 12 立方米；3. 绿化带旁铺青石片 40 米 ×0.35 米；4. 制作防腐木栅栏开榫卯；5. 红军医院 2 组三号院西墙粉刷 6.6 米 ×6 米；6. 3 组门楼倒座南外墙墙体剔除水泥修补 16 米 ×1 米。

工作量：350 平方米；12 立方米；14 平方米；39.6 平方米；16 平方米

监理情况：1. 检查银杏树区域条石路面勾缝时，要求施工方将条石缝隙内的塑料垃圾清理干净，勾缝均匀、自然、平整；2. 检查医院旧址第二组三进正房院内西墙面修缮工程时，督促施工方低空作业人员注意安全，墙面粉刷注意平整度；3. 检查医院旧址 3 组二进正房椽子、檩条自然做旧处理时，要求施工方注意细节，椽子、檩条处理到位，同时注意墙面保护。

施工中

施工中

施工中

**2018年10月29日　星期一　天气：晴**

项目名称：场地平整工程；石砌工程；拆除工程；排水沟修复

位置：银杏树下红军医院3组；4组

进度：已完成

项目内容：1.银杏树下回填土修整200平方米；2.绿化带旁铺青石片45.62米×0.35米；3.制作防腐木栅栏装钉；4.4组门楼倒座南外墙墙体剔除水泥修补12米×1米+1.5米×2边×1米；5.3组门楼倒座南外墙墙体挖补16米×1米×0.2米；6.3组门楼倒座拆除佚失排水沟用石条修复16米。

工作量：200平方米；16平方米；15平方米；3.2立方米；16米

监理情况：检查现场施工情况，符合施工标准。

施工中

施工中

施工中

**2018年10月30日　星期二　天气：多云**

项目名称：栅栏制安；挖补工程；墙体勾缝

位置：银杏树下红军医院3组

进度：已完成

项目内容：1. 防腐木栅栏装钉；2. 4组门楼倒座南外墙墙体挖补（12米×1米+1.5米×2边×1米）×0.1米，过厅墙体挖补8米×1米×0.1米；3. 3组门楼倒座南外墙墙体勾缝（16米×1边+1.5米×2边）×1米；4.3组门楼倒座南外墙墙体挖补（16米×1米+1.5米×2边×1米）×0.2米。

工作量：2.3立方米；19平方米；3.8立方米

监理情况：检查银杏树区域条石路面勾缝处理时，要求施工方扫缝平整、自然。

施工中

2018年10月31日　星期三　天气：晴

施工情况：1.银杏树区域圆形路牙石铺设，施工人员2人；2.银杏树区域场内条石搬运，施工人员1人；3.银杏树区域建筑垃圾清运，施工人员1人。农用三轮车1辆；4.银杏树区域木栅栏等木构件加工，施工人员2人；5.银杏树区域条石路面勾缝处理，施工人员1人。总计施工人员7人。

监理情况：1.检查银杏树区域圆形路牙石铺设时，发现路牙石弧度不够圆，要求施工方对路牙石进行调整；2.检查现场其他施工情况，符合施工标准。

## （五）2018年11月

2018年11月1日　星期四　天气：晴

项目名称：木栅栏制安

位置：银杏树下；红军医院4组

进度：已完成

项目内容：1. 木栅栏制安7米×1.2米；2. 4组甬路青砖拆除16米×3米；3. 4组青砖细墁16米×3米。

工作量：8.4平方米；48平方米；48平方米

监理情况：1. 检查医院旧址4组过厅过道青砖地坪修缮工程时，督促施工方对缺角、开裂的青砖进行拆除，并要求施工方铺设青砖时，注意整体平整度；2. 检查银杏树区域场地平整时，要求施工方将场地内的建筑垃圾清理干净，然后再进行场地平整。

施工中

施工中

施工中

**2018 年 11 月 2 日　星期五　天气：晴**

项目名称：木栅栏制安

位置：银杏树下

进度：已完成

项目内容：木栅栏制安 11.2 米 ×1.2 米。

工作量：13.44 平方米

监理情况：检查现场施工情况，符合施工标准。

施工中

**2018年11月3日　星期六　天气：多云**

项目名称：木栅栏制安

位置：银杏树下

进度：已完成

项目内容：木栅栏制安8.4米×1.2米。

工作量：10.08平方米

监理情况：由于之前是采用在条石上用水钻打孔的方式进行木栅栏柱子和条石的连接，进度缓慢；为保证施工进度，今天下午施工方已采用木栅栏柱子植筋、条石钻孔的连接方式。此情况已和甲方邱局长汇报。

施工中

**2018年11月4日　星期日　天气：阴**

项目名称：木栅栏制安

位置：银杏树下

进度：已完成

项目内容：1.木栅栏制安15.2米×1.2米；2.大巴闯进压坏条石路面翻修7米×6米。

工作量：18.24平方米；42平方米

监理情况：检查银杏树区域木栅栏木构件安装时，发现木栅栏的木柱歪斜、不垂直，当场要求施工方进行整改。

施工中

施工中

施工中

**2018年11月5日　星期一　天气：阵雨**

项目名称：木栅栏制安

位置：银杏树下

进度：已完成

项目内容：木栅栏制安11.2米×1.2米。

工作量：13.44平方米

监理情况：1.督促施工方对木栅栏等木构件做好防雨措施；2.整理监理月报。

施工中

**2018年11月6日　星期二　天气：小雨转阵雨**

项目名称：木栅栏制安

位置：银杏树下

进度：已完成

项目内容：1.木栅栏制安7米×1.2米；2.泥子嵌缝40米×1.2米。

工作量：8.4平方米；48平方米

监理情况：整理监理资料。

施工中

2018年11月7日　星期三　天气：小雨

项目名称：油漆工程

位置：银杏树下

进度：已完成

项目内容：1.泥子嵌缝30米×1.2米；2.泥子打磨60米×1.2米。

工作量：36平方米；72平方米

监理情况：1.督促施工方尽快提交工程报验资料；2.整理监理资料。

施工中

**2018年11月8日　星期四　天气：晴**

项目名称：油漆工程

位置：银杏树下

进度：已完成

项目内容：1.泥子嵌缝50米×1.2米；2.泥子打磨60米×1.2米。

工作量：60平方米；72平方米

监理情况：1.下午邱局长到现场检查工作，要求施工方加快工程进度，保质保量完成工程。2.由于大别山干部学院大巴驾驶员误以为银杏树区域主入口条石路面下有硬化措施，因而通过路墩石的缝隙，驾驶大巴驶入主入口条石路面进行掉头转弯，部分条石受力不均，造成主入口部分条石路面有坑洼现象。处理结果：此事当时已通知甲方邱局长，经邱局长协调处理，明天由施工方安排人员，对部分有坑洼现象的条石路面进行第二阶段拆除修缮。

施工中

**2018年11月9日　星期五　天气：晴**

施工情况：1.银杏树区域主入口条石路面修缮工程，施工人员2人；2.银杏树区域木栅栏补泥子、打磨、喷漆，施工人员3人。总计施工人员5人。

监理情况：1.督促施工方设置《禁止停车》安全警示牌；2.检查银杏树区域木栅栏补泥子、打磨、喷漆时，发现部分木栅栏边角没有处理到位，要求施工方在施工过程中边角要处理到位，注意细节；3.整理监理资料。

2018年11月10日　星期六　天气：阴转小雨

项目名称：油漆工程；砌筑挡车石

位置：银杏树下

进度：已完成

项目内容：1.油漆120（两面）米×1.2米；2.挡车石12个，直径50厘米2个，40厘米的8个，30厘米2个；3.清扫红军医院周边及内院约1600平方米。

工作量：144平方米；1.3立方米；1600平方米

监理情况：1.检查现场施工情况，符合施工标准；2.整理监理资料；3.督促施工方整理施工资料；4.第二阶段施工工程于今天下午正式完工。

施工中

## 10月—11月监理月报

### 1.本期工程概况

本期工程时间为2018年10月1日—2018年11月10日。

本期主要施工情况：

10月

1日—3日，医院旧址门前环境整治，1.条石路面铺设；2.片石路面黄沙勾缝；3.条石路面黄沙勾缝。

4日—5日，医院旧址门前环境整治，1.条石路面铺设；2.片石路面黄沙勾缝；3.条石路面黄沙勾缝；4.砌筑条石散水。

6日—8日，医院旧址门前环境整治，1.条石路面铺设；2.片石路面黄沙勾缝；3.条石路面黄沙勾缝；4.青砖路面混凝土垫层；5.4组二进过门青砖地面拆除修缮；6.四组佚失排水沟修缮。

9日，医院旧址门前环境整治，1.条石路面铺设；2.片石路面黄沙勾缝；3.条石路面黄沙勾缝；4.圆形卵石树池砌筑；5.3组三过门、二进正房；4组倒座；阶条石修缮。

10日—14日，医院旧址，1.3组倒座及三进过门地面拆除；2.3组倒座及三进过门地面青砖修缮；3.1组青砖路面混凝土垫层；4.圆形卵石树池砌筑。

银杏树区域，1.银杏树下八字砖拆除；2.清除垫层砂石；3.银杏树下石栅栏及混凝土地基拆除；4.银杏树下泥土回填；5.木栅栏防腐木进场。

15日—19日

医院旧址，1.拆除3组门楼地面、甬路青砖细墁散水、二进过门地面、二进正房及附属房青砖地面；2.修缮3组二进过门地面、门楼地面、甬路青砖地面散水、二进正房及附属房青砖地面；3.圆形卵石树池砌筑；4.砌茶锅。

银杏树区域，1.银杏树下回填土；2.修整银杏树下地坪；3.绿化带周边及浮雕墙后回填土；4.农家肥营养土回填。

20日—22日

银杏树区域，1.原内部水泥小路、路口混凝土路面拆除；2.银杏树周边条石铺设；3.清运建筑垃圾，运距12千米；4.拆除花坛，扩大主入口。

23日—26日

医院旧址，1.拆除四组门楼青砖地面、倒座屋地面及附属房屋地面；2.修缮4组门楼青砖地面、倒座屋地面及附属房屋地面。

银杏树区域，1.银杏树周边条石铺设；2.补砌浮雕墙脚大理石。

27日—30日，医院旧址。

3组，1.一号院西墙体挖补；2.门楼倒座南外墙墙体剔除水泥修补；3.门楼倒座南外墙墙体挖补；4.门楼倒座南外墙墙体勾缝；5.门楼倒座佚失排水沟修缮。

4组，1.门楼倒座南外墙墙体剔除水泥修补；2.门楼倒座南外墙墙体挖补；2组三号院西墙粉刷。

银杏树区域，1.路缘石铺砌；2.银杏树下回填土修整；3.增加回填土；4.绿化带旁铺青石片。

11月

1日—10日，医院旧址，1.拆除4组甬路青砖；2.修缮4组青砖细墁；3.清扫红军医院周边及内院。

银杏树区域，木栅栏制安。油漆工程，1.泥子嵌缝；2.泥子打磨；3.喷漆；4.大巴压坏条石路面翻修；5.挡车路礅石。

投入设备：切割机、磨光机、空气压缩机、喷枪、农用三轮车等工具。

主要进场材料：防腐木、河沙、条石、桐油等。

## 2. 本期工程进度

本期工程进度如下：

10月

1日—3日，医院旧址门前环境整治，1.条石路面铺设完成；2.片石路面黄沙勾缝；3.条石路面黄沙勾缝。

4日—5日，医院旧址门前环境整治，1.条石路面铺设完成；2.片石路面黄沙勾缝；3.条石路面黄沙勾缝；4.砌筑条石散水。

6日—8日，医院旧址门前环境整治，1.条石路面铺设完成；2.片石路面黄沙勾缝；3.条石路面黄沙勾缝；4.青砖路面混凝土垫层；5.4组二进过门青砖地面拆除修缮；6.4组佚失排水沟修缮。

9日，医院旧址门前环境整治，1.条石路面铺设完成；2.片石路面黄沙勾缝；3.条石路面黄沙勾缝；4.圆形卵石树池砌筑；5.3组三过门、二进正房；4组倒座；阶条石修缮。

10日—14日，医院旧址，1.3组倒座及三进过门地面拆除完成；2.3组倒座及三进过门地面青砖修缮；3.1组青砖路面混凝土垫层；4.圆形卵石树池砌筑。

银杏树区域，1.银杏树下八字砖拆除；2.清除垫层砂石；3.银杏树下石栅栏及混凝土地基拆除；4.银杏树下泥土回填；5.木栅栏防腐木进场。

15日—19日，医院旧址，1.拆除三组门楼地面、甬路青砖细墁散水、二进过门地面、二进正房及附属房青砖地面完成；2.修缮3组二进过门地面、门楼地面、甬路青砖地面散水、二进正房及附属房青砖地面；3.圆形卵石树池砌筑；4.砌茶锅。

银杏树区域，1.银杏树下回填土；2.修整银杏树下地坪；3.绿化带周边及浮雕墙后回填土；4.农家肥营养土回填。

20日—22日，银杏树区域，1.原内部水泥小路、路口混凝土路面拆除完成；2.银杏树周边条石铺设；3.清运建筑垃圾，运距12千米；4.拆除花坛，扩大主入口。

23日—26日，医院旧址，1.拆除4组门楼青砖地面、倒座屋地面及附属房屋地面完成；2.修缮4组门楼青砖地面、倒座屋地面及附属房屋地面。

银杏树区域，1.银杏树周边条石铺设；2.补砌浮雕墙脚大理石。

27日—30日，医院旧址。

3组，1.一号院西墙体挖补完成；2.门楼倒座南外墙墙体剔除水泥修补；3.门楼倒座南外墙墙体挖补；4.门楼倒座南外墙墙体勾缝；5.门楼倒座佚失排水沟修缮。

4组，1.门楼倒座南外墙墙体剔除水泥修补；2.门楼倒座南外墙墙体挖补；2组三号院西墙粉刷。

银杏树区域，1.路缘石铺砌；2.银杏树下回填土修整；3.增加回填土；4.绿化带旁铺青石片。

11月

1日—10日，医院旧址，1.拆除4组甬路青砖完成；2.修缮4组青砖细墁；3.清扫红军医院周边及内院。

银杏树区域，木栅栏制安。油漆工程，1.泥子嵌缝；2.泥子打磨；3.喷漆；4.大巴压坏的条石路面翻修；5.挡车路墩石。

本期工程进度落后于计划进度，主要由以下原因造成：

（1）协调银杏树区域保护方案。

（2）环状地形，施工困难。

为加快施工速度，经与业主方沟通，对施工方做出以下要求：

（1）提高材料加工速度，加快进度。

（2）增加施工人员，提高施工作业水平。

### 3. 本期工程质量

在本期施工中，我监理方通过以下几个方面进行了质量控制：

（1）对于进场的材料，我方要求施工方进行报验，提供相关合格证明资料。本期进场的材料主要有防腐木、条石，监理单位现场检查，符合质量要求，准许施工单位进场施工。

（2）本期进行的工程主要有银杏树区域场地平整、农家肥营养土回填、条石路面铺设、木栅栏制安，我方监理在施工过程中对工程质量进行严格把关，填写《旁站记录表》1份，保证了施工质量。

（3）监理每日现场巡查，对于发现的质量问题，及时指出纠正，监理现场发现并要求整改的问题有：

1）检查银杏树区域主入口条石路面铺设时，发现部分条石平面不平整，当场要求施工方拆除，然后重新铺设。

2）检查银杏树区域圆形路牙石铺设时，发现路牙石弧度不够圆，要求施工方对路牙石进行调整。

3）检查银杏树区域场地平整时，要求施工方将场地内的建筑垃圾清理干净，然后再进行场地平整。

4）检查银杏树区域木栅栏木构件安装时，发现木栅栏的木柱歪斜、不垂直，当场要求施工方进行整改。

### 4. 本期工程安全

本期施工过程中存在以下安全问题：

（1）银杏树区域施工现场缺少禁止吸烟、佩戴安全帽、饮酒禁止入内等安全警示标志。

（2）施工人员发现有抽烟、不按规定佩戴安全帽等不文明现象。

（3）银杏树区域施工现场外围未做警示标志，游客可能进入施工现场，存在安全隐患。

针对以上问题，我方要求施工方进行整改，并对整改结果进行了检查确认：

（1）加强工人安全文明施工教育，要求施工人员注意文明施工。

（2）银杏树区域施工现场外围做警示标志，现场内设置各安全警示标志。

### 5. 本期工程量审核

我方对施工单位完成的工程量进行仔细统计，按日审核，确保了本期完成工程量的准确。具体的工程量审核情况如下：

10月

1日—3日，医院旧址门前环境整治，1.条石路面铺设，60.78平方米完成；2.片石路面黄沙勾缝，255平方米；3.条石路面黄沙勾缝，65平方米。

4日—5日，医院旧址门前环境整治，1.条石路面铺设，46.48平方米完成；2.片石路面黄沙勾缝，136平方米；3.条石路面黄沙勾缝，65平方米；4.砌筑条石散水6.09平方米。

6日—8日，医院旧址门前环境整治，1.条石路面铺设，64.35平方米完成；2.片石路面黄沙勾缝，272平方米；3.条石路面黄沙勾缝，195平方米；4.青砖路面混凝土垫层，114.4平方米；5.4组二进过门青砖地面拆除修缮，42平方米；6.4组佚失排水沟修缮，26米。

9日，医院旧址门前环境整治，1.条石路面铺设，17.88平方米完成；2.片石路面黄沙勾缝，83.8平方米；3.条石路面黄沙勾缝，52平方米；4.圆形卵石树池砌筑，0.48平方米；5.3组三过门、二进正房；4组倒座；阶条石修缮，2.36平方米。

10日—14日，医院旧址，1.3组倒座及三进过门地面拆除，75平方米完成；2.3组倒座及三进过门地面青砖修缮，75平方米；3.1组青砖路面混凝土垫层，42平方米；4.圆形卵石树池砌筑，4.521平方米。

银杏树区域，1.银杏树下八字砖拆除，855平方米；2.清除垫层砂石，860平方米；3.银杏树下石栅栏及混凝土地基拆除，7米；4.银杏树下泥土回填，74.7平方米；5.木栅栏防腐木进场，12平方米。

15日—19日，医院旧址，1.拆除三组门楼地面、甬路青砖细墁散水、二进过门地面、二进正房及附属房青砖地面117.9平方米完成；2.修缮3组二进过门地面、门楼地面、甬路青砖地面散水、二进正房及附属房青砖地面，117.9平方米；3.圆形卵石树池砌筑，0.88平方米；4.砌茶锅，1.8平方米。

银杏树区域，1.银杏树下回填土，102立方米；2.修整银杏树下地坪，1100平方米；3.绿化带周边及浮雕墙后回填土，78立方米；4.农家肥营养土回填，180平方米。

20日—22日，银杏树区域，1.原内部水泥小路、路口混凝土路面拆除，38平方米完成；2.银杏树周边条石铺设，46.55平方米；3.清运建筑垃圾，运距12千米，12立方米；4.拆除花坛，扩大主入口，18.56平方米。

23日—26日，医院旧址，1.拆除4组门楼青砖地面、倒座屋地面及附属房屋地面，55平方米完成；2.修缮4组门楼青砖地面、倒座屋地面及附属房屋地面，55平方米。

银杏树区域，1.银杏树周边条石铺设，52.71平方米；2.补砌浮雕墙脚大理石，10.4平方米。

27日—30日，医院旧址。

3组，1.一号院西墙体挖补，0.8平方米完成；2.门楼倒座南外墙墙体剔除水泥修补，16平方米；3.门楼倒座南外墙墙体挖补，7平方米；4.门楼倒座南外墙墙体勾缝，19平方米；5.门楼倒座佚失排水沟修缮，16米。

4组，1.门楼倒座南外墙墙体剔除水泥修补，15平方米；2.门楼倒座南外墙墙体挖补，2.3平方米；2组三号院西墙粉刷，39.6平方米。

银杏树区域，1.路缘石铺砌，68.1米；2.银杏树下回填土修整，550平方米；3.增加回填土，12平方米；4.绿化带旁铺青石片，30平方米。

11月

1日—10日，医院旧址，1.拆除4组甬路青砖，48平方米完成；2.修缮4组青砖细墁，48平方米；3.清扫红军医院周边及内院，1600平方米。

银杏树区域，木栅栏制安63.6平方米完成。油漆工程，1.泥子嵌缝，144平方米；2.泥子打磨，144平方米；3.喷漆，144平方米；4.大巴压坏的条石路面翻修，42平方米；5.挡车路碛石，1.3平方米。

**6. 本期监理工作小结**

本期主要进行了如下工作：

（1）检查施工方新进的各种建筑材料，符合质量要求，方可进场。

（2）每日现场巡查，对发现的问题及时指出，要求施工方整改，保证了施工质量。

（3）督促施工方整理相关施工资料，提交工程报验资料。

（4）陪同甲方积极向当地群众协调银杏树区域保护方案，对施工过程中存在的问题及时向甲方汇报，和施工方沟通协调进行解决。

（5）对施工单位提交的整改报告单、进场材料报审表、古建筑拆卸构件登记一览、构件更换登记一览表等资料进行核查，并签字确认。

**7. 下期监理工作打算**

（1）督促施工方做好工程量清单、木构件拆卸一览表等施工资料。

（2）按照《全国重点文物保护单位文物保护工程竣工验收管理暂行办法》进行整理归档验收资料。

**8. 总监理工程师意见**

截至11月10日，工程已全部完成。工程整体施工质量较好，符合设计和规范要求，达到了合格工程的标准，满足验收条件。工程进行期间，人员安全和文物安全均得到了有效保障。

在下步工作中，我们将尽快整理完善监理资料、敦促施工单位尽快完善施工资料，配合业主方进行工程初步验收工作。

# 第五章 工程竣工报告

## 一、项目概况

项目名称：罗山县红二十五军长征出发地旧址修缮工程

项目地点：河南省信阳市罗山县铁铺镇何家冲村

工程内容：设计图纸及设计变更范围内全部内容

文物级别：国家级文物保护单位

经费来源：财政资金

结构类型：砖木石混合结构

建设单位：罗山县文物管理局

设计单位：南阳市古代建筑保护研究所

监理单位：河南安远文物保护工程有限公司

施工单位：江西九丰园林古建筑工程有限公司

工期要求：计划开工和计划竣工日期

实际开工工期：2017年5月8日

实际竣工日期：2018年11月22日

第一阶段初步验收日期：2018年1月22日

第二阶段初步验收日期：2018年11月28日

第一阶段初验整改通过日期：2018年9月11日

第二阶段初验整改通过日期：2018年12月3日

## 二、工程简介

中国工农红军第二十五军长征出发地——何家冲，位于河南省罗山县铁铺镇何家冲村境内，1985 年被罗山县人民政府公布为县级文物保护单位，1996 年被国务院公布为第四批全国重点文物保护单位。红二十五军长征出发地旧址由四部分组成：一是红二十五军军部旧址，设在何家祠堂，东西宽 19.66 米，南北长 28.86 米，现存房屋 8 间，具有南方宗祠建筑特点。当年军首长吴焕先、程子华、徐海东等人曾在此居住，并在此召开过多次重要军事会议。二是红二十五军医院旧址，位于军部旧址东约 300 米处的何大湾内。建于明代，为何姓人所建，属民居，为群组建筑，具宗族色彩。该旧址总占地面积约 2700 平方米，现存房屋 25 座（含围廊）。四组建筑的结构、风格、规模基本相同。三是银杏树，树高 20 余米，是当年红二十五军集合出发的地方。四是红军碾，为当年红军碾米石磨盘，当年红二十五军 2980 名将士全靠此大碾盘碾米。

本次维修涉及范围：1. 军部维修。2. 红军医院旧址维修及环境治理。3. 银杏树下环境治理。维修涉及单体：1. 军部旧址：军部正厅、东西耳房、东西厢房、门楼及倒座、院内地面等单体、部位。2. 医院旧址：1 组、2 组、3 组、4 组，门楼倒座、侧房、过厅、过门、正房、围墙院内地面排水沟等单体、部位。

由于自然因素和后期维护不当等，文物本体出现了诸多残损和潜在严重危险病状。屋面漏水，木构件内有大量白蚁，进而导致大木构件出现严重糟朽、蚕食，进场时军部部分立柱已经到无法承重状态，用临时支柱加固。主体外墙被后人用白灰涂刷后又用水泥添加强力胶调制再次涂刷，用油漆笔勾画勾缝。地面铺地青砖佚失或用水泥补砌，木装修构件部分佚失、糟朽严重。东西厢房、东西耳房局部或大部分青瓦脱落破损透光漏雨，木构件糟朽严重。医院旧址地面杂草丛生，部分墙体为后人改建的红砖墙体或水泥修补及水泥勾缝，2 组一坡房坍塌，门及门枋受雨糟朽，排水沟佚失或用水泥补砌，严重破坏了建筑的原貌。院内原地面铺装佚失，后人用水泥修补地面。门前沥青路面及花坛高出文物门前房檐下地面且无散水，导致排水不畅，文物本体久湿不干。文物建筑生存环境恶劣，已威胁到文物建筑本体的保护与延续，亟待进行维修保护，银杏树下前人建设时于树干周边 0.5 米一圈深 8 厘米处浇筑 26 厘米厚 40 厘米宽混凝土，于混凝土上制安一圈石栅栏，且主干直径 33 米内用 30 厘米厚麻砂夯实，铺水泥砖及石片，严重导致银杏树不能生发新根，吸收不到足够的水分和养分，叶面日益见黄呈现病态，急需抢救。

罗山县红二十五军长征出发地旧址修缮及环境治理项目自 2017 年 5 月 8 日开工，第一阶段修缮位置为军部旧址全部单体和医院旧址 1 组、2 组全部单体，第二阶段修缮位置为医院旧址 3 组及 4 组全部单体，门前环境治理，银杏树下环境治理，具体施工内容及做法参照设计文本的普适做法、各建筑单体维修保护措施对照农和各单体设计图纸及设计变更进行维修。工程质量符合国家现行建设及文物保护工程规范合格标准。2018 年 1 月 22 日通过了第一阶段工程竣工初步验收，2018 年 9 月 11 日对初步验收提出的整改建议整改到位。2018 年 11 月 28 日通过了第二阶段工程竣工初步验收。2018 年 12 月 3 日对初步验收提出的整改建议整改到位。

## 三、维修施工原则与依据

坚持"保护为主、抢救第一、合理利用、最小干预、加强管理"的文物工作方针，按照文物保护原则和《红二十五军长征出发地旧址维修保护设计方案》，全面消除文物本体病害和安全隐患，保持红二十五军长征出发地旧址建筑群的稳定性和安全性，真实、全面地保存并延续红二十五军长征出发地旧址的历史、文化、科学及艺术价值，是本次修缮保护工作的重点，难点。

维修开始前，首先由项目技术负责人牵头、班组长参加，充分了解设计方案、领会设计意图和建筑情况，根据我方多年积累的丰富的古建筑维修经验，制订切实可行的施工步骤和人员、材料配合计划。

**1. 施工原则**

依据本项目自身特点，选择和确定技术上先进、经济上合理的施工方法，周密、均衡地安排人员、材料、机械设备，正确编制项目进度计划，合理布置现场的平面布局。本着保证工期、工程质量及项目实施安全的原则，遵循以下原则：

"不改变文物原状"的原则：按照《中华人民共和国文物保护法》对残损文物进行修缮、保养、迁移，必须遵守"不改变文物原状"的原则和文物工作贯彻保护为主，抢救第一，合理利用，加强管理、最小干预的方针，在维修时遵循"不改变文物原状"的原则，尽可能多地利用原材料，保存原有构件，使用原工艺，延续文物的历史信息和时代特征。

安全第一的原则：安全是修缮工程的保障，文物的安全与人员的安全同等重要，施工中应设置防火、防雨设施，设置完善的安全设施，并对施工人员及周围群众做好安全宣传、教育和疏导工作，确保人员及文物建筑的安全。

保障质量的原则：施工单位应严格按照设计文件和《古建筑木结构维护与加固技术规范》（GB50162-92）及各相关规范施工。

文物修缮的成功与否，关键是质量。结合本工程实际，选派有相关维修经验管理团队和技术队伍负责项目全面实施，在修缮过程中重点加强质量意识和工序验收管控工作。材料采购按照部标或国标选择优质产品，杜绝以次充好、偷工减料等行为。修缮工艺、工序符合古建筑修缮有关质量标准和法规。

可逆性、可再处理的原则：修缮过程中，坚持修缮过程的可逆性，保证修缮后的可再处理性。尽量选择使用与原构件相同、相近或兼容的材料，使用原有工艺技术法，保持最多的历史信息，为后人的研究、识别留有更多的空间。

遵循传统、保持地方风格的原则：地方建筑风格与传统工艺手法，对于研究各地区建筑史和各地区传统建筑工艺具有极高的价值。在修缮过程中加以识别，不主观臆断，遵循传统，保持地方建筑风格的多样性、传统工艺手法的地域性和营造手法的独特性。

安全文明施工的原则：加强施工现场管理，达到工地文明施工标准，现场布置规范有序，环境整洁，施工、储料、备料加工、生活区域分明，消防设施齐全、到位。

## 2. 施工依据

国家文物局及河南省文物局批复文件。

施工合同。

总监理工程师批复的施工组织设计。

《罗山县红二十五军长征出发地旧址维修设计方案》

《中华人民共和国文物保护法》（2007）

《中华人民共和国文物保护法实施条例》（2003）

《古建筑修建工程质量检验评定标准》（北方地区）（GJJ39-91）

《木结构工程施工质量验收规范》（GB.J206-2002）

## 四、各单体维修内容概述

### 1. 军部正厅及东西耳房

因梁架整体糟朽严重，对梁架进行重新加固支顶后，局部揭顶时发现实际残损大于勘验残损，经四方协商后，决定全部挑顶维修。

所有下房构件编号、分类存放，做好防潮、防火、防雨水措施。技术负责人、木工班组长安排制订维修计划，对尚能继续使用的椽子清理积尘后做防虫、防腐处理。不能继续使用的椽子按照原形制重新制作。部分檩条入墙一端糟朽，轻微糟朽的，现场清理糟朽后做镶补处理，尽可能不做过多扰动。严重糟朽，糟朽过半不能继续使用的，按照原规格用干燥木材重新制作，入墙一端涂刷防腐剂后待用。

维修前，为保护现场展件及室内设施，屋面上方搭建防雨措施，军部正厅及东西耳房室内陈列展件，将可移动之文物拍照确定方位后，逐一转移至业主指定仓储，不可移动之文物现场用脚手架及竹排、安全网搭建防护隔离间，确保了现场展件安全。

维修前，正厅及东西耳房，屋面有后人增加的油毛毡，本次维修予以拆除，拆除油毛毡后发现方椽、檩条、东侧七架梁、随梁枋、抱头梁、窗梁、檐柱、金柱、走马板、木楼板、穿插枋等大量木构架及木构件受白蚁蚕食及漏雨糟朽导致残损严重。因此更换量大，对不能使用的构件集中摆放，编号补制，请现场监理及业主确认残损构件。本次维修对木构架全部拆除，按原尺寸及造型重新补配。制作完成后，统一涂刷桐油做防腐后按原位归安。

维修前，军部正厅及东西耳房外墙有后人涂刷的白灰及水泥掺强力胶调制的涂料，再次涂刷外墙后用油漆笔勾画勾缝严重破坏建筑原始风貌，本次维修予以清理，恢复建筑原始风貌。

维修前，墙根位置杂草生长茂盛，导致下墙酥碱严重。维修前地面青砖残损，用水泥修补或坑洼不平，整修室内青砖地面。地面做法：拆除原地坪→原土夯实→30毫米厚白灰砂浆坐底灰→砖规格东西耳房300毫米×180毫米×60毫米→正房300毫米×300毫米×60毫米青砖铺墁，黄沙扫缝。

维修前，窗槛墙为后人用水泥砖补砌，本次维修拆除水泥砖补砌窗槛墙，用同尺寸及造型青砖恢复。

维修前，正厅及东西耳房外墙彩绘年久失修，风化脱落模糊不清。本次维修铲除风化层→用原来做法及材料重新抹灰→打磨→重新彩绘。

维修前木装修部分佚失、局部糟朽严重。本次维修按照设计图纸要求，对糟朽的门窗、雕花构件进行镶补、整修。

### 2. 东厢房、西厢房

维修前，为保护现场展件及室内设施，屋面上方搭建防雨措施，东西厢房室内陈列展件，将可移动之文物拍照确定方位后，逐一转移至业主指定仓储，不可移动之文物现场用脚手架及竹排、安全网搭建防护隔离间，确保了现场展件安全。

维修前，屋面有后人增加的油毛毡，本次维修拆除所有油毛毡。

维修前，两座单体局部或大部分构件白蚁蚕食或糟朽，本次维修挑顶查验，木构件多数已经糟朽严重，不能继续使用，残损严重的主要构件为方椽圆檩。本次维修对尚能使用的木构件维修后继续使用，多数按设计图纸要求尺寸，重新制作木构件，防腐防虫后归安。东西厢房外墙体为后人用白灰涂刷，用水泥掺强力胶调制后再次涂刷，油漆笔勾画勾缝，与原整体风貌不符。本次维修予以清理恢复。原地面后人用水泥修补，本次维修恢复青砖地面，施工工艺及用材同正厅耳房地面。

维修前，两座单体外墙彩绘年久失修，风化脱落模糊不清。本次维修铲除风化层→用原来做法及材料重新抹灰→打磨→重新彩绘。

维修前，门、窗木装修部分佚失、局部糟朽严重。本次维修按照设计图纸要求，对糟朽的门窗、雕花构件进行镶补、整修。

### 3. 门楼及倒座

维修前，同正厅做好文物转移现场保护措施工作后，对门楼及倒座屋面采取挑顶维修，拆除后人增加的油毛毡，查验木构件，残损极为严重且较多的构件为方椽及檩条，对糟朽不严重的构件部位刷桐油后继续使用，对糟朽严重部分依原来式样、尺寸进行更换。东西倒座门枋和门转白蚁蚕食严重，本次维修，用原尺寸、原风格补配制安，对符合使用条件的残损实木门整修墩接后刷桐油处理。门楼东封山墙由于基部、方梁糟朽蚕食歪闪严重，本次维修，拆除歪闪封山墙更换同等规格方梁，用同等规格材料及做法重砌恢复封山墙。拆除清理室内及廊下水泥地面，恢复原有青砖地面。施工工艺及用材同正厅。

维修前，门楼及倒座踏步石、阶条石残损或缺失，用水泥补砌，本次维修拆除原水泥补砌，用民间搜集同等尺寸规格石条替换。

维修前，门楼及倒座墙体彩绘风化脱落模糊不清，做法同正厅。

维修前，门楼及倒座外墙，墙体为后人用白灰涂刷，然后用水泥掺强力胶调制后再次涂刷，油漆笔勾画勾缝，与原整体风貌不符。本次维修予以清理。维修前墙体酥碱严重的用同等尺寸大小青砖挖补。

维修前，局部所有木构件油饰起甲，本次维修清理起甲油饰→脱漆→泥子嵌缝→打磨→油漆。

**红军医院旧址维修前**

红军医院旧址维修前，院内杂草丛生，所有屋面被后人增加了现代材料油毛毡，导致屋面瓦片大部分移位或脱落，室内漏水情况严重，排水沟佚失，原状为水泥砌筑或水泥补砌，杂石补砌，部分阶条石佚失。墙体、台明多处勾缝为水泥勾缝。甬路、围墙、墙帽及墙线使用水泥砖。房屋墙体由于排水不畅导致酥碱严重，多处墙体使用水泥修补，严重损坏了建筑原始风格及原貌，佚失按设计图纸要求及古建筑修缮常规做法，对所有屋面挑顶维修，拆除前人增加的油毛毡，清理椽、檩积尘，对糟朽部分做镶补处理，补配佚失、碎裂瓦件后，重新瓦屋面、叠脊。

对后人改建的局部红砖或水泥砖山墙，拆除重砌，对后加的水泥抹面层，清理表层后，按设计图纸要求恢复抹面层，对后人增加的所有水泥勾缝进行清理，恢复原做法，白灰加草木灰恢复原墙体勾缝。医院旧址木构件油饰全部起甲或脱落，本次维修油漆做法：铲除清理油饰起甲→脱漆→泥子嵌缝→打磨→油漆。补配整修医院旧址室内及甬路地面。

**红军医院旧址1组门楼倒座及过厅、耳房、过门、正房维修**

①首先清理院内杂草，对现场不可移动之文物进行现场防护，使用钢管脚手架、竹排、安全网隔离防护，对维修单体屋面增加防雨措施。②对所有屋面进行挑顶，拆除后人增加的油毛毡，更换糟朽弯曲严重，不符合使用要求的方椽、圆檩及木构件，按照原尺寸同等材质及造型补制，用桐油断白后归安。③调整、整修、补配门窗，剔除墙体和台明水泥勾缝，用白灰+草木灰恢复。④拆除甬路围墙水泥砖墙帽、墙线，用青砖补砌恢复，对墙体酥碱严重部分，用同等型号规格青砖挖补，1组酥碱最为严重面积之大的墙体为西外墙及主体下碱墙。⑤拆除原佚失水泥排水沟，用当地搜集规格为300毫米×240毫米×1000毫米石条恢复（民间搜集长度略有差异）。⑥拆除原室

内及走廊、甬路地面水泥修补，本次维修做法，素土夯实→30毫米厚白灰砂浆坐底灰→同等规格青砖铺墁，黄沙扫缝。⑦拆除一号院一坡房油毛毡，更换残损木构件，桐油断白归安。⑧原门窗油饰起甲，本次维修，铲除起甲→脱漆→泥子嵌缝→打磨→油漆。

红军医院旧址2组门楼倒座及过厅、侧房、过门、正房，红军医院旧址3组门楼倒座及过厅、侧房、过门、正房，红军医院旧址4组门楼倒座及过厅、侧房、过门、正房，维修与1组相同。

**医院旧址门前环境治理**

医院旧址门前环境治理前，后人依墙砌筑高30厘米花坛，宽3米，门前路面为6.25米宽沥青路面，路南侧为8.5米宽40厘米高园林。无论花坛还是路面高度均严重高于医院旧址门前地面，导致排水不畅，墙体久湿不干，长满青苔，严重侵害建筑主体，且杂草丛生，局部被当地居民种上农作物，堆放杂物，严重破坏了文物主体及整体协调性。本次维修严格按照设计要求拆除原花坛、拆除沥青路面、园林、铲除杂木，保留原始树木用卵石砌筑树池，①降低原地坪补做青砖散水58米×3米，以2%坡度向南自然散水。②石条路面→降低原地坪→压实→用0.17米厚C15商砼垫层→水泥砂浆找平→铺规格800毫米×300毫米×200毫米人工自然面石条→1∶1调色水泥砂浆灌缝→1%坡度向南自然散水。③浆砌石路面，降低原地坪→压实→水泥砂浆找平层→现场人工开凿片石铺砌1∶1调色砂浆灌缝，以2%坡度向水塘自然散水。以上结合阴雨天及初验实际验证符合相关要求。

**银杏树环境治理**

银杏树环境治理前，前人建设时于树干周边0.5米一圈，深8厘米处，浇筑26厘米厚40厘米宽混凝土，于混凝土上制安一圈石栅栏，且主干直径33米内用30厘米厚麻砂夯实，铺水泥砖及石片，严重导致银杏树不能生发新根，吸收不到足够的水分和养分，树叶日益见黄呈现病态，急需抢救。本次维修前特邀请省林业专家对本次维修做了现场勘察评估，对维修方案提出宝贵建议。本次维修，拆除了银杏树周边石栅栏、混凝土、片石、水泥砖、人工清理麻砂层，松动土壤，购买发酵农家肥1∶8混合当地菜园土壤，从主干开始以2%坡度人工回填土至树枝覆盖地面边缘，厚度40厘米，依照树枝覆盖地面边缘制安防腐木栅栏，防止游客频繁踩踏导致地面板结难以渗透足够水分养分，栅栏外铺设8米宽石条路面，黄沙找平层铺设规格300毫米×500毫米×150毫米石条，黄沙扫缝。石条路外侧4米回填土后草皮绿化。进口处设置了挡车石，防止车辆进入损坏设施。

## 五、工程竣工初步初验

项目部在做好资料汇总及全部项目交工准备后，第一阶段于2018年1月22日通过了工程竣工初步验收，第二阶段于2018年11月28日通过了工程竣工初步验收，验收由罗山县文物管理局组织，信阳市文物局主要领导、专家团、设计方、监理方、施工方项目负责人参加。

验收开始后，首先实地察看各维修建筑，信阳市文物局领导及专家团听取建设方、监理方、设计方、施工方的项目实施情况汇报，对工程施工资料进行了认真核查，详细了解了维修保护工程的实施过程。

通过讨论，一致认为本工程严格按照文物管理部门审批的设计方案进行了施工。根据文物本体的实际情况，经过勘察，对部分工程量进行了变更，相关签证手续齐全，符合要求。工程视觉效果良好，各分部分项工程均达到了合格工程标准，资料完整，决定通过工程竣工初步验收。

同时，验收组也提出了几点整改意见，验收结束后，项目部组织人员逐一进行了调整、完善，并通过了初步验收。

罗山县红二十五军长征出发地旧址修缮项目在2017年5月开工以来，施工单位精心组织施工，在施工中严格按照设计图纸、工程规范、强制性标准及相关程序进行控制，使得每个分部分项工程质量都达标。注意收集影像资料和各种文档资料，使本期工程做到有据可查，施工中对工程变更及洽商进行了认可签发。我们着力落实安全生产责任制，确保安全技术交底到每个人，在整个工程施工中无一起安全事故。合理分配人力、物力的投入，组织一批经验比较丰富的施工技术人员，圆满地完成了此项维修保护工程。

# 第六章 监理工作总结报告

## 一、工程概况

### 1. 工程概况

工程名称：罗山县红二十五军长征出发地旧址修缮工程

工程地点：河南省罗山县铁卜乡何家冲村

工程投资：第一阶段 400 万元，第二阶段 188 万元

第一阶段工期：2017 年 3 月 23 日至 2018 年 1 月 22 日，共 306 天

第二阶段工期：2018 年 7 月 4 日至 2018 年 11 月 10 日，共 102 天

建设单位：罗山县文物管理局

设计单位：南阳市古代建筑保护研究所

施工单位：江西九丰园林古建筑工程有限公司

监理单位：河南安远文物保护工程有限公司

### 2. 残损情况、维修内容和时间节点

本次工程第一阶段主要对红二十五军军部旧址何氏祠及红二十五军医院旧址前两组建筑群进行维修保护。第二阶段主要对红二十五军医院旧址后两组建筑群进行维修保护、医院旧址门前环境、银杏树区域进行综合治理。

（1）残损情况

1）军部旧址

在自然及人为的双重作用下，残损较为严重。所有单体清水墙面后加水泥抹面；屋面后加现代建筑材料油毛毡，且大部分屋面漏雨；木构架被白蚁蚕食严重；院内地坪及排水系统被破坏，排水不畅。

2）红二十五军医院旧址

在自然及人为的双重作用下，旧址主要残损是墙面后加水泥抹面；屋面后加现代建筑材料油毛毡，局部屋面漏雨；排水系统及室内外地面被破坏。

3）医院旧址周围环境整治

周围现场环境不利于文物本体保护，医院旧址外墙处花坛造成墙面长期潮湿生长青苔，建筑外墙已有酥碱迹象，危害文物本体。水泥道路及水塘边杂乱树木、菜地等与文物建筑整体风貌不协调，且对自然排水造成阻碍。

4）银杏树区域

银杏树树下地面硬化已严重危害银杏树生长，导致其树叶细小，挂果稀疏，新枝萌发稀少。

（2）具体维修内容和时间节点：

1）军部旧址——何氏祠：

①军部正厅

军部正厅于2017年5月6日开始搭设脚手架对其进行修复，5月13日开始清理后檐墙、东西山墙及马头墙墙面水泥，5月18日开始拆除屋面小青瓦、灰背层及油毛毡层，5月20日残损椽子及檩条、梁架拆除完毕，7月11日开始安装柱子、梁架、檩条、钉椽，8月12日屋面开始铺设望瓦、灰背层、瓦瓦。

在此期间，拆开屋面后发现椽子糟朽严重，不能满足使用需要，檩条更换10根；明间东榀梁架三架梁、五架梁、七架梁被白蚁蚕食严重，不能满足使用需要；后檐两根柱子一根糟朽严重需要更换，一根底部糟朽采用墩接处理，前檐两根金柱和两根檐柱糟朽严重需要更换，正门门槛被白蚁蚕食严重需要更换。另外，马头墙彩绘和木装修油漆出现起甲、脱落情况需要进行修缮；前檐槛墙为水泥砌筑，需恢复青砖墙体，踏步石断裂处用水泥砂浆黏结，需剔除水泥，台明勾缝脱落60%，需要传统草料白灰加稻草灰重新勾缝。

②军部东厢房

军部东厢房于2017年5月7日开始搭设脚手架对其进行修复，5月13日开始清理后檐墙墙面水泥，8月13日开始拆除屋面小青瓦、灰背层及油毛毡层，8月17日开始更换残损严重檩条、钉椽，其中椽子残损严重，不能满足使用需要，檩条更换9根，8月22日屋面开始铺设望瓦、灰背层、瓦瓦。另外前檐下碱墙局部青砖残损严重需挖补处理，木装修出现起甲、脱落情况需要修缮。

③军部西厢房

军部西厢房于 2017 年 5 月 9 日开始搭设脚手架对其进行修复，5 月 13 日开始清理后檐墙墙面水泥，8 月 14 日开始拆除屋面小青瓦、灰背层及油毛毡层，8 月 16 日开始更换残损严重檩条、钉椽，其中椽子残损严重，更换数量占屋面的 2/3，檩条更换 12 根，8 月 21 日屋面开始铺设望瓦、灰背层、瓦瓦。另外前檐下碱墙局部青砖残损严重需挖补处理，木装修出现起甲、脱落情况需要修缮。

④军部大门及倒座

军部大门及倒座于 2017 年 5 月 6 日开始搭设脚手架对其进行修复，5 月 13 日开始清理前檐墙、东西山墙及马头墙墙面水泥，8 月 26 日开始拆除屋面小青瓦、灰背层及油毛毡层，9 月 5 日开始更换变形严重檩条、椽子，檩条更换 13 根；9 月 8 日开始屋面做正脊，铺设望瓦、灰背层、瓦瓦。

其中，大门屋面拆开后发现东山墙向外歪闪严重，需拆除后重新砌筑，山墙与檩条交接部位方木糟朽严重需更换；门前一个踏步石佚失需恢复原貌；木装修局部出现起甲、脱落需修缮。

2）红二十五军医院旧址

①第一、第二组建筑群

红二十五军医院旧址两组建筑群每个单体的残损程度和残损情况基本相同，其维修内容大致一样，从 2017 年 10 月 19 日开始对其进行维修。屋面存在油毛毡层，局部小青瓦脱落、破碎，需拆除后重新屋面瓦瓦；墙体砖缝为水泥勾缝剔除后用传统材料白灰加草木灰重新勾缝；柱子及装修上的油饰起甲、脱落需重新维护；室外排水沟为水泥砂浆铺设拆除后恢复原条石铺设。

②第三、第四组建筑群

红二十五军医院旧址后两组建筑群每个单体的残损程度和残损情况基本相同，其维修内容大致一样，从 2018 年 7 月 11 日开始对其进行维修，维修内容与第一、第二组建筑群一致。

3）医院旧址周围环境整治

医院外墙处花坛造成墙面长期潮湿生长青苔，建筑外墙已有酥碱迹象，危害文物本体，需拆除进行环境治理工作，从 2018 年 8 月 20 日进行整治，拆除旧址门前原有的花坛、拆除柏油路面、拆除水塘边的花坛，进行场地平整。医院旧址外墙至水塘地坪依次为：条石散水—青砖散水—条石路面—片石路面。

4）银杏树区域

经专家现场勘察：是营养不良所致，与树下地面过度硬化有关，建议后续保护措施应以恢复树木健康状态为原则。从 2018 年 10 月 12 日开始进行修缮工程。

具体维修内容：首先，拆除树木四周现有石栏杆及地面铺装，翻松土地；其次，以树根为圆心，向外扩半径 9 米的养护区，施用 10 厘米厚营养土，其上用附近山上土壤敷设至与地面齐平，养护区内不再进行地面铺装；原设计方案中外围木栅栏移至养护区边缘，防止游人及附近禽畜进入养护区；养护区外沿用青砖设牙子砖一道，其外铺设与附近亭子一致的石条；为扩大广场活动面积，移除银杏树前临近道路处的部分绿植，补种在其余位置有缺口处。

## 二、监理组织机构人员投入

根据建设单位和监理单位签订的监理委托合同的任务要求，结合修缮工程的特点以及实际工作的需要，监理单位组建了该工程的项目监理部，配备了能满足项目监理工作要求的人员和设备，并随工程进展调配了人员。本工程投入的监理人员力量如下：

**项目监理部人员名单**

| 姓名 | 性别 | 年龄 | 职称、职务 | 监理岗位 | 备注 |
|---|---|---|---|---|---|
| 牛宁 | 男 | 65 | 研究馆员 | 总监理工程师 | 第一阶段 |
| 张增辉 | 男 | 27 | 古建工程师 | 总监理工程师代表 | |
| 郭育才 | 男 | 65 | 古建工程师 | 监理工程师 | |
| 王明明 | 女 | 26 | 古建工程师 | 总监理工程师 | 第二阶段 |
| 李恒 | 男 | 23 | 古建工程师 | 监理工程师 | |

## 三、监理合同履行情况

### 1. 项目监理部的建设

根据与建设单位签订的委托监理合同约定，于 2017 年 3 月 23 日正式成立了以牛宁为总监理工程师的罗山县红二十五军长征出发地旧址修缮工程项目监理部，配备了充足的监理人员，确保了项目监理部岗位设置完整、合理。在工程施工过程中，监理单位根据情况，在红军医院墙体勾缝时，监理单位增派具有50多年古建筑工作经验的工程师宋仁义到现场，对勾缝材料如何配比、如何制作进行指导，对具体勾缝技术进行指导，保证了施工质量，也进一步完善了监理部的建设。

第二阶段工程启动前，监理单位于2018年7月4日调整了适应第二阶段工作的项目监理部，合理配备监理人员，确保了项目监理部岗位设置完整。在探讨银杏树区域保护方案时，监理单位协助建设单位，请来了省内林业领域的相关专家，对银杏树区域保护方案，进行了专家论证，保证了方案的可行性，也进一步体现了监理单位对文物保护工程的努力和重视。

### 2. 监理规划的编制

在接到建设单位提供的设计方案和图纸后，项目监理部对相关的工程资料进行详细查看和商讨，并结合红二十五军长征出发地军部旧址、医院旧址、银杏树区域的实地考察情况，提出了符合实际的图纸会审意见，在图纸会审及设计交底后，编制出了有针对性的监理规划。

监理规划就施工准备阶段、施工阶段、验收阶段的监理内容进行详细的阐明，并且对军部旧址、医院旧址的墙体水泥面清理和裂缝处理、屋面维修、木作维修和加固、地面铺装、油漆、医院旧址门前环境整治、银杏树区域保护方案等重要工序、工程的控制方法进行详述，从工程安全、工程质量、工程进度、资金控制、信息管理、合同管理、协调关系七大方面对工程进行监督和控制，督促施工单位在施工中严格践行"不改变文物原状"等文物保护工作的原则。

在工程准备阶段，监理单位按约定将监理规划报送建设单位；在监理过程中，根据图纸会审、工程洽商等内容，监理单位又对监理规划实施了动态调整，保证了监理规划对整个监理工作过程均有极强的可操作性和指导意义。

### 3. 向建设单位提供相应的咨询意见或建议

根据委托监理合同的约定，监理工程师在工作过程中，多次向建设单位提供了合理的建议。

（1）关于屋面维修方面的建议

监理单位在现场勘察时发现军部和红军医院建筑屋面均后加油毛毡。油毛毡一方面为现代材料，与建筑原有风貌不符；另一方面不利于室内水分挥发，极易造成檩条、椽子等木构件糟朽，危害极大。有鉴于此，监理单位在图纸会审中建议拆除后加油毛毡，具体基层做法参照设计图纸，结合当地地方做法确定。该建议得到建设单位的认可。

（2）关于木作修缮方面的建议

监理单位对现场木构件情况进行实际勘察，发现存在如下问题：军部旧址及红军医院屋面檩条及椽子损坏程度较设计方案中更为严重，残损数量也较设计方案更大。针对以上问题，监理单位在图纸会审时及时向建设单位提出了建议，根据现场实际情况对木作进行维修。该建议得到建设单位的认可，保证了木作维修的质量。

（3）关于墙面清理、排水沟铺设方面的建议

经现场勘察，发现军部大院建筑清水墙面被水泥抹面覆盖，红军医院墙体砖缝用水泥勾缝，排水沟用水泥砂浆铺设。水泥作为现代材料，与红二十五军建筑群传统工艺和风貌不符。针对以上问题，监理单位在图纸会审时及时提出了建议，建议墙面剔除水泥，勾缝用传统材料稻草灰加白灰，排水沟重新用条石铺设。该建议得到建设单位的认可。

（4）关于油漆工程方面的建议

要求施工单位在油漆工程之前制订具体的施工方案，并且进行小面积试验，观看油漆效果。这一要求得到了建设单位的认可，保证了油漆工程的顺利进行。

（5）关于资金控制方面的建议

第一阶段工程中修缮的建筑单体数量大，总资金有限，军部旧址维修过程中木构件残损情况较设计方案严重，更换量增加。在第二次现场协调会中建议施工单位对军部维修做出详细的资金计划，由建设单位组织相关部门进行审计，剩余的资金对红军医院秉承"必须修的要修，可修可不修的要小修"原则进行修复。

（6）关于银杏树区域保护方案的建议

在探讨银杏树区域保护方案期间，监理单位协助建设单位，邀请省内林业专家现场查看银杏树生长状况。专家认真考察现场后，指出银杏树呈现明显亚健康状态，树叶细小，挂果稀疏，新枝萌发稀少，是营养不良所致，与树下地面过度硬化有关，建议后续保护措施应以恢复树木健康状态为原则。通过专家论证，保证了方案的可行性，对银杏树区域的施工起到了指导作用，提高了文物保护工程的项目质量，得到了建设单位的高度认可。

#### 4. 向业主汇报监理工作实施情况

在工程实施过程中，第一阶段，监理单位参加第一次工地会议暨图纸会审会议1次，召开监理例会13次，参加现场协调会4次、四方验评会议1次，编写监理月报6期。第二阶段，监理单位参加工地会议1次、图纸会审会议1次、组织召开监理会议2次，银杏树区域保护方案专题会1次，现场协调会1次，会议均进行了详细记录，向各方发送了会议纪要；编写监理月报4期。并根据工程实际情况，在施工过程中，多次向建设单位进行口头汇报，保证建设单位对工程进展情况及监理工作情况有十分清晰的了解，也保证了工程中出现的问题能够得到及时解决，出色地履行了合同中约定的监理人的义务。

#### 5."四控制两管理一协调"履行情况

根据委托监理合同的约定，监理单位对本工程进行"四控制两管理一协调"，即质量控制、安全控制、进度控制、投资控制、合同管理、信息管理和各方关系的协调。

质量控制：要求施工单位对拟用于维修施工的建筑材料，如木材、石料、白灰、青砖、青瓦、桐油、油漆、混凝土等，进行报验，对报验的建筑材料质量及相关证件等进行检查，符合设计规范要求和质量要求的方可进场。

要求施工单位及时按照要求进行分部分项工程报验，每个单体的重要工序完成后必须向监理单位提出报验申请，监理单位组织各方进行现场检查验收，尤其强调对隐蔽部位的检查和验收，各方检查合格后方可下一步施工。

同时，加大日常巡视和旁站监理力度，对日常检查发现的问题及时指出，要求施工单位整改，并对整改结果进行检查。

安全控制：监理工程师对于工程安全严格监督，一方面监督施工单位施工时小心谨慎，做到最小干预，避免破坏文物本体；另一方面监督施工人员佩戴安全帽、安全带，做好安全防护措施，禁止现场抽烟，注意用电安全等，保证了施工人员的人身安全。

进度控制：监理工程师监控施工进度落实情况，当施工人数过少、进度较慢、落后于计划进度时，监理及时提醒施工单位，要求其增加施工人员，加大机械设备投入，合理安排施工时间，对进度进行纠偏。

投资控制：监理工程师对于工程投资进行严格控制，一方面监督施工单位严格按照图纸要求完成图纸内应完成的工程量；另一方面坚持"最小干预"的原则，最大限度地使用原构件，维持文物建筑原貌，严格控制工程签证，从而保证了工程投资在计划投资之内。

合同、信息管理：监理工程师致力于对合同、工程资料等信息进行管理，在工程进行过程中随时收集工程资料，整理归档，并在工程竣工后形成了监理资料汇编，保证了监理资料的齐全；与此同时，监理单位对施工单位竣工资料的整理收集情况进行检查，以确保工程资料的齐全。

**6. 项目监理部规章制度的履行情况**

根据合同约定，监理单位制定了本工程项目监理部的各项规章制度，在本工程实施过程中，监理工程师以身作则，严格遵守项目监理部制定的各项规章制度，严格约束自己的行为，坚守职业道德，不"吃、拿、卡、要"，不接受本工程项目承包单位的任何报酬和经济利益，坚持"公平、独立、诚信、科学"的监理工作原则，公平、合理地维护各方的合法权益，树立了我方良好的形象，也为本工程的顺利进行做出了应有的贡献。

## 四、监理工作成效

**1. 工程质量控制成效**

在本项目实施过程中，监理人员凭借自身的专业知识和经验，综合采用多种手段，确保了对工程质量的控制。

（1）进场材料质量控制成效

本次维修工程进场的建筑材料主要有木材、白灰、水泥、青砖、小青瓦、条石、稻草灰、桐油、油漆等。首先，对于所有进场材料按照设计规范要求，坚持报审制度，未经监理单位审核的材料禁止使用。

其次，对于进场的木材，要求施工单位提交检疫证，并且重点检查含水率，有无裂缝、虫眼、木节等缺陷，符合质量与设计规范要求方可进场使用。

对于白灰、水泥、油漆等建筑材料，要求施工单位提交合格证。

对于青砖、小青瓦、条石、稻草灰等建筑材料，由于是从周围群众中搜集而来，无法提供合格证明，经过建设单位、监理单位、施工单位协商，决定此类材料必须经过几方现场检查，和原材料进行对比，满足要求方可进场使用。

最终，经过监理人员的严格把关，用于施工的材料均满足设计和规范要求，保证了工程材料的质量。

（2）建筑维修质量控制成效

1）屋面维修质量控制成效

红二十五军长征出发地军部旧址和红军医院屋面均为南方合瓦屋面，其维修方式、方法与北方常见做灰背、泥背的屋面维修存在一定差异，因此监理人员将屋面维修作为本次工程监理工作的重点之一。原有屋面铺设油毛毡层，造成室内水分外散不出，对檩条、椽子等木构件都起严重危害作用，经建设单位、设计单位、监理单位、施工单位协商，决定军部旧址和红军医院屋面全部揭顶，按照原做法重筑，具体做法为：椽子（规格及间距见设计图）→望瓦→10毫米～15毫米厚护板灰→合瓦屋面（底瓦压七露三）→吻、兽、脊饰，同时应和当地做法相结合。

监理人员工程师主要通过以下几个方面控制屋面质量。

①对屋面原有瓦件和新进小青瓦进行分类挑选，不合格的瓦件禁止使用，确保了屋面修缮工程所使用的瓦件材料基本合格。

②在屋面修缮施工之前，监督施工单位由专业负责人向施工人员进行安全、技术交底，确保工程施工安全，施工过程中无技术疑点、难题。

③在瓦瓦过程中，监督施工单位按照设计规范要求程序进行分中、号垄、排瓦当等。对施工单位放线进行监督，对齐头线、檐口线等进行测量，确保了放线准确度，同时严格要求施工单位必须按照原样维修，不得改变形制。

④对于每一垄瓦，监理单位均坚持在施工后及时对瓦垄曲线采用尺子量和目测结合的方式进行检测，确保了所有瓦垄曲线一致。

⑤瓦瓦结束后监督施工单位对瓦面进行清扫，确保整体观感效果。

⑥雨天时，检查屋面是否出现漏雨现象，若出现漏雨要求施工单位及时整改。

监理工程师通过以上几个方面的严格控制，使建筑群的屋面质量得到控制，达到：a.正脊两端翘起，中部渐低，造型别致轻巧。b.屋面小青瓦无明显缺角、裂缝现象。c.瓦垄间距基本一致，瓦垄顺畅。d.底瓦和盖瓦垄做法符合设计规范要求。e.屋面清洁，整体观感良好。f.雨雪天气屋面不漏雨。

第一阶段工程结束后，何家冲突降大雪，将军部旧址院内一株松树压断，经过修缮的屋面无一出现漏雨情况，经受住了恶劣天气的考验。

2）木作修缮质量控制成效

木作修缮是古建筑维修的重点之一。在本次维修过程中，监理单位依照设计方案，根据实际情况，参照古建筑木结构维护与加固技术规范，对各单体木结构修缮进行监理，取得了较好的控制成效。

①柱子

柱子作为整个建筑的承重构件，其作用至关重要，作为木作修缮质量控制的重点。根据设计方案要求，监理单位、施工单位共同对红军医院柱子进行勘察，对于柱根糟朽不超过柱高的1/4时可以采用墩接的方法；柱中空糟朽且足以满足受力要求者灌浆加固；全糟或下半部糟朽高度超过1/4以上不适于墩接的应更换。

在具体维修过程中，检查柱子内部是否空洞，能否满足承重要求。

例如：拆除军部正厅屋面后，监理单位对柱子进行勘察，发现前檐2根金柱、2根檐柱被白蚁蚕食严重，柱子中间出现空洞达不到承重要求，监督施工单位进行更换；后檐1根柱子底部糟朽严重，监督施工单位墩接处理。监理人员重点检查了更换柱子的材质、含水率及尺寸大小，要求用落叶松，检查发现更换柱子所用木材含水率较大，监督施工单位进行烘干处理。

对于红军医院中糟朽不严重，能够予以墩接处理的柱子，监理单位监督施工单位按照木结构加固规范中墩接的要求对柱子进行了墩接。监理人员对墩接部位的尺寸、黏结情况、铁箍设置情况进行了检查，均符合规范要求。

另外，监理单位要求施工单位对更换的木构件进行详细统计并签署木构件拆卸一览表。旁站监督更换木构件的全过程，使木作修缮质量得到控制。

②梁架及檩条

根据设计方案要求，监理单位、施工单位共同对梁架进行勘察，糟朽严重无法满足受力的必须更换，有裂缝但不影响受力的要求施工单位用木条依原样修补整齐，并用环氧树脂补严粘牢。

在军部正厅拆除屋面后，发现东侧梁架及部分檩条被白蚁蚕食严重，在医院旧址3组门楼及倒座房拆除屋面后，发现门楼椽子、檩条被白蚁蚕食严重，不满足设计规范要求，经各方商议予以更换。监理人员工程师监督施工单位更换的全过程，要求施工单位对更换的梁架、檩条进行校正，并检查了校正后的垂直度、水平度，检查檩条是否搭接牢固，确保了梁架及檩条更换的施工质量。

③木基层

屋面拆开后，监理单位与施工单位对木基层（椽子、飞椽、前檐望板）损坏程度进行勘察，发现屋面木基层残损严重，绝大部分不能继续使用，经各方商议后，对不满足使用要求的构件进行了更换。

在具体实施过程中，监理工程师一方面监督施工单位拆除木基层时做到小心谨慎，对于保存较好的木构件小心拆除并分类堆放，经加工处理后重新用于建筑本体；另一方面对于糟朽无法使用的木构件，监督施工单位按照原材料、原形制、原尺寸加工制作，原位更换，监理人员对重新制作的飞椽、连封檐板等木构件进行尺量，将其规格同原有形制和设计要求进行对比，确保了符合设计要求，符合建筑原貌。

④木构件的防腐、防虫

依据设计方案，监理单位与施工单位共同对现场木构件残损情况进行了实地勘察，发现建筑群木构件损坏严重的主要原因是白蚁虫蛀，许多椽子、柱子被白蚁蛀蚀而糟朽，因此木构件防腐、防虫处理效果对木作维修质量起着至关重要的作用，监理单位也据此将木构件的防腐、防虫处理作为重点。

在具体实施过程中，监理单位一是建议建设单位聘请专业白蚁防治单位对整个建筑群进行统一治理；二是监督施工单位按照设计要求对木构件进行防腐处理，监理单位重点控制防腐材料质量和具体施工工艺和处理措施的质量。

3）墙体修缮质量控制成效

对于墙面清理，要求施工单位用小型工具对水泥进行剔除，禁止用磨光机等大型工具，防止野蛮施工对原有青砖造成损坏，并且施工单位施工之前，进行小面积剔除试验，观看清理效果。勾缝材料要求施工单位采用传统材料稻草灰加白灰。

对于后人用红砖改建的部分墙体，监理人员监督施工单位小心拆除。监督施工单位按照原遗存墙体的砌筑方式进行砌筑，检查施工单位的砌筑方式，检查灰缝大小、水平、垂直度，检查灰浆饱满度，检查新砌墙体与原有墙体的接茬是否吻合，保证了新砌墙体的施工质量。

对于酥碱青砖剔补，监理单位监督施工单位严格按照设计要求，小心施工。监理单位对施工单位剔补隐蔽部位的灰浆饱满度、新砖与老墙体的接茬情况进行检查，对剔补完成后的表面平整度、整洁度、勾缝质量进行了检查，均符合设计要求，与墙体原状相符。

对于墙体裂缝，监督施工单位根据设计要求进行黏结，对于较大裂缝进行拆除重砌。监理人员检查黏结材料配比，确保符合设计要求，检查重砌时的施工工艺，检查灰缝大小、水平、垂直度，检查灰浆饱满度，检查新砌墙体与原有墙体的接茬是否吻合，确保符合原状。

4）地面、散水、排水沟控制成效

根据设计方案要求，监理单位和施工单位共同对地面、散水、排水沟进行勘察，室内地面佚失或残损的青砖需补配，补配佚失散水，补配和修补排水沟，疏通院内排水系统。

在具体实施过程中，监督施工单位按照：青砖（规格和原有一致）→黄沙扫缝→25毫米厚中砂垫层→150毫米厚三七灰土→素土夯实的工序对地面进行铺装，并对每道工序的材料质量、施工质量进行检查验收，检查素土夯实程度、检查三七灰土的配比、测量三七灰土的厚度，对铺设完成的地面平整度进行检查测量，对灰缝大小进行检查，对地面铺设完成后的整体观感效果进行检查，确保了地面修缮质量。例如：军部旧址天井院内排水不畅，东侧出现积水现象，旁站监督施工单位按照设计规范要求进行施工，检查发现素土夯实不到位，要求施工单位进行整改。医院旧址院内1组至4组排水不畅，3组、4组出现积水现象，旁站监督施工单位按照设计规范要求进行施工，对3组、4组院内的排水沟进行修缮，使院内排水系统的质量得到有效的控制。

5）油漆工程的控制成效

根据设计方案要求，原构件油饰均原状保留，仅作清理、维护；新配构件均暂不再做油饰，仅做断白处理，即刷生桐油3道进行防腐处理。由于原构件油漆起甲、脱落严重，新构件更换量较大，考虑整体观感效果和对木构件的保护，在经过建设单位、设计单位、监理单位和施工单位商议后决定按照原有油漆方法对油漆工程进行维护。

在具体实施过程中，要求施工单位提交油漆方案，并对调制好的油漆色块进行小面积木构件试验，观看油漆效果，经过建设单位、设计单位、监理单位认可后方可进行大面积施工。并对红军医院木构件油漆进行旁站监督，保证油漆工程质量得到有效的控制。

（3）环境整治工程质量控制成效

根据设计方案要求，监理单位和施工单位共同对红军医院门前环境整治内容进行勘察，发现现场标高不能满足设计要求，监理单位立即向建设单位进行汇报，组织召开会议，经各方共同努力，终于圆满解决施工中遇到的问题。

1）条石散水质量控制

在环境整治过程中，拆除门前花坛时，发现有入户的自来水管道，经监理单位和施工单位的现场勘察，自来水管道水平标高高于条石散水标高，如不进行管道沉降，将不能铺设条石散水，达不到满足建筑排水的要求。经各方沟通后决定：为保护文物主体，满足建筑排水要求，对自来水管道进行整体沉降。在施工过程中，监理单位督促施工单位挖掘管道时，注意管道安全，终于圆满完成管道沉降任务，为铺设条石散水创造了良好的施工条件。在铺设条石散水时，监理人员严格要求，条石散水应统一水平、统一标高，进一步提高了环境整治工程的质量。

2）青砖散水质量控制

在铺设青砖散水时，监理人员从三方面入手严格把控质量：1.青砖材料，严格要求施工单位进行挑砖程序，严禁使用缺角、残损的青砖，从材料上有力地把控了青砖质量。2.砌筑方式，四个门楼前都有花砖，严格要求施工单位按规定裁切青砖，在监理人员的有力监督下，花砖砌筑既满足了功能需要，又满足了装饰需要，进一步提升了环境整治工程的整体风貌。3.坡度和平整度，监理人员严格要求施工单位进行青砖散水施工时，注意找平，青砖散水坡度既要与整体散水坡度相统一，又要服务于条石散水和条石路面，为保障排水通畅，严格要求施工单位注意青砖平整度。

3）条石路面质量控制

在整个医院旧址环境整治工程中，条石路面是一个质量重点。条石路面不仅要满足村民的日常出行，日后还要承担大型机械的碾压。在具体施工过程中，监理人员严格按照：场地平整→夯实→C15强度170毫米厚混凝土路基垫层→170毫米厚干硬性水泥砂浆→条石→黄沙扫缝的工序进行路面施工。

①在进行场地平整时，发现医院旧址1组向外排水的地下暗沟，监理人员建议疏通暗沟排水系统，解决了红军医院院内向院外排水不畅的难题。

②旁站监督浇筑混凝土路基垫层，监理单位严格履行职责检查场地是否平整，振动设备是否到场，是否具备浇筑条件，严格检查商砼强度等级、塌落度要求，形成隐蔽工程隐蔽部位旁站记录表一份。

③在进行水泥砂浆铺设条石路面时，为严格把控工程质量，监理人员从以下三个方面进行控制：

条石材料，禁止施工单位使用质量有缺陷的条石，从材料上杜绝质量问题。

坡度和平整度，为保障村民日常出行的需要，监理人员严格要求施工单位在铺设条石路面时注意找平，同时要求施工单位对铺设好的条石路面进行锻凿，确保路面平整度达到要求，督促施工单位在进行平整度整治的时候、注意路面散水坡度要与整体散水坡度相统一。

黄沙扫缝，监理人员严格要求施工单位铺设条石要注意石缝均一；黄沙勾缝时应压实，避免日后大型机械碾压时，造成条石松动。在监理人员的不懈努力下，终于使条石路面既满足了功能上的刚性需求，又兼顾了与整体红军医院风格相协调的装饰作用。

4）片石路面质量控制

在进行片石路面施工过程中，监理人员旁站督促施工单位注意消防管道安全。督促施工注意片石路面的散水坡度、平整度，避免造成排水不畅的现象。在施工前期就积极与施工单位沟通，消防管道是否影响片石路面铺设，在监理人员的努力下，片石路面的质量有了极大的提高。

（4）银杏树区域保护工程质量控制成效

1）条石路面质量控制成效

为了使银杏树有一个好的生存环境，同时又兼具文化旅游价值，条石路面的铺设全部采用黄沙做垫层找平，监理人员严格要求施工单位不允许使用水泥等密封性强的材料。在铺设条石路面时，严格要求施工单位翻松养护区土地，掺拌均匀营养土，维护好银杏树的生存环境。督促施工单位注意条石路面的平整度，在施工过程中，监理人员发现有部分条石路面不够平整，当场要求施工单位进行拆除整改，使得条石路面的质量得到了有效控制。

2）木栅栏质量控制成效

木栅栏的设置，一方面保护了养护区土地免遭游客踩踏，另一方面起到了与周围整体建筑风格相协调的装饰作用。为提高工程质量，监理人员从以下三个方面进行了控制。

材料控制，对于进入施工现场的木材，要求施工单位提交检疫证，并且重点检查含水率，有无裂缝、虫眼、木节等缺陷，符合质量与设计规范要求方可进场使用。

督促施工单位对木栅栏等木构件做好防火、防虫、防腐措施。

规范安装、检查细节。例如，在进行木栅栏安装时，发现木栅栏的木柱存在歪斜、不垂直现象，影响观感质量效果，当场要求施工进行整改。在进行木栅栏补灰、打磨、喷漆时，发现部分木构件边角没有处理到位，当场要求施工单位进行整改，要求注意细节，边角要处理到位。

## 2. 工程进度控制成效

在本次维修施工过程中，监理人员项目部对于施工单位提交的施工进度表进行审查。除此之外，在每周的监理工作中，监理人员经常与施工单位负责人沟通，及时了解工程进展情况，随时与建设单位保持联系，使整体工期基本按照预期目标完工。

第一阶段施工中，军部维修实际进度比计划进度慢，主要有以下几个原因：

①军部维修工程量变更较大。军部所有单体外墙面被水泥包裹，需要清除；军部正厅拆除屋面后，检查发现梁架等木构件被白蚁蚕食严重，更换量较设计方案增大。

②施工单位购买的木材含水率较大，不能直接加工使用。

③施工单位未能合理安排施工顺序，建筑材料购买不齐全。

④省局领导对维修工程进行检查，针对工程中存在的问题要求停工整改，停工时间将近一个月。

第二阶段施工中，红军医院环境整治工程实际进度比计划进度慢，主要有以下几个原因：

①工程处于盛夏，气温高达40摄氏度，为保证现场施工安全，只能在清晨及傍晚气温稍低时进行施工。

②医院旧址门前青苗、树木是村民所有，部分村民存在抵抗情绪，造成施工困难，后经监理单位与建设单位积极协调，与村民不懈沟通，动之以情、晓之以理，在对部分村民的青苗、树木，做出一定的赔偿后，终于圆满解决，得到了当地村民的认可。

③施工工艺复杂，片石、条石等材料需进行二次锻凿。为保证片石路面、条石路面的平整度，监理单位要求施工单位在对片石路面、条石路面铺设完成后，对整体路面进行二次锻凿，确保路面平整。因此为加快施工速度，监理单位积极与建设单位、施工单位沟通，要求施工单位加大机械设备投入力度，加快进度；多次督促施工单位增派施工人员，缩短维修工期。

针对工程进度缓慢，监理单位和建设单位、施工单位进行沟通，要求施工单位增派施工人员，合理安排施工步骤，缩短红军医院维修工期，最终在规定时间内顺利完成整个工程的维修工作。

## 3. 工程安全管理控制成效

工程安全是文物维修工作中的重中之重。在工地例会、现场协调会以及平时的监理工作中，监理人员多次强调安全的重要性，要求施工单位将安全工作放在第一位。在本次维修过程中，主要对以下几个方面进行安全控制。

（1）文物本体的安全控制

监理单位采取各种方法，监督施工单位在施工过程中做好对文物本体的安全保护工作。如：要求施工单位对工人进行安全教育；检查施工单位的安全设施；在脚手架搭设过程中，要求在靠近文物本体的部位做好防护，避免对文物表面造成磕碰损坏；在文物建筑腐朽构件的拆除过程中，监督施工单位谨慎施工、小心拿放；在雨雪等恶劣天气，监督施工单位对尚未完成屋面瓦瓦的建筑及时进行遮盖，避免雨雪对木构件的侵蚀；等等。

（2）现场人员的安全控制

对施工现场安全文明生产情况进行检查，检查施工人员安全措施的配备情况（佩戴安全帽，高空作业系安全带），检查施工用电安全情况，检查消防设备（灭火器、消防沙）的性能和配备情况，对发现的不安全因素督促施工单位立刻整改，确保施工人员的安全。

（3）现场游客的安全控制

由于红军长征出发地是旅游景点，要求施工单位检查现场围挡防护设置，防止村民及游客进入施工区域，并要求各方对靠近施工区域的村民及游客及时劝离，确保村民及游客的人身安全。

在第一阶段施工过程中，河南省文物局检查组对工地进行检查，提出施工现场消防设施不齐全等问题，存在安全隐患。针对检查中发现的问题，监理单位进行深刻反思，加大对工程的安全控制力度，要求施工单位：

脚手架搭设牢固，增加斜撑、横杆，脚手架外挂安全网。

施工现场悬挂禁止吸烟、佩戴安全帽等安全警示标志。

消防器材组合配置齐全。

施工现场做外围挡及安全通道，禁止游客等非工作人员进入施工现场。经过监理单位的严格监督和管理，施工单位的配合以及建设单位的重视，整改效果得到领导的认可，并且在本次维修过程中，实现了文物保护维修工程安全的零事故。

**4. 工程信息资料管理工作成效**

根据监理单位与建设单位签订的委托监理合同的约定，监理人员在工作过程中对工程信息资料进行了有效的管理工作。主要工作内容如下：

（1）监理日志：每天记录监理日志，并通过互联网向总部汇报。

（2）监理月报：对每月的监理工作进行总结，第一阶段编写监理月报6份，第二阶段编写监理月报4份。

（3）监理工程师通知：为加强工程管理力度，监理单位就重要问题向施工单位签发监理工程师通知单3份。

（4）工地会议及纪要：为及时沟通参建各方意见，解决工地中出现的问题，监理单位积极组织并参加多次工地会议，第一阶段主要有工地会议暨图纸会审会议1次，工程现场协调会3次，监理例会13次；并对会议内容及决议认真记录，形成会议纪要17份。第二阶段主要有工地会议暨图纸会审会议1次，专题研讨会2次，现场协调会1次，监理例会2次，并对会议内容及决议认真记录，形成会议纪要6份。

（5）旁站记录：对工程重要节点进行全程旁站监理，第一阶段形成旁站记录12份，第二阶段形成旁站记录8份。。

（6）工程管理文件：对施工单位提交的开工申请、施工组织设计方案、用电专项方案、脚手架专项方案、雨季施工专项方案、冬季施工专项方案、安全事故应急救援方案等方案报审进行审查，签发开工报告2份，方案报审表7份。

（7）报验及检验文件：对施工单位提交的单体分部分项工程报验资料进行审查，检查合格后签发质量认可文件。

（8）影像资料：在各单体工程进展中，监理人员现场监督、记录施工过程，注重对影像资料的收集。

监理单位在工作中不仅做好了监理工作的信息资料管理，而且对于施工单位的信息资料管理也进行了严格的要求和耐心的指导，帮助施工单位完善了自己的工程信息资料。

## 五、施工中出现的问题及其处理情况

在本次维修施工过程中，主要存在以下几个问题：

1.现场勘察发现建筑群砖缝用水泥勾缝。针对此问题，在图纸会审会议上，建议建筑砖缝按当地建筑做法，使用传统材料勾缝。

2.现场勘察发现军部旧址和红军医院所有屋面都铺设油毛毡，对室内水分散失极其不利，危害极大，针对此问题，在图纸会审会议上建议屋面去掉油毛毡层。

3. 军部正厅拆除屋面后,发现梁架和柱子被白蚁蚕食严重,达不到受力要求,监理人员及时向建设单位汇报,由建设单位联系设计单位进行后续勘察,履行了变更程序,更换糟朽严重梁架及柱子。

4. 军部倒座屋面拆除后,发现倒座东山墙向外歪闪严重,且与檩条交接方木糟朽严重,监理人员发现后现场拍照,并与建设单位、施工单位沟通,最终确定拆除并重砌东山墙,更换糟朽严重方木。

5. 在军部正厅水泥墙面剔除过程中,施工单位用铲子铲除,发现剔除效果不明显,且整体观感不好,监理人员建议用小锤轻敲,进行小面积试验,最终效果得到建设单位、施工单位的认可。

6. 在红军医院维修时,施工单位必须在较短的时间内完成所有单体的屋面修复工作,监理人员建议施工单位将屋面拆除的小青瓦直接用在附近的屋面瓦瓦,有效地节约了施工时间。

7. 红军医院维修时,施工单位发现现场部分房子内存放有村民的杂物、柴火等影响施工,监理单位同建设单位积极与村民协调、沟通,最终保证了工程的顺利进行。

8. 在施工过程中,监理单位发现新安装上的椽子与屋面上的老椽子新旧差别很大,整体不协调,立即向建设单位汇报,经过沟通建议施工单位统一进行做旧处理。

9. 由于老条石稀少,施工单位现场收集条石困难,监理单位发现问题后立即向建设单位汇报,并经过多方面沟通形成意见如下:现场尽量收集和院内一样的老条石,若使用新条石,须为自然面,力求材质与规格和院内一致。最终圆满解决了施工单位现场收集条石困难的问题。

10. 在进行医院门前环境整治时,附近村民反映,路面使用和散水一样的自然面条石,有部分上了年纪的老年人,走条石路面出行可能不太方便。监理单位与村民积极沟通,向村民讲解此次维修使用自然面条石主要是为了和周围整个建筑风格相协调一致,监理单位会在施工单位铺设条石时,督促施工单位注意路面平整度,力求自然平整,请村民放心。经监理单位的不懈努力,最终得到了村民的大力支持。

11. 经过监理单位和施工单位的现场勘察发现医院旧址门前图纸标高 ±0.000 米下降至 −0.450 米的可能出现以下情况:

医院旧址里还有部分老人居住,标高下降至 −0.450 米后,老人出行极为不方便,相互关系协调困难。

标高下降至 -0.450 米后，消防井、集水井将凸出地表约 450 毫米高，裸露在地坪表面。

医院旧址门前图纸标高 ±0.000 米下降至 -0.450 米后，周围两边的建筑标高 ±0.000 米并没有下降，未来下雨排水时，极有可能两边向中间排水。监理单位发现此情况后立即向建设单位汇报，并组织召开了第二次监理例会，研究、讨论经多方沟通建议施工单位按照现场、原有标高进行施工，保证了工程的顺利进行。

12. 在进行医院周围环境整治时，涉及部分群众树木赔偿款的问题，监理单位配合建设单位积极与当地群众协调，统计并确定赔偿款金额发放问题，保证了工程的顺利进行。

13. 在进行条石路面的铺设时，监理单位发现部分条石路面不够平整，要求施工单位进行拆除整改。

14. 在进行片石路面铺设时，监理单位发现部分片石路面坡度不统一，影响排水要求，要求施工对坡度不统一的片石路面返工整改。

## 六、对工程的综合评价

罗山县红二十五军长征出发地旧址修缮工程第一阶段自 2017 年 3 月 23 日开工，于 2018 年 1 月 22 日顺利完工，第二阶段自 2018 年 7 月 4 日开工，于 2018 年 11 月 10 日顺利完工。在整个工程施工期间，设计单位对现场发生的设计相关问题积极配合处理，按照"不改变文物原状"的原则对设计方案进行调整，提出指导意见；施工单位能够合理运用自身的知识、技能和经验组织施工，对监理单位提出的问题能够积极接受，认真整改；监理单位能够遵循"公平、独立、诚信、科学"的原则开展工作，按照设计图纸及相关规范的要求对施工质量、进度、安全、投资进行控制，对合同和信息进行管理，对各方关系进行协调，取得了良好的控制效果。本工程得到了建设单位和当地居民的高度认可。

本次工程仍存有不足：2017 年 7 月 18 日，河南省文物局对第一阶段工程进行检查，指出了工程存在的现场材料堆放混乱、消防设施不齐全、施工管理人员不在岗、工程资料不完善等问题，并提出了具体的整改意见和要求。通过这次检查，监理单位深刻认识到自身在现场管理方面的不足，立即组织工程各方按照省文物局提出的整改意见和要求落实整改措施，最终整改效果得到了省文物局的认可。这次检查充分暴露了目前文物保护工程管理存在的诸多问题，监理单位将吸取此次经验和教训，不断学习和提高，加强工程管理水平，争取做出更多优质工程。

综合评价，该工程完成了设计方案要求的修缮内容，修缮过程遵循了文物保护的各项原则，工程质量符合相关验收规范要求，达到了合格工程的标准。

## 七、建议

1. 建议建设单位做好军部旧址及红军医院建筑修复后的日常保养维护和合理利用。

2. 建议建设单位不仅要对银杏树进行树木养护，同时也需要对木栅栏进行一定周期的保养和维护。

3. 对公众开放的革命旧址，建议建设单位根据文物保护规划确定的游客承载量，对参观者的时间和空间分布加强管理，从而保证文物安全和参观者的安全，提高参观者对革命旧址参观、体验的品质。

4. 革命纪念地是具有重要历史价值的事件的发生地。能够反映纪念地与相关事件之间关系的地形、地貌、构筑物、植物等具有标志性的环境特征是纪念地与相关事件之间关系的见证，保护这些环境特征就是对纪念地特征的保护。

5. 合理利用革命旧址，应在发挥其文物价值同时使其兼具经济效益。以不损害文物价值为前提，在文物能承载的范围内，不改变文物特征，突出文物价值公益性的利用。这会引发社会对文物的进一步关注，在产生广泛的社会效益的同时也会产生经济效益，促进地方经济的发展。

6. 展示是宣传文物的重要方式，目的应使观众能完整、准确地认识文物的价值，尊重、传承优秀的历史文化传统，自觉参与到文物的保护中来。展示和游客服务设施，应进行专项设计。应在确保文物古迹安全的基础上，优先利用文物古建筑进行展示和游客管理，尽量不建新的设施。如确实需要增加新的展示和游客服务设施，必须确保新建设施不损害文物古迹及其价值，并把新建设施对文物古迹和周边环境的影响控制在最小限度内。

# 后记

  罗山何家冲红二十五军长征出发地旧址作为中国四大长征出发地之一，见证了中国共产党筚路蓝缕，带领中华民族艰苦斗争、开创未来、走向民族复兴的辉煌成就，繁茂的银杏树上结出的是中国革命的累累硕果。

  本次修缮及环境整治工程由罗山县文物管理局组织实施，勘察设计单位为南阳市古代建筑保护研究所，施工单位为江西九丰园林古建筑工程有限公司委派罗山县当地施工力量，由河南安远文物保护工程有限公司实施监理。近两年的时间内，所有项目参与人员通力合作，不畏严寒酷暑，严格践行文物保护原则，圆满完成了修缮任务。河南省文物局、信阳市文物局对该工程给予了高度重视和悉心指导，多次派出领导、专家莅临现场。在此，向所有为本项目付出辛勤劳动、给予无私帮助的同志、朋友表示衷心的感谢！

  本书在编委会主任牛宁先生的主持下，以该项目的勘察设计方案、施工资料、监理资料汇编为基础整理完成。勘察设计方案由王歌莺、王昌辉主持编制，施工资料由朱峰、吕树园主持编制，监理资料汇编由宋仁义、郭育才、王明明、张增辉、王好堂、李恒共同完成。业主单位周明刚、邱岩、张春燕对工程实施和本书编制给予了大力支持。学苑出版社周鼎先生作为责任编辑进行了大量艰辛的工作。在此向他们致以诚挚的感谢！

  本书虽将付梓，但因时间与水平所限，不免存在不足之处，恳请广大读者批评指正！